"十四五"全国统计规划教材

数理统计

冯兴东　李涛　朱倩倩◎编著

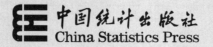
中国统计出版社
China Statistics Press

图书在版编目(CIP)数据

数理统计 / 冯兴东，李涛，朱倩倩编著. —— 北京：中国统计出版社，2023.1

"十四五"全国统计规划教材

ISBN 978－7－5230－0083－0

Ⅰ. ①数… Ⅱ. ①冯… ②李… ③朱… Ⅲ. ①数理统计－高等学校－教材 Ⅳ. ①O212

中国版本图书馆 CIP 数据核字(2023)第 003072 号

数理统计

作　　者/冯兴东　李　涛　朱倩倩
责任编辑/姜　洋
封面设计/黄　晨
出版发行/中国统计出版社
通信地址/北京市丰台区西三环南路甲 6 号　邮政编码/100073
发行电话/邮购(010)63376909　书店(010)68783171
网　　址/http：//www.zgtjcbs.com
印　　刷/河北鑫兆源印刷有限公司
经　　销/新华书店
开　　本/880×1230mm　1/16
字　　数/560 千字
印　　张/21.5
版　　别/2023 年 1 月第 1 版
版　　次/2023 年 1 月第 1 次印刷
定　　价/69.00 元

出版说明

　　教材之于教育,如行水之舟楫。统计教材建设是统计教育事业的重要基础工程,是统计教育的重要载体,起着传授统计知识、培育统计理念、涵养统计思维、指导统计实践的重要作用。

　　全国统计教材编审委员会(以下简称编委会)成立于1988年,是国家统计局领导下的全国统计教材建设工作的最高指导机构和咨询机构,承担着为建设中国统计教育大厦打桩架梁、布设龙骨的光荣而神圣的职责与使命。自编委会成立以来,共组织编写和出版了"七五"至"十三五"七轮全国统计规划教材,这些规划教材被全国各院校师生广泛使用,对中国统计教育事业作出了积极贡献。

　　党的十九届五中全会审议通过的《中共中央关于制定国民经济和社会发展第十四个五年规划和二〇三五年远景目标的建议》,为推进统计现代化改革指明了方向,提供了重要遵循。实现统计现代化,首先要提升统计专业素养,包括统计知识、统计观念和统计技能等方面要适应统计现代化建设需要,从而提出了统计教育和统计教材建设现代化的新任务新课题。编委会深入学习贯彻党的十九届五中全会精神,准确理解其精神内涵,围绕国家重大现实问题、基础问题和长远问题,加强顶层设计,扎实推进"十四五"全国统计规划教材建设。本轮规划教材组织编写和出版中重点把握以下方向:

　　1.面向高等教育、职业教育、继续教育分层次着力打造全系列、成体系的统计教材优秀品牌。

　　2.围绕统计教育事业新特点,组织编写适应新时代特色的高质量高水平的优秀统计规划教材。

　　3.积极利用数据科学和互联网发展成果,推进统计教育教材融媒体发展,实现统计规划教材的立体化建设。

　　4.组织优秀统计教材的版权引进和输出工作,推动编委会工作迈上新台阶。

　　5.积极组织规划教材的编写、审查、修订、宣传评介和推广使用。

　　"十四五"期间,本着植根统计、服务统计的理念,编委会将不忘初心,牢记使命,充分利用优质资源,继续集中优势资源,大力支持统计教材发展,进一步推动统计教育、统计教学、统计教材建设,进一步加强理论联系实际,有序有效形成合力,继续创新性开展统计教材特别是规划教材的编写研究,为培养新一代统计人才献智献策、尽心尽力。同时,编委会也诚邀广大统计专家学者和读者参与本轮规划教材的编写和评审,认真听取统计专家学者和读者的建议,组织编写出版好规划教材,使规划教材能够在以往的基础上,百尺竿头,更进一步,为我国统计教育事业作出更大贡献。

国家统计局

全国统计教材编审委员会

2021 年 9 月

作者简介

冯兴东,上海财经大学统计与管理学院院长、统计学教授、博士生导师。研究领域为数据降维、稳健方法、分位数回归以及在经济问题中的应用、大数据统计计算、强化学习等,在国际顶级统计学期刊 *Journal of the American Statistical Association*、*Annals of Statistics*、*Journal of the Royal Statistical Society-Series B*、*Biometrika* 以及人工智能顶会 NeurIPS 上发表论文多篇。2018 年入选国际统计学会推选会员(Elected member),2019 年担任全国青年统计学家协会副会长以及全国统计教材编审委员会第七届委员会专业委员(数据科学与大数据应用组),2020 年担任第八届国务院学科评议组(统计学)成员,2022 年担任全国应用统计专业硕士教指委委员,兼任国际统计学权威期刊 *Annals of Applied Statistics* 编委(Associate Editor)以及国内统计学权威期刊《统计研究》编委。

李涛,上海财经大学统计与管理学院副教授,博士生导师。研究领域为次序统计量的统计推断、函数型数据分析等,研究成果主要发表在 *Journal of Statistical Planning and Inference*、*Journal of Statistical Computation and Simulation* 等国际期刊以及《数学学报》《中国科学·数学》等国内权威期刊。任中国现场统计研究会·资源与环境统计分会理事,2021 年任国际期刊 *Communications in Statistics* 编委(Associate Editor)。

朱倩倩,上海财经大学统计与管理学院副教授,博士生导师。研究领域为时间序列分析,研究成果主要发表在 *Journal of the Royal Statistical Society-Series B*、*Journal of Econometrics*、*Econometric Theory*、*Statistica Sinica* 及 *Journal of Business & Economic Statistics* 等国际权威期刊上。

前　言

这是一本立足于实际问题讲解数理统计的书,献给所有热爱数据分析的人!

统计学是以数据为研究对象的学科。统计学家们的任务就是通过数据表象来理解产生数据的运行机制,因此统计学并不能简单理解为数学的一个分支。统计学科的诞生和跨越性发展从来都是依赖实际问题产生的需求。在国外,统计学的学位有的是科学学位,有的是艺术学位,这也充分说明了这门学科的特点,既是科学又是艺术。就统计学的一些研究基础来看,统计学是需要以数学学科作为理论工具的,含括了概率论、数学分析、代数等,因此国内经常把统计学放在理学门类下也不令人惊讶。然而,统计学在解决实际应用问题时,往往需要一些精心的设计和巧妙的思路,比如进行试验设计、因果推断、可视化等,从而又充满了艺术设计层面的内容。总体说来,统计学是一门扎根应用领域的学科,统计学和实际问题就是"鱼"和"水"的关系,离开了实际问题,统计学就缺少了生存的空间,因此其源源不断的发展生命力来自实际应用问题。

近些年来,国内外统计学界越来越认识到围绕实际问题发展统计学科的重要性。2019 年,美国 Xuming He 等几位专家为美国国家自然科学基金委撰写了面向统计学科未来二十年发展的报告《十字路口的统计学:谁来应对挑战?》,专家们在报告中提出了统计学科的发展要以实践为中心。相对而言,目前国内用于本科教学的数理统计学教材多以理论方法为主,与实际问题有一定程度的脱节。在当今时代,大数据的应用风起云涌,统计学的教学内容也应该与时俱进。我们在这本教材中将理论、计算和实际问题紧密结合,并引入稳健统计、贝叶斯统计等相关内容。这本教材注重数据分析,结合了常用的统计软件"R 语言"来分析实际问题,进而对统计理论和方法进行了讲解。与此同时,我们还将统计学与一些社会现象、政府措施、哲学思想等案例相联系,并提供了精心分析。这本教材脱胎于上海财经大学本科统计学实验班的《数理统计》讲义,并结合了一些 R 语言的常用软件包(rmark-down、ggplot2、shiny 等),其相关内容已经经过上海财经大学教学团队多年的讲授检验。

在第 1 章我们通过一些实际数据集来介绍描述性统计的一些方法,希望大家能够在接受理论知识之前先学会"看"数据,从而逐步形成一定的分析能力,这样会有助于理解后面章节中的实际例子。在第 2 章中我们对数理统计中涉及的概率论知识做了回顾并介绍了一些常用于统计推断的相关分布。在第 3 章中,我们介绍了一些统计推断方法,如矩估计、极大似然估计、区间估计以及假设检验等。在后续的第 4 章和第 5 章中,我们介绍了有关估计量的一些理论性质,如相合性、有效性、充分性等,从而让大家理解统计学家如何认定什么是比较好的估计量。在第 6 章中,我们则介绍了有关假设检验的"理想"统计性质,如最大功效检验、一致最大功效检验。在第 7 章中,我们专门介绍了方差分析,并通过一些实际案例帮助大家理解和学习。在实际的数据中,经常会出现一些异常值或者所假设的模型与真实模型有偏差的情况,我们在第 8 章中通过引入稳健性的理论定义和一些实例来对经典稳健统计方法加以介绍。介于目前非参数统计方法的广泛运用,我们在第 9 章对诸如核估计、非参数假设检验等加以介绍。在本书第 10 章则结合一些实际软件介绍了目前在业界具有较多应用场景的贝叶斯统计。在本书中,部分数据集来自 R 或其软件包自带的数据,其他数据集全部来自公开下载渠道,我们也会随书提供以帮助大家的学习。此外,我们还提供了本书的 PDF 课件,需要教学的读者可参考使用。读者可登录中国统计出版社官网(网址:http://www.zgtjcbs.com)下载以上资源。

感谢我们的家人、同事以及学生们对本书的大力支持!

冯兴东　李涛　朱倩倩
2022 年秋于上海财经大学

目　　录

插　　图

表　格

第 1 章　描述性统计

在 2019 年的报告《十字路口的统计学：谁来应对挑战?》[①]中，统计学家们认为统计学需要以实际问题为中心，需要理解和重视领域问题，也需要注重计算能力的培养。实际上，随着计算机软硬件的长足发展，越来越多的统计估计和推断方法依赖计算的实现。有些统计方法甚至依赖大量的计算才能实现，比如自举法 (Bootstrap)、贝叶斯统计 (Bayesian statistics) 等。计算对于统计而言已经成为不可或缺的重要基础工具。

1.1　总体与样本

统计学的研究对象是数据，但是研究的目的绝不只是手上的数据，而是希望理解产生数据的运行规则。现代统计学的很多理论都是基于概率论来描述产生数据的那个未知世界。总而言之，统计学通过研究所能观察到的个体数据来达到解释总体特征的目的。

1.1.1　数据

这个时代深深地和数据 (Data) 联系在了一起, 似乎每个人都在谈论数据。那么什么是数据呢？数据可以是若干个数字，可以是一张表格，可以是一段书面文字或者语音，也可以是几张图片或者一段视频。在这个世界里面，数据呈现出了丰富多彩的形态。在一个特定研究里面收集到的数据集合，我们又称之为**数据集** (Data set)。比如说，在做审计的时候，审计人员可能会随机抽出一些财务报表出来审核，这些抽取出来的所有财务报表自然就是这次审计的一个数据集。审计的目的不是看看抽取出来的财务报表有无问题，而是希望搞清楚相关企业的财务状况、运营情况等。

这里围绕着数据，还有一些概念和名词需要作出介绍。数据的采集对象在统计学里面会称作**元素** (Element)；元素的一个特征则称为**变量** (Variable)；在一次研究中，某个元素上所采集变量的取值称为一个**观察值** (Observation)。

我们来看一个例子。假设客户有八张图片，而且告诉统计学家这些图片来自同一个字母，并且希望弄清楚真实的字母是什么：

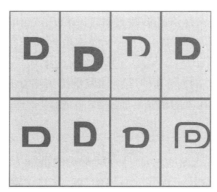

---

① https://www.nsf.gov/mps/dms/documents/Statistics_at_a_Crossroads_Workshop_Report_2019.pdf

对于客户来说，他觉得自己已经提供了足够的数据和信息。当拿到了这批数据之后，统计学家明白现在有 8 个观察值，所要了解的元素是字母，且这批观察值来自 26 个字母中的一个字母。所有的观察值可能只是这个字母同一部分的不同字体图片，因此对于统计学家来说，实际上这个 8 个数据蕴含的有用信息 (Information) 非常有限。客户和统计学家在数据和信息上的认知显然存在着差别，然而这恰恰是现实中经常碰到的情况。越多的数据并不必然意味着越多的有用信息。我们的先验 (Prior) 知识会告诉我们，能够形成这些图片的字母有四个：B、D、P、R (这里允许 8 张图片只展现字母的一部分)，而从这 8 个观察值中想要 100% 确定是哪个字母根本不可能。其实这 8 张图片是我们有意盖住了字母的下半部分，真实情况如下图所示：

对于统计学家而言，理解这一点并不困难，可是客户往往不能明白自己数据蕴含的信息并不能满足他的分析需求，甚至可能会质疑统计学是不是能帮助他解决问题。因此，统计学家能够较早地参与到数据获取的过程中，将会有效提高数据的质量，从而使得客户的需求得到更好的满足。比如说，合理的抽样方法 (Sampling) 就非常重要，在下一小节中，我们将介绍一些常用抽样方法。

1.1.2　抽样方法

所谓**总体** (Population)，指的是我们研究中感兴趣的所有元素的集合。比如说，我们希望了解太湖的水质污染情况，那么我们研究的总体就是整个太湖，显然把整个太湖蕴含的数据信息全部提取出来并不可行。

而从总体里面采集出来的部分个体形成的集合被叫做**样本** (Sample)。在上例中，我们为了分析太湖水质的时候，从太湖里面提取一定量的水出来分析，这个提取的过程就是一种抽样。当然如何去提取就会涉及设计方案的问题，这些和研究目的、**目标总体** (Target population) 的特点都有关联，也是统计学艺术属性的一面。如果所设计的抽样方案不当，那么可能会出现**取样总体** (Sampled population)与目标总体不一致的情况，这样抽取的数据很有可能带来结论性的谬误。

我们在做统计分析的时候，无论是进行**试验设计** (Experimental design) 还是**观察性研究** (Observational study)，其实都是在分析样本数据，并基于样本数据对总体的特征进行**统计推断** (Statistical inference)。不同之处在于，试验设计是统计学家通过一些设计方案主动从总体中抽取样本数据，而观察性研究则是在已经生成的数据集中按照某种准则抽取部分或者全部样本数据进行分析。我们在本书中不会对试验设计和观察性研究做具体的讲解，但是我们将介绍一些基本的抽样方法。

1.1.2.1　简单随机抽样

简单随机抽样 (Simple random sampling) 是一种常见的抽样方法。该方法让总体中 N 个元素以同等的概率被独立抽取出来，因此这是一种基于概率的抽样方法。简单随机抽样又分为**重复抽样** (Sampling with replacement) 和**不重复抽样** (Sampling without replacement)。重复抽样表示一个元素被抽中之后，还有可能被继续抽取出来；不重复抽样则不会如此。在很多社会调查研究中，往往采用的是不重复抽样，比如我们希望了解某批次水果的质量，我们可能会随机抽取出若干个水果出来查看。重复抽样的例子也非常多，比如玩飞行棋的时候掷色子，而掷色子的过程就相当于从 6 个数字中可重复地抽取一个数字出来决定走几步；或者足球比赛中裁判通过扔硬币来决定哪个队伍先开球，其实也是从正反两个状态中进行随机地重复取样。

我们可以使用 R 的 sample 函数来实现简单随机抽样。比如说，我们想从 $\{1, 2, \cdots, 10\}$ 中可重复地随机取出 5 个数，则可以使用以下代码：

```
a = 1:10
sample(a, 5, replace = T)
```

```
## [1] 3 5 4 5 5
```

如果想不重复地随机取出 5 个数，则可以执行：

```
sample(1:10, 5)
```

```
## [1] 6 2 3 1 9
```

虽说简单随机抽样比较容易理解，但在早期计算机还不够强大时，人们在进行实际调查工作中，如果总体的数目 N 非常大，如何能够确保简单随机的方式就成为一个问题。此时我们需要一些其他的抽样手段，如下一小节的抽样方法。

1.1.2.2 系统随机抽样

如果我们将总体元素进行某种编号，然后随机地选择第一个元素编号，再按照固定间隔选择后续的样本，那么这种方法就叫做系统随机抽样 (Systematic sampling)。比如我们在做电话调查时，可以先将电话号码按照某种顺序进行排列，然后先随机确定第一个电话号码并进行拨打，接着每隔 6 个 (间隔数目可以自己选定) 选取一个号码拨打，直到达到我们需要的样本量为止：

相较于简单随机取样方法而言，系统随机方法具有一定的经济性。然而如果碰到的总体元素存在周期性变化，那么我们使用这种方法抽样就不能充分反映出总体中元素的差异性。

1.1.2.3　分层随机抽样

实施分层随机抽样 (Stratified random sampling) 的方案时，我们需要先将总体按照某种方式分成若干组，在每个组中采用简单随机抽样的方式来进行抽样。如果分组变量 (Strutum) 选择比较好，使得每个组里面的数据分布差异较小，那么这样抽样就能够取到比较高质量的样本。当然要做到这一点需要我们对于如何选择合适的分组变量比较有把握。

那么什么情况下采用分层随机抽样呢？我们用一个例子来说明。假如有一种病的发病率在 1%。假设我们需要抽出 100 个人的样本来分析该病的某些情况，那么采用简单随机抽样的方法来抽取样本时，100 个人的样本里面病患者数目为零的概率是 $0.99^{100} \approx 0.366$。也就是说，如果我们随机抽取 100 个样本，存在不低于三分之一的可能是样本中一个患者都没有，那么就会对后续研究产生影响。因此，在这种不平衡组存在的时候，分层随机抽样方法就有了用武之地：将是否患病作为分组的依据，然后再分别对未患病和患病组进行简单随机抽样即可。

R 有个软件包 sampling 可以用来帮助实现分层随机抽样。我们将使用纽约市地区的一个住房数据 housing.csv[①]来阐述如何使用该软件包进行分层随机抽样。

```
housing = read.csv("data/housing.csv")
head(housing, n = 2)
```

```
##   Neighborhood        Class Units YearBuilt    SqFt
## 1    FINANCIAL R9-CONDOMINIUM    42      1920   36500
## 2    FINANCIAL R4-CONDOMINIUM    78      1985  126420
##    Income IncomePerSqFt Expense ExpensePerSqFt
## 1 1332615         36.51  342005           9.37
## 2 6633257         52.47 1762295          13.94
```

---

① https://www.jaredlander.com/data/

```
##    NetIncome     Value ValuePerSqFt        Boro
## 1     990610   7300000        200.0 Manhattan
## 2    4870962  30690000        242.8 Manhattan
```

```
table(housing$Class) # 不同房型的数目
```

```
##
## R2-CONDOMINIUM R4-CONDOMINIUM R9-CONDOMINIUM
##            441           1883            237
## RR-CONDOMINIUM
##             65
```

```
library(ggplot2)
ggplot(housing,aes(x=Expense)) + geom_histogram() + facet_wrap(~Class)
```

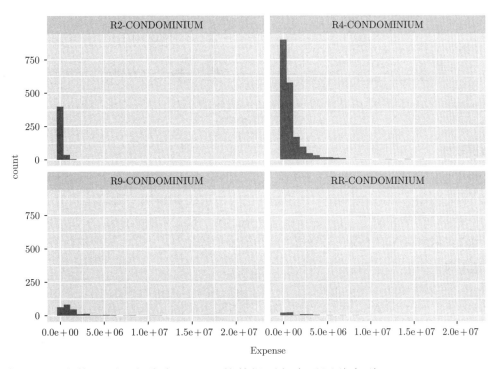

在这个 CSV 文件里面，名称为 Class 的数据列包含了四种房型：R2-CONDOMINIUM、R4-CONDOMINIUM、R9-CONDOMINIUM、RR-CONDOMINIUM，且第四种房型的住房比较少。名称为 Expense 的数据列则包含了住房每年所需要的一些维护保养等的花费。我们按照不同的房型画出了住房的费用分布，可以看得出来对于每个房型而言费用的分布比较集中。假设我们需要从这个数据集里面取出 100 个观察值，那么分层随机抽样就是一个不错的选择。我们使用下面的代码依次从这四个房型中抽出 20、40、20、20 个数据：

```
library(sampling)
# 确定分层抽样对应的数据指标
```

```
StratifiedID = strata(housing, c("Class"), c(20,40,20,20), method="srswor")
Stratified = getdata(housing, StratifiedID) # 提取抽样数据
ggplot(Stratified,aes(x=Expense)) + geom_histogram() + facet_wrap(~Class)
```

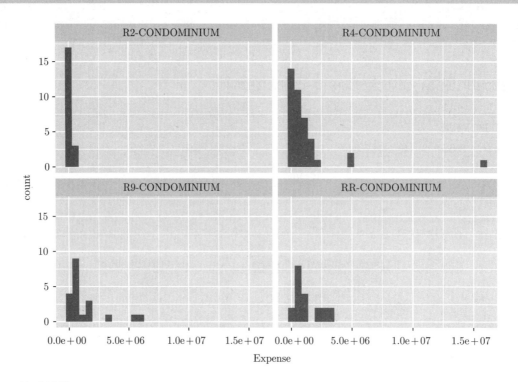

1.1.2.4 整群抽样

整群抽样 (Cluster sampling) 也是一种先分类再抽样的方法。首先我们需要将总体分成若干个互不相交的 K 个群 (Cluster)，接着采用简单随机抽样的方法从这 K 个群中抽取出若干个群，那么这些抽取出来的群就是我们的样本数据。与分层随机抽样不一样，在选择群的时候，我们希望群内的数据能够有较大的差异性。如果群内的分布状况与整个总体的分布状况类似，那么整群抽样的效果就会比较好。

我们继续考虑上一小节中考虑的住房数据：

```
num.community = length(levels(factor(housing$Neighborhood))) # 街区数目
num.community
```

[1] 151

由此可见，我们看到这个文件里面包括了 151 个街区。为了节省资源，我们不妨采用整群抽样的方法，随机地从这些街区中抽出 6 个街区出来用以统计分析：

```
# 确定整群抽样对应的数据指标
ClID = cluster(housing, c("Neighborhood"), size=6, method="srswor")
ClData = getdata(housing, ClID) # 提取抽样数据
ggplot(ClData,aes(x=Expense)) + geom_histogram() + facet_wrap(~Neighborhood)
```

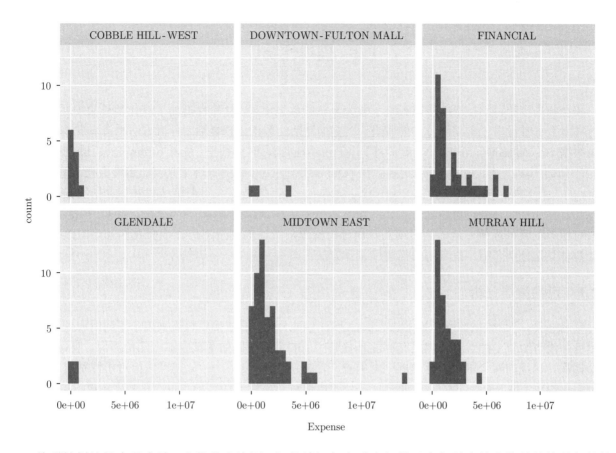

整群抽样比较容易实施，也能节省资源，但是希望每个群内部的元素都具有较大的差异性并能够较好地反映总体的分布特征并不现实，因此可能导致后续的统计分析出现偏差。

1.1.2.5 便利抽样

前面介绍的几种抽样方法都是基于概率的抽样。然而在很多场景下，我们由于各种原因并不能采用随机抽样的方式来获取样本。比如在疫苗研发试验阶段，如果采用随机抽样的方式决定谁来接受这些人体试验，那么显然就会存在伦理道德的风险，毕竟在现代社会强迫人类接受一些人体试验已经不太现实。此时一种常用的非概率抽样方法——便利抽样 (Convenience sampling) 就成为现实的选择。这种抽样不考虑概率，而是考虑"便利"。那么在这种人体试验中，招募志愿者显然就是比较"便利"的抽样方式。

又比如，我们欲对上海市老年人的幸福感及其影响因素进行调查。简单方便起见，我们在公园、超市等老年人经常出入的地方进行街头偶遇调查。这就是便利抽样。便利抽样的优点就是简单、节约成本。但是从这个例子不难看出便利抽样的一个重要缺点，即样本的代表性可能严重不足。在这个例子中，在公园、超市等处偶遇的老年人显然不能作为所有老年人的一个充分的代表，因此结论容易有偏差。

1.1.2.6 判断抽样

判断抽样 (Judgment sampling) 也是一种非概率抽样方法。这种抽样方法和便利抽样不太一样，它会涉及一些判断，也就是说有人对研究的背景比较熟悉，从而制定了一些选取样本的准则。样本的选取就会按照这种准则来进行。比如在两会期间，记者可能会根据自己了解到的代表信息，就一些问题选取一些代表来回答，那么这就是一种判断抽样。

1.2 描述性统计

社会的进步和科学技术的发展带来了愈为复杂的数据出现，从而也推动了统计学科的发展。本书处理的样本数据都做出了独立同分布的假设。当更加复杂的数据出现之后，分析方法也会出现变化，比如 **截面数据** (Cross-sectional data)、**时间序列** (Time series)、**时空数据** (Spatio-temporal data)、**网络数据** (Network data) 等。通常而言，**定量数据** (Quantitative data) 的分析工具要比**定性数据** (Qualitative data) 的工具多些。**描述性统计** (Descriptive statistics) 指的是那些用来总结和展示数据的图表以及数值方法。描述性统计分析可以让分析人员对于数据有更加直观的认识，并发现数据的一些特征和问题，增强对业务场景的理解，从而为后续的建模分析做出启发性的铺垫工作。下面我们就定性数据和定量数据两种类型分别介绍一些常用的描述性统计方法。

1.2.1 定性数据分析

顾名思义，定性数据的取值通常只有属性上的不同水平。即使采用数值来表示不同的属性水平，取值本身并没有数值上的意义，但是有可能具备顺序上的意义。比如考试成绩可能是"优、良、中、差"四个档次，这里的四个水平就存在顺序上的意义，即：优 > 良 > 中 > 差。然而对于性别这个变量而言，无非就是"男"或者"女"，这两个水平上的取值只是属性上的差异，并没有顺序之说。实际上，统计学专业有一门课程《属性数据分析》(Categorical data analysis) 专门来介绍这类数据的建模分析方法。在本小节中，我们将集中在描述性的工具来分析，并不涉及建模等。

对于这类数据，常用的描述性统计分析工具包括：

- 频数 (Frequency)、频率 (Relative frequency)、百分比频率 (Percent frequency)
- 条形图 (Bar graphs)
- 饼状图 (Pie charts)

我们依然使用之前的纽约公寓 (Condominium) 住房数据集来介绍相关的描述性统计分析工具。该数据集包含了纽约市 2626 家出租公寓住宅小区的数据信息，其中有 13 个变量，如表1.1所示。

表 1.1: 数据集的变量说明

变量	说明
Neighborhood	所处街区
Class	公寓的房型
Units	住房数目
YearBuilt	建筑年份
SqFt	总面积 (单位：平方英尺)
Income	总出租收入 (单位：美元)
IncomePerSqFt	每平方英尺的收入 (单位：美元)
Expense	维护等总花费 (单位：美元)
ExpensePerSqFt	每平方英尺的费用 (单位：美元)
NetIncome	净收入 (单位：美元)
Value	市场总售价 (单位：美元)
ValuePerSqFt	每平方英尺价格 (单位：美元)
Boro	所隶属的行政区

首先，我们可以使用下面的代码得到四种房型的频数、频率和百分比频率 (见表 1.2)。

```
library(scales)
# 得到频数表并转化为Data Frame格式
HouseClass = as.data.frame(table(housing$Class))
names(HouseClass)[1] = "Class"
HouseClass$ReFreq = HouseClass$Freq/sum(HouseClass$Freq)
HouseClass$Perc = percent(HouseClass$ReFreq)
```

表 1.2: 不同房型频数与频率分布

房型	频数	频率	百分比频率
R2-CONDOMINIUM	441	0.1679	16.8%
R4-CONDOMINIUM	1883	0.7171	71.7%
R9-CONDOMINIUM	237	0.0903	9.0%
RR-CONDOMINIUM	65	0.0248	2.5%

由表1.2可以看出，纽约市的公寓以 R4 这种房型为主，占到七成以上，而 RR 这种房型只占 2.5%。如果我们打算投资纽约的房地产出租房，是否需要考虑增加 RR 类型的住宅供给，还是继续在主流的 R4 和 R9 两种房型中做投资考虑呢？我们将在后面针对该数据集的数值型变量做出进一步的统计分析，再来看看这个数据能告诉我们什么。

条形图按照指定的类别变量，在其不同取值水平上按照各自的频数/频率/百分比频率绘制长方形的条形图案，以便比较。饼状图绘制一个圆形，并根据所关心变量在不同水平上的频率来将 360 度按照这些频率进行分割，最后使用不同颜色给每个扇面上色，从而达到视觉上有效区分的目的。饼状图多用于表达频率，也就是说我们通过绘制饼状图来观察某变量在不同水平上的比例，我们这里更加关心的是一个占比的关系。下面的程序代码用来产生条形图和饼状图 (如图 1.1 所示)，是表1.2的可视化展示。

```
library(ggplot2)
# 绘制条形图
ggplot(HouseClass, aes(x = Class, y = Freq)) +
geom_bar(stat="identity", fill="lightblue", colour="black") +
ylab("Frequency")


# 绘制饼状图
HousePie = ggplot(HouseClass, aes(x="", y=Freq, fill=Class))
HousePie = HousePie + geom_bar(width = 1, stat = "identity")
HousePie = HousePie + coord_polar("y", start=0)


# 移走极坐标，加上比例信息，使用手工设置的调色板
# 创建一个空白的主题
blank_theme <- theme_minimal()+
theme(
```

```
axis.title.x = element_blank(),
axis.title.y = element_blank(),
panel.border = element_blank(),
panel.grid=element_blank(),
axis.ticks = element_blank(),
plot.title=element_text(size=14, face="bold")
  )

# 手动设置配色、说明等
HousePie + scale_fill_manual(values=c("#FFA500", "#EE9A00",
"#FFE4C4","#FFD700"),
name=names(HouseClass)[1],
labels=c("R2", "R4", "R9", "RR")) +
  blank_theme + theme(axis.text.x=element_blank(),
legend.background = element_rect(fill="gray90",
size=.5, linetype="dotted")) +
geom_text(aes( label = Perc), position = position_stack(vjust = 0.5),
size=5) + ggtitle("CONDOMINIUM")
```

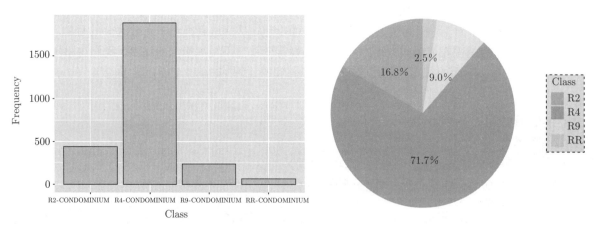

图 1.1：不同房型的分布

1.2.2 定量数据分析

定量数据总是数值型的，可能是表示多少个 (离散型)，或者是非计数的数值 (连续型)。定量数据可以通过某种变换转变为定性数据，因此上一小节介绍的工具也都可以用于定量数据的分析。比如，我们可以将定量数据分成 5~20 组，每组的取值范围大小相当 (如果出现太小的组，比如只有 1~2 个观察值，那么可以跟邻近的组进行合并)。

1.2.2.1 数值分析方法

对于数值型数据 (假设为 $x_1, x_2, \cdots, x_n$)，我们可以计算如下的描述性数值，也是本书后面会介绍到的所谓**统计量** (Statistic):

- 样本均值 (Sample mean): $\bar{x} = n^{-1} \sum_{i=1}^{n} x_i$
- 样本分位数 (Sample quantile): $\hat{\xi}_\tau = x_{([(n+1)\tau])}$，其中 τ 表示分位数水平，$[\cdot]$ 表示向下取整运算，而 $x_{(k)}$ 则表示数据从小到大排序后的第 k 个数
- 样本方差 (Sample variance): $s^2 = (n-1)^{-1} \sum_{i=1}^{n} (x_i - \bar{x})^2$
- 样本标准差 (Sample standard deviation): $s = \sqrt{(n-1)^{-1} \sum_{i=1}^{n} (x_i - \bar{x})^2}$
- 样本极差 (Range): $\hat{R} = x_{(n)} - x_{(1)}$
- 四分位距 (Interquartile range): $\widehat{IQR} = x_{([0.75(n+1)])} - x_{([0.25(n+1)])}$

从统计学的角度而言，均值和分位数可以用来描述位置信息。方差、标准差、极差和四分位距是用来度量数据的离散或者波动程度。均值、方差、标准差和极值比较容易受到最大值和最小值的取值影响，而在给定分位数水平 $\tau \in (0,1)$ 时，最大值和最小值对于 τ 水平分位数则没有什么影响。这也是为什么我们有时候会考虑四分位距来度量数据波动性的原因。

我们继续分析纽约市的住房数据。将费用 (Expense) 的样本取值范围等分为 10 组，具体如表 1.3所示。

```
# 确定分割点
a = min(housing$Expense); b = max(housing$Expense)
sep = a + c(0,cumsum(rep((b-a)/10,10)))
# 对数据分组
SepExpense = cut(housing$Expense, breaks = sep, include.lowest = TRUE)
```

我们使用 table 命令得到频数值之后，对应的区间需要做一些字符串的处理才能得到表1.3中的输出式样。这里定义的 IntervalToLaTex 函数只适用于科学记数法表示的区间，否则需要做相应改动。具体代码如下：

```
CutData = as.data.frame(table(SepExpense)) # 各房型频数
library(stringr)
# 通过正则表达式将字符串按照 "e" 或者 "," 分割成几个子字符串
a = str_split(string = CutData$SepExpense, pattern = "e|,")
# 定义处理上面区间字符串的函数，形成便于 LaTex 处理的文本形式
IntervalToLaTex = function(x)
{
  Strings = NULL
  for(i in c(2, 4))
  {
# 指数中第一个非零数字的位置
    pos1=str_locate(x[i], pattern="[1-9]")
    pos1=pos1[1,1]
```

```
# 区分区间中间的指数和右端的指数
    if(i==2){
        j=-1; End = ""
    }else{
        j=-2; End = "]"
    }
# 添加LaTex里面的乘号以及指数表达式
    a1=paste("{\\times}10^{","}",sep=str_sub(x[i],pos1,j))
    a1 = paste(x[i-1], End, sep = a1)
    Strings = c(Strings, a1)
  }
paste("$","$",sep=paste(Strings[1],Strings[2],sep=","))
}
# 创建新的Data Frame类变量
NCutData = data.frame(区间=sapply(a, FUN = IntervalToLaTex), 频数=CutData$Freq,
百分比=paste(as.character(round(CutData$Freq/sum(CutData$Freq)*100,2)),"%",
sep="\\"))
# 采用Knitr包里的命令自动生成表格 (rmarkdown编译时可以直接产生LaTex表格)
knitr::kable(
  NCutData, caption = '公寓房按照费用区间分组',
booktabs = TRUE,
escape = FALSE
)
```

表 1.3: 公寓房按照费用区间分组

区间	频数	百分比
$[1.74{\times}10^3, 2.18{\times}10^6]$	2369	90.21%
$(2.18{\times}10^6, 4.36{\times}10^6]$	184	7.01%
$(4.36{\times}10^6, 6.53{\times}10^6]$	45	1.71%
$(6.53{\times}10^6, 8.71{\times}10^6]$	15	0.57%
$(8.71{\times}10^6, 1.09{\times}10^7]$	3	0.11%
$(1.09{\times}10^7, 1.31{\times}10^7]$	5	0.19%
$(1.31{\times}10^7, 1.52{\times}10^7]$	2	0.08%
$(1.52{\times}10^7, 1.74{\times}10^7]$	1	0.04%
$(1.74{\times}10^7, 1.96{\times}10^7]$	1	0.04%
$(1.96{\times}10^7, 2.18{\times}10^7]$	1	0.04%

由此可见，超过 90% 的住房的费用都落在第一个区间内，说明这些公寓房的维护等费用总体上差异较小。为了弄清楚在上一小节我们提出的问题，即如何投资这些公寓房，我们需要从原始数据集中创建一些新的变量：

1. 使用每个住宅小区的总面积除以小区的住房数目，从而得到"平均住宅面积"；
2. 使用每个住宅小区的净收入除以小区的总面积，从而得到"单位面积利润"。

然后我们再根据四种房型求出各自的分类平均值，得到表 1.4，代码如下：

```
housing$AvgSqFt = housing$SqFt/housing$Units # 平均住宅面积
housing$NIPFt = housing$NetIncome/housing$SqFt # 单位面积利润
# 分组求平均
result1 = aggregate(ExpensePerSqFt~Class, housing, mean)
result2 = aggregate(AvgSqFt~Class, housing, mean)
result3 = aggregate(NIPFt~Class, housing, mean)
# 合并平均值
result = merge(merge(result1, result2),result3)
result = merge(result, result3)
names(result) = c("房型","单位面积费用","平均住宅面积","单位面积利润")
```

表 1.4: 不同房型的对比

房型	单位面积费用	平均住宅面积	单位面积利润
R2-CONDOMINIUM	11.70	8.157	1116
R4-CONDOMINIUM	19.48	9.642	1457
R9-CONDOMINIUM	19.24	9.945	1179
RR-CONDOMINIUM	20.35	8.844	1064

那么从表1.4可见，单位面积利润最高的房型其实是 RR-CONDOMINIUM，而从单位面积费用上来看，这种房型排在倒数第二。然而从图1.1上可以看出，RR-CONDOMINIUM 的可用住房仅占 2.5%，供应量最大的可租房型是平均住宅面积最大的 R4-CONDOMINIUM。因此我们应该采用第 1.1 节中介绍的抽样方法进一步调研纽约市中对于较小面积的住房的需求情况。如果恰好有比供给更多的需求存在 (比如整体租金的涨价等因素导致对于较小户型的需求增加)，那么显然投资 RR-CONDOMINIUM 房型将会是个非常不错的选择。

1.2.2.2 直方图和箱线图

在上一小节中，我们把数据等分并统计了分组频数及频率，实际上对于连续的数值型数据，我们经常使用**直方图** (Histogram) 来刻画数据的分布状况。直方图的绘制过程首先需要基于某种方式进行分组，然后计算得到频数/频率/百分比频率，最后使用类似于条形图中的长方形来表示这些统计量。直方图与条形图的一个显著性差别在于：条形图由于绘制的变量是离散分布的，因此分割比较自然清晰，然而直方图并无清晰的分割方法。理论上，随着样本量的增加，分组的区间宽度也可以适当减小，而且两者之间存在着一定关系。可以设想，如果区间太窄，导致每个区间里面的数据就只有一个或者没有，那么这个直方图就过于注重细枝末节而忽视了整体状况，这样绘制出来的直方图也就意义不大。再设想一种情况，如果我们的区间过宽，导致所有的数据都装在了同一个区间内，那么我们的直方图也就只有一个长方形绘制出来，那么也无法体现出分布的整体状况。因此大体的准则就是数据量越大，可以选择越窄的分组区间，而数据量越小，则反之。通常而言，我们就选择 5~20 组。当然，数据量很大的时候，超过 20 组也没有问题。

箱线图 (Boxplot) 也是一种分析连续型数据分布的可视化工具。通常包含了 5 个重要的数值:

- 中位数 (Median): $\tau = 0.5$ 水平上的分位数
- 第一四分位 (First quartile): $\tau = 0.25$ 水平上的分位数
- 第三四分位 (Third quartile): $\tau = 0.75$ 水平上的分位数
- 上边缘数 (Upper whisker): $x_{([0.75(n+1)])} + 1.5\widehat{IQR}$
- 下边缘数 (Lower whisker): $x_{([0.25(n+1)])} - 1.5\widehat{IQR}$

如图 1.2 所示。

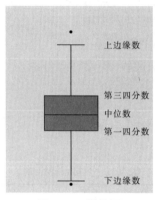

图 1.2:箱线图

现在我们来分析一个 ggplot2 包自带的数据集 diamonds:

```
head(diamonds, n = 3)
```

```
## # A tibble: 3 x 10
##   carat cut       color clarity depth table price     x
##   <dbl> <ord>     <ord> <ord>   <dbl> <dbl> <int> <dbl>
## 1  0.23 Ideal     E     SI2      61.5    55   326  3.95
## 2  0.21 Premium   E     SI1      59.8    61   326  3.89
## 3  0.23 Good      E     VS1      56.9    65   327  4.05
## # ... with 2 more variables: y <dbl>, z <dbl>
```

```
dim(diamonds)
```

```
## [1] 53940    10
```

数据集里面有近 54000 颗钻石的信息,包括了价格、重量 (克拉)、切割、颜色、纯度等。其中价格和重量可以看成是连续性数值变量,而切割、颜色和纯度都是取值具有顺序意义的离散变量。我们先绘制出钻石重量的直方图,接着再按照颜色分类分别绘制出重量的直方图:

```
ggplot(data=diamonds) + geom_histogram(aes(x=carat))
ggplot(diamonds,aes(x=carat))+geom_histogram()+facet_wrap(~color)
```

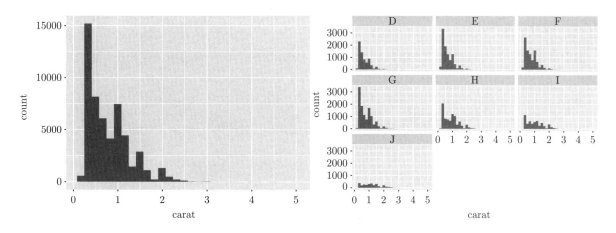

由上图可见，大部分的钻石都分布在小于 1 克拉的范围内，然而随着颜色等级由 D 向 G 变化，重量的分布变得比较均衡起来。这是个有趣的现象，实际上颜色等级越靠近 D，则品质越高，而越靠近 J 则品质越低，因此在这个数据集中，我们可以看到等级较低的钻石重量分布更加均匀，重量大颜色好的钻石相对稀缺。那么是不是自然界中的钻石就会服从这样的一个规律呢？再思考这样一个问题：数据集里面有一个切割 (cut) 的变量，也就是说这些钻石都经过了加工，那么会不会是因为很多颜色品质较差而且重量小的钻石因为缺乏市场价值而没有被加工呢？从颜色等级的降低带来的这种分布越发均匀化的规律来看，我们认为很大可能是这种人为的选择导致了分布的变化，自然界中的钻石总体分布未必如此。

我们再看看下面的箱线图：

```
ggplot(diamonds,aes(y=carat, x=1)) + geom_boxplot()
ggplot(diamonds,aes(y=carat, x=cut)) + geom_boxplot()
```

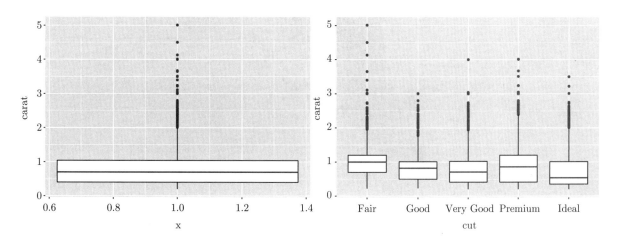

我们可以观察到一个现象：钻石的重量中位数似乎随着切割的等级上升在下降，这也比较合理，毕竟要切割出品质好的那部分钻石，必然要有较多的损耗。但是在 Premium 这个等级上中位数出现了上升，接着到了 Ideal 这个级别又维持着下降的趋势。这里面很有可能又一次存在着人为选择的现象。随着切割等级的提高，通常所需的人力物力更大一些，虽然价格在上涨，但是损耗、原料、人力成本等也会提高。因此存在一种较大的可能性：切割等级达到 Premium 的时候，投入和收益达到了一个比较好的状态，从而没有必要再去追求达到 Ideal 切割的等级。

1.2.2.3 线性相关性分析

前面我们都是针对一个变量加以分析，现在我们来介绍两个变量间的相关性分析。假设我们从第 i 个个体上收集了数据 (x_i, y_i), $i = 1, \cdots, n$。样本协方差定义为

$$\widehat{\text{Cov}}(X, Y) = (n-1)^{-1} \sum_{i=1}^{n} (x_i - \bar{x})(y_i - \bar{y}).$$

样本的线性相关系数则定义为

$$\hat{\rho} = \frac{\widehat{\text{Cov}}(X, Y)}{s_X s_Y},$$

其中 $s_X = \sqrt{\frac{\sum_{i=1}^{n}(x_i - \bar{x})^2}{n-1}}$, $s_Y = \sqrt{\frac{\sum_{i=1}^{n}(y_i - \bar{y})^2}{n-1}}$。该系数取值范围在 -1 到 1 之间，越接近 -1 表示线性负相关越强，越接近 1 则表示线性正相关越强。

很多人都听说过这样一个说法：钻石的价格是按照重量指数上升。我们可以利用之前的 diamonds 数据集看看这个说法是否有道理：

```
cor(diamonds$carat, diamonds$price) # 价格和重量的相关系数
g = ggplot(diamonds, aes(x =carat, y= price))
g + geom_point()
```

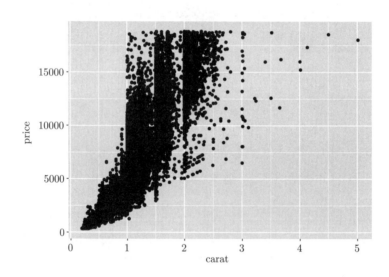

两者的相关系数超过了 0.9，说明两者线性相关性很强，然而两者的散点图则展现出了非线性的相关性，因此这里的相关系数还不能完全反映出两者的相关性。在上一小节中，我们曾介绍颜色等级越接近 D 表示品质越高，越接近 J 表示品质越差。如果我们不熟悉钻石的这些指标，其实也可以让市场定价告诉我们：

```
g + geom_point(aes(color=color))
```

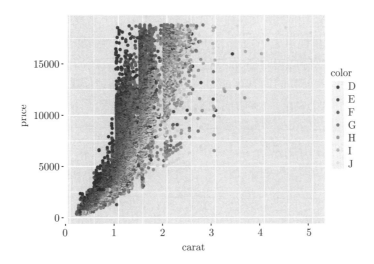

上图的颜色渐变充分说明在重量给定的情况下,钻石颜色越接近 D,则整体市场价格越高,从而说明颜色等级 D 表示品质最高,J 表示品质最低。

对于多个变量的两两之间的相关系数,也依然可以使用 R 函数 cor 来得到。R 包 GGally 则基于 ggplot2 编写了一个可绘制变量两两之间散点图的函数 ggpairs。我们用 R 自带的数据集 economics 来做个介绍。该数据集包含 574 个观察值和 6 个变量:

- date:数据收集的日期
- pce:个人消费支出 (单位:10 亿美元)
- pop:总人口 (单位:千人)
- psavert:个人储蓄率
- uempmed:失业时长 (单位:周数)
- unemploy:失业人数 (单位:千人)

图1.3 包含了 6 个变量两两间的散点图。从图 1.3 中可以看出,美国人口随着时间大致呈现出线性

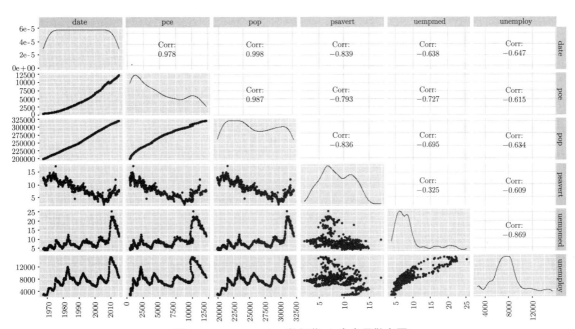

图 1.3:economics 数据集 6 个变量散点图

增长的趋势，相应地个人消费支出也基本呈现出线性增长。失业人数和失业时长都呈现出一定的周期性。个人存储率随着时间变化呈现出先下降后上升的趋势，而且伴随着经济周期波动的影响。美国人不太有存钱的习惯，喜欢信用消费和支出，个人存储率整体不高，在 2005 年左右达到谷底，后又有些提升。在 2005—2010 年，个人存储率的回升可能跟失业人数和失业时长飙升有关，美国人开始注意控制消费，多存钱以防万一了 (见图1.4)，两者的线性相关系数 $\hat{\rho}$ 则达到了 0.835。

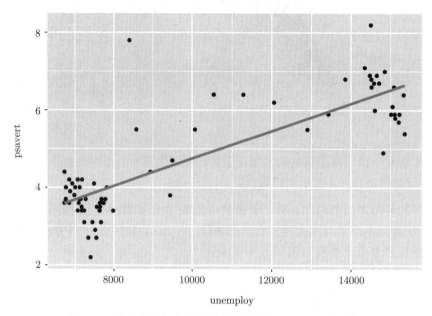

图 1.4：失业人数与个人储蓄率散点图 (2005—2010 年)

从上面一系列的描述性统计分析可以看出，数据可以告诉我们很多东西。当我们熟悉业务场景，仔细理解，很可能通过一些简单的描述性分析就挖掘出一些规律性的信息，而这正是统计分析的目的所在。我们一再强调对于实际场景的理解，我们甚至认为这是做好统计分析的第一要素，脱离了实际问题背景而只关注数据本身，无益于数据分析。

练习题1

1. 使用 R 包 rmarkdown 编辑以下公式：

$$\begin{cases} x^2 + y^2 = 5, \\ x - y = 1. \end{cases}$$

2. 利用 R 包 ggplot2 为 diamonds 数据集中的切割变量 (cut) 绘制类似于图1.1的饼状图，并自己进行配色。

3. 模仿书中有关 shiny 包的例子，设计一个小应用。在应用中，自动绘制产生于均匀分布 $U(a,b)$ 的直方图，其中 a 和 b 可由用户从界面上输入，同时允许用户输入产生随机数的数目。

4. 利用 R 包 gcookbook 中的数据集 cabbage_exp 绘制出如图 1.5 的直方图。

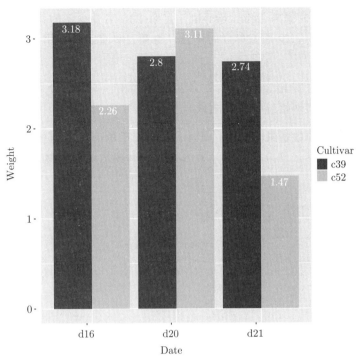

图 1.5：不同品种以及栽培日期的卷心菜重量条形图

5. 表1.5是 20 名客户对一家酒店的评分。请使用 ggplot2 的 brewer 命令来使用已经设置好的调色板配色方案 (scale_fill_brewer(''Blues'')) 绘制如图1.6的饼状图。

表 1.5: 20 位客人给一家酒店的评分数据

Below Average	Average	Above Average	Above Average	Above Average
Above Average	Above Average	Below Average	Below Average	Average
Poor	Poor	Above Average	Excellent	Above Average
Average	Above Average	Above Average	Average	Average

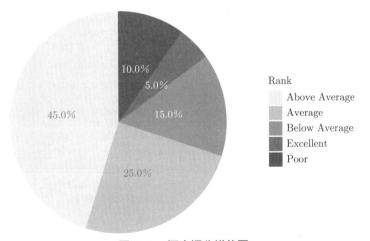

图 1.6：酒店评分饼状图

6. R 包 gcookbook 里面的数据集 uspopchange，记录了美国某段时间内不同州的人口变化数据，总共有 50 个观察值和 4 个变量：州名、州名简写、所处区域、变化量。请使用描述性统计工具来做一些分析。

7. R 包 gcookbook 里面的数据集 heightweight，记录 236 名青少年的身高体重信息，有 5 个变量：性别、以年为单位的年龄、以月为单位的年龄、身高、体重。请使用描述性统计工具来做一些分析。

8. R 包 hflights 里面的数据集 hflights，记录了 2011 年所有从美国休斯敦 IAH 和 HOU 两个机场出发的航班信息。请使用描述性统计工具来做一些分析。

9. R 包 nycflights13 里面的数据集 flights，记录了 2013 年所有从美国纽约市 JFK、LGA 和 EWR 三个机场出发的航班信息。请与本章练习第 8 题里面休斯敦的机场做对比分析。

第 2 章　概率和分布

数据本质是随机现象各种可能结果的观察值。对随机现象的结果进行分析必然依赖刻画各种随机现象的概率分布的知识，也就是概率论。因此概率论是统计学的基础。在这一章中我们将回顾概率论中的一些主要概念。更多关于概率论知识的介绍请参见经典的概率论教材 Ross (2018)、Grimmett 和 Stirzaker (2001)、李贤平 (2010) 以及王梓坤 (2007) 等。

2.1　概率论基础

概率论的核心工作是研究随机现象的统计规律性，这种规律性通常是通过对相同条件下可重复的随机现象的实验、观察来完成的。在相同条件下可重复的随机现象的实验称为**随机实验** (Random experiment)，随机实验的可能结果称为**样本点**或**基本事件**，记为 ω，而所有可能结果组成的集合称为随机实验的**样本空间** (Sample space)，记为 $\Omega = \{\omega\}$。

例 2.1 (掷硬币实验)：掷一枚硬币，若正面朝上记为 "H"，反面朝上记为 "T"。显然，此实验的样本空间为 $\Omega = \{H, T\}$。

在例2.1中，用 $\mathbb{A} = \{H\}$ 表示掷得正面朝上，显然 $\mathbb{A}$ 是 Ω 的子集。我们称 $\mathbb{A}$ 为事件。当随机实验的结果是 "H"，我们称事件 $\mathbb{A}$ 发生，否则事件 $\mathbb{A}$ 不发生。一次实验结果是随机的，事件 $\mathbb{A}$ 可能发生，也可能不发生。我们现在将此实验重复执行 N 次，观察每次实验的结果并计算，记事件 $\mathbb{A}$ 发生 (掷出正面朝上) 的频数 n 以及频率 $f = n/N$。图2.1展示了 $N = 1 \sim 1000$ 时频率的变化，并将前 5 次的频率用圆圈标出。在这一实验中我们假设这是一枚均匀的硬币，也就是每次实验出现 "H" 和出现 "T" 的可能性相等，均为 0.5。此外，表2.1展示了 1000 次中第 $1 \sim 5$ 次以及第 $996 \sim 1000$ 次的结果以及相应的频率。我们可以看出，当实验次数 N 很小时，频率 f 的波动很大，而随着 N 的增大，频率逐渐趋于一个稳定值 0.5。随机事件发生的频率趋于稳定这一事实正是随机现象的内在规律，而频率趋于的稳定值即为这一随机事件的**概率**。

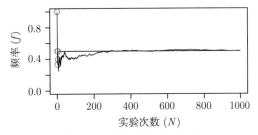

图 2.1：掷硬币的频率变化

概率的概念起源于古老的 "掷骰子" 的赌博游戏，对概率的定义在经历了古典概型、几何概型的不断探索和发展后，1933 年柯尔莫哥洛夫 (Kolmogorov) 提出了概率空间的概念，通过公理化方法定义了概率这一概念。

为了介绍概率，首先介绍随机事件及其运算，而这些均是基于集合的相关理论。

表 2.1: 掷硬币实验部分结果

实验次数 (N)	实验结果	频率 (f)
1	H	1.0000
2	T	0.5000
3	T	0.3333
4	H	0.5000
5	T	0.4000
$\vdots$	$\vdots$	$\vdots$
996	H	0.5020
997	T	0.5015
998	T	0.5010
999	T	0.5005
1000	H	0.5010

2.1.1 随机事件及其运算

如前所述,对于随机实验的样本空间 Ω,Ω 的子集称为随机事件。其中,空集 $\varnothing$ 是 Ω 的子集,我们称其为**不可能事件**。Ω 也是其自身的子集,它包含了所有可能结果,因而总归会发生,我们称其为**必然事件**。

我们不难发现,复杂的事件往往是通过一些简单事件经过一系列"同时发生""或者发生""不发生"等运算得到。而这些事件的运算等价于集合的"交""并""补"运算。表2.2给出了概率语言中一些复合事件的描述以及与之等价的集合运算。

表 2.2: 事件与集合

事件	集合
事件 $\mathbb{A}$、$\mathbb{B}$ 至少发生其一	$\mathbb{A} \cup \mathbb{B}$
事件 $\mathbb{A}_1, \mathbb{A}_2, \cdots, \mathbb{A}_n$ 至少发生其一	$\bigcup\limits_{i=1}^{n} \mathbb{A}_i$
事件 $\mathbb{A}$ 和 $\mathbb{B}$ 均发生	$\mathbb{A}\mathbb{B}$ 或 $\mathbb{A} \cap \mathbb{B}$
事件 $\mathbb{A}_1, \mathbb{A}_2, \cdots, \mathbb{A}_n$ 均发生	$\bigcap\limits_{i=1}^{n} \mathbb{A}_i$
事件 $\mathbb{A}$ 不发生	$\bar{\mathbb{A}}$
事件 $\mathbb{A}$ 发生则事件 $\mathbb{B}$ 发生	$\mathbb{A} \subset \mathbb{B}$
事件 $\mathbb{A}$ 发生而事件 $\mathbb{B}$ 不发生	$\mathbb{A}\bar{\mathbb{B}}$ 或 $\mathbb{A} - \mathbb{B}$
事件 $\mathbb{A}$ 和 $\mathbb{B}$ 不能同时发生	$\mathbb{A}\mathbb{B} = \varnothing$

如果两个事件 $\mathbb{A}, \mathbb{B}$ 满足 $\mathbb{A}\mathbb{B} = \varnothing$,也就是 $\mathbb{A}, \mathbb{B}$ 不能同时发生,此时称 $\mathbb{A}$ 与 $\mathbb{B}$ **互不相容**。如果两个事件 $\mathbb{A}, \mathbb{B}$ 满足 $\mathbb{A}\mathbb{B} = \varnothing$,且 $\mathbb{A} \cup \mathbb{B} = \Omega$,也就是 $\mathbb{A}, \mathbb{B}$ 中必发生其一,但是不能同时发生,此时称 $\mathbb{A}$ 与 $\mathbb{B}$ **互逆**,或 $\mathbb{A}$ 是 $\mathbb{B}$ 的**对立事件**,即 $\mathbb{A} = \bar{\mathbb{B}}$。

"n 个事件 $\mathbb{A}_1, \mathbb{A}_2, \cdots, \mathbb{A}_n$ 至少发生其一"可以推广到可列个事件。"事件 $\mathbb{A}_1, \mathbb{A}_2, \cdots$ 至少发生其一"称为**可列个事件的并**,记作 $\bigcup\limits_{i=1}^{\infty} \mathbb{A}_i$。类似地,"事件 $\mathbb{A}_1, \mathbb{A}_2, \cdots$ 均发生"称为**可列个事件的交**,记作 $\bigcap\limits_{i=1}^{\infty} \mathbb{A}_i$。

例 2.2： 连续掷一枚硬币 3 次，若正面朝上记为"H"，反面朝上记为"T"。那么样本空间可以表示为 $\Omega = \{(H,H,H), (H,H,T), (H,T,H), (H,T,T), (T,H,H), (T,H,T), (T,T,H), (T,T,T)\}$。事件"第一次掷正面朝上"可表示为 $\mathbb{A}_1 = \{(H,H,H), (H,H,T), (H,T,H), (H,T,T)\}$。类似地，令 $\mathbb{A}_2, \mathbb{A}_3$ 分别表示第二次、第三次掷正面朝上。那么

(1) 事件 $\mathbb{B}_1$："三次都正面朝上"可表示为 $\mathbb{B}_1 = \mathbb{A}_1 \mathbb{A}_2 \mathbb{A}_3$；

(2) 事件 $\mathbb{B}_2$："三次最多有一次正面朝上"可表示为 $\mathbb{B}_2 = \overline{\bigcup_{i<j} \mathbb{A}_i \mathbb{A}_j}$；

(3) 事件 $\mathbb{B}_3$："三次中只有一次正面朝上"可表示为 $\mathbb{B}_3 = \mathbb{A}_1 \bar{\mathbb{A}}_2 \bar{\mathbb{A}}_3 \cup (\mathbb{A}_2 \bar{\mathbb{A}}_1 \bar{\mathbb{A}}_3) \cup (\mathbb{A}_3 \bar{\mathbb{A}}_1 \bar{\mathbb{A}}_2)$；

(4) 事件 $\mathbb{B}_4$："三次中最多有两次正面朝上"，显然，$\mathbb{B}_4$ 是 $\mathbb{B}_1$ 的对立事件，$\mathbb{B}_4 = \bar{\mathbb{B}}_1 = \overline{\mathbb{A}_1 \mathbb{A}_2 \mathbb{A}_3} = \bar{\mathbb{A}}_1 \cup \bar{\mathbb{A}}_2 \cup \bar{\mathbb{A}}_3$。

例 2.3： 设 $\mathbb{A}_k = \left\{ x : 0 \leqslant x \leqslant 1 - \frac{1}{k+1} \right\}$，$k = 1, 2, \cdots$。那么，$\bigcup_{i=1}^{\infty} \mathbb{A}_k = \{ x : 0 \leqslant x < 1 \}$。设 $\mathbb{B}_k = \left\{ x : 0 \leqslant x \leqslant \frac{1}{k} \right\}$，$k = 1, 2, \cdots$。那么，$\bigcap_{i=1}^{\infty} \mathbb{B}_k = \{0\}$。

在建立样本空间以及事件的集合表示之后，就可以叙述概率的公理结构了。此公理结构将给出事件和概率的严格定义。

2.1.2 概率空间

定义 2.1： 设 Ω 是样本空间，$\mathcal{F}$ 为 Ω 的一些子集构成的一个集合，若 $\mathcal{F}$ 满足：

(1) $\Omega \in \mathcal{F}$；

(2) 若 $\mathbb{A} \in \mathcal{F}$，则 $\bar{\mathbb{A}} \in \mathcal{F}$；

(3) 若 $\mathbb{A}_n \in \mathcal{F}$，$n = 1, 2, \cdots$，则 $\bigcup_{n=1}^{\infty} \mathbb{A}_n \in \mathcal{F}$，

则称 $\mathcal{F}$ 为样本空间 Ω 的 **$\sigma-$域** 或 **$\sigma-$代数** ($\sigma-$field or $\sigma-$algbra)。称 $(\Omega, \mathcal{F})$ 为可测空间 (Measurable space)，并称 $\mathcal{F}$ 中的元素为**事件**或**可测集** (Event or Measurable set)。

例 2.4： 设 $\mathcal{F}$ 是事件域，若 $\mathbb{A}_1, \mathbb{A}_2, \cdots \in \mathcal{F}$，则

(1) $\varnothing \in \mathcal{F}$；

(2) $\bigcap_{i=1}^{\infty} \mathbb{A}_i \in \mathcal{F}$；

(3) $\bigcap_{i=1}^{n} \mathbb{A}_i \in \mathcal{F}$，$\quad \bigcup_{i=1}^{n} \mathbb{A}_i \in \mathcal{F}$；

(4) $\mathbb{A}_1 - \mathbb{A}_2 \in \mathcal{F}$，其中 $\mathbb{A}_1 - \mathbb{A}_2$ 表示集合 $\mathbb{A}_1 \bar{\mathbb{A}}_2$。

例 2.5： 下面给出一些 $\sigma-$域的例子：

(1) 对任意样本空间 Ω，$\mathcal{F} = \{\varnothing, \Omega\}$ 是 $\sigma-$域；

(2) 对任意样本空间 Ω 以及 $\mathbb{A} \subset \Omega$，$\mathcal{F} = \{\varnothing, \mathbb{A}, \bar{\mathbb{A}}, \Omega\}$ 是 $\sigma-$域；

(3) 对任意样本空间 Ω，由 Ω 的所有子集构成的集合 $\mathcal{F}$ 是事件域。

定义 2.2： 设 $(\Omega, \mathcal{F})$ 是可测空间，$P = P(\cdot)$ 是定义在 $\mathcal{F}$ 上的一个实值集合函数。若 P 满足：

(1) 非负性：$\forall \mathbb{A} \in \mathcal{F}$，$P(\mathbb{A}) \geqslant 0$；

(2) 规范性：$P(\Omega) = 1$；

(3) 可列可加性：若 $\mathbb{A}_i \in \mathcal{F}$，$i = 1, 2, \cdots$ 且两两互不相容，则

$$P \left(\bigcup_{i=1}^{\infty} \mathbb{A}_i \right) = \sum_{i=1}^{\infty} P(\mathbb{A}_i),$$

则称 $P(\cdot)$ 为 $\mathcal{F}$ 上的概率，并称 $(\Omega, \mathcal{F}, P)$ 为**概率空间**。

从定义2.1和2.2可以看出，Ω 中的任一子集 $\mathbb{A}$ 是否是事件，取决于 $\mathbb{A}$ 是否属于 $\mathcal{F}$。而概率 $P(\mathbb{A})$ 只是对 $\mathcal{F}$ 中的元素，也就是可测集才有定义。如无特殊说明，本书之后讨论的 Ω 中的子集都假定是事件。下面的定理将给出概率的一些基本性质。

定理 2.1： 设 P 为概率，则 $P(\varnothing) = 0$。

证明：显然，$\Omega = \Omega \cup \varnothing \cup \cdots \cup \varnothing \cup \cdots$，由可列可加性有

$$P(\Omega) = P(\Omega) + P(\varnothing) + \cdots + P(\varnothing) + \cdots .$$

而由概率非负性可得，$P(\varnothing) = 0$。 $\qquad\square$

定理 2.2 (概率的有限可加性)：若 $\mathbb{A}_1, \mathbb{A}_2, \cdots, \mathbb{A}_n$ 为互不相容事件，则

$$P\left(\bigcup_{i=1}^{n} \mathbb{A}_i\right) = \sum_{i=1}^{n} P(\mathbb{A}_i).$$

证明：$\mathbb{A}_1 \cup \mathbb{A}_2 \cup \cdots \cup \mathbb{A}_n = \mathbb{A}_1 \cup \mathbb{A}_2 \cup \cdots \cup \mathbb{A}_n + \varnothing \cup \varnothing \cup \cdots$，由可列可加性以及定理2.1即可得证结论。

$\qquad\square$

定理 2.3： 对任一事件 $\mathbb{A} \in \mathcal{F}$，$P(\bar{\mathbb{A}}) = 1 - P(\mathbb{A})$。

证明：$\Omega = \mathbb{A} \cup \bar{\mathbb{A}}$，由有限可加性以及定义2.2中的概率的规范性可得，$1 = P(\Omega) = P(\mathbb{A}) + P(\bar{\mathbb{A}})$。 $\quad\square$

定理 2.4： 设 P 为概率，$\mathbb{A}$ 与 $\mathbb{B}$ 均为事件，若 $\mathbb{A} \subset \mathbb{B}$，则 $P(\mathbb{A}) \leqslant P(\mathbb{B})$。

证明：令 $\mathbb{C} = \mathbb{B}\bar{\mathbb{A}}$，则 $\mathbb{B} = \mathbb{A} \cup \mathbb{C}$，且 $\mathbb{A}\mathbb{C} = \varnothing$。由定义2.2中的可列可加性以及非负性可得：

$$P(\mathbb{B}) = P(\mathbb{A}) + P(\mathbb{B}\bar{\mathbb{A}}) \geqslant P(\mathbb{A}).$$ $\qquad\square$

定理 2.5 (加法公式)：若事件 $\mathbb{A} \in \mathcal{F}$，$\mathbb{B} \in \mathcal{F}$，则

$$P(\mathbb{A} \cup \mathbb{B}) = P(\mathbb{A}) + P(\mathbb{B}) - P(\mathbb{A}\mathbb{B}). \tag{2.1}$$

证明：$\mathbb{A} \cup \mathbb{B}$ 可以表示成互不相容事件的并，即 $\mathbb{A} \cup \mathbb{B} = \mathbb{A} \cup (\bar{\mathbb{A}}\mathbb{B})$。所以 $P(\mathbb{A} \cup \mathbb{B}) = P(\mathbb{A}) + P(\bar{\mathbb{A}}\mathbb{B})$。类似的，$P(\bar{\mathbb{A}}\mathbb{B}) + P(\mathbb{A}\mathbb{B}) = P(\mathbb{B})$。由此得证。 $\qquad\square$

公式(2.1)的一般推广如下。

定理 2.6 (容斥公式 (Inclusion-exclusion))：若事件 $\mathbb{A}_1, \cdots, \mathbb{A}_n \in \mathcal{F}$，则事件 $\mathbb{A}_1, \cdots, \mathbb{A}_n$ 至少发生其一的概率为

$$P\left(\bigcup_{i=1}^{n} \mathbb{A}_i\right) = \sum_{i=1}^{n} (-1)^{k-1} p_k,$$

其中 p_k 为所有可能 k 个事件交的概率之和，即

$$p_k = \sum_{1 \leqslant i_1 < i_2 < \cdots < i_k \leqslant n} P(\mathbb{A}_{i_1} \mathbb{A}_{i_2} \cdots \mathbb{A}_{i_k}).$$

例 2.6 (匹配问题)：房间里有 n 个人参加舞会。如果所有人将帽子混在一起，然后每人随机拿走一顶。求至少有一人拿对的概率。

解：以 $\mathbb{A}_i$ 记第 i 个人拿对自己的帽子 $(i = 1, \cdots, n)$，$\mathbb{B}_n$ 记 n 个人中至少有一人拿对自己的帽子。显然，$\mathbb{B}_n = \mathbb{A}_1 \cup \mathbb{A}_2 \cup \cdots \cup \mathbb{A}_n$。由容斥公式，需计算 $P(\mathbb{A}_{i_1} \mathbb{A}_{i_2} \cdots \mathbb{A}_{i_k})$，$k = 1, 2, \cdots, n$。显然，

$$P(\mathbb{A}_{i_1} \mathbb{A}_{i_2} \cdots \mathbb{A}_{i_k}) = \frac{(n-k)!}{n!}.$$

又因为 $\sum_{1 \leqslant i_1 < \cdots < i_k \leqslant n} P(\mathbb{A}_{i_1} \mathbb{A}_{i_2} \cdots \mathbb{A}_{i_k})$ 中含有 $\binom{n}{k}$ 个相同概率的项，所以

$$P(\mathbb{A}_1 \cup \mathbb{A}_2 \cup \cdots \cup \mathbb{A}_n)$$
$$= \binom{n}{1} \frac{1}{n} - \binom{n}{2} \frac{1}{n(n-1)} + \binom{n}{3} \frac{1}{n(n-1)(n-2)} - \cdots + (-1)^{n-1} \frac{1}{n!}$$
$$= 1 - \frac{1}{2!} + \frac{1}{3!} + \cdots + (-1)^{n-1} \frac{1}{n!} = \sum_{k=1}^{n} \frac{(-1)^{k-1}}{k!}.$$

我们不难发现 $\lim\limits_{n \to \infty} P(\mathbb{B}_n) = 1 - e^{-1}$。

在本小节的最后，我们给出概率的一个非常重要的性质——概率的连续性。对于事件列 $\{\mathbb{A}_n, n = 1, 2, \cdots\} \subset \mathcal{F}$，若 $\mathbb{A}_1 \subset \mathbb{A}_2 \subset \cdots$，则称这一事件列为**单调递增列**。若 $\mathbb{A}_1 \supset \mathbb{A}_2 \supset \cdots$，则称这一事件列为**单调递减列**。对于任意的一列事件，其极限不一定存在。但是单调事件列的极限一定存在。其中，递增事件列的极限为 $\lim\limits_{n \to \infty} \mathbb{A}_n = \bigcup\limits_{n=1}^{\infty} \mathbb{A}_n$，递减事件列的极限为 $\lim\limits_{n \to \infty} \mathbb{A}_n = \bigcap\limits_{n=1}^{\infty} \mathbb{A}_n$。显然，递增事件列或递减事件列的极限也属于 $\mathcal{F}$，从而可以计算其概率。

定理 2.7 (概率的连续性)：设 $\{\mathbb{A}_n, n = 1, 2, \cdots\} \subset \mathcal{F}$ 为递增或递减事件列，则

$$\lim_{n \to \infty} P(\mathbb{A}_n) = P\left(\lim_{n \to \infty} \mathbb{A}_n\right).$$

证明：仅对递增列进行证明，对于递减列的证明留作习题。令 $\mathbb{B}_1 = \mathbb{A}_1$，$\mathbb{B}_n = \mathbb{A}_n \cap \bar{\mathbb{A}}_{n-1}$，$n \geqslant 2$。由此可得，$\mathbb{B}_n \in \mathcal{F}$，且 $\mathbb{B}_1, \mathbb{B}_2, \cdots$ 两两互不相容，且 $\mathbb{A}_n = \bigcup\limits_{i=1}^{n} \mathbb{B}_i$，$\bigcup\limits_{n=1}^{\infty} \mathbb{A}_n = \bigcup\limits_{n=1}^{\infty} \mathbb{B}_n$。从而，

$$P\left(\lim_{n \to \infty} \mathbb{A}_n\right) = P\left(\bigcup_{n=1}^{\infty} \mathbb{B}_n\right) = \sum_{n=1}^{\infty} P(\mathbb{B}_n) = \lim_{n \to \infty} \sum_{i=1}^{n} P(\mathbb{B}_i) = \lim_{n \to \infty} P\left(\bigcup_{i=1}^{n} \mathbb{B}_i\right) = \lim_{n \to \infty} P(\mathbb{A}_n). \quad \square$$

由定理2.7我们可以得到以下的布尔不等式。

定理 2.8 (布尔不等式)：设 $\{\mathbb{A}_n, n = 1, 2, \cdots\} \subset \mathcal{F}$ 为任意事件列，则

$$P\left(\bigcup_{i=1}^{\infty} \mathbb{A}_i\right) \leqslant \sum_{i=1}^{\infty} P(\mathbb{A}_i). \tag{2.2}$$

证明：证明留作习题。 $\square$

2.1.3 条件概率

如果 $\mathbb{A}, \mathbb{B}$ 是任一随机实验中的两个事件，那么每次实验结果只有四种可能：

$$\Omega = \{(\mathbb{A}, \mathbb{B}), (\bar{\mathbb{A}}, \mathbb{B}), (\mathbb{A}, \bar{\mathbb{B}}), (\bar{\mathbb{A}}, \bar{\mathbb{B}})\}.$$

在很多实际问题中，我们除了关心事件 $\mathbb{A}, \mathbb{B}$ 的概率，有时还会关心在事件 $\mathbb{B}$ 发生的条件下事件 $\mathbb{A}$ 发生的概率。这种概率称为条件概率。

例2.7： 在美国历史上曾经爆发了一次到西部淘金的移民大潮，人们从四面八方涌向加利福尼亚。"Donner party"就是前往加利福尼亚的又一次长途跋涉之旅，也是惨烈的"死亡之旅"。1846年夏季由数个家庭组成的篷车大队从美国东部出发，预计前往加州。由于错误的资讯，他们的旅程遭受延迟，导致他们在1846年末到1847年初之间受困在内华达山区度过寒冬。在恶劣的环境下，接近半数成员冻死或者饿死，仅部分成员生存下来。历史学者称这一事件为西部移民史上最为惨痛的悲剧。列联表2.3给出了随机选取的45名成员中性别以及是否生存下来的汇总信息。列联表通常用来展示两个事件之间的关系。例如本例中，我们给出两个指标分别为"性别"和"是否生存"。令事件 $\mathbb{F}$ 表示性别为"女性"，其对立事件 $\mathbb{M}$ 表示性别为"男性"。令事件 $\mathbb{S}$ 表示"生存"，则其对立事件 $\mathbb{D}$ 表示"死亡"。

表 2.3：性别与是否生存的关系

性别	生存		合计
	是 ($\mathbb{S}$)	否 ($\mathbb{D}$)	
女性 ($\mathbb{F}$)	10	5	15
男性 ($\mathbb{M}$)	10	20	30
合计	20	25	45

在这个案例中我们感兴趣"女性是否比男性更能够经受住严酷环境的考验？"也就是要比较女性生存的概率 (p_1) 与男性生存的概率 (p_2)。这两个概率实际为条件概率。在条件概率中，关于随机试验结果的某些信息是已知的，例如本例中对于任意一个成员已知其性别是女性，那么她生存的概率为 p_1。p_1 称为 $\mathbb{F}$ 发生的条件下 $\mathbb{S}$ 发生的条件概率，记作 $P(\mathbb{S}|\mathbb{F})$。显然，

$$p_1 = P(\mathbb{S}|\mathbb{F}) = \frac{\text{女性生存的人数}}{\text{女性人数}} = \frac{10}{15} = \frac{10/45}{15/45} = \frac{\text{女性生存的人数/总人数}}{\text{女性人数/总人数}} = \frac{P(\mathbb{F}\cap\mathbb{S})}{P(\mathbb{F})}.$$

由此我们可以给出条件概率的定义。

定义 2.3： 如果 $\mathbb{A}, \mathbb{B}$ 是事件，$P(\mathbb{B}) > 0$，则 $\mathbb{B}$ 发生的条件下 $\mathbb{A}$ 发生的条件概率为

$$P(\mathbb{A}|\mathbb{B}) = \frac{P(\mathbb{A}\mathbb{B})}{P(\mathbb{B})}. \tag{2.3}$$

定理 2.9： 设 $(\Omega, \mathcal{F}, P)$ 为概率空间，$\mathbb{B} \in \mathcal{F}$，且 $P(\mathbb{B}) > 0$，则 $P(\cdot|\mathbb{B})$ 是可测空间 $(\Omega, \mathcal{F})$ 上的概率。

证明： 根据概率定义2.2，只需证明 $P(\cdot|\mathbb{B})$ 满足定义中的 3 个公理。具体证明留作习题。 □

定理2.9告诉我们条件概率也是一种概率测度，因此对于前面给出的关于概率的各种性质也适用于条件概率。根据公式(2.3)，不难得到：

$$P(\mathbb{A}\mathbb{B}) = P(\mathbb{B})P(\mathbb{A}|\mathbb{B}).$$

这一公式称为概率的乘法公式。乘法公式还可以推广到三个或三个以上事件上。

定理 2.10 (乘法公式)： 设 $\mathbb{A}_1, \mathbb{A}_2, \cdots, \mathbb{A}_n$ 为 n 个事件 $(n \geq 2)$，$P(\mathbb{A}_1\mathbb{A}_2\cdots\mathbb{A}_{n-1}) > 0$，则

$$P(\mathbb{A}_1\mathbb{A}_2\cdots\mathbb{A}_n) = P(\mathbb{A}_1)P(\mathbb{A}_2|\mathbb{A}_1)P(\mathbb{A}_3|\mathbb{A}_1\mathbb{A}_2)\cdots P(\mathbb{A}_n|\mathbb{A}_1\mathbb{A}_2\cdots\mathbb{A}_{n-1}).$$

例2.8： 一批零件共有100个，其中10个不合格品，从中一个一个取出，求第三次才取到不合格品的概率。

解： 记 $\mathbb{A}_i$ 为第 i 次取到不合格品的事件集合，则第三次才取到不合格品的概率为

$$P(\bar{\mathbb{A}}_1\bar{\mathbb{A}}_2\mathbb{A}_3) = P(\bar{\mathbb{A}}_1)P(\bar{\mathbb{A}}_2|\bar{\mathbb{A}}_1)P(\mathbb{A}_3|\bar{\mathbb{A}}_1\bar{\mathbb{A}}_2) = \frac{90}{100} \times \frac{89}{99} \times \frac{10}{98} = \frac{89}{1078}.$$

定理 2.11 (全概率公式)：设事件 $\mathbb{A}_1, \mathbb{A}_2, \cdots$ 为样本空间 Ω 中有限或可列个两两互不相容事件，且满足 $\sum_{i=1}^{\infty} \mathbb{A}_i = \Omega$, $P(\mathbb{A}_i) > 0$, $i = 1, 2, \cdots$，则对于事件 $\mathbb{B}$ 有

$$P(\mathbb{B}) = \sum_{i=1}^{\infty} P(\mathbb{A}_i) P(\mathbb{B}|\mathbb{A}_i). \tag{2.4}$$

公式(2.4)称为全概率公式。

证明：$\mathbb{B} = \sum_{i=1}^{\infty} \mathbb{A}_i \mathbb{B}$，而事件列 $\{\mathbb{A}_i \mathbb{B}, i = 1, 2, \cdots\}$ 两两互不相容，由可列可加性以及乘法公式，有

$$P(\mathbb{B}) = \sum_{i=1}^{\infty} P(\mathbb{A}_i \mathbb{B}) = \sum_{i=1}^{\infty} P(\mathbb{A}_i) P(\mathbb{B}|\mathbb{A}_i).$$

$\square$

定理 2.12 (贝叶斯公式)：设事件 $\mathbb{A}_1, \mathbb{A}_2, \cdots$ 为样本空间 Ω 中有限或可列个两两互不相容事件，且满足 $\sum_{i=1}^{\infty} \mathbb{A}_i = \Omega$, $P(\mathbb{A}_i) > 0$, $i = 1, 2, \cdots$，则对于事件 $\mathbb{B}$ 有

$$P(\mathbb{A}_i|\mathbb{B}) = \frac{P(\mathbb{A}_i) P(\mathbb{B}|\mathbb{A}_i)}{\sum_{i=1}^{\infty} P(\mathbb{A}_i) P(\mathbb{B}|\mathbb{A}_i)}. \tag{2.5}$$

公式(2.5)称为贝叶斯公式或逆概公式。

通常称 $P(\mathbb{A}_i)$ 为**先验概率** (Prior probability)，而称 $P(\mathbb{A}_i|\mathbb{B})$ 为**后验概率** (Posterior probability)。

例 2.9：假设某人想对自己的电子邮箱设置垃圾邮件过滤，他将自己电子邮箱中的邮件分为垃圾邮件 ($\mathbb{S}$) 以及正常邮件 ($\mathbb{H}$)。根据历史邮件发现，他的电子邮箱中有 70% 是垃圾邮件，30% 是正常邮件。同时发现"免费"一词在垃圾邮件中出现的概率为 0.5，而在正常邮件中出现概率为 0.05。现收到一封新邮件，发现其中包含了"免费"一词，请问这封邮件是垃圾邮件的概率有多大？

解：令 $\mathbb{S}$ 表示垃圾邮件, $\mathbb{H}$ 表示正常邮件。令 $\mathbb{F}$ 表示邮件中包含"免费"一词。根据题意有

$$P(\mathbb{S}) = 0.7, \quad P(\mathbb{H}) = 0.3, \quad P(\mathbb{F}|\mathbb{S}) = 0.5, \quad P(\mathbb{F}|\mathbb{H}) = 0.05.$$

由贝叶斯公式可得：

$$P(\mathbb{S}|\mathbb{F}) = \frac{P(\mathbb{F}|\mathbb{S}) P(\mathbb{S})}{P(\mathbb{F}|\mathbb{S}) P(\mathbb{S}) + P(\mathbb{F}|\mathbb{H}) P(\mathbb{H})} = \frac{0.5 \times 0.7}{0.5 \times 0.7 + 0.05 \times 0.3} \approx 0.96.$$

这封新邮件是垃圾邮件的概率等于 96%。这说明，"免费"一词在过滤垃圾邮件时能够提供有用信息，能够提高我们的推断能力，它将 70% 的"先验概率"提高到了 96% 的"后验概率"。

2.1.4 事件的独立性

第2.1.3小节中我们介绍了条件概率。对于两个随机事件 $\mathbb{A}$ 和 $\mathbb{B}$，通常而言，$P(\mathbb{A}) \neq P(\mathbb{A}|\mathbb{B})$。直观来说就是事件 $\mathbb{B}$ 的发生对事件 $\mathbb{A}$ 发生的概率有影响。如果事件 $\mathbb{B}$ 的发生对事件 $\mathbb{A}$ 发生的概率没有影响呢？此时我们可以事件说 $\mathbb{A}$ 与 $\mathbb{B}$ 独立。

定义 2.4：对事件 $\mathbb{A}$ 和 $\mathbb{B}$，若

$$P(\mathbb{A}\mathbb{B}) = P(\mathbb{A}) P(\mathbb{B}),$$

则称 $\mathbb{A}$ 与 $\mathbb{B}$ **相互独立** (Independent)。

定理 2.13：若事件 $\mathbb{A}, \mathbb{B}$ 相互独立，且 $P(\mathbb{B}) > 0$，则 $P(\mathbb{A}|\mathbb{B}) = P(\mathbb{A})$。

定理 2.14: 若事件 $\mathbb{A}, \mathbb{B}$ 相互独立，则下列各对事件对也相互独立：

$$\{\bar{\mathbb{A}}, \mathbb{B}\}, \{\mathbb{A}, \bar{\mathbb{B}}\}, \{\bar{\mathbb{A}}, \bar{\mathbb{B}}\}.$$

证明：我们只证明 $\bar{\mathbb{A}}, \mathbb{B}$ 相互独立，其他类似。

$$P(\bar{\mathbb{A}}\mathbb{B}) = P(\bar{\mathbb{A}}|\mathbb{B})P(\mathbb{B}) = [1 - P(\mathbb{A}|\mathbb{B})]P(\mathbb{B}) = [1 - P(\mathbb{A})]P(\mathbb{B}) = P(\bar{\mathbb{A}})P(\mathbb{B}). \qquad \square$$

两个事件相互独立的概念还可以推广到多个事件相互独立。

定义 2.5 (n 个事件相互独立)：设 $\mathbb{A}_1, \mathbb{A}_2, \cdots, \mathbb{A}_n$ 为 n 个事件，令 $I = \{i : 1, 2, \cdots, n\}$ 为指标集。若对于 I 的所有子集 J 均有

$$P\left(\bigcap_{i \in J} \mathbb{A}_i\right) = \prod_{i \in J} P(\mathbb{A}_i) \qquad (2.6)$$

成立，则称 n 个事件 $\mathbb{A}_1, \mathbb{A}_2, \cdots, \mathbb{A}_n$ 相互独立。

例 2.10：系统由 m 个元件组成，各个元件是否正常工作是相互独立的，且各元件正常工作的概率为 p。串联系统和并联系统是最常用的两个系统，考虑这两个系统的可靠性，即系统正常工作的概率。若令 $\mathbb{A}_i$ 表示第 i 个元件正常工作这一事件。

串联系统是当系统中所有元件正常工作系统才能正常工作，所以其可靠性为

$$P = P\left(\bigcap_{i=1}^{m} \mathbb{A}_i\right) = \prod_{i=1}^{m} P(\mathbb{A}_i) = p^m.$$

而并联系统是当系统中至少一个元件正常工作系统就可以正常工作，所以其可靠性为

$$P = 1 - P\left(\bigcap_{i=1}^{m} \bar{\mathbb{A}}_i\right) = 1 - \prod_{i=1}^{m}[1 - P(\mathbb{A}_i)] = 1 - (1-p)^m.$$

2.2 随机变量及分布

2.2.1 分布函数与概率函数

定义 2.6：设 $(\Omega, \mathcal{F}, P)$ 是概率空间，$X = X(\omega)$ 是定义在样本空间 Ω 上的实值函数，如果对于任意的实数 x，有

$$\{\omega : X(\omega) \leqslant x\} \in \mathcal{F}, \qquad (2.7)$$

则称 X 是**概率空间** $(\Omega, \mathcal{F}, P)$ 上的**随机变量** (简称为随机变量, Random variable)。

我们常用大写英文字母 X, Y, Z 等表示随机变量，而事件 $\{\omega : X(\omega) \leqslant x\}$ 简记为 $\{X \leqslant x\}$。从定义可以看出，随机变量 X 是样本点 ω 的函数，而式(2.7)表明事件 $\{\omega : X(\omega) \leqslant x\}$ 是可以定义概率的。

例 2.11：设某个项目小组中有 2 名女生 3 名男生，我们令 2 名女生分别编号 A 和 B，3 名男生分别编号 C, D, E。随机挑选两名同学，令随机变量 $X(\omega)$ 表示挑选的两名同学中女生的人数。$X(\omega)$ 可取的值为 $0, 1, 2$。例如，样本点 $\omega = \{B, C\}$，则 $X(\omega) = 1$。

例 2.12：设样本空间 $\Omega = \{\omega : 0 \leqslant \omega \leqslant 1\}$。在 Ω 中任选一点 ω，令随机变量 $X(\omega) = \omega$。此时，X 可取的值为整个 $[0, 1]$ 区间上的实数。

例2.11和2.12分别给出了两种不同形式的随机变量。如果随机变量所有可能取值为有限个或可列个，即我们能把其可能的结果一一列举出来，我们就称之为**离散型随机变量**，如例 2.11。如果随机变量的取值范围不仅由无穷多的数组成，而且还不能一一列举，而是充满一个区间。我们就称之为**连续型随机变量**，如例2.12。

定义 2.7： 设 $X(\omega)$ 是随机变量，定义如下形式的函数

$$F(x) = P(X(\omega) \leqslant x), \quad -\infty < x < \infty,$$

称 $F(\cdot)$ 为随机变量 X 的**累积分布函数** (Cumulative distribution function)，简称分布函数。

例 2.13： 设某个项目小组中有 2 名女生 3 名男生，随机挑选两名同学，令随机变量 X 表示挑选的两名同学中女生的人数。显然，X 可取的值为 0,1,2。并且可以知道 $P(X=0) = 3/10, P(X=1) = 6/10, P(X=2) = 1/10$。其分布函数为

$$F(x) = \begin{cases} 0, & x < 0, \\ 3/10, & 0 \leqslant x < 1, \\ 9/10, & 1 \leqslant x < 2, \\ 1, & x \geqslant 2. \end{cases}$$

如图2.2所示，离散型随机变量的分布函数是分段不减的。每个跳点为概率非零点，而跳的高度为随机变量在这一点的概率。此外，我们还可以发现，分布函数是右连续的。

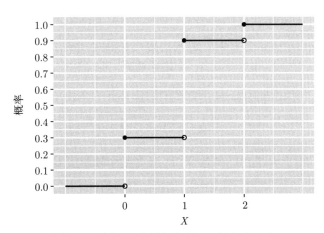

图 2.2：例2.13中随机变量 X 的分布函数

例 2.14： 在例2.12中，样本空间 $\Omega = \{\omega : 0 \leqslant \omega \leqslant 1\}$。随机变量 $X(\omega) = \omega$，不难求出 X 的分布函数形式为

$$F(x) = \begin{cases} 0, & x < 0, \\ x, & 0 \leqslant x < 1, \\ 1, & x \geqslant 1. \end{cases}$$

例2.14中随机变量的分布函数如图2.3所示。从图中可以看出，连续型随机变量的分布函数在整个实域上单调不减且右连续。

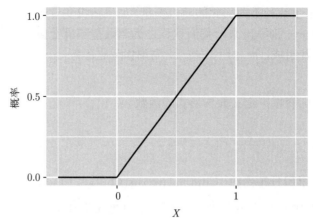

图 2.3：例2.14中随机变量 X 的分布函数

定理 2.15： 分布函数 $F(\cdot)$ 具有下列性质：

(1) 单调性：若 $a < b$，则 $F(a) \leqslant F(b)$；

(2) 规范性：$F(\infty) := \lim_{x \to \infty} F(x) = 1$，$F(-\infty) := \lim_{x \to -\infty} F(x) = 0$；

(3) 右连续性：$F(x^+) := \lim_{y \to x^+} F(y) = F(x)$。

证明： (1) 由 $a < b$，可知 $\{X \leqslant a\} \subset \{X \leqslant b\}$，由定理2.4概率的单调性即可得到：

$$F(a) = P(X \leqslant a) \leqslant P(X \leqslant b) = F(b).$$

下面我们证明性质 (3) 右连续性。性质 (2) 的证明与 (3) 类似，留给读者自己证明。

设 x 为一实数，$\{y_n, n = 1, 2, \cdots\}$ 为一递减实数列且满足 $\lim_{n \to \infty} y_n = x$。令 $\mathbb{A}_n = \{X \leqslant y_n\}$，$\mathbb{A} = \{X \leqslant x\}$。显然，事件列 $\{\mathbb{A}_n, n = 1, 2, \cdots\}$ 单调递减，且 $\bigcap_{n=1}^{\infty} \mathbb{A}_n = \mathbb{A}$。因此，由概率的连续性可得：

$$F(x^+) = \lim_{n \to \infty} F(y_n) = \lim_{n \to \infty} P(\mathbb{A}_n) = P\left(\bigcap_{n=1}^{\infty} \mathbb{A}_n\right) = P(\mathbb{A}) = F(x). \qquad \square$$

事实上，满足定理2.15中三个条件的函数 $F(x)$ 必是某个随机变量的分布函数。这一结论的证明已超出本书的范围，在这里我们就不再证明了。

定理2.16(随机变量的存在性定理)：若 $F(\cdot)$ 是右连续的单调不减函数，且满足 $F(-\infty) = 0, F(\infty) = 1$，则存在一个概率空间 $(\Omega, \mathcal{F}, P)$ 及其上的随机变量 X，使得 X 的分布函数为 F。

从定理2.15我们还可以得到分布函数 $F(\cdot)$ 的以下性质：

(1) $P(a < X \leqslant b) = F(b) - F(a)$；

(2) $P(X < x) = F(x^-) = \lim_{y \to x^-} F(y)$；

(3) $P(X > x) = 1 - F(x)$；

(4) $P(X = x) = F(x) - F(x^-)$；

(5) $P(X \geqslant x) = 1 - F(x^-)$。

在例2.11中不难发现，我们可以把 X 在每个可取值处的概率一一计算出来，这就是离散型随机变量的概率质量函数。

定义 2.8：设 $\{x_i, \ i = 1, 2, \cdots\}$ 为离散型随机变量 X 的所有可能值，而 $p(x_i)$ 是 X 取 x_i 的概率，即

$$P(X = x_i) = p(x_i), \quad i = 1, 2, \cdots,$$

则称 $p(\cdot)$ 为随机变量 X 的**概率质量函数** (Probability mass function, 简记为 pmf)，也称为概率函数或概率分布。

显然，概率函数在每个取值点都满足非负性，即 $p(x_i) \geqslant 0$，$i = 1, 2, \cdots$，且 $\sum_{i=1}^{\infty} p(x_i) = 1$。不难发现，离散型随机变量的概率函数和分布函数之间具有如下的关系：

$$F(x) = P(X \leqslant x) = \sum_{x_k \leqslant x} p(x_k), \qquad -\infty < x < \infty.$$

例 2.15：例2.13中随机变量 X 的概率函数为

$$P(X = 0) = 3/10, \quad P(X = 1) = 6/10, \quad P(X = 2) = 1/10.$$

定义 2.9：对于随机变量 X，若存在非负可积函数 $f(\cdot)$，使得对任意实数 $x \in \mathbb{R}$，都有

$$F(x) = \int_{-\infty}^{x} f(t)dt, \tag{2.8}$$

则称 X 为**连续型随机变量**，并称 $f(\cdot)$ 为 X 的**概率密度函数** (Probability density function, 简记为 pdf)，简称为密度函数。

今后，在不需要区分是连续型还是离散型随机变量时，我们将概率质量函数和概率密度函数统称为概率函数。对于连续型随机变量 X，我们定义 X 的**支撑** (Support) 为 $\mathbb{S}(x) = \{x : f(x) > 0\}$。式(2.8)给出了分布函数与密度函数之间的关系。不难知道，若 x 为密度函数 $f(x)$ 的连续点，则 $F'(x) = f(x)$。作为连续型随机变量 X 的密度函数 $f(x)$，应满足下面性质：

(1) $f(x) \geqslant 0$, $-\infty < x < \infty$；
(2) $\int_{-\infty}^{\infty} f(x)dx = 1$。

反之，若非负可积函数 $f(\cdot)$ 满足 $\int_{-\infty}^{\infty} f(x)dx = 1$，那么由式(2.8)所定义的 $F(\cdot)$ 是某个连续型随机变量的分布函数。从这一角度来说，连续型随机变量的密度函数完全决定了其分布函数。

例 2.16：不难求出例2.14中随机变量 X 的概率密度函数的形式为

$$f(x) = F'(x) = x, \qquad 0 \leqslant x \leqslant 1.$$

连续型随机变量 X 还具有一个重要性质：若 X 为连续型随机变量，则 X 在任意一点的概率为零，即对任意常数 a，

$$P(X = a) = 0.$$

事实上，对于任意正整数 n，我们有

$$P(X = a) \leqslant P\left(a - \frac{1}{n} < X \leqslant a\right) = \int_{a - \frac{1}{n}}^{a} f(x)dx \to 0, \qquad n \to \infty.$$

由此，我们不难得到：若 X 为连续型随机变量，其分布函数为 $F(x)$，则对于任意的 $a < b$，有

$$F(b) - F(a) = P(a < X \leqslant b) = P(a \leqslant X \leqslant b) = P(a \leqslant X < b) = P(a < X < b).$$

2.2.2 常见的离散型随机变量

2.2.2.1 伯努利分布

定义 2.10：若随机变量 X 只可能取 0 或者 1，且相应的概率为

$$P(X = k) = p^k(1-p)^{1-k}, \quad k = 0, 1,$$

则称 X 服从参数为 $0 \leqslant p \leqslant 1$ 的**伯努利分布**，亦称两点分布，记为 $X \sim Bernoulli(p)$。

显然，由定义2.10可知，求某一事件发生的概率可以转换为随机变量求概率的问题。在一次随机试验 E 中，只有两个基本事件 $\mathbb{A}$ 和 $\bar{\mathbb{A}}$。令 $\mathbb{A}$ 发生的概率为 p，$\mathbb{A}$ 不发生的概率为 $1-p$，则称随机试验 E 为一次伯努利试验。若以 X 记事件 $\mathbb{A}$ 出现的次数，则

$$X = \begin{cases} 1, & \mathbb{A}\text{发生}, \\ 0, & \mathbb{A}\text{不发生}. \end{cases}$$

显然，X 服从参数为 p 的伯努利分布。

2.2.2.2 二项分布

二项分布的现实来源是伯努利试验。将上面的伯努利试验 E 独立重复 n 次，则得到 n 重伯努利试验 E^n。假设一次伯努利试验中事件 $\mathbb{A}$ 出现的概率为 p，令 X 表示 n 重伯努利试验中事件 $\mathbb{A}$ 出现的次数，则 X 服从二项分布。

定义 2.11：若离散型随机变量 X 的概率函数形式为

$$b(k; n, p) = P(X = k) = \binom{n}{k} p^k(1-p)^{n-k}, \quad k = 0, 1, \cdots, n,$$

其中 $0 \leqslant p \leqslant 1, n \in \mathbb{Z}^+$，则称 X 服从参数为 n, p 的**二项分布**(Binomial distribution)，记为 $X \sim B(n, p)$。

利用二项公式不难验证，二项分布的定义符合离散型随机变量的要求，即

$$\sum_{k=0}^{n} b(k; n, p) = \sum_{k=0}^{n} \binom{n}{k} p^k(1-p)^{n-k} = [p + (1-p)]^n = 1.$$

图2.4是当 $n = 30, p = 0.1, 0.5, 0.9$ 的概率函数图。从图中可以看出，概率函数的形态随 p 变化。当 $p < 0.5$ 时，概率函数呈右偏态性，当 $p > 0.5$ 时，概率函数呈左偏态性，而当 $p = 0.5$ 时，概率函数对称。此外，随着 p 值的增大，分布的峰值点，也就是最有可能成功次数，逐渐向右移动。事实上，我们可以证明：

$$\operatorname*{argmax}_{k} P(X = k) = \begin{cases} [(n+1)p], & (n+1)p\text{不是整数}, \\ [(n+1)p]\text{或}[(n+1)p] - 1, & (n+1)p\text{是整数}, \end{cases}$$

其中 $[(n+1)p]$ 表示不超过 $(n+1)p$ 的最大整数。

2.2.2.3 泊松分布

定义 2.12：若随机变量 X 可取一切非负整数值，且相应的概率函数的具体取值形式为

$$p(k; \lambda) = P(X = k) = \frac{\lambda^k}{k!} e^{-\lambda}, \quad k = 0, 1, \cdots,$$

其中 $\lambda > 0$，则称 X 服从参数为 λ 的**泊松分布** (Poisson distribution)，记为 $X \sim P(\lambda)$。

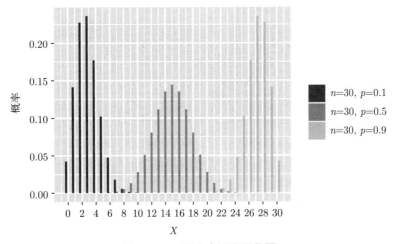

图 2.4：二项分布概率函数图

可以验证，泊松分布的定义满足离散型随机变量的要求，即

$$\sum_{k=0}^{\infty} p(k;\lambda) = \sum_{k=0}^{\infty} \frac{\lambda^k}{k!} e^{-\lambda} = e^{-\lambda} \sum_{k=0}^{\infty} \frac{\lambda^k}{k!} = e^{-\lambda} e^{\lambda} = 1.$$

图2.5给出了 $\lambda = 5, 10, 20$ 时的泊松分布概率函数图。从图中可以看出，随着 λ 值的增大，分布逐渐趋于对称。其次，分布的峰值点在 λ 值附近。

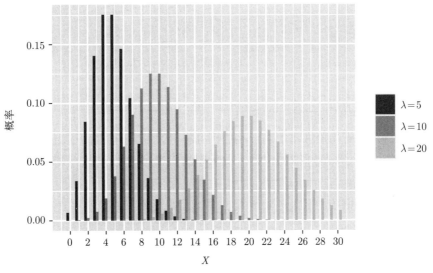

图 2.5：泊松分布概率函数图

泊松分布是由法国数学家泊松 (S. Poisson, 1781—1840) 在 1837 年首次提出的。他把这个分布看作是二项分布 $B(n,p)$ 当 $n \to \infty$ 时的极限。

定理 2.17 (泊松定理)：设有一列二项分布 $\{B(n,p_n)\}$，其中 p_n 与 n 有关，当 $n \to \infty$ 时，$np_n \to \lambda$，则

$$\lim_{n \to \infty} \binom{n}{k} p_n^k (1-p_n)^{n-k} = \frac{\lambda^k}{k!} e^{-\lambda}.$$

证明：在这里我们只对其特殊情况 $np_n = \lambda > 0$，即 $p_n = \frac{\lambda}{n}$ 进行证明，而一般情形 $p_n = \frac{\lambda}{n} + \frac{o(1)}{n}$ 的证

明完全类似，详细证明可参见王梓坤 (2007)。

$$\begin{aligned}
\lim_{n \to \infty} \binom{n}{k} p_n^k (1-p_n)^{n-k} &= \lim_{n \to \infty} \frac{n!}{k!(n-k)!} \left(\frac{\lambda}{n}\right)^k \left(1-\frac{\lambda}{n}\right)^{n-k} \\
&= \frac{\lambda^k}{k!} \lim_{n \to \infty} \frac{n(n-1)\cdots(n-k+1)}{n^k} \left(1-\frac{\lambda}{n}\right)^{n-k} \\
&= \frac{\lambda^k}{k!} e^{-\lambda}.
\end{aligned}$$

$\square$

一般来说，若 $X \sim B(n,p)$，其中 n 很大，p 很小，因而 np 不太大时，X 近似地服从泊松分布。这个事实有时可将较难计算的二项分布转化为泊松分布去计算。

泊松分布是一种常用的离散分布，它经常用来描述单位时间 (或空间) 内随机事件发生的次数。当一个随机事件，例如某电话交换台收到的呼叫、来到某医院的急诊病人、某放射性物质发射出的粒子、显微镜下某区域中的白血球等，以固定的平均瞬时速率 λ 随机且独立地出现时，那么这个事件在单位时间 (面积或体积) 内出现的次数或个数就近似地服从泊松分布 $P(\lambda)$。

例 2.17： 一本 500 页的书，共有 500 个错别字，每个字等可能地出现在每一页上，试求在给定的一页上至少有 3 个错别字的概率。

解： 记每页错别字个数为随机变量 X，则 $X \sim P(\lambda)$，其中 $\lambda = 500/500 = 1$。由此，

$$P(X \geqslant 3) = 1 - \sum_{k=0}^{2} \frac{\lambda^k}{k!} e^{-\lambda} = 0.0803.$$

我们也可以由 R 代码直接计算 $P(X \geqslant 3)$。

```
1-ppois(2,1)
```

```
## [1] 0.0803
```

2.2.2.4 超几何分布

在实际问题中，当我们从有限总体中进行不放回抽样时，经常用到超几何分布。假设有 N 件产品，其中有 M 件次品，对其进行不放回抽样检查，现从中随机抽出 n 件产品，则这 n 件产品中出现的次品数服从超几何分布。

定义 2.13： 若随机变量 X 可取一切非负整数值，且相应的概率函数的具体取值形式为

$$P(X=k) = \frac{\binom{M}{k}\binom{N-M}{n-k}}{\binom{N}{n}}, \quad k = 0, 1, \cdots, \min\{n, M\}, \tag{2.9}$$

其中 $M, n \leqslant N$，则称 X 服从**超几何分布** (Hypergeometric distribution)，记为 $X \sim HG(N, M, n)$。

利用组合等式 $\sum_{k=0}^{\min\{n,M\}} \binom{M}{k}\binom{N-M}{n-k} = \binom{N}{n}$ 即可验证超几何分布定义的合理性。

超几何分布与二项分布有着紧密联系。当抽取的个数 n 远远小于总的产品数量，即 $n \ll N$ 时，不放回对于总体中次品率 M/N 影响甚微。此时，可将不放回抽取近似地看作有放回抽取，从而超几何分布近似地看作二项分布。

定理 2.18： 若超几何分布(2.9)中 M 是 N 的函数，并且满足 $\lim_{N \to \infty} M/N = p, 0 < p < 1$，则有

$$\lim_{N \to \infty} \frac{\binom{M}{k}\binom{N-M}{n-k}}{\binom{N}{n}} = \binom{n}{k} p^k (1-p)^{n-k}.$$

2.2.2.5 几何分布

定义 2.14： 在重复的伯努利试验中，事件 $\mathbb{A}$ 发生的概率为 p，X 表示 $\mathbb{A}$ 首次出现时总的试验次数，则 X 可取的值为 $1, 2, \cdots$，且相应的概率函数具体取值形式为

$$P(X = k) = (1 - p)^{k-1}p, \quad k = 1, 2, \cdots,$$

称 X 服从**几何分布** (Geometric distribution)，记作 $X \sim Ge(p)$。

由等比级数求和公式即可验证几何分布定义的合理性。图 2.6 给出了 $p = 0.1, 0.3, 0.6$ 时的几何分布的概率图。

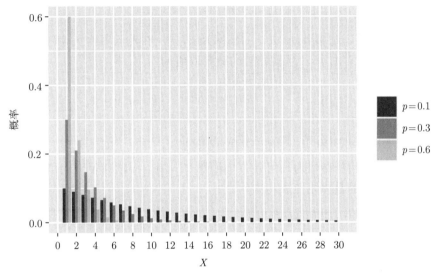

图 2.6：几何分布概率函数图

定理 2.19 (几何分布的无记忆性)：设 X 是离散型随机变量，则 $X \sim Ge(p)$ 当且仅当 X 具有无记忆性，即对任意正整数 m 和 k，有

$$P(X = m + k | X > k) = P(X = m).$$

证明： 由条件概率公式有

$$P(X = m + k | X > k) = \frac{P(X = m + k, X > k)}{P(X > k)} = \frac{P(X = m + k)}{P(X > k)}$$
$$= \frac{(1-p)^{m+k}p}{\sum_{i=k+1}^{\infty}(1-p)^{i-1}p} = (1-p)^{m-1}p.$$

下面证明充分性。设 $P(X = k + 1 | X > k) = P(X = 1)$ 成立，只需证明对于任意的正整数 k 有 $P(X = k) = (1 - p)^{k-1}p$ 成立。记 $p = P(X = 1)$，$r_k = P(X > k)$。所以由无记忆性有

$$p = P(X = k + 1 | X > k) = \frac{P(X > k) - P(X > k + 1)}{P(X > k)} = 1 - \frac{r_{k+1}}{r_k}.$$

又由于 $r_0 = P(X > 0) = 1$，所以由上式递推关系得到 $r_{k+1} = r_0(1-p)^{k+1} = (1-p)^{k+1}$。由此可得

$$P(X = k) = P(X > k - 1) - P(X > k) = (1-p)^{k-1} - (1-p)^k = (1-p)^{k-1}p. \qquad \Box$$

上述定理的具体含义是，在一系列伯努利试验中，若事件 $\mathbb{A}$ 首次出现的试验次数 X 服从几何分布，则事件 $X > k$ 表示前 k 次试验中事件 $\mathbb{A}$ 都没有出现。如果在接下去的第 m 次试验中事件 $\mathbb{A}$ 首

次出现，则将该事件记为 $X = k + m$。定理表明，在前 k 次试验中事件 $\mathbb{A}$ 都没有出现的情况下，则事件 $\mathbb{A}$ 在接下去的第 m 次试验首次出现的概率只与 m 相关，而与前 k 次试验无关。

几何分布可以表述为另一种形式。设 $Y = X - 1$，则 Y 表示等待事件 $\mathbb{A}$ 首次成功所经历的失败次数，其概率函数为

$$P(Y = l) = (1 - p)^l p, \quad l = 0, 1, 2, \cdots.$$

该概率分布也可以称为几何分布。

2.2.2.6 帕斯卡分布

作为几何分布的推广，引入下面的帕斯卡分布。

定义 2.15： 在伯努利试验中，记事件 $\mathbb{A}$ 成功的概率为 p，若 X 表示事件 $\mathbb{A}$ 第 r 次成功出现时的试验次数，则 X 可取的值为 $r, r + 1, \cdots$，且其相应的概率取值为

$$P(X = k) = \binom{k - 1}{r - 1} p^r (1 - p)^{k - r}, \quad k = r, r + 1, \cdots,$$

称 X 服从参数为 (r, p) 的**帕斯卡分布** (Pascal distribution)。

显然，当 $r = 1$ 时，上述分布即为几何分布。若令 $Y = X - r$，则 Y 表示等待第 r 次成功所经历过的失败次数，其概率函数的具体取值表达式为

$$P(Y = l) = \binom{r + l - 1}{r - 1} p^r (1 - p)^l, \quad l = 0, 1, 2, \cdots.$$

该概率分布也可以称为帕斯卡分布。

2.2.3 常见的连续型随机变量

2.2.3.1 均匀分布

定义 2.16： 设 a, b 为有限数，$a < b$，若随机变量 X 的密度函数的具体取值形式为

$$f(x) = \begin{cases} \frac{1}{b-a}, & a \leqslant x \leqslant b, \\ 0, & \text{其他}, \end{cases}$$

则称 X 服从 $[a, b]$ 上的**均匀分布** (Uniform distribution)，记为 $X \sim U(a, b)$。相应的分布函数的取值表达式为

$$F(x) = \begin{cases} 0, & x < a, \\ \frac{x-a}{b-a}, & a \leqslant x \leqslant b, \\ 1, & x > b. \end{cases}$$

均匀分布 $U(a, b)$ 的密度函数如图2.7所示。显然，在区间 $[a, b]$ 上，密度函数为常数 $1/(b-a)$，所以对于任意的 c 和 d $(a \leqslant c < d \leqslant b)$，我们有

$$P(c \leqslant X \leqslant b) = F(d) - F(c) = \frac{d - c}{b - a}.$$

也就是说，随机变量 X 落在 $[a, b]$ 内任意子区间 $[c, d]$ 上的概率只与区间长度 $d - c$ 有关，而与位置无关。这就是均匀分布的实际含义。

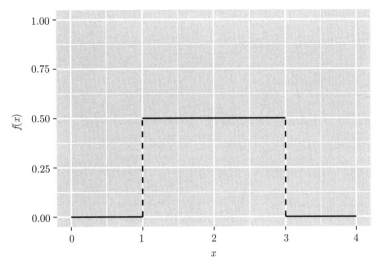

图 2.7：均匀分布 $U(1,3)$ 密度函数图

2.2.3.2 正态分布

定义 2.17： 若随机变量 X 的密度函数的取值表达式为

$$f(x) = \frac{1}{\sqrt{2\pi}\sigma} e^{-\frac{(x-\mu)^2}{2\sigma^2}}, \quad -\infty < x < \infty,$$

其中 $\sigma > 0$，$-\infty < \mu < \infty$，μ 与 σ 均为常数，则称 X 服从参数为 (μ, σ^2) 的**正态分布** (Normal distribution)，记为 $X \sim N(\mu, \sigma^2)$。相应的分布函数的取值表达式为

$$F(x) = \frac{1}{\sqrt{2\pi}\sigma} \int_{-\infty}^{x} e^{-\frac{(t-\mu)^2}{2\sigma^2}} dt, \quad -\infty < x < \infty.$$

正态分布又名高斯分布 (Gaussian distribution)，最早由棣莫弗在求二项分布的渐近公式中得到。德国数学家高斯 (Carl F. Gauss, 1777—1855) 在 1809 年得到了随机误差服从正态分布这一重要结论。正是由于高斯这项工作对后世的影响极大，使得正态分布又称为"高斯分布"。正态分布在概率论和统计学中占有重要的特殊地位。例如，当样本量很大时，频率近似地服从正态分布。

图2.8和2.9分别给出了不同参数的正态密度曲线。从图中可以看出，正态分布 $N(\mu, \sigma^2)$ 的密度曲线具备以下几何性质：

- f 为钟形曲线，关于 $x = \mu$ 对称，即 $f(\mu+x) = f(\mu-x)$，且在 $x = \mu$ 处取到最大值 $\frac{1}{\sqrt{2\pi}\sigma}$；
- μ 决定了图形的中心位置。若固定 σ，改变 μ 的值，则密度曲线左右整体平移。因此称 μ 为位置参数。见图2.8；
- σ 决定了图形中峰的陡峭程度。若固定 μ，改变 σ 的值，则密度曲线中心位置不变，σ 越大，曲线越低平，σ 越小，曲线越陡峭。因此称 σ 为尺度参数。见图2.9；
- f 以 x 轴为水平渐近线，拐点为 $(\mu \pm \sigma, \frac{1}{\sqrt{2\pi}\sigma} e^{-\frac{1}{2}})$。

特别地，当 $\mu = 0, \sigma = 1$ 时，对应的正态分布，即 $N(0,1)$，称为**标准正态分布**，其密度函数的取值表达式为

$$\varphi(x) = \frac{1}{\sqrt{2\pi}} e^{-\frac{x^2}{2}}, \quad -\infty < x < \infty.$$

相应的分布函数 Φ 的具体取值表达式为

$$\Phi(x) = \frac{1}{\sqrt{2\pi}} \int_{-\infty}^{x} e^{-\frac{u^2}{2}} du, \quad -\infty < x < \infty.$$

由 φ 的对称性可以得到 $\Phi(-c) = 1 - \Phi(c)$。

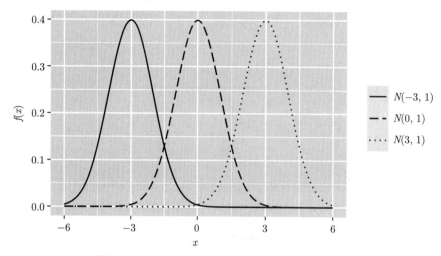

图 2.8：正态分布的概率密度图 (固定尺度参数)

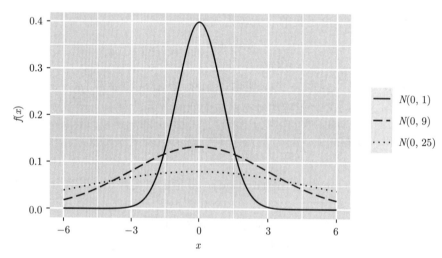

图 2.9：正态分布的概率密度图 (固定位置参数)

一般的正态分布都可以通过一个线性变换，即标准化过程，化成标准正态分布。具体而言，若随机变量 $X \sim N(\mu, \sigma^2)$，则

$$Z = \frac{X - \mu}{\sigma} \sim N(0, 1).$$

事实上，

$$P(Z \leqslant z) = P\left(\frac{X - \mu}{\sigma} \leqslant z\right) = P(X \leqslant \mu + \sigma z)$$

$$= \frac{1}{\sqrt{2\pi}\sigma} \int_{-\infty}^{\mu + \sigma z} e^{-\frac{(x-\mu)^2}{2\sigma^2}} dx = \frac{1}{\sqrt{2\pi}} \int_{-\infty}^{z} e^{-\frac{t^2}{2}} dt. \quad (\diamondsuit t = (x - \mu)/\sigma)$$

所以对于任意的正态随机变量 $X \sim N(\mu, \sigma^2)$，有

$$P(X \leqslant c) = P\left(Z \leqslant \frac{c - \mu}{\sigma}\right).$$

因此，关于任意正态随机变量的概率计算问题可以通过转换为标准正态随机变量得到。传统的统计教科书均有标准正态分布表 $\Phi(z)$(本书没有提供)。当然，我们也可以用 R 代码 pnorm(z,mean,sd) 得到 $\Phi(z)$。

例 2.18：设随机变量 $X \sim N(3, 5^2)$，求 $P(X > 0)$。

解：
$$P(X > 0) = P\left(Z > \frac{0-3}{5}\right) = P(Z > -0.6) = 1 - \Phi(-0.6) = 1 - 0.2743 = 0.7257,$$
其中 $\Phi(-0.6)$ 由 R 代码计算得到。

```
pnorm(-0.6,0,1)
```

```
## [1] 0.2743
```

当然我们也可以由 R 代码直接计算 $P(X > 0)$。

```
pnorm(0,3,5,lower.tail=F)
```

```
## [1] 0.7257
```

2.2.3.3 指数分布

定义 2.18：若随机变量 X 的密度函数的取值表达式为
$$f(x) = \begin{cases} \lambda e^{-\lambda x}, & x \geqslant 0, \\ 0, & x < 0, \end{cases}$$

其中 $\lambda > 0$，则称 X 服从参数为 λ 的**指数分布** (Exponential distribution)，记作 $X \sim \exp(\lambda)$。相应的分布函数的具体取值形式为
$$F(x) = \begin{cases} 1 - e^{-\lambda x}, & x \geqslant 0, \\ 0, & x < 0. \end{cases}$$

实际应用中，指数分布常被作为各种"寿命"分布的近似，例如无线电元件的寿命、动物的寿命、随机服务系统中的服务时间等都常假定服从指数分布。

图2.10是指数分布的密度函数图，图中由高到低的曲线分别对应参数 $\lambda = 2, 1, 0.5$。可以看出，指数分布呈右偏态性。

定理 2.20 (指数分布的无记忆性)：设 X 是非负的连续型随机变量，则 $X \sim \exp(\lambda)$ 当且仅当 X 具有无记忆性，即对任意的 $s, t > 0$，有
$$P(X > s + t | X > s) = P(X > t).$$

证明：将指数分布的密度函数带入计算整理即可证明必要性。我们只证明充分性。记 X 的密度函数为 f，并记 $S(x) = P(X > x)$。由无记忆性可得：
$$\begin{aligned} S(s+t) = P(X > s+t) &= P(X > s+t, X > s) \\ &= P(X > s+t | X > s)P(X > s) \\ &= P(X > t)P(X > s) \\ &= S(s)S(t). \end{aligned}$$

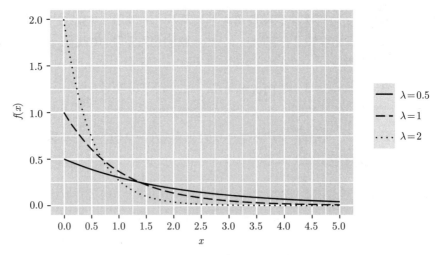

图 2.10：指数分布的概率密度图

根据高等数学知识，满足关系 $S(s+t) = S(s)S(t)$ 的函数只有指数函数，其具体取值形式为 $S(x) = e^{-\lambda x}$，所以对于任意 $x > 0$，

$$P(X \leqslant x) = 1 - S(x) = 1 - e^{-\lambda x} = \int_0^x \lambda e^{-\lambda t} dt.$$

所以 X 服从指数分布。 □

指数分布的无记忆性是指，假设 X 表示某种产品的使用寿命，若已知该产品已使用了 s 个时间单位未发生故障，则再使用 t 个时间单位不发生故障的概率与 s 无关，而相当于重新开始使用 t 个时间单位的概率。事实上，指数分布是唯一具有无记忆性的连续型分布。

2.2.3.4 伽马分布

对于任意的 $\alpha > 0$，定义取值形式如下的**伽马函数**：

$$\Gamma(\alpha) = \int_0^\infty e^{-x} x^{\alpha-1} dx.$$

当 α 为正整数时，有 $\Gamma(n+1) = n\Gamma(n) = n!$，并且 $\Gamma(1) = 1$。所以伽马函数实际上是阶乘函数在实数域上的拓展。除整数外，我们还经常会用到伽马函数在 $\frac{1}{2}$ 处的取值 $\Gamma(\frac{1}{2}) = \sqrt{\pi}$。

定义 2.19：若连续型随机变量 X 的密度函数取值表达式为

$$f(x) = \begin{cases} \frac{\lambda^\alpha}{\Gamma(\alpha)} x^{\alpha-1} e^{-\lambda x}, & x > 0, \\ 0, & x \leqslant 0, \end{cases}$$

其中 $\lambda > 0, \alpha > 0$，则称 X 服从参数为 λ, α 的 **伽马分布** (Gamma distribution)，记作 $X \sim \Gamma(\alpha, \lambda)$。其中，$\alpha$ 称为形状参数，λ 称为尺度参数。

图 2.11 给出了一些特定参数下伽马分布的密度函数图。伽马分布的应用非常广泛，例如降水量的概率分布通常认为是伽马分布。伽马分布还经常作为共轭分布出现在很多机器学习算法中。此外，Erlang 分布作为伽马分布的特例 (形状参数 $\alpha = n$) 被广泛用于可靠性和排队论中。特别地，当 $\alpha = 1$ 时，伽马分布即为指数分布，即 $\Gamma(1, \lambda) = \exp(\lambda)$。所以，Erlang 分布也可以看作是指数分布的推广。

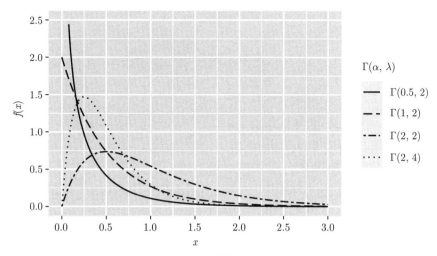

图 2.11：伽马分布的概率密度图

2.2.3.5 卡方分布

当参数 $\alpha = \frac{n}{2}$，$\lambda = \frac{1}{2}$ 时，伽马分布称为卡方分布。

定义 2.20：若随机变量 X 的密度函数的取值表达式为

$$f(x) = \begin{cases} \frac{1}{2^{\frac{n}{2}}\Gamma(\frac{n}{2})} x^{\frac{n}{2}-1} e^{-\frac{x}{2}}, & x > 0, \\ 0, & x \leqslant 0, \end{cases}$$

称 X 服从自由度为 n 的**卡方分布** (Chi-squared distribution)，记作 $X \sim \chi^2(n)$。

图2.12是卡方分布的密度函数。图中曲线从左往右是自由度分别为 $n = 1, 5, 10, 15$ 时的密度函数。从图中可以看出，当 $n = 1$ 时，卡方分布密度函数为递减函数，而当 $n > 1$ 时，为单峰函数，且峰值点随自由度的增大而增大，曲线随自由度的增大而逐渐趋于正态分布。事实上，在第 4 章将会证明，当 n 很大时，卡方分布近似正态分布。

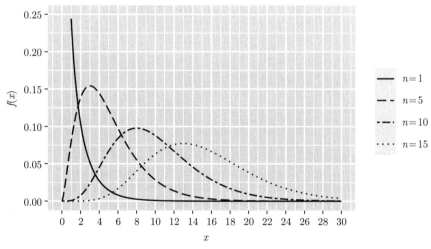

图 2.12：卡方分布的概率密度图

2.2.3.6 贝塔分布

对于任意的 $a > 0$，$b > 0$，**贝塔函数**的取值表达式为

$$\mathrm{B}(a,b) = \int_0^1 x^{a-1}(1-x)^{b-1}dx.$$

贝塔函数与伽马函数有着紧密的联系。事实上，可以证明

$$B(a,b) = B(b,a) = \frac{\Gamma(a)\Gamma(b)}{\Gamma(a+b)}.$$

定义 2.21：若连续型随机变量 X 的密度函数的取值表达式为

$$f(x) = \begin{cases} \dfrac{\Gamma(a+b)}{\Gamma(a)\Gamma(b)} x^{a-1}(1-x)^{b-1}, & 0 < x < 1, \\ 0, & \text{其他}, \end{cases}$$

其中参数 $a > 0$, $b > 0$，则称 X 服从参数为 a, b 的**贝塔分布** (Beta distribution)，记作 $X \sim \beta(a, b)$。

图2.13是贝塔分布的密度函数。从图中不难发现，$\beta(1, 1)$ 即为均匀分布 $U(0, 1)$。贝塔分布是定义在 $(0, 1)$ 区间上的分布，可以模拟出以 $(0, 1)$ 上任意点为峰值的曲线，这表明贝塔分布可以模拟极大似然法求出的任意最大值点概率值。所以，贝塔分布在贝叶斯统计理论中有着重要应用。

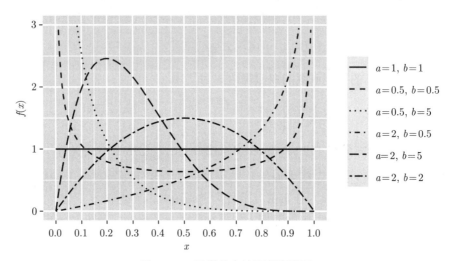

图 **2.13**：贝塔分布的概率密度图

2.2.3.7 t 分布

定义 2.22：若连续型随机变量 X 的密度函数的取值形式为

$$f(x) = \frac{\Gamma(\frac{\nu+1}{2})}{\sqrt{\nu\pi}\,\Gamma(\frac{\nu}{2})}\left(1 + \frac{x^2}{\nu}\right)^{-\frac{\nu+1}{2}}, \qquad -\infty < x < \infty,$$

其中 $\nu > 0$，则称 X 服从参数为 ν 的 t 分布，记作 $X \sim t(\nu)$，ν 称为自由度。

柯西分布 (Cauchy distribution) 是 t 分布的一个特殊情形，即自由度为 $\nu = 1$ 的 t 分布。柯西分布的密度函数的取值表达式为

$$f(x) = \frac{1}{\pi(1 + x^2)}, \qquad -\infty < x < \infty.$$

图2.14是 t 分布的密度函数，从图中不难发现 t 分布的特征：

(1) 关于 0 对称的单峰分布；

(2) t 分布的形态变化依赖自由度 ν。ν 越小，t 分布曲线越低平；ν 越大，t 分布曲线越接近标准正态分布。

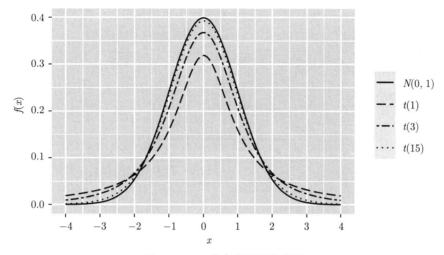

图 2.14：t 分布的概率密度图

2.2.3.8 F 分布

定义 2.23： 若非负连续型随机变量 X 的密度函数的取值表达式为

$$f(x) = \frac{\Gamma(\frac{\nu_1 + \nu_2}{2})(\frac{\nu_1}{\nu_2})^{\frac{\nu_1}{2}}}{\Gamma(\frac{\nu_1}{2})\Gamma(\frac{\nu_2}{2})} x^{\frac{\nu_1}{2} - 1} \left(1 + \frac{\nu_1}{\nu_2}x\right)^{-\frac{\nu_1 + \nu_2}{2}}, \quad x > 0,$$

其中 $\nu_1, \nu_2 > 0$, 则称 X 服从参数为 ν_1, ν_2 的 F 分布, 记作 $X \sim F(\nu_1, \nu_2)$。ν_1, ν_2 分别称为第一自由度和第二自由度。

图2.15是 F 分布的密度函数图。从图中可以看出，F 分布是一个只取非负值的偏态分布。F 分布、t 分布和卡方分布是统计推断中常用的三个分布，常称为"三大抽样分布"。在后面的章节中，我们还将进一步探讨这三个分布。

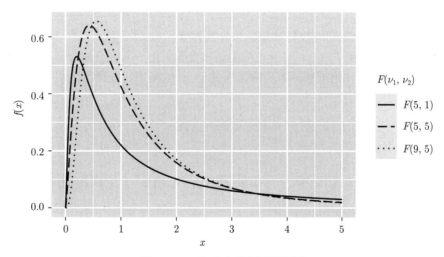

图 2.15：F 分布的概率密度图

2.2.4 随机变量的函数

本小节中我们要讨论, 随机变量 X 的分布已知，X 经过变换后得到一个新的随机变量 $Y = \phi(X)$，如何求得 Y 的分布。在这里我们假设变换 $\phi(\cdot)$ 是一元博雷尔 (Borel) 函数，这是为了保证变换后的 Y

依然是随机变量。博雷尔函数是一类非常广泛的函数，例如单调函数、分段函数、连续函数等均是博雷尔函数。

2.2.4.1 离散型随机变量的函数

例 2.19：若 X 的概率分布为

x	-1	0	1
$p(x)$	1/3	1/3	1/3

求 $Y = X^2$ 的概率分布。

解：随机变量 Y 的取值是 0 和 1，且有

$$P(Y = 0) = P(X = 0) = 1/3;$$
$$P(Y = 1) = P(X^2 = 1) = P(X = 1) + P(X = -1) = 1/3 + 1/3 = 2/3.$$

所以，Y 的概率分布是

y	0	1
$p(y)$	1/3	2/3

概括来说，在离散情形下，$Y = \phi(X)$ 的概率分布求解思路为

$$P(Y = y) = P(\phi(X) = y) = P(X \in \{x : \phi(x) = y\}) = \sum_{x_i : \phi(x_i) = y} P(X = x_i).$$

2.2.4.2 连续型随机变量的函数

设连续型随机变量 X 的密度函数和分布函数分别为 $f_X(x)$ 和 $F_X(x)$。令 $Y = \phi(X)$，Y 的密度函数和分布函数分别为 $f_Y(y)$ 和 $F_Y(y)$。对于连续型随机变量，由于其在任意一点的概率为零，所以要从分布函数 $F(y) = P(Y \leqslant y)$ 开始求解，将其转化为关于 X 的概率。连续型随机变量的变换求分布的基本步骤如下：

(1) 对于 Y 的支撑中任意的 y，记 $\mathbb{B}(y) = \{x : \phi(x) \leqslant y\}$；

(2) Y 的分布函数的取值表达式为

$$F_Y(y) = P(Y \leqslant y) = P(\phi(X) \leqslant y) = \int_{\mathbb{B}(y)} f_X(x) dx;$$

(3) 由分布函数求密度函数：$f_Y = F_Y'$。

例 2.20：若 $X \sim N(\mu, \sigma^2)$，求 $Y = e^X$ 的密度函数。

解：Y 的支撑为 $\mathbb{S} = \{y > 0\}$。当 $y > 0$ 时，

$$F_Y(y) = P(Y \leqslant y) = P(e^X \leqslant y) = P(X \leqslant \log y)$$
$$= \int_{-\infty}^{\log y} \frac{1}{\sqrt{2\pi}\sigma} e^{-\frac{(x-\mu)^2}{2\sigma^2}} dx.$$

故 Y 的密度函数在 y 处取值为

$$f_Y(y) = F'_Y(y) = \frac{1}{\sqrt{2\pi}\sigma y} e^{-\frac{(\log y - \mu)^2}{2\sigma^2}}, \qquad y > 0.$$

例2.20中的随机变量 Y 称为服从参数为 (μ, σ^2) 的**对数正态分布** (Log-normal distribution)。之所以称之为对数正态，是因为 $\log Y$ 服从正态分布。对数正态分布是金融、经济领域常见的分布之一，例如价格、工资等变量常常被假设服从对数正态分布。

当 $\phi(\cdot)$ 是严格单调函数时，$\phi(\cdot)$ 具有反函数 $\phi^{-1}(\cdot)$。此种情形下，我们可以由 X 的密度函数直接求得 Y 的密度函数。

定理 2.21： 设连续型随机变量 X 的密度函数为 f_X，支撑为 $\mathbb{S}_X$。设 $Y = \phi(X)$ 是 $\mathbb{S}_X$ 上的严格单调函数，其反函数 $\phi^{-1}(y)$ 有连续导数，则 Y 的密度函数在 y 处取值为

$$f_Y(y) = f_X(\phi^{-1}(y))\left|\frac{d\phi^{-1}(y)}{dy}\right|. \tag{2.10}$$

定理的证明只需使用积分函数求导即可，在这里省略。定理中的 $\left|\frac{d\phi^{-1}(y)}{dy}\right|$ 称为**雅可比行列式** (Jacobian determinant)。定理2.21还可以推广到逐段单调的情形。

定理 2.22： 设连续型随机变量 X 的密度函数为 f_X，支撑 $\mathbb{S}_X$ 可以分割为不相重叠的区间 $I_1, I_2, \cdots$，即 $\mathbb{S}_X = \sum_i I_i$ 且 $I_i I_j = \varnothing$。设 $Y = \phi(X)$ 在 $I_1, I_2, \cdots$ 上逐段严格单调，其反函数分别为 $\phi_1^{-1}, \phi_2^{-1}, \cdots$ 且均有连续导数，则连续型随机变量 Y 的密度函数在 y 处取值表达式为

$$f_Y(y) = f_X(\phi_1^{-1}(y))\left|\frac{d\phi_1^{-1}(y)}{dy}\right| + f_X(\phi_2^{-1}(y))\left|\frac{d\phi_2^{-1}(y)}{dy}\right| + \cdots.$$

例 2.21： 设 $X \sim N(\mu, \sigma^2)$，在例2.20中，我们通过求 $Y = e^X$ 的分布函数，进而求得其密度函数。在本例中，我们直接使用定理2.21。

令 $y = \phi(x) = e^x$，则 $\phi^{-1}(y) = \log y$，$\frac{d\phi^{-1}(y)}{dy} = \frac{1}{y}$。由公式(2.10)，以及 X 的密度函数即可得到 Y 的密度函数为

$$f_Y(y) = \frac{1}{\sqrt{2\pi}\sigma} e^{-\frac{(\phi^{-1}(y)-\mu)^2}{2\sigma^2}}\left|\frac{d\phi^{-1}(y)}{dy}\right| = \frac{1}{\sqrt{2\pi}\sigma y} e^{-\frac{(\log y - \mu)^2}{2\sigma^2}}, \quad y > 0.$$

例 2.22： 设 $X \sim N(0, 1)$，求 $Y = X^2$ 的密度函数。

解： 令 $y = \phi(x) = x^2$。

当 $x \leqslant 0$ 时，$y = x^2$ 单调递减，$\phi^{-1}(y) = -\sqrt{y}$，$\frac{d\phi^{-1}(y)}{dy} = -\frac{1}{2\sqrt{y}}$；

当 $x > 0$ 时，$y = x^2$ 单调递增，$\phi^{-1}(y) = \sqrt{y}$，$\frac{d\phi^{-1}(y)}{dy} = \frac{1}{2\sqrt{y}}$。由定理2.22，$Y = X^2$ 的密度函数为

$$f_Y(y) = \frac{1}{\sqrt{2\pi}} e^{-\frac{(-\sqrt{y})^2}{2}}\left|-\frac{1}{2\sqrt{y}}\right| + \frac{1}{\sqrt{2\pi}} e^{-\frac{(\sqrt{y})^2}{2}}\left|\frac{1}{2\sqrt{y}}\right| = \frac{1}{\sqrt{2\pi}} y^{-\frac{1}{2}} e^{-\frac{y}{2}}, \qquad y > 0.$$

所以，Y 服从自由度为 1 的卡方分布，即 $Y \sim \chi^2(1)$。

2.3　随机向量及其分布

在随机现象中往往涉及多个变量，例如统计学专业学生的概率论课程成绩与数理统计课程成绩；国家的 GDP 与 CPI 等。这些变量之间往往存在某种联系，进而需要我们将它们看作一个整体进行研究。

定义 2.24：若随机变量 $X_1, X_2, \cdots, X_n$ 均为概率空间 $(\Omega, \mathcal{F}, P)$ 上的随机变量，则称

$$\boldsymbol{X} = (X_1, X_2, \cdots, X_n)$$

构成一个 **n 维 (或 n 元) 随机向量 $\boldsymbol{X}$**。

2.3.1 联合分布

定义 2.25：设 $\boldsymbol{X} = (X_1, X_2, \cdots, X_n)$ 为 n 维随机向量，若 n 元函数 F 满足如下的条件：

$$F(x_1, x_2, \cdots, x_n) = P(X_1 < x_1, X_2 < x_2, \cdots, X_n < x_n), \quad -\infty < x_1, \cdots, x_n < \infty,$$

则称 F 为随机向量 $\boldsymbol{X} = (X_1, X_2, \cdots, X_n)$ 的**联合分布函数** (Joint cumulative distribution function)。

不难得到，联合分布函数具有以下的性质：

(1) 单调性：$F(x_1, x_2, \cdots, x_{i-1}, \cdot, x_{i+1}, \cdots, x_n)$ 关于 x_i 是单调不减的，其中 $i = 1, 2, \cdots, n$；

(2) $F(x_1, x_2, \cdots, x_{i-1}, \cdot, x_{i+1}, \cdots, x_n)$ 关于 x_i 右连续；

(3) $F(x_1, \cdots, x_{i-1}, -\infty, x_{i+1}, \cdots, x_n) = \lim_{x_i \to -\infty} F(x_1, x_2, \cdots, x_n) = 0$；

$F(\infty, \infty, \cdots, \infty) = \lim_{x_1 \to \infty, \cdots, x_n \to \infty} F(x_1, x_2, \cdots, x_n) = 1$。

证明：仿照随机变量的分布函性质的证明即可。 □

与随机变量相类似，我们常见的两类随机向量为离散型和连续型。对于这两种类型的随机向量，我们可以分别定义联合概率函数。若 n 维随机向量 $\boldsymbol{X}$ 的值只有有限个或可列个，则称 $\boldsymbol{X}$ 为**离散型**随机向量。对于离散型随机向量，我们可以定义联合概率质量函数。

定义 2.26：设 $\boldsymbol{X} = (X_1, X_2, \cdots, X_n)$ 为 n 维随机向量，如果函数 p 满足以下条件：

$$P(\boldsymbol{X} = \boldsymbol{x}_i) = P(X_1 = x_{i1}, \cdots, X_n = x_{in}) := p(\boldsymbol{x}_i), \quad i = 1, 2, \cdots,$$

则称 p 为随机向量 $\boldsymbol{X}$ 的**联合概率质量函数**或联合概率函数。

显然，对于任意的 $i, p(\boldsymbol{x}_i) \geqslant 0$ 且 $\sum_i p(\boldsymbol{x}_i) = 1$。

定义 2.27：设 $(X_1, X_2, \cdots, X_n)$ 为 n 维随机向量，若存在 $\mathbb{R}^n$ 上的非负可积函数 f，使得对任意 n 维长方体

$$\mathbb{D} = \{(x_1, \cdots, x_n) | a_i < x_i \leqslant b_i, i = 1, 2, \cdots, n\} \in \mathbb{R}^n,$$

有

$$P((X_1, \cdots, X_n) \in \mathbb{D}) = \int_{a_1}^{b_1} \cdots \int_{a_n}^{b_n} f(x_1, \cdots, x_n) dx_1 \cdots dx_n,$$

则称 $(X_1, \cdots, X_n)$ 为**连续型随机向量**，并称 f 为 $(X_1, \cdots, X_n)$ 的**联合概率密度函数**或简称为联合密度函数。

与随机变量的情形类似，联合密度函数满足如下两个条件：

(1) $f(x_1, x_2, \cdots, x_n) \geqslant 0$；

(2) $\int_{-\infty}^{\infty} \cdots \int_{-\infty}^{\infty} f(x_1, \cdots, x_n) dx_1 \cdots dx_n = 1$。

此外，连续型随机向量的联合分布函数可以由联合密度来确定：

$$F(x_1, x_2, \cdots, x_n) = \int_{-\infty}^{x_n} \cdots \int_{-\infty}^{x_1} f(t_1, \cdots, t_n) dt_1 \cdots dt_n, \quad -\infty < x_1, \cdots, x_n < \infty.$$

另一方面，如果 $\boldsymbol{X} = (X_1, \cdots, X_n)$ 的联合分布函数 $F(x_1, x_2, \cdots, x_n)$ 连续，且除去有限个 $\boldsymbol{x}$ 外，$\frac{\partial^n}{\partial x_1 \cdots \partial x_n} F(x_1, \cdots, x_n)$ 存在且连续，那么 $\boldsymbol{X}$ 是连续型，且联合密度函数与联合分布函数存在如下关系：

$$f(x_1, x_2, \cdots, x_n) = \frac{\partial^n F(x_1, \cdots, x_n)}{\partial x_1 \cdots \partial x_n}.$$

例 2.23： 设口袋里有 3 个白球和 2 个红球，不放回抽取两个，令

$$X = \begin{cases} 1, & \text{第 1 次摸出白球}, \\ 0, & \text{第 1 次摸出红球}; \end{cases} \quad Y = \begin{cases} 1, & \text{第 2 次摸出白球}, \\ 0, & \text{第 2 次摸出红球}. \end{cases}$$

显然 (X, Y) 可能的值为 $(0,0), (0,1), (1,0), (1,1)$，计算可得 (X, Y) 的联合概率函数在各个取值点的函数值为

$$P(X = 0, Y = 0) = \frac{3}{5} \times \frac{2}{4} = \frac{3}{10}; \quad P(X = 0, Y = 1) = \frac{3}{5} \times \frac{2}{4} = \frac{3}{10};$$

$$P(X = 1, Y = 0) = \frac{2}{5} \times \frac{3}{4} = \frac{3}{10}; \quad P(X = 1, Y = 1) = \frac{2}{5} \times \frac{1}{4} = \frac{1}{10}.$$

有时，二维离散型随机向量的联合概率函数还可以用表格的形式表示：

	$Y = 0$	$Y = 1$
$X = 0$	3/10	3/10
$X = 1$	3/10	1/10

例 2.24： 已知 (X, Y) 的联合密度函数在 (x, y) 处的取值形式为

$$f(x, y) = \begin{cases} Ae^{-(2x+y)}, & x > 0, y > 0, \\ 0, & \text{其他}. \end{cases}$$

求：(1) A；(2) $P(X < 2, Y < 1)$。

解： (1) 由 $\int_{-\infty}^{\infty} \int_{-\infty}^{\infty} f(x, y) dx dy = 1$ 可知，$A = 2$；

(2) 可以求得 (X, Y) 的分布函数为

$$F(x, y) = 2 \int_0^x \int_0^y e^{-(2t+s)} \, ds dt = (1 - e^{-2x})(1 - e^{-y}).$$

由此可得 $P(X < 2, Y < 1) = (1 - e^{-4})(1 - e^{-1})$。

2.3.2 边际分布

设 F 是 n 维随机向量 $\boldsymbol{X} = (X_1, X_2, \cdots, X_n)$ 的联合分布函数。对于 $\boldsymbol{X}$ 中任意 $k \ (1 \leqslant k \leqslant n)$ 个 X_i，例如 $(X_1, \cdots, X_k)$，其联合分布函数具体取值形式为

$$\begin{aligned} \tilde{F}(x_1, \cdots, x_k) &= P(X_1 \leqslant x_1, \cdots, X_k \leqslant x_k) \\ &= P(X_1 \leqslant x_1, \cdots, X_k \leqslant x_k, X_{k+1} \leqslant \infty, \cdots, X_n \leqslant \infty) \\ &= F(x_1, \cdots, x_k, \infty, \cdots, \infty). \end{aligned}$$

相对于 n 维随机向量的分布函数 F，$\tilde{F}$ 称为 $(X_1, \cdots, X_k)$ 的 k 维**边际分布函数** (Marginal distribution function)。显然，$\boldsymbol{X}$ 共有 $\binom{n}{1} + \binom{n}{2} + \cdots + \binom{n}{n-1} = 2^n - 2$ 个边际分布。

类似地，我们还可以对离散型随机向量定义边际概率质量函数，对连续型随机向量定义边际概率密度函数。为了方便阐述，我们下面均在二维随机向量场合下进行探讨。

定义 2.28： 若 (X, Y) 是二维随机向量，其分布函数为 $F(\cdot, \cdot)$，令

$$F_X(x) = P(X \leqslant x) = P(X \leqslant x, Y < \infty) = F(x, \infty),$$

$$F_Y(y) = P(Y \leqslant y) = P(X < \infty, Y \leqslant y) = F(\infty, y),$$

分别称 F_X 和 F_Y 为 (X, Y) 关于 X 和关于 Y 的**边际累积分布函数** (Marginal cumulative distribution function)，简称边际分布函数。

定义 2.29： 对于二维离散型随机向量 (X, Y)，设 X 的取值为 $x_1, x_2, \cdots$；Y 的取值为 $y_1, y_2, \cdots$，则定义：

X 的**边际概率质量函数**的具体取值形式为

$$P(X = x_i) = \sum_{j=1}^{\infty} P(X = x_i, Y = y_j), \quad i = 1, 2, \cdots;$$

Y 的**边际概率质量函数**的具体取值形式为

$$P(Y = y_j) = \sum_{i=1}^{\infty} P(X = x_i, Y = y_j), \quad j = 1, 2, \cdots.$$

定义 2.30： 对于二维连续型随机向量 (X, Y)，其联合密度函数为 $f(\cdot, \cdot)$，令

$$f_X(x) = \int_{-\infty}^{\infty} f(x, y) dy, \quad f_Y(y) = \int_{-\infty}^{\infty} f(x, y) dx,$$

则分别称 f_X 和 f_Y 为 (X, Y) 关于 X 和关于 Y 的**边际 (概率) 密度函数**。

例 2.25： 在例2.23中我们求得 (X, Y) 的联合概率函数为

	$Y = 0$	$Y = 1$	
$X = 0$	3/10	3/10	3/5
$X = 1$	3/10	1/10	2/5
	3/5	2/5	1

则 X 的边际就是对应的行总和，即

$$P(X = 0) = 3/10 + 3/10 = 3/5, \qquad P(X = 1) = 3/10 + 1/10 = 2/5,$$

而 Y 的边际就是对应的列总和，即

$$P(Y = 0) = 3/10 + 3/10 = 3/5, \qquad P(Y = 1) = 3/10 + 1/10 = 2/5.$$

例 2.26： 在例2.24中我们求得 (X, Y) 的联合密度函数为

$$f(x, y) = \begin{cases} 2e^{-(2x+y)}, & x > 0, y > 0, \\ 0, & \text{其他}, \end{cases}$$

则 X 的边际密度函数为

$$f_X(x) = \int_0^\infty 2e^{-(2x+y)}dy = 2e^{-2x}\int_0^\infty e^{-y}dy = 2e^{-2x}, \qquad x > 0.$$

显然，X 服从参数为 2 的指数分布，$X \sim \exp(2)$。

类似地，我们可以得到 Y 的边际密度函数为

$$f_Y(y) = \int_0^\infty 2e^{-(2x+y)}dx = e^{-y}\int_0^\infty 2e^{-2x}dx = e^{-y}, \qquad y > 0.$$

显然，Y 服从参数为 1 的指数分布，$Y \sim \exp(1)$。

2.3.3 常见的多维分布

本小节中我们介绍两个重要的多维分布——多项分布和多元正态分布。

2.3.3.1 多项分布

定义 2.31 (多项分布)：若

$$P(X_1 = k_1, \cdots, X_r = k_r) = \frac{n!}{k_1!k_2!\cdots k_r!}p_1^{k_1}p_2^{k_2}\cdots p_r^{k_r},$$

其中 $k_1, \cdots, k_r \geqslant 0$ 且 $k_1 + k_2 + \cdots + k_r = n$；$p_1, \cdots, p_r \geqslant 0$ 且 $\sum_{i=1}^r p_i = 1$，则称离散型随机向量 $(X_1, \cdots, X_r)$ 服从参数为 $(n, p_1, \cdots, p_r)$ 的**多项分布** (Multinomial distribution)。记为 $Multinomial$ $(n, p_1, \cdots, p_r)$。

多项分布是二项分布向多维的扩展。设试验的可能结果有且只有 r 种，记为 $\mathbb{A}_1, \mathbb{A}_2, \cdots, \mathbb{A}_r$，每种结果出现的概率为 $P(\mathbb{A}_i) = p_i, i = 1, 2, \cdots, r$，$\sum_{i=1}^r p_i = 1$。假设进行 n 次重复独立试验，令 X_i 为 n 次试验中 $\mathbb{A}_i$ 出现的次数，那么 $(X_1, \cdots, X_r)$ 服从多项分布。显然 $r = 2$ 时，即为二项分布。

对于任意的 $1 \leqslant m \leqslant r$，我们可以直接求得 $(X_{i_1}, X_{i_2}, \cdots, X_{i_m})$ 的边际概率函数取值表达式为

$$P(X_{i_1} = k_1, X_{i_2} = k_2, \cdots, X_{i_m} = k_m) = \frac{n!}{k_1!k_2!\cdots k_m!k!}p_{i_1}^{k_1}p_{i_2}^{k_2}\cdots p_{i_m}^{k_m}\left(1 - \sum_{j=1}^m p_{i_j}\right)^k,$$

其中 $0 \leqslant k_j \leqslant n$，$k = n - \sum_{j=1}^m k_j \geqslant 0$。

由此可见，多项分布任意 m 维的边际分布依然是多项分布。直观上看，我们将剩下的 $r - m$ 类归为一类即可。特别地，任意 X_i 的边际分布是二项分布：

$$P(X_i = k) = \binom{n}{k}p_i^k(1-p_i)^{n-k}, \qquad k = 0, 1, \cdots, n.$$

2.3.3.2 多元正态分布

定义 2.32：若 $\boldsymbol{\Sigma} = (\sigma_{ij})$ 是 n 阶正定对称矩阵，$\det\boldsymbol{\Sigma}$ 表示 $\boldsymbol{\Sigma}$ 的行列式的值，$\boldsymbol{\mu} = (\mu_1, \cdots, \mu_n)^\top$ 是任意 n 维常数向量，若 n 维随机向量 $\boldsymbol{X} = (X_1, X_2, \cdots, X_n)^\top$ 的联合密度函数取值表达式为

$$f(\boldsymbol{x}) = \frac{1}{(2\pi)^{\frac{n}{2}}(\det\boldsymbol{\Sigma})^{\frac{1}{2}}}\exp\left\{-\frac{1}{2}(\boldsymbol{x}-\boldsymbol{\mu})^\top\boldsymbol{\Sigma}^{-1}(\boldsymbol{x}-\boldsymbol{\mu})\right\}, \quad \boldsymbol{x} \in \mathbb{R}^n, \tag{2.11}$$

则称 $\boldsymbol{X}$ 服从参数为 $\boldsymbol{\mu}$ 和 $\boldsymbol{\Sigma}$ 的 n 维**正态分布**，记作 $N(\boldsymbol{\mu}, \boldsymbol{\Sigma})$。

特别地，当 $n=2$ 时，若取

$$\boldsymbol{\mu} = \begin{pmatrix} \mu_1 \\ \mu_2 \end{pmatrix}, \quad \boldsymbol{\Sigma} = \begin{pmatrix} \sigma_1^2 & \rho\sigma_1\sigma_2 \\ \rho\sigma_1\sigma_2 & \sigma_2^2 \end{pmatrix},$$

则式(2.11)可以写为

$$f(x_1, x_2) = \frac{1}{2\pi\sigma_1\sigma_2\sqrt{1-\rho^2}} \exp\left\{-\frac{1}{2(1-\rho^2)} \times \right.$$
$$\left. \left[\frac{(x_1-\mu_1)^2}{\sigma_1^2} - 2\rho\frac{(x_1-\mu_1)(x_2-\mu_2)}{\sigma_1\sigma_2} + \frac{(x_2-\mu_2)^2}{\sigma_2^2}\right]\right\}, \quad -\infty < x_1, x_2 < \infty, \quad (2.12)$$

其中 $0 \leqslant \rho \leqslant 1$。此时二维正态也可以记作 $(X_1, X_2) \sim N(\mu_1, \mu_2, \sigma_1^2, \sigma_2^2, \rho)$。

图2.16是 $\rho=0$ 和 $\rho=0.75$ 的二维正态密度函数图。

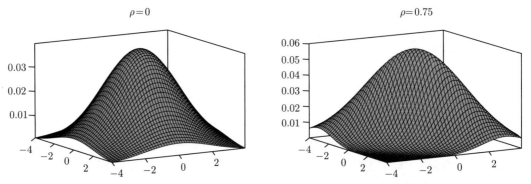

图 2.16：二元正态密度函数图 ($\mu_1 = \mu_2 = 0$, $\sigma_1 = \sigma_2 = 2$)

我们把密度值相等的点的轨迹称为**等高线**。显然，对于二维正态密度函数 (2.12) 来说，

$$f(x_1, x_2) = C \Leftrightarrow \frac{(x_1-\mu_1)^2}{\sigma_1^2} - 2\rho\frac{(x_1-\mu_1)(x_2-\mu_2)}{\sigma_1\sigma_2} + \frac{(x_2-\mu_2)^2}{\sigma_2^2} = r^2.$$

所以，二元正态的等高线是以 (μ_1, μ_2) 为中心的椭圆，见图2.17。

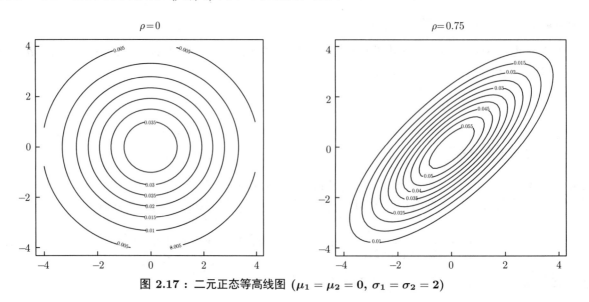

图 2.17：二元正态等高线图 ($\mu_1 = \mu_2 = 0$, $\sigma_1 = \sigma_2 = 2$)

现在我们以 X_1 为例考虑二维正态的边际分布。将式 (2.12) 代入到 $f_1(x_1) = \int_{-\infty}^{\infty} f(x_1, x_2) dx_2$ 得到

$$f_1(x_1) = \frac{1}{\sqrt{2\pi}\sigma_1} \exp\left\{-\frac{(x_1 - \mu_1)^2}{2\sigma_1^2}\right\} \int_{-\infty}^{\infty} \frac{1}{\sqrt{2\pi}\sigma_2\sqrt{1-\rho^2}}$$
$$\times \exp\left\{-\frac{1}{2(1-\rho^2)\sigma_2^2}\left[x_2 - \mu_2 - \frac{\rho\sigma_2}{\sigma_1}(x_1 - \mu_1)\right]\right\} dx_2.$$

注意到等式右边积分内是参数为 $\left(\mu_2 + \frac{\rho\sigma_2}{\sigma_1}(x_1 - \mu_1), (1-\rho^2)\sigma_2^2\right)$ 的正态分布密度函数表达式，所以积分等于 1。因此，X_1 的边际密度函数表达式为

$$f_1(x) = \frac{1}{\sqrt{2\pi}\sigma_1} \exp\left\{-\frac{(x - \mu_1)^2}{2\sigma_1^2}\right\}, \quad -\infty < x < \infty.$$

这表明，$X_1 \sim N(\mu_1, \sigma_1^2)$。我们可以类似求得 X_2 的边际分布也是正态 $X_2 \sim N(\mu_2, \sigma_2^2)$。此外由边际密度函数的表达式我们也不难证明二维正态密度函数的合理性：

$$\int_{-\infty}^{\infty} \int_{-\infty}^{\infty} f(x_1, x_2) dx_1 dx_2 = \int_{-\infty}^{\infty} f_1(x_1) dx_1 = 1.$$

2.3.4 条件分布

前面我们介绍了随机事件的条件概率，类似地我们可以定义随机变量的条件分布。

2.3.4.1 离散型随机变量

定义 2.33： 设 X, Y 为离散型随机变量，$p(x_i, y_j), p_X(x_i), p_Y(y_j)$ 分别表示 $(X, Y), X, Y$ 在 $(x_i, y_j), x_i, y_j$ 的概率取值。设 $p_X(x_i) > 0$，定义

$$P(Y = y_j | X = x_i) = \frac{p(x_i, y_j)}{p_X(x_i)}, \quad j = 1, 2, \cdots \tag{2.13}$$

为给定 $X = x_i$ 条件下随机变量 Y 的**条件概率质量函数** (Conditional probability mass function)$P(\cdot|X = x_i)$ 在 $Y = y_j$ 处的取值，或称为条件概率分布。

类似地，可以定义给定 $X = x_i$ 的条件下随机变量 Y 的**条件分布函数**，其取值表达式为

$$P(Y \leqslant y | X = x_i) = \frac{\sum_{y_j \leqslant y} p(x_i, y_j)}{p_X(x_i)}, \quad -\infty < y < \infty.$$

例 2.27： 已知随机向量 (X_1, X_2) 服从多项分布，概率分布为

$$P(X_1 = k_1, X_2 = k_2) = \frac{n!}{k_1! k_2! (n - k_1 - k_2)!} p_1^{k_1} p_2^{k_2} (1 - p_1 - p_2)^{n - k_1 - k_2}, \quad 0 \leqslant k_1 + k_2 \leqslant n.$$

我们前面已经求得 X_1 的边际概率分布为

$$P(X_1 = k_1) = \frac{n!}{k_1!(n - k_1)!} p_1^{k_1} (1 - p_1)^{n - k_1}, \quad k_1 = 0, 1, \cdots, n.$$

将上面公式带入到式(2.13)，可以求得在已知 $X_1 = k_1$ 的条件下 X_2 的概率分布为

$$P(X_2 = k_2 | X_1 = k_1) = \frac{(n - k_1)!}{k_2!(n - k_1 - k_2)!} \left(\frac{p_2}{1 - p_1}\right)^{k_2} \left(1 - \frac{p_2}{1 - p_1}\right)^{n - k_1 - k_2},$$
$$k_2 = 0, 1, \cdots, n - k_1.$$

因此在已知 $X_1 = k_1$ 的条件下，X_2 的条件概率分布是二项分布 $B\left(n - k_1, \frac{p_2}{1 - p_1}\right)$。

2.3.4.2 连续型随机变量

定义 2.34： 设 X, Y 为连续型随机变量，$f(\cdot, \cdot), f_X, f_Y$ 分别表示 $(X, Y), X, Y$ 的密度函数。设 $f_X(x) > 0$，定义

$$f_{Y|X}(y|x) = \frac{f(x, y)}{f_X(x)}, \quad -\infty < x, y < \infty, \tag{2.14}$$

则称 $f_{Y|X}(\cdot|x)$ 为 $X = x$ 的条件下随机变量 Y 的**条件概率密度函数**。类似地，可以定义给定 $X = x$ 条件下随机变量 Y 的**条件累积分布函数**，其具体取值表达式为

$$F_{Y|X}(y|x) = \int_{-\infty}^{y} f(v|x) dv = \frac{\int_{-\infty}^{y} f(x, v) dv}{f_X(x)}, \quad -\infty < x, y < \infty.$$

例 2.28： 我们已经知道若 $(X_1, X_2) \sim N(\mu_1, \mu_2, \sigma_1^2, \sigma_2^2, \rho)$，那么 X_i 的边际分布也是正态分布，即 $X_i \sim N(\mu_i, \sigma_i^2)$，$i = 1, 2$。将联合密度函数和边际密度函数带入式(2.14)中即可得到给定 $X_1 = x_1$ 条件下 X_2 的条件密度函数，其取值表达式如下：

$$f_{2|1}(x_2|x_1) = \frac{1}{\sqrt{2\pi}\sigma_2\sqrt{1 - \rho^2}} \exp\left\{-\frac{1}{2(1 - \rho^2)\sigma_2^2}\left[x_2 - \mu_2 - \frac{\rho\sigma_2}{\sigma_1}(x_1 - \mu_1)\right]\right\},$$
$$-\infty < x_1, x_2 < \infty.$$

这表明已知 $X_1 = x_1$ 的条件下 X_2 的条件分布也是正态分布：

$$X_2|X_1 = x_1 \sim N\left(\mu_2 + \frac{\rho\sigma_2}{\sigma_1}(x_1 - \mu_1), (1 - \rho^2)\sigma_2^2\right).$$

类似推导可知，已知 $X_2 = x_2$ 的条件下 X_1 的条件分布为

$$X_1|X_2 = x_2 \sim N\left(\mu_1 + \frac{\rho\sigma_1}{\sigma_2}(x_2 - \mu_2), (1 - \rho^2)\sigma_1^2\right).$$

2.3.5 独立随机变量

我们在前面介绍了随机事件的独立性的概念，本小节中我们将其扩展到随机变量的独立性。

定义 2.35： 设 $X_1, X_2, \cdots, X_n$ 是 n 个随机变量，它们的联合分布函数为 F，X_i 的边际分布函数为 F_i，$i = 1, 2, \cdots, n$。若对于任意实数 $x_1, x_2, \cdots, x_n$ 有

$$F(x_1, x_2, \cdots, x_n) = F_1(x_1)F_2(x_2)\cdots F_n(x_n) \tag{2.15}$$

成立，则称 $X_1, X_2, \cdots, X_n$ **相互独立**或独立。

由分布函数的定义，式(2.15)也可以写成以下形式：

$$P(X_1 \leqslant x_1, \cdots, X_n \leqslant x_n) = P(X_1 \leqslant x_1)\cdots P(X_n \leqslant x_n).$$

与式(2.6)中随机事件的相互独立性相比，随机变量的相互独立性要求似乎更简单，但实质上是一样。因为对于随机变量，我们可以证明：若 $X_1, X_2, \cdots, X_n$ 相互独立，则对任意的 $1 < k \leqslant n$，$\{X_{i1}, \cdots, X_{ik}\} \subset \{X_1, X_2, \cdots, X_n\}$ 有

$$P(X_{i_1} \leqslant x_{i_1}, \cdots, X_{i_k} \leqslant x_{i_k}) = P(X_{i_1} \leqslant x_{i_1})\cdots P(X_{i_k} \leqslant x_{i_k}),$$

即 $X_1, \cdots, X_n$ 中任意 k 个随机变量也相互独立。

定理 2.23： 对于离散型随机变量，$X_1, X_2, \cdots, X_n$ 相互独立的充要条件是

$$P(X_1 = x_1, \cdots, X_n = x_n) = P(X_1 = x_1) \cdots P(X_n = x_n).$$

对于连续型随机变量，$X_1, X_2, \cdots, X_n$ 相互独立的充要条件是

$$f(x_1, \cdots, x_n) = f_1(x_1) \cdots f_n(x_n).$$

例 2.29： 对于二维正态随机变量 $(X, Y) \sim N(\mu_1, \mu_2, \sigma_1^2, \sigma_2^2, \rho)$，已知 X 和 Y 的联合密度函数的具体取值表达式为

$$f(x, y) = \frac{1}{2\pi\sigma_1\sigma_2\sqrt{1-\rho^2}} \exp\left\{-\frac{1}{2(1-\rho^2)} \times \left[\frac{(x-\mu_1)^2}{\sigma_1^2} - 2\rho\frac{(x-\mu_1)(y-\mu_2)}{\sigma_1\sigma_2} + \frac{(y-\mu_2)^2}{\sigma_2^2}\right]\right\}.$$

另一方面，我们还知道 X 和 Y 的边际分布分别为 $X \sim N(\mu_1, \sigma_1^2)$，$Y \sim N(\mu_2, \sigma_2^2)$，所以，

$$f_X(x)f_Y(y) = \frac{1}{2\pi\sigma_1\sigma_2} \exp\left\{-\frac{(x-\mu_1)^2}{2\sigma_1^2} - \frac{(y-\mu_2)^2}{2\sigma_2^2}\right\}.$$

比较上面两个公式可知，两者相等的充要条件为 $\rho = 0$。在后面章节的学习中我们将知道 $\rho = 0$ 即 X, Y 不相关。由此可知，二维正态随机向量 (X, Y) 独立的充要条件是 X, Y 不相关。

2.3.6 随机向量的函数

在第2.2.4小节中我们介绍了随机变量函数的分布，在实际应用中我们通常会关心多个随机变量的函数，例如 $\bar{X} = \frac{1}{n}\sum_{i=1}^{n} X_i$, $\max\{X_1, \cdots, X_n\}$。在本小节中我们将介绍多个随机变量函数的分布求解问题。

设 $(X_1, \cdots, X_n)$ 的分布函数为 F，相应的密度函数为 f。令

$$Y_j = g_j(X_1, X_2, \cdots, X_n), \qquad j = 1, 2, \cdots, m.$$

欲求 m 维随机向量 $\boldsymbol{Y} = (Y_1, Y_2, \cdots, Y_m)$ 的分布。

基本思想与随机变量的变换求分布类似，首先求出 $\boldsymbol{Y}$ 的分布函数，再通过求导得到密度函数。随机向量的函数分布求解过程可以归纳为以下的基本步骤：

(1) 记 $\mathbb{C} = \{(x_1, \cdots, x_n) | g_i(x_1, \cdots, x_n) \leqslant y_i, \ i = 1, \cdots, m\}$；

(2) $(Y_1, \cdots, Y_m)$ 的联合分布函数的取值表达式为

$$\begin{aligned}
F_{\boldsymbol{Y}}(y_1, \cdots, y_m) &= P(g_1(x_1, \cdots, x_n) \leqslant y_1, \cdots, g_m(x_1, \cdots, x_n) \leqslant y_m) \\
&= P((X_1, \cdots, X_n) \in \mathbb{C}) \\
&= \int \cdots \int_{\mathbb{C}} f(x_1, \cdots, x_n) dx_1 \cdots dx_n;
\end{aligned}$$

(3) $(Y_1, \cdots, Y_m)$ 的联合密度函数的取值表达式为

$$f_{\boldsymbol{Y}}(y_1, \cdots, y_m) = \frac{\partial F_{\boldsymbol{Y}}(y_1, \cdots, y_m)}{\partial y_1 \cdots \partial y_m}.$$

例 2.30 (变量和的分布)：设 (X_1, X_2) 的密度函数为 f，则 $Y = X_1 + X_2$ 的分布函数在 y 处取值为

$$F_Y(y) = \iint\limits_{x_1+x_2 \leqslant y} f(x_1, x_2)dx_1 dx_2 = \int_{-\infty}^{\infty} \int_{-\infty}^{y-x_1} f(x_1, x_2)dx_2\, dx_1, \quad -\infty < y < \infty.$$

进而 Y 的密度函数在 y 处取值为

$$f_Y(y) = \frac{dF_Y(y)}{dy} = \int_{-\infty}^{\infty} f(x_1, y - x_1)dx_1, \quad -\infty < y < \infty.$$

特别地，当 X_1, X_2 相互独立时，$f(x_1, x_2) = f_1(x_1)f_2(x_2)$，其中 f_i 为 X_i $(i = 1, 2)$ 的边际密度函数，则 Y 的密度函数在 y 处取值形式可写成

$$f_Y(y) = \int_{-\infty}^{\infty} f_1(u)f_2(y - u)du = \int_{-\infty}^{\infty} f_1(y - u)f_2(u)du.$$

上式称为**卷积公式**。

设 $X_1, X_2, \cdots, X_n$ 是具有相同分布函数 $F(x)$ 的相互独立的随机变量。将其按从小到大顺序重新排列为

$$X_{(1)} \leqslant X_{(2)} \leqslant \cdots \leqslant X_{(n)},$$

则称 $X_{(k)}$ 为 $X_1, X_2, \cdots, X_n$ 的第 k 次**次序统计量** (Order statistic)。显然，次序统计量是 $X_1, X_2, \cdots, X_n$ 的函数。下面的例子中我们将讨论连续型随机变量的次序统计量的分布。

例 2.31 (次序统计量的分布)：设 $X_1, X_2, \cdots, X_n$ 是具有相同分布函数 $F(x)$ 以及密度函数 $f(x)$ 的相互独立的连续型随机变量。那么最大次序统计量 $X_{(n)}$ 的分布函数的取值表达式为

$$\begin{aligned} F_{(n)}(x) &= P(X_{(n)} \leqslant x) = P(X_1 \leqslant x, X_2 \leqslant x, \cdots, X_n \leqslant x) \\ &= P(X_1 \leqslant x)P(X_2 \leqslant x)\cdots P(X_n \leqslant x) = F^n(x), \quad -\infty < x < \infty. \end{aligned}$$

对 $F_{(n)}$ 求导即可得到相应的密度函数在 x 处取值表达式：

$$f_{(n)}(x) = nF^{n-1}(x)f(x), \quad -\infty < x < \infty.$$

对于任意的 $1 \leqslant k \leqslant n$，我们也可以求 $X_{(k)}$ 的分布函数 $F_{(k)}$。对任意 $x \in \mathbb{R}$，记事件 $\mathbb{A}_r = \{X_{(r)} \leqslant x < X_{(r+1)}\}$，即 $X_1, \cdots, X_n$ 中恰好有 r 个小于等于 x。所以我们可以得到：

$$P(\mathbb{A}_r) = \binom{n}{r} P(X_1 \leqslant x, \cdots, X_r \leqslant x, X_{r+1} > x, \cdots, X_n > x) = \binom{n}{r} F^r(x)[1 - F(x)]^{n-r}.$$

因为 $\{X_{(k)} \leqslant x\} = \cup_{r=k}^{n} \mathbb{A}_r$，所以

$$\begin{aligned} F_{(k)}(x) &= P(X_{(k)} \leqslant x) = P(\cup_{r=k}^{n} \mathbb{A}_r) \\ &= \sum_{r=k}^{n} P(\mathbb{A}_r) = \sum_{r=k}^{n} \binom{n}{r} F^r(x)[1 - F(x)]^{n-r}. \end{aligned}$$

同样，对 $F_{(k)}$ 求导并整理即可得到相应的密度函数在 x 处的取值表达式：

$$f_{(k)}(x) = \frac{n!}{(n-k)!(k-1)!} F^{k-1}(x)[1 - F(x)]^{n-k} f(x).$$

和随机变量的变换类似，对于随机向量的函数，我们也可以通过雅可比转化直接得到密度函数。设 $n=m$，变换 $y_i=g_i(x_1,\cdots,x_n)(i=1,2,\cdots,n)$ 存在唯一的反函数变换 $x_i(y_1,\cdots,y_n)=x_i$，则 $(Y_1,\cdots,Y_n)$ 的密度函数 $f_{\boldsymbol{Y}}$ 取值表达式为

$$f_{\boldsymbol{Y}}(y_1,\cdots,y_n)=\begin{cases} f[x_1(y_1,\cdots,y_n),\cdots,x_n(y_1,\cdots,y_n)]|J|, & \text{若 }(y_1,\cdots,y_n)\text{ 属于 }g_1,\cdots,g_n\text{ 的值域,}\\ 0, & \text{其他,}\end{cases}$$

其中 J 为坐标变换的雅可比行列式

$$J=\begin{vmatrix} \frac{\partial x_1}{\partial y_1} & \cdots & \frac{\partial x_1}{\partial y_n}\\ \vdots & & \vdots\\ \frac{\partial x_n}{\partial y_1} & \cdots & \frac{\partial x_n}{\partial y_n}\end{vmatrix}.$$

例 2.32： 若 (X_1,X_2) 的密度函数为 f，令

$$Y_1=X_1+X_2,\qquad Y_2=X_1-X_2.$$

求 (Y_1,Y_2) 的密度函数 h。

解： 容易得到逆变换以及相应的雅可比行列式为

$$\begin{cases} x_1=\frac{y_1+y_2}{2},\\ x_2=\frac{y_1-y_2}{2},\end{cases}\qquad J=\begin{vmatrix} \frac12 & \frac12\\ \frac12 & -\frac12\end{vmatrix}=-\frac12.$$

代入公式即可得到 (Y_1,Y_2) 的密度函数取值表达式：

$$h(y_1,y_2)=f\left(\frac{y_1+y_2}{2},\frac{y_1-y_2}{2}\right)|J|=\frac12 f\left(\frac{y_1+y_2}{2},\frac{y_1-y_2}{2}\right),\quad -\infty<y_1,y_2<\infty.$$

定理 2.24： 设 Z 是标准正态随机变量，W 是服从自由度为 ν 的卡方分布的随机变量，即 $Z\sim N(0,1)$，$W\sim\chi^2(\nu)$，Z 和 W 相互独立，则

$$T=\frac{Z}{\sqrt{W/\nu}}$$

服从自由度为 ν 的 t 分布，简记为 $X\sim t(\nu)$。

证明： 引进增补变量 $S=Y$，先求 (S,T) 的联合密度，再求 T 的边际密度。

因为 X,Y 相互独立，所以联合密度为

$$f(x,y)=\frac{1}{\sqrt{2\pi}}e^{-\frac{x^2}{2}}\cdot\frac{1}{2^{\frac{\nu}{2}}\Gamma\left(\frac{\nu}{2}\right)}y^{\frac{\nu}{2}-1}e^{-\frac{y}{2}},\quad -\infty<x<\infty,\ y>0.$$

可以求出逆变换为

$$x=t\left(\frac{s}{\nu}\right)^{\frac12},\qquad y=s.$$

其雅可比行列式为

$$J=-\left(\frac{s}{\nu}\right)^{\frac12}.$$

故 (S,T) 的联合密度函数为

$$h(s,t)=\frac{1}{\sqrt{2\pi}}e^{-\frac{st^2}{2\nu}}\cdot\frac{1}{2^{\frac{\nu}{2}}\Gamma\left(\frac{\nu}{2}\right)}s^{\frac{\nu}{2}-1}e^{-\frac{s}{2}}\left(\frac{s}{\nu}\right)^{\frac12}.$$

进而求得 T 的密度函数为

$$f_T(t; \nu) = \int_0^\infty h(s, t) ds = \frac{\Gamma\left(\frac{\nu+1}{2}\right)}{\sqrt{\nu\pi}\,\Gamma\left(\frac{\nu}{2}\right)} \left(1 + \frac{t^2}{\nu}\right)^{-\frac{\nu+1}{2}}.$$

这表明 T 服从自由度为 ν 的 t 分布，$T \sim t(\nu)$。 □

定理 2.25：设 X_1 和 X_2 是相互独立的随机变量，且分别服从自由度为 ν_1 和 ν_2 的 χ^2 分布，即 $X_1 \sim \chi^2(\nu_1)$ 且 $X_2 \sim \chi^2(\nu_2)$，则

$$F = \frac{X_1/\nu_1}{X_2/\nu_2}$$

服从自由度为 ν_1, ν_2 的 F 分布，简记为 $X \sim F(\nu_1, \nu_2)$。

定理2.25的证明与定理2.24类似，通过增补变量，应用雅可比转换求得 F 与增补的变量的联合密度函数，进而求得 F 的边际分布。由定理2.25可知，若 $X \sim F(\nu_1, \nu_2)$，则 $1/X \sim F(\nu_2, \nu_1)$。

2.4 数字特征

如果知道了随机变量的概率分布，那么关于随机变量的一切特征也就知道了。可是，在实际应用上，分布有时难以确定。另一方面，我们在很多情形下感兴趣的并不是分布而是分布的某些特征，例如平均值、中位数等。与分布相比，这些特征也更便于估计。在本节中，我们将介绍随机变量的一些基本特征，其中最重要的就是随机变量的期望和方差，以及用来描述两个变量之间关系的协方差。

2.4.1 期望

2.4.1.1 随机变量的期望

定义 2.36：设 X 为离散型随机变量，概率分布为 $p(x_i), \ i = 1, 2, \cdots$。如果级数 $\sum_{i=1}^\infty x_i p(x_i)$ 绝对收敛，即

$$\sum_{i=1}^\infty |x_i| p(x_i) < \infty,$$

则称

$$EX = \sum_{i=1}^\infty x_i p(x_i) \tag{2.16}$$

为离散型随机变量 X 的**数学期望** (Expectation)，简称**期望**或**均值**。

在上述定义中，对级数绝对收敛的要求在于保证数学期望的唯一性。因为随机变量的取值可以不分顺序，而无穷级数的绝对收敛性表明任意改变变量取值次序不影响其和，因此对于取有限项的随机变量而言，数学期望总是存在的。

期望是常用的描述随机变量中心趋势的量。从定义可以看出它是随机变量所有可取值的加权平均，权重即为随机变量等于这一点的概率。更直观地，可以将它看作独立同分布的样本 $X_1, \cdots, X_n$ 的平均值，我们将在本章最后一节中的大数定律详细介绍。

定义 2.37：设 X 为连续随机变量，密度函数为 f，如果积分 $\int_{-\infty}^\infty x f(x) dx$ 绝对收敛，即

$$\int_{-\infty}^\infty |x| f(x) dx < \infty,$$

则称

$$\mathrm{E}X = \int_{-\infty}^{\infty} x f(x) dx \tag{2.17}$$

为连续型随机变量 X 的**数学期望**，简称**期望**或**均值**。

随机变量 X 的期望记为 $\mathrm{E}X$，有时我们也用希腊字母 μ 或 μ_X 表示期望。上述定义分别给出了离散型随机变量场合和连续型随机变量场合的数学期望，对于一般场合的随机变量，利用斯蒂尔切斯积分 (Stieltjes integral) 给出适用所有随机变量数学期望的定义。

定义 2.38：若随机变量 X 的分布函数为 F，如果积分 $\int_{-\infty}^{\infty} x dF(x)$ 绝对收敛，即

$$\int_{-\infty}^{\infty} |x| dF(x) < \infty,$$

则称

$$\mathrm{E}X = \int_{-\infty}^{\infty} x dF(x) \tag{2.18}$$

为随机变量 X 的**数学期望**，简称**期望**或**均值**。

当 X 为离散型时，分布函数 F 会在可数个点 $x_1, x_2, \cdots$ 处出现跳跃 (跳跃幅度是 $p(x_i)$)，其余地方都与 x 轴平行。由此可知：当 $x = x_i$ 时，$dF(x) = p(x_i)$；而当 $x \neq x_i$ 时，$dF(x) = 0$，因此式(2.18)即为式(2.16)；当分布函数 F 绝对连续的时候，存在概率密度函数 f 使得 $F(x) = \int_{-\infty}^{x} f(x) dx$，因此由微分与导数的关系可知：$dF(x) = f(x) dx$，进而可以得到 $\mathrm{E}X = \int_{-\infty}^{\infty} x dF(x) = \int_{-\infty}^{\infty} x f(x) dx$。所以当 X 为连续型时，式(2.18)即为式(2.17)。

例 2.33 (泊松分布的期望)：设 X 服从参数为 λ 的泊松分布，即

$$P(X = k) = \frac{\lambda^k}{k!} e^{-\lambda}, \quad k = 0, 1, \cdots,$$

可以求得 X 的期望为

$$\mathrm{E}X = \sum_{k=0}^{\infty} k \frac{\lambda^k}{k!} e^{-\lambda} = \lambda e^{-\lambda} \sum_{k=1}^{\infty} \frac{\lambda^{k-1}}{(k-1)!} = \lambda e^{-\lambda} e^{\lambda} = \lambda.$$

例 2.34 (正态分布的期望)：设 X 服从正态分布 $N(\mu, \sigma^2)$，即密度函数为

$$f(x) = \frac{1}{\sqrt{2\pi}\sigma} e^{-\frac{(x-\mu)^2}{2\sigma^2}}, \quad -\infty < x < \infty.$$

可以求得 X 的期望为

$$\mathrm{E}X = \int_{-\infty}^{\infty} x \frac{1}{\sqrt{2\pi}\sigma} e^{-\frac{(x-\mu)^2}{2\sigma^2}} dx = \int_{-\infty}^{\infty} (y + \mu) \frac{1}{\sqrt{2\pi}\sigma} e^{-\frac{y^2}{2\sigma^2}} dy \quad (\diamondsuit y = x - \mu)$$

$$= \int_{-\infty}^{\infty} y \frac{1}{\sqrt{2\pi}\sigma} e^{-\frac{y^2}{2\sigma^2}} dy + \mu \int_{-\infty}^{\infty} \frac{1}{\sqrt{2\pi}\sigma} e^{-\frac{y^2}{2\sigma^2}} dy = \mu.$$

最后一个等式成立是因为等式前面第一个积分的积分函数是奇函数，积分等于零；而由密度函数的性质，第二个积分等于 1。

例 2.35 (期望不存在)：前面介绍过柯西分布，在本例中，我们将验证，柯西分布的期望不存在。设 X 服从柯西分布，密度函数为

$$f(x) = \frac{1}{\pi(1+x^2)}, \quad -\infty < x < \infty.$$

计算可知

$$\int_{-\infty}^{\infty} |x|f(x)dx = \frac{2}{\pi}\int_0^{\infty} \frac{xdx}{1+x^2} = \frac{1}{\pi}\log(1+x^2)\Big|_0^{\infty} = \infty.$$

所以 X 的期望不存在。

2.4.1.2　随机变量函数的期望

若已知随机变量 X 的分布函数是 F，随机变量变量 Y 是 X 的函数，即 $Y = \phi(X)$，如何求 Y 的期望呢？一种方法就是用第2.2.4小节中的方法求出 Y 的分布 F_Y。本小节我们将介绍另一种更简捷的方法，不求 Y 的分布而直接从 X 的分布计算。

定理 2.26：已知随机变量 X 的分布函数为 F_X。令 $Y = \phi(X)$，其中 ϕ 是一元博雷尔函数，若

$$\int_{-\infty}^{\infty} |\phi(x)|dF_X(x) < \infty,$$

则 Y 的期望为

$$EY = E[\phi(X)] = \int_{-\infty}^{\infty} \phi(x)dF_X(x).$$

特别地，

(1) 若 X 为离散型随机变量，概率分布为 $p(x_i) = P(X = x_i)$，$i = 1, 2, \cdots$，则 $Y = \phi(X)$ 的数学期望为

$$EY = \sum_i \phi(x_i)P(X = x_i).$$

(2) 若 X 为连续型随机变量，概率密度函数为 f_X，则 $Y = \phi(X)$ 的数学期望为

$$EY = \int_{-\infty}^{\infty} \phi(x)f_X(x)dx.$$

例 2.36：设 X 服从参数为 λ 的泊松分布，即

$$P(X = k) = \frac{\lambda^k}{k!}e^{-\lambda}, \quad k = 0, 1, \cdots.$$

令 $Y = X^2$，则

$$\begin{aligned}
EY = EX^2 &= \sum_{k=0}^{\infty} k^2 \frac{\lambda^k}{k!}e^{-\lambda} = \sum_{k=1}^{\infty} k\frac{\lambda^k}{(k-1)!}e^{-\lambda} \\
&= \sum_{k=1}^{\infty} (k-1+1)\frac{\lambda^k}{(k-1)!}e^{-\lambda} \\
&= \lambda^2 e^{-\lambda}\sum_{k=2}^{\infty} \frac{\lambda^{k-2}}{(k-2)!}e^{-\lambda} + \lambda e^{-\lambda}\sum_{k=1}^{\infty} \frac{\lambda^{k-1}}{(k-1)!}e^{-\lambda} \\
&= \lambda^2 + \lambda.
\end{aligned}$$

例 2.37：设 X 服从均匀分布 $U(0, \pi/2)$，密度函数的取值形式为 $f(x) = 2/\pi, 0 < x < \pi/2$。令 $Y = \cos X$，则

$$EY = \int_0^{\pi/2} \frac{2}{\pi} \cos x dx = \frac{2}{\pi} \sin x \Big|_0^{\pi/2} = \frac{2}{\pi}.$$

定理2.26还可以推广到随机向量的情形。

定理 2.27：设随机向量 $\boldsymbol{X} = (X_1, X_2, \cdots, X_n)$ 的分布函数是 F。令 $Y = \phi(\boldsymbol{X})$，其中 $\phi(\cdot)$ 是 n 元博雷尔函数，若

$$\int_{-\infty}^{\infty} \cdots \int_{-\infty}^{\infty} |\phi(\boldsymbol{x})| dF(\boldsymbol{x}) < \infty,$$

则 Y 的数学期望为

$$EY = E[\phi(\boldsymbol{X})] = \int_{-\infty}^{\infty} \cdots \int_{-\infty}^{\infty} \phi(\boldsymbol{x}) dF(\boldsymbol{x}).$$

特别的，

(1) 若 $\boldsymbol{X}$ 为离散型随机变量，其概率分布为

$$p(x_1, \cdots, x_n) = P(X_1 = x_1, \cdots, X_n = x_n),$$

则 $Y = \phi(\boldsymbol{X})$ 的数学期望为

$$EY = \sum_{x_1, \cdots, x_n} \phi(x_1, \cdots, x_n) P(X_1 = x_1, \cdots, X_n = x_n).$$

(2) 若 $\boldsymbol{X}$ 为连续型随机变量，密度函数为 f，则 $Y = \phi(\boldsymbol{X})$ 的数学期望为

$$EY = \int_{-\infty}^{\infty} \cdots \int_{-\infty}^{\infty} \phi(\boldsymbol{x}) f(\boldsymbol{x}) dx_1 \cdots dx_n.$$

例 2.38：若 X, Y 是相互独立的随机变量，均服从 $N(0, 1)$。令 $Z = \sqrt{x^2 + y^2}$，则 Z 的期望为

$$\begin{aligned}
EZ &= \int_{-\infty}^{\infty} \int_{-\infty}^{\infty} \sqrt{x^2 + y^2} \frac{1}{2\pi} e^{-\frac{x^2+y^2}{2}} dx dy \\
&= \int_0^{2\pi} d\theta \int_0^{\infty} \frac{1}{2\pi} r e^{-\frac{r^2}{2}} dr \quad (\diamondsuit r = \sqrt{x^2 + y^2}, \theta = \arctan(y/x)) \\
&= \int_0^{\infty} \sqrt{2} t^{1/2} e^{-t} dt = \sqrt{2} \Gamma(3/2) = \sqrt{\pi/2}.
\end{aligned}$$

例 2.39：设 (X, Y) 在 $\mathbb{D} = \{(x,y) | x^2 + y^2 \leqslant 1\}$ 上均匀分布，求 EX。

解：(X, Y) 在 (x, y) 处的联合密度为 $f(x, y) = 1/\pi, \quad x^2 + y^2 \leqslant 1$，则 X 的期望计算可得：

$$EX = \iint\limits_{x^2+y^2 \leqslant 1} x \frac{1}{\pi} dx dy = 0.$$

最后一个等式成立是因为被积函数在 $\mathbb{D}$ 上是奇函数。

下面我们考虑几个特殊形式的 $g(\boldsymbol{X})$ 的期望。

定义 2.39 (矩)：设 X 为随机变量，k 为正整数，

(1) 若 $\mathrm{E}X^k$ 存在，则称

$$\mu_k = \mathrm{E}X^k$$

为随机变量 X 的k **阶原点矩**，记为 μ_k。

(2) 若 $\mathrm{E}(X - \mathrm{E}X)^k$ 存在，则称

$$\nu_k = \mathrm{E}(X - \mathrm{E}X)^k$$

为随机变量 X 的k **阶中心矩**，记为 ν_k。

若随机变量的 k 阶矩存在，则所有低阶矩都存在。中心距和原点矩之间存在简单的转换关系，具体而言，

$$\nu_k = \mathrm{E}(X - \mathrm{E}X)^k = \mathrm{E}(X - \mu_1)^k = \sum_{i=0}^{k} \binom{n}{i} \mu_i (-\mu_1)^{k-i}.$$

此外，还可定义：p **阶原点绝对矩**，即 $\mathrm{E}|X|^p$；

p **阶中心绝对矩**，即 $\mathrm{E}|X - \mathrm{E}X|^p$；

$k+l$ **阶混合中心矩**，即 $\mathrm{E}(X - \mathrm{E}X)^k(Y - \mathrm{E}Y)^l$。

显然，数学期望是一阶原点矩。二阶中心矩 $\mathrm{E}(X - \mathrm{E}X)^2$ 也称为方差，是描述随机变量分散程度的重要指标，我们将在下一小节中做更为深入的介绍。除期望和方差之外，我们经常用来描述随机变量分布特征的还有偏度和峰度，它们也是特殊函数的期望。

定义 2.40： 设随机变量 X 的三阶矩存在，称

$$\mathrm{Skew}(X) = \frac{v_3}{(\sqrt{v_2})^3} = \mathrm{E}\left[\frac{X - \mathrm{E}X}{\sqrt{\mathrm{Var}(X)}}\right]^3$$

为随机变量 X 的**偏度系数**，简称**偏度** (Skewness)。

偏度是描述分布偏离程度的特征数，当 $\mathrm{Skew}(X) > 0$，称该分布为右偏，即变量在取值高处比低处具有更大的偏离中心的程度；当 $\mathrm{Skew}(X) < 0$，称该分布为左偏，即变量在取值低处比高处具有更大的偏离中心的程度。图2.18中分别给出了对称、右偏和左偏的密度函数形态。

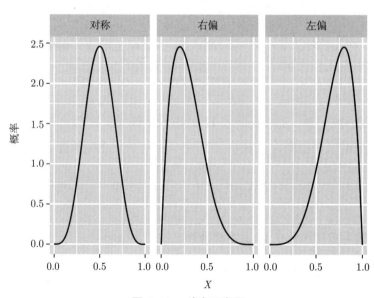

图 2.18：偏态示意图

定义 2.41: 设随机变量 X 的四阶矩都存在，称

$$\mathrm{Kurt}(X) = \frac{\nu_4}{(\sqrt{\nu_2})^4} = \mathrm{E}\left[\frac{X - \mathrm{E}X}{\sqrt{\mathrm{Var}(X)}}\right]^4$$

为随机变量 X 的**峰度系数**，简称**峰度** (Kurtness)。

峰度是描述分布陡峭程度和尾部粗细的特征数，是相较于正态分布而言的超出量。由于正态分布的峰度为 3，因此当 $\mathrm{Kurt}(X) - 3 > 0$，表示分布比标准正态分布更陡峭且尾部更粗；当 $\mathrm{Kurt}(X) - 3 < 0$，表示分布比标准正态分布更平坦且尾部更细；当 $\mathrm{Kurt}(X) - 3 = 0$，表示分布与标准正态分布相比在陡峭程度和尾部粗细相当。

2.4.1.3 期望的性质

方便起见，如无特别说明，设以下所涉及的随机变量的期望均存在。

性质 2.1: 若 c 是常数，则 $\mathrm{E}c = c$。

性质 2.2: 若 $a \leqslant b$ 是常数，随机变量 X 满足 $a \leqslant X \leqslant b$，则 $a \leqslant \mathrm{E}X \leqslant b$。

性质 2.3: 对任意常数 a_i，$i = 0, 1, \cdots, n$，以及随机变量 $X_1, \cdots, X_n$，有

$$\mathrm{E}\left(a_0 + \sum_{i=1}^{n} a_i X_i\right) = a_0 + \sum_{i=1}^{n} a_i \mathrm{E}X_i.$$

性质 2.4: 设 $X_1, \cdots, X_n$ 为相互独立的随机变量，则

$$\mathrm{E}\left(\prod_{i=1}^{n} X_i\right) = \prod_{i=1}^{n} \mathrm{E}X_i.$$

证明： 我们只给出性质2.4的证明。性质2.1—2.3的证明留给读者。

由 $X_1, \cdots, X_n$ 相互独立可得，$F(x_1, \cdots, x_n) = F_1(x_1) \cdots F_n(x_n)$，其中 F_i 为 X_i 的分布函数。利用 Fubini 定理得到：

$$\begin{aligned}
\mathrm{E}\left(\prod_{i=1}^{n} X_i\right) &= \int_{-\infty}^{\infty} \cdots \int_{-\infty}^{\infty} x_1 \cdots x_n dF(x_1, \cdots, x_n) \\
&= \int_{-\infty}^{\infty} \cdots \int_{-\infty}^{\infty} x_1 \cdots x_n dF_1(x_1) \cdots dF_n(x_n) \\
&= \prod_{i=1}^{n} \int_{-\infty}^{\infty} x_i dF_i(x_i) = \prod_{i=1}^{n} \mathrm{E}X_i.
\end{aligned}$$

$\square$

例 2.40: 求超几何分布 $X \sim HG(N, M, n)$，

$$P(X = k) = \frac{\binom{M}{k}\binom{N-M}{n-k}}{\binom{N}{n}}, \quad 0 \leqslant k \leqslant \min\{n, M\} \tag{2.19}$$

的数学期望。

解： 令

$$X_i = \begin{cases} 1, & \text{第 } i \text{ 次抽得次品,} \\ 0, & \text{第 } i \text{ 次抽得正品,} \end{cases}$$

则 $P(X_i = 1) = \frac{M}{N}$，因此 $\mathrm{E}X_i = \frac{M}{N}$。而 $X = X_1 + \cdots + X_n$ 表示 n 次不放回抽样中抽出的次品数，它服从上述超几何分布。利用性质 2.3 得到：

$$\mathrm{E}X = \mathrm{E}X_1 + \cdots + \mathrm{E}X_n = \frac{nM}{N}.$$

下面我们给出关于期望的两个重要不等式。

定理 2.28 (柯西-施瓦茨 (Cauchy-Schwarz) 不等式)：若任意随机变量 X 与 Y 具有有限方差，则

$$|\mathrm{E}(XY)|^2 \leqslant \mathrm{E}X^2 \cdot \mathrm{E}Y^2. \tag{2.20}$$

等式(2.20)成立当且仅当存在常数 t_0 使得

$$P(Y = t_0 X) = 1.$$

证明：对任意实数 t，定义

$$\phi(t) = \mathrm{E}(tX - Y)^2 = t^2 \mathrm{E}X^2 - 2t\mathrm{E}(XY) + \mathrm{E}Y^2,$$

则 $\phi(t) \geqslant 0$ 对一切 t 均成立。因此二次方程 $\phi(t) = 0$ 或者没有实根或者有一个重根。故判别式

$$[\mathrm{E}(XY)]^2 - \mathrm{E}X^2 \cdot \mathrm{E}Y^2 \leqslant 0.$$

此外，方程 $\phi(t) = 0$ 有一个重根 t_0 存在的充要条件为

$$[\mathrm{E}(XY)]^2 - \mathrm{E}X^2 \cdot \mathrm{E}Y^2 = 0.$$

这时 $\mathrm{E}(t_0 X - Y)^2 = 0$，因此

$$\mathrm{Var}(t_0 X - Y) = 0, \quad \mathrm{E}(t_0 X - Y) = 0.$$

从而有 $P(t_0 X - Y = 0) = 1$。 □

定理 2.29 (詹森 (Jensen) 不等式)：若 ϕ 在开区间 I 上是凸函数，X 为支撑包含在 I 中且期望有限的随机变量，则

$$\phi(\mathrm{E}X) \leqslant \mathrm{E}[\phi(X)]. \tag{2.21}$$

若 ϕ 是严格凸的，那么不等式也是严格的，除非 $P(\phi(X) = \mathrm{E}[\phi(X)]) = 1$。

证明：在证明中我们假设 ϕ 有二阶导数，但通常只需要凸性。将 $\phi(\cdot)$ 在 $\mu = \mathrm{E}X$ 处进行二阶 Taylor 展开：

$$\phi(x) = \phi(\mu) + \phi'(\mu)(x - \mu) + \frac{\phi''(\xi)(x - \mu)^2}{2},$$

这里 ξ 在 x 和 μ 之间。由函数 $\phi(\cdot)$ 的凸性，我们有

$$\phi(x) \geqslant \phi(\mu) + \phi'(\mu)(x - \mu). \tag{2.22}$$

将不等式两边取期望得到：

$$\mathrm{E}[\phi(X)] \geqslant \phi(\mu) + \phi'(\mu)(\mathrm{E}X - \mu) = \phi(\mathrm{E}X).$$

若 ϕ 是严格凸的,不等式(2.22)严格成立。我们不加证明地应用结论"若随机变量 X 非负且 $\mathrm{E}X = 0$，则 $P(X = 0) = 1$" (Shao, 2010)。由此，若 ϕ 是严格凸的，那么 $\phi(\mathrm{E}X) < \mathrm{E}[\phi(X)]$，除非 $P(\phi(X) = \mathrm{E}[\phi(X)]) = 1$。 □

例 2.41： 由詹森不等式(2.21)可知，$\mathrm{E}X^2 \geqslant (\mathrm{E}X)^2$。此外，对于非负随机变量 X 还可以得到：

$$\mathrm{E}(X^{-1}) > (\mathrm{E}X)^{-1}, \qquad \mathrm{E}(\log X) < \log(\mathrm{E}X).$$

2.4.2 方差

2.4.2.1 方差的定义

期望描述了随机变量的中心趋势，但在很多情况下，我们不仅关心期望，还关心随机变量的分散程度。例如图2.19中，三个正态随机变量有着相同的期望 μ，但是分散程度却不相同。与 $N(0,9)$ 和 $N(0,25)$ 相比，$N(0,1)$ 明显更集中，而前两个分布相对更分散。这一特征是通过"方差"来描述。

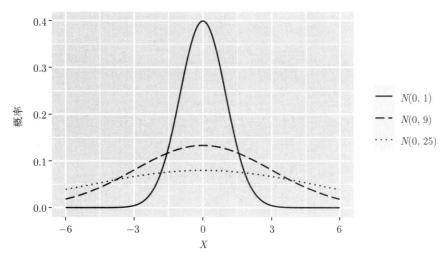

图 2.19：正态分布概率密度图

定义 2.42： 设随机变量 X 的期望 $\mathrm{E}X$ 有限，且 $\mathrm{E}(X - \mathrm{E}X)^2$ 也有限，则称

$$\mathrm{Var}(X) = \mathrm{E}(X - \mathrm{E}X)^2$$

为随机变量 X 的**方差** (Variance)，记作 $\mathrm{Var}(X)$。而方差的算术平方根 $\sqrt{\mathrm{Var}(X)}$ 称为 X 的**标准差** (Standard deviation)，记作 $\mathrm{sd}(X)$。

通常，我们用 σ_X^2 或简写为 σ^2 表示随机变量 X 的方差。此时，标准差记为 σ_X 或简写为 σ。方差是随机变量 X 到它期望的偏差平方 $(X - \mathrm{E}X)^2$ 的平均值，是描述随机变量分散程度的重要指标。标准差与方差应用背景相同，都是用来衡量随机变量取值的分散程度。方差与标准差越小，表示随机变量取值越集中；方差与标准差越大，表示随机变量取值越分散。方差与标准差的主要差别在于量纲不同，标准差与随机变量以及期望具有相同的量纲，更便于应用，但标准差的计算通常需要通过方差得到。由于两种特征数转换方便，可以根据不同场合选择使用。

由期望的性质不难得到

$$\mathrm{Var}(X) = \mathrm{E}(X - \mathrm{E}X)^2 = \mathrm{E}[X^2 - 2X\mathrm{E}X + (\mathrm{E}X)^2] = \mathrm{E}X^2 - 2(\mathrm{E}X)^2 + (\mathrm{E}X)^2$$
$$= \mathrm{E}X^2 - (\mathrm{E}X)^2. \tag{2.23}$$

通常，使用式(2.23)计算方差相对简便一些。

例 2.42 (泊松分布的方差)：设随机变量 $X \sim P(\lambda)$，例2.33已求出期望 $\mathrm{E}X = \lambda$。不难求得

$$\mathrm{E}X^2 = \sum_{k=0}^{\infty} k^2 \frac{\lambda^k}{k!} e^{-\lambda} = \sum_{k=1}^{\infty} k \frac{\lambda^k}{(k-1)!} e^{-\lambda} = \sum_{k=1}^{\infty} (k-1+1) \frac{\lambda^k}{(k-1)!} e^{-\lambda}$$
$$= \lambda^2 e^{-\lambda} \sum_{k=2}^{\infty} \frac{\lambda^{k-2}}{(k-2)!} e^{-\lambda} + \lambda e^{-\lambda} \sum_{k=1}^{\infty} \frac{\lambda^{k-1}}{(k-1)!} e^{-\lambda} = \lambda^2 + \lambda.$$

所以，$\mathrm{Var}(X) = \mathrm{E}X^2 - (\mathrm{E}X)^2 = \lambda$。

例 2.43 (正态分布的方差)：设 X 服从正态分布 $N(\mu, \sigma^2)$，例2.34中求得 X 的期望为 μ。接下来我们求 X 的方差，由方差定义

$$
\begin{aligned}
\mathrm{Var}(X) = \mathrm{E}(X - \mu)^2 &= \int_{-\infty}^{\infty} (x - \mu)^2 \frac{1}{\sqrt{2\pi}\sigma} e^{-\frac{(x-\mu)^2}{2\sigma^2}} dx \\
&= \frac{\sigma^2}{\sqrt{2\pi}} \int_{-\infty}^{\infty} t^2 e^{-\frac{t^2}{2}} dt \qquad (\diamondsuit t = (x - \mu)/\sigma) \\
&= \sigma^2.
\end{aligned}
$$

最后一个等号成立是由于 $\frac{1}{\sqrt{2\pi}} \int_{-\infty}^{\infty} t^2 e^{-\frac{t^2}{2}} dt = 1$。

2.4.2.2 方差的性质

方便起见，如无特别说明，设以下所涉及的随机变量的方差均存在。随机变量的方差具备以下性质。

性质 2.5：常数的方差为 0，即对任意常数 c, $\mathrm{Var}(c) = 0$。

性质 2.6：对任意常数 a, b，有 $\mathrm{Var}(aX + b) = a^2 \mathrm{Var}(X)$。

性质 2.7：$\mathrm{Var}\left(\sum_{i=1}^{n} X_i\right) = \sum_{i=1}^{n} \mathrm{Var}(X_i) + \sum_{i \neq j} \mathrm{E}[(X_i - \mathrm{E}X_i)(X_j - \mathrm{E}X_j)]$。

性质 2.8：若 $X_1, \cdots, X_n$ 相互独立，则

$$
\mathrm{Var}\left(\sum_{i=1}^{n} X_i\right) = \sum_{i=1}^{n} \mathrm{Var}(X_i).
$$

证明：直接使用方差的定义计算即可证明性质2.5—2.7。我们只证明性质2.8。由性质2.7不难看出，要证明性质2.8，我们只需证明对于任意的 $i \neq j$，有下式成立

$$
\mathrm{E}[(X_i - \mathrm{E}X_i)(X_j - \mathrm{E}X_j)] = \mathrm{E}(X_i X_j) - \mathrm{E}X_i \cdot \mathrm{E}X_j = 0.
$$

记 X_i 的分布函数为 $F_i(x)$, $i = 1, \cdots, n$。对于任意的 $i, j = 1, \cdots, n, i \neq j$，记 X_i, X_j 的联合分布函数为 $F_{ij}(x, y)$。因为 X_i, X_j 独立，所以 $F_{ij}(x, y) = F_i(x)F_j(y)$。由此可得

$$
\begin{aligned}
\mathrm{E}(X_i X_j) &= \int_{-\infty}^{\infty} \int_{-\infty}^{\infty} xy\, dF_{ij}(x, y) \\
&= \int_{-\infty}^{\infty} x\, dF_i(x) \int_{-\infty}^{\infty} y\, dF_j(y) = \mathrm{E}X_i \cdot \mathrm{E}Y_j.
\end{aligned}
$$

所以 $\sum_{i \neq j} \mathrm{E}[(X_i - \mathrm{E}X_i)(X_j - \mathrm{E}X_j)] = 0$，从而得证性质2.8。 $\qquad \square$

例 2.44 (标准化随机变量)：设随机变量 X 的数学期望 $\mathrm{E}X$ 和方差 $\mathrm{Var}(X)$ 都存在，且方差 $\mathrm{Var}(X) > 0$，定义：

$$
X^* = \frac{X - \mathrm{E}X}{\sqrt{\mathrm{Var}(X)}}. \tag{2.24}
$$

显然，$\mathrm{E}X^* = 0$, $\mathrm{Var}(X^*) = 1$。我们通常称式(2.24)定义的随机变量 X^* 为 X 的**标准化随机变量**。

例 2.45：设 $X_1, \cdots, X_n$ 为独立同分布随机变量序列，期望为 μ，方差为 σ^2。令样本均值和样本方差分别为

$$
\bar{X} = \frac{1}{n} \sum_{i=1}^{n} X_i, \quad S^2 = \frac{1}{n-1} \sum_{i=1}^{n} (X_i - \bar{X})^2.
$$

试求 $\mathrm{Var}(\bar{X})$ 和 $\mathrm{E}S^2$。

解:

$$\mathrm{Var}(\bar{X}) = \left(\frac{1}{n}\right)^2 \mathrm{Var}\left(\sum_{i=1}^{n} X_i\right) = \frac{1}{n^2}\sum_{i=1}^{n}\mathrm{Var}(X_i) = \frac{\sigma^2}{n}.$$

要求 $\mathrm{E}S^2$,我们注意到:

$$\begin{aligned}
(n-1)S^2 &= \sum_{i=1}^{n}(X_i - \mu + \mu - \bar{X})^2 \\
&= \sum_{i=1}^{n}(X_i - \mu)^2 + n(\bar{X}-\mu)^2 - 2(\bar{X}-\mu)n(\bar{X}-\mu) \\
&= \sum_{i=1}^{n}(X_i - \mu)^2 - n(\bar{X}-\mu)^2.
\end{aligned}$$

进而求得:

$$\begin{aligned}
\mathrm{E}S^2 &= \frac{1}{n-1}\left[\sum_{i=1}^{n}\mathrm{E}(X_i - \mu)^2 - n\mathrm{E}(\bar{X}-\mu)^2\right] \\
&= \frac{1}{n-1}\left[n\sigma^2 - n\mathrm{Var}(\bar{X})\right] = \sigma^2.
\end{aligned}$$

定理 2.30 (切比雪夫不等式): 设随机变量 X 具有有限方差,则对于任意 $\varepsilon > 0$, 有

$$P(|X - \mathrm{E}X| \geqslant \varepsilon) \leqslant \frac{\mathrm{Var}(X)}{\varepsilon^2}.$$

证明: 设 F 是 X 的分布函数,则有

$$\begin{aligned}
\mathrm{Var}(X) &= \int_{-\infty}^{\infty}(x - \mathrm{E}X)^2 dF(x) \\
&\geqslant \int_{|x-\mathrm{E}X|\geqslant\varepsilon}(x - \mathrm{E}X)^2 dF(x) \geqslant \int_{|x-\mathrm{E}X|\geqslant\varepsilon}\varepsilon^2 dF(x) \\
&= \varepsilon^2 P(|X - \mathrm{E}X| \geqslant \varepsilon).
\end{aligned}$$

切比雪夫不等式也可以表述成以下的等价形式: $\qquad\qquad\qquad\qquad\qquad\square$

$$P(|X - \mathrm{E}X| < \varepsilon) \geqslant 1 - \frac{\mathrm{Var}(X)}{\varepsilon^2} \quad \text{或} \quad P\left(\left|\frac{X - \mathrm{E}X}{\sqrt{\mathrm{Var}(X)}}\right| \geqslant \delta\right) \leqslant \frac{1}{\delta^2}.$$

切比雪夫不等式给出了随机变量对其数学期望绝对偏差的概率的估计。不等式表明,$\mathrm{Var}(X)$ 越小,事件 $\{|X - \mathrm{E}X| \geqslant \varepsilon\}$ 的概率越小,所以方差可以用来刻画随机变量与其期望值的偏离程度。

2.4.3 协方差和相关系数

前面我们讨论了用来描述随机变量的最常用的两个数字特征——期望和方差。其中期望用来描述随机变量的中心趋势,而方差反映了随机变量的分散程度。本小节中我们将介绍描述两个随机变量间关系的量——协方差和相关系数。

定义 2.43: 设随机变量 X 的期望 $\mu_X = \mathrm{E}X$ 和 Y 的期望 $\mu_Y = \mathrm{E}Y$ 均存在,

(1) 若 $E[(X - \mu_X)(Y - \mu_Y)]$ 存在, 则称

$$\sigma_{XY} = \mathrm{Cov}(X, Y) = E[(X - \mu_X)(Y - \mu_Y)]$$

为 X 与 Y 的**协方差** (Covariance), 记作 $\mathrm{Cov}(X, Y)$ 或 σ_{XY}。若 $\mathrm{Cov}(X, Y) = 0$, 则称 X 与 Y **不相关** (Uncorrelated)。

(2) 若随机变量 X 和 Y 方差均存在且不为零, 则称

$$\rho_{XY} = \mathrm{Corr}(X, Y) = \frac{\mathrm{Cov}(X, Y)}{\sqrt{\mathrm{Var}(X)}\sqrt{\mathrm{Var}(Y)}} = \frac{\sigma_{XY}}{\sigma_X \sigma_Y}$$

为 X 与 Y 的**相关系数** (Correlation coefficient), 记作 $\mathrm{Corr}(X, Y)$ 或 ρ_{XY}。

从协方差的定义中, 我们可以得到协方差的另一种表达形式

$$\mathrm{Cov}(X, Y) = E(XY) - EX \cdot EY. \tag{2.25}$$

此外, 从相关系数的定义以及期望的性质我们可以得到:

$$\mathrm{Corr}(X, Y) = \frac{\mathrm{Cov}(X, Y)}{\sqrt{\mathrm{Var}(X)}\sqrt{\mathrm{Var}(Y)}} = E\left[\frac{X - EX}{\sqrt{\mathrm{Var}(X)}} \cdot \frac{Y - EY}{\sqrt{\mathrm{Var}(Y)}} \right].$$

也就是说, X 与 Y 的相关系数就是其标准化随机变量的协方差。所以, 与协方差相比, 相关系数是一个无量纲的量, 它不受量纲的影响。

定理 2.31: 若随机变量 X 与 Y 独立, 则 X 与 Y 不相关。

证明: 在方差的性质2.8中我们已经证明了若 X 与 Y 独立, 则 $E(XY) = EX \cdot EY$。由式(2.25)可得 $\mathrm{Cov}(X, Y) = 0$, 即 X 与 Y 不相关。 □

定理 2.32: 设随机变量 X 与 Y 的相关系数为 ρ, 则

(1) $|\rho| \leqslant 1$;

(2) $|\rho| = 1$ 的充要条件是存在常数 a, b, 使得

$$P(Y = a + bX) = 1.$$

相关系数 ρ 描述了两个随机变量之间相关关系 (线性相关关系) 的强弱。从定理中可知, $-1 \leqslant \rho \leqslant 1$。 $|\rho|$ 越大, 相关性越强。当 $\rho = 0$, 即 $\mathrm{Cov}(X, Y) = 0$ 时, X 与 Y 不相关。当 $\rho < 0$ 时, 我们称 X 与 Y 负相关; 当 $\rho > 0$ 时, 我们称 X 与 Y 正相关。

基于两个变量的协方差与相关系数, 我们可以定义随机向量的期望与协方差矩阵。

定义 2.44: 设 $\boldsymbol{X} = (X_1, X_2, \cdots, X_n)$ 是 n 维随机向量, 若每个分量 X_i 的期望、方差以及任意两个分量的协方差均存在, 记 $\mu_i = EX_i$, $\sigma_{ij} = \mathrm{Cov}(X_i, X_j)$, $i, j = 1, \cdots, n$。

称向量

$$\boldsymbol{\mu} = E\boldsymbol{X} = (EX_1, \cdots, EX_n) = (\mu_1, \cdots, \mu_n)$$

为 $\boldsymbol{X}$ 的期望;

称矩阵

$$\boldsymbol{\Sigma} = E[(\boldsymbol{X} - \boldsymbol{\mu})^\top (\boldsymbol{X} - \boldsymbol{\mu})] = \begin{pmatrix} \sigma_{11} & \sigma_{12} & \cdots & \sigma_{1n} \\ \sigma_{21} & \sigma_{22} & \cdots & \sigma_{2n} \\ \vdots & \vdots & & \vdots \\ \sigma_{n1} & \sigma_{n2} & \cdots & \sigma_{nn} \end{pmatrix}$$

为 $\boldsymbol{X}$ 的**协方差阵** (Covariance matrix)，记作 $\mathrm{Cov}(\boldsymbol{X})$ 或 $\boldsymbol{\Sigma}$。$\boldsymbol{\Sigma}$ 为**非负定的对称阵**，若记 $\boldsymbol{\Sigma}$ 的行列式为 $\det \boldsymbol{\Sigma}$，则 $\boldsymbol{\Sigma} = \boldsymbol{\Sigma}^\top$ 且 $\det \boldsymbol{\Sigma} \geqslant 0$。

例 2.46： 设 $\boldsymbol{X} = (X_1, \cdots, X_r) \sim Multinomial(n, p_1, \cdots, p_r)$，求 $\boldsymbol{X}$ 的期望和协方差阵。

解： 对于任意的 $i, j = 1, \cdots, r$，X_i 的边际分布为二项分布，$X_i \sim B(n, p_i)$，因此可得

$$\mu_i = \mathrm{E}X_i = np_i, \quad \sigma_{ii} = \mathrm{Var}(X_i) = np_i(1 - p_i).$$

而 $X_i + X_j \sim B(n, p_i + p_j)$，因此

$$\mathrm{E}(X_i + X_j) = n(p_i + p_j), \quad \mathrm{Var}(X_i + X_j) = n(p_i + p_j)(1 - p_i - p_j).$$

另一方面，

$$\mathrm{Var}(X_i + X_j) = \mathrm{Var}(X_i) + \mathrm{Var}(X_j) + 2\mathrm{Cov}(X_i, X_j) = np_i(1 - p_i) + np_j(1 - p_j) + 2\mathrm{Cov}(X_i, X_j),$$

所以有

$$\sigma_{ij} = \mathrm{Cov}(X_i, X_j) = -np_i p_j.$$

所以，$\boldsymbol{X}$ 的期望为 $\boldsymbol{\mu} = (np_1, \cdots, np_r)$，协方差阵为

$$\boldsymbol{\Sigma} = \begin{pmatrix} np_1(1 - p_1) & -np_1 p_2 & \cdots & -np_1 p_r \\ -np_1 p_2 & np_2(1 - p_2) & \cdots & -np_2 p_r \\ \vdots & \vdots & & \vdots \\ -np_1 p_r & -np_2 p_r & \cdots & np_r(1 - p_r) \end{pmatrix}.$$

2.4.4 条件期望

在前面介绍二维随机向量的分布时，我们知道条件分布也是分布，而数字特征是基于分布的，因此我们可以将期望、方差等数字特征推广到条件分布的情形。

2.4.4.1 条件期望

定义 2.45： 设随机变量 X, Y 的联合分布函数为 $F(\cdot, \cdot)$，记在 $X = x$ 的条件下 Y 的条件分布函数为 $F(\cdot|x)$，若 $\int_{-\infty}^{\infty} |y| dF(y|x) < \infty$，则称

$$\mathrm{E}(Y|X = x) = \int_{-\infty}^{\infty} y dF(y|x)$$

为在 $X = x$ 的条件下 Y 的**条件数学期望** (Conditional expectation)。

若 X 和 Y 为离散型随机变量，条件概率分布为 $P(Y = y_i | X = x)$，$i = 1, 2, \cdots$，则在 $X = x$ 的条件下 Y 的条件期望为

$$\mathrm{E}(Y|X = x) = \sum_{i=1}^{\infty} y_i P(Y = y_i | X = x).$$

若 X 和 Y 为连续型随机变量，条件密度函数为 $f(\cdot|x)$，则在 $X = x$ 的条件下 Y 的条件期望为

$$\mathrm{E}(Y|X = x) = \int_{-\infty}^{\infty} y f(y|x) dy.$$

条件期望也是期望，所以期望的性质也适用于条件期望。另一方面，条件期望与期望也有区别。根据条件期望的定义，$E(Y|X=x)$ 是 x 的函数，对于 x 的不同取值，条件期望的取值随之改变。所以，条件期望可以看作是随机变量 X 的函数 $E(Y|X)$，而将 $E(Y|X=x)$ 看作是 $X=x$ 时 $E(Y|X)$ 的一个取值，因此 $E(Y|X)$ 也可以看作是一个随机变量。那么 $E(Y|X)$ 就有相应的分布以及数字特征。

性质 2.9： 设 c_1, c_2 为任意常数，X, Y_1, Y_2 为随机变量，则

$$E(c_1 Y_1 + c_2 Y_2 | X) = c_1 E(Y_1 | X) + c_2 E(Y_2 | X).$$

性质 2.10： 设 X, Y 为随机变量，$g(\cdot)$ 和 $h(\cdot)$ 为博雷尔实值函数，则

$$E[g(X)h(Y)|X] = g(X)E[h(Y)|X].$$

性质 2.11： 设随机变量 X, Y 相互独立，$h(\cdot)$ 为博雷尔实值函数，则

$$E[h(Y)|X] = E[h(Y)].$$

性质 2.12 (重期望公式)：设随机变量 X 和 Y 的期望存在，则

$$E[E(Y|X)] = EY.$$

例 2.47 (最佳预测)：设随机变量 X, Y，我们希望用 X 的函数 $g(X)$ 来预测 Y，如何找到这个函数 $g(X)$ 使得它最接近 Y？我们可以用均方离差 $E[Y-g(X)]^2$ 来度量 $g(X)$ 与 Y 的接近程度。所以我们要找到使 $E[Y-g(X)]^2$ 达到最小的 $g(X)$。我们会发现使 $E[Y-g(X)]^2$ 达到最小的 $g(X)$ 是 $E(Y|X)$，即

$$E[Y - E(Y|X)]^2 \leqslant E[Y - g(X)]^2.$$

事实上，不难求得：

$$
\begin{aligned}
E\{[Y-g(X)]^2|X\} &= E\{[Y - E(Y|X) + E(Y|X) - g(X)]^2|X\} \\
&= E\{[Y - E(Y|X)]^2|X\} + E\{[E(Y|X) - g(X)]^2|X\} \\
&\quad + 2E\{[Y - E(Y|X)][E(Y|X) - g(X)]|X\}.
\end{aligned}
$$

由于 $E\{[Y - E(Y|X)][E(Y|X) - g(X)]|X\} = 0$，因此我们得到：

$$E\{[Y - E(Y|X)]^2|X\} \leqslant E\{[Y - g(X)]^2|X\}.$$

两边取期望之后我们进一步得到：

$$E[Y - E(Y|X)]^2 \leqslant E[Y - g(X)]^2.$$

2.4.4.2 条件方差

定义 2.46： 若随机变量 X 和 Y 的期望和方差存在，并记在 $X=x$ 的条件下 Y 的条件期望为 $E(Y|X=x)$，称

$$\mathrm{Var}(Y|X=x) = E\{[Y - E(Y|X=x)]^2|X=x\}$$

为给定 $X=x$ 的条件下，Y 的**条件方差** (Conditional variance)。

由随机变量方差的性质可以得到

$$\mathrm{Var}(Y|X=x) = E(Y^2|X=x) - [E(Y|X=x)]^2.$$

定理 2.33 (条件方差公式)：若随机变量 X 和 Y 的期望和方差存在，且 Y 关于 X 的条件期望与条件方差都存在，则

$$\text{Var}(Y) = \text{E}[\text{Var}(Y|X)] + \text{Var}[\text{E}(Y|X)].$$

证明：计算即可得到

$$\text{E}[\text{Var}(Y|X)] = \text{E}[\text{E}(Y^2|X)] - \text{E}[\text{E}(Y|X)]^2 = \text{E}Y^2 - \text{E}[\text{E}(Y|X)]^2,$$

$$\text{Var}[\text{E}(Y|X)] = \text{E}[\text{E}(Y|X)]^2 - \{\text{E}[\text{E}(Y|X)]\}^2 = \text{E}[\text{E}(Y|X)]^2 - (\text{E}Y)^2.$$

以上两式等号左右两边相加即可得证条件方差公式。 □

例 2.48：设对任意时间 t, 在 $(0,t)$ 内到达某火车站的人数是一个泊松随机变量，均值为 λt。现设火车在 $(0,T)$ 这个区间内随机到达，即到达时间是 $(0,T)$ 的均匀分布，并且与旅客到达火车站的时间独立。求火车到达时，上火车的旅客人数的期望和方差。

解：对任意 $t \geqslant 0$, 令 $N(t)$ 表示 t 时刻之前到达车站的人数，Y 表示火车到达时间，则 $Y \sim U(0,T)$。令 $N(Y)$ 表示上火车的人数，则在给定 Y 的条件下有

$$\text{E}[N(Y)|Y=t] = \text{E}[N(t)|Y=t] = \text{E}[N(t)] = \lambda t.$$

等式两边分别取期望得到：

$$\text{E}[N(Y)] = \text{E}\{\text{E}[N(Y)|Y]\} = \lambda \text{E}Y = \frac{\lambda T}{2}.$$

此外，不难得到：

$$\text{Var}[N(Y)|Y=t] = \text{Var}[N(t)|Y=t] = \text{Var}[N(t)] = \lambda t.$$

因此由方差公式可得：

$$\text{Var}[N(Y)] = \text{E}\{\text{Var}[N(Y)|Y]\} + \text{Var}\{\text{E}[N(Y)|Y]\} = \text{E}(\lambda Y) + \text{Var}(\lambda Y) = \lambda \frac{T}{2} + \lambda^2 \frac{T^2}{12}.$$

2.4.5 特征函数

数字特征只能反映分布的局部特征，而无法完全确定分布函数。因此引入特征函数的概念，特征函数能够完整地刻画分布函数，换言之，特征函数与分布函数一一对应。在有些情形下，特征函数比分布函数更便于应用，它是处理许多概率论问题的有力工具。为了定义特征函数，需要将随机变量的概念进行推广，引入复随机变量。

定义 2.47：若 X 与 Y 都是定义在概率空间 $(\Omega, \mathcal{F}, P)$ 上的实值随机变量，则称 $Z = X + iY$ 为**复随机变量**。

随机变量相关的概念和定义一般情况下都可以类似地在复随机变量场合下定义。若随机变量 X 与 Y 的数学期望都存在，则复随机变量 $Z = X + iY$ 的数学期望定义为

$$\text{E}Z = \text{E}X + i\text{E}Y.$$

由此，对于任意 $t \in \mathbb{R}$, 若随机变量 X, $\cos(tX)$ 和 $\sin(tX)$ 的数学期望都存在，则由欧拉公式有

$$\text{E}e^{itX} = \text{E}[\cos(tX)] + i\text{E}[\sin(tX)].$$

定义 2.48： 若随机变量 X 的分布函数为 F，对于任意 $t \in \mathbb{R}$，定义

$$\varphi(t) = \mathrm{E}e^{itX} = \int_{-\infty}^{\infty} e^{itX} dF(x),$$

则称 $\varphi(t)$ 为 X 的**特征函数** (Characteristic function)。

若 X 为离散型随机变量，概率分布为 $p(x_j) = P(X = x_j)$，$j = 1, 2, \cdots$，则特征函数在 t 处取值表达式为

$$\varphi(t) = \sum_{j=1}^{\infty} e^{itx_j} p(x_j);$$

若 X 为连续型随机变量，概率密度函数为 f，则特征函数在 t 处取值表达式为

$$\varphi(t) = \int_{-\infty}^{\infty} e^{itx} f(x) dx.$$

与随机变量的数学期望、方差及各阶矩相同，特征函数只依赖随机变量的分布，也就是说，特征函数由分布函数唯一确定。另一方面，定理2.34和定理2.35说明了分布函数由特征函数来确定。为证明定理2.34，首先给出如下引理。

引理 2.1： 设 $x_1 < x_2$，若

$$g(T, x, x_1, x_2) = \frac{1}{\pi} \int_0^T \left\{ \frac{\sin[t(x - x_1)]}{t} - \frac{\sin[t(x - x_2)]}{t} \right\} dt,$$

则

$$\lim_{T \to \infty} g(T, x, x_1, x_2) = \begin{cases} 0, & x < x_1 \text{或} x > x_2, \\ \frac{1}{2}, & x = x_1 \text{或} x = x_2, \\ 1, & x_1 < x < x_2. \end{cases}$$

证明： 由狄利克雷积分可知

$$D(\alpha) = \frac{1}{\pi} \int_0^{\infty} \frac{\sin(\alpha t)}{t} dt = \begin{cases} \frac{1}{2}, & \alpha > 0, \\ 0, & \alpha = 0, \\ -\frac{1}{2}, & \alpha < 0, \end{cases}$$

而

$$\lim_{T \to \infty} g(T, x, x_1, x_2) = D(x - x_1) - D(x - x_2).$$

分别考察 x 在区间 (x_1, x_2) 的端点及内外时相应狄利克雷积分的值即可得结论。 □

定理 2.34 (逆转公式)：设随机变量 X 的分布函数为 F，特征函数为 φ，则对 F 的任意两个连续点 x_1, x_2，有

$$F(x_2) - F(x_1) = \lim_{T \to \infty} \frac{1}{2\pi} \int_{-T}^{T} \frac{e^{-itx_1} - e^{-itx_2}}{it} \varphi(t) dt.$$

证明： 不妨设 $x_1 < x_2$，记

$$I_T = \frac{1}{2\pi} \int_{-T}^{T} \frac{e^{-itx_1} - e^{-itx_2}}{it} \varphi(t) dt = \frac{1}{2\pi} \int_{-T}^{T} \int_{-\infty}^{\infty} \frac{e^{-itx_1} - e^{-itx_2}}{it} e^{itx} dF(x) \, dt.$$

对任意实数 α，有不等式

$$|e^{i\alpha} - 1| \leqslant |\alpha|.$$

事实上，对 $\alpha > 0$，

$$|e^{i\alpha} - 1| = \left| \int_0^\alpha e^{ix} dx \right| \leqslant \int_0^\alpha |e^{ix}| dx = \alpha;$$

对 $\alpha \leqslant 0$，取共轭即知不等式也成立。因此，

$$\left| \frac{e^{-itx_1} - e^{-itx_2}}{it} e^{itx} \right| \leqslant x_2 - x_1,$$

即 I_T 中被积函数有界。交换上述二次积分顺序，可得：

$$\begin{aligned}
I_T &= \frac{1}{2\pi} \int_{-\infty}^{\infty} \int_{-T}^{T} \frac{e^{-itx_1} - e^{-itx_2}}{it} e^{itx} dt\, dF(x) \\
&= \frac{1}{2\pi} \int_{-\infty}^{\infty} \int_{0}^{T} \frac{e^{it(x-x_1)} - e^{-it(x-x_1)} - e^{-it(x-x_2)} + e^{-it(x-x_2)}}{it} dt\, dF(x) \\
&= \frac{1}{\pi} \int_{-\infty}^{\infty} \int_{0}^{T} \left\{ \frac{\sin[t(x-x_1)]}{t} - \frac{\sin[t(x-x_2)]}{t} \right\} dt\, dF(x) \\
&= \int_{-\infty}^{\infty} g(T, x, x_1, x_2) dF(x).
\end{aligned}$$

由于 $|g(T, x, x_1, x_2)|$ 有界，积分与极限可以互换，因此由勒贝格控制收敛定理以及上述引理可得：

$$\lim_{T \to \infty} I_T = \int_{-\infty}^{\infty} \lim_{T \to \infty} g(T, x, x_1, x_2) dF(x) = F(x_2) - F(x_1). \qquad \square$$

定理 2.35 (唯一性定理)：随机变量的分布函数由其特征函数唯一决定。

证明：应用逆转公式，对 F 的每一连续点，当 y 沿着 F 的连续点趋于 $-\infty$ 时，有

$$F(x) = \frac{1}{2\pi} \lim_{y \to -\infty} \lim_{T \to \infty} \int_{-T}^{T} \frac{e^{-ity} - e^{-itx}}{it} \varphi(t) dt.$$

而分布函数由其连续点上的值唯一决定，故结论成立。 $\qquad \square$

例 2.49：泊松分布 $P(\lambda)$ 的特征函数在 t 处的取值表达式是

$$\varphi(t) = \sum_{k=0}^{\infty} e^{itk} \frac{e^{-\lambda} \lambda^k}{k!} = e^{\lambda(e^{it}-1)}.$$

特征函数具有以下的性质。

性质 2.13：

$$\varphi(0) = 1, \qquad |\varphi(t)| \leqslant \varphi(0), \qquad \varphi(-t) = \overline{\varphi(t)}.$$

性质 2.14：随机变量的特征函数在 $(-\infty, \infty)$ 上一致连续。

性质 2.15：随机变量的特征函数是非负定的，即对于任意的正整数 n 及任意实数 $t_1, t_2, \cdots, t_n$ 和复数 $\lambda_1, \lambda_2, \cdots, \lambda_n$，有

$$\sum_{k=1}^{n} \sum_{j=1}^{n} \varphi(t_k - t_j) \lambda_k \bar{\lambda}_j \geqslant 0.$$

性质 2.16：两个相互独立的随机变量之和的特征函数等于它们的特征函数之积，即设随机变量 X 和 Y 相互独立，则

$$\varphi_{X+Y}(t) = \varphi_X(t) \varphi_Y(t).$$

性质 2.17： 设 $Y = aX + b$，其中 a, b 为常数，则

$$\varphi_Y(t) = e^{ibt} \varphi_X(at).$$

性质 2.18： 设随机变量 X 有 n 阶矩存在，则其特征函数可 n 次求导，且对任意 $k \leqslant n$，有

$$\varphi^{(k)}(0) = i^k \mathrm{E} X^k.$$

例 2.50： 设 X_1 和 X_2 分别服从参数为 λ_1 和 λ_2 的泊松分布，即 $X_i \sim P(\lambda_i)$，$i = 1, 2$。且 X_1 和 X_2 相互独立，则

$$X_1 + X_2 \sim P(\lambda_1 + \lambda_2).$$

证明： 由例2.49可知，随机变量 X_i 的特征函数为

$$\varphi_{X_i}(t) = \exp\{\lambda_i(e^{it} - 1)\}, \qquad -\infty < t < \infty, i = 1, 2.$$

因为 X_1 和 X_2 相互独立，由性质2.13可知：

$$\varphi_{X_1 + X_2}(t) = \varphi_{X_1}(t) \varphi_{X_2}(t) = \exp\{(\lambda_1 + \lambda_2)(e^{it} - 1)\}, \qquad -\infty < t < \infty.$$

所以，$X_1 + X_2$ 服从参数为 $\lambda_1 + \lambda_2$ 的泊松分布。 □

为方便读者，我们汇总了常用分布的概率函数、特征函数、期望、方差以及相关的 R 函数，见附录 B。

2.5 渐近理论

2.5.1 随机序列的收敛性

在这一小节中，我们将给出随机序列的两种收敛性。

定义 2.49： 设 $\{X_n\}$ 为一随机变量序列，X 为一随机变量，如果对任意的 $\varepsilon > 0$，有

$$\lim_{n \to \infty} P(|X_n - X| \geqslant \varepsilon) = 0, \tag{2.26}$$

或等价地，

$$\lim_{n \to \infty} P(|X_n - X| < \varepsilon) = 1,$$

则称 $\{X_n\}$ **依概率收敛** (Converge in probability) 于 X，记作 $X_n \xrightarrow{P} X$。

从式(2.26)或其等价形式可以看出，依概率收敛是指 X_n 以任意距离接近 X 的概率随着 n 的增加最终趋于 1。

定理 2.36： 设 $\{X_n\}$ 和 $\{Y_n\}$ 为两列随机变量序列，X, Y 为两个随机变量。$g(\cdot)$ 为实数域上的连续函数。若

$$X_n \xrightarrow{P} X, \qquad Y_n \xrightarrow{P} Y$$

成立，则有

(1) $X_n \pm Y_n \xrightarrow{P} X \pm Y$；

(2) $X_n \cdot Y_n \xrightarrow{P} X \cdot Y$；

(3) $g(X_n) \xrightarrow{P} g(X)$。

证明：我们仅证明结论 (1), 结论 (2) 和 (3) 的证明留给读者作为习题。

首先，由事件的包含关系有

$$\{|(X_n + Y_n) - (X + Y)| \geqslant \varepsilon\} \subset \{|X_n - X| \geqslant \varepsilon/2\} \cup \{|Y_n - Y| \geqslant \varepsilon/2\}.$$

所以，

$$0 \leqslant P(|(X_n + Y_n) - (X + Y)| \geqslant \varepsilon)$$
$$\leqslant P(|X_n - X| \geqslant \varepsilon/2) + P(|Y_n - Y| \geqslant \varepsilon/2) \to 0, \qquad n \to \infty.$$

进一步，由 $Y_n \xrightarrow{P} Y$ 可得 $-Y_n \xrightarrow{P} -Y$, 所以 $X_n - Y_n \xrightarrow{P} X - Y$。 $\qquad\square$

定理 2.37： 设 $\{X_n\}$ 为一随机变量序列，c 为任意常数。若

$$\mathrm{E}(X_n - c)^2 \to 0,$$

则有 $X_n \xrightarrow{P} c$。

证明：我们仅以连续型随机变量序列为例进行证明。令 $Z_n = X_n - c$，其密度函数记为 $f_n(z)$。对于任意 $\varepsilon > 0$，我们有

$$P(|X_n - c| \geqslant \varepsilon) = \int_{|z| \geqslant \varepsilon} f_n(z) dz$$
$$\leqslant \frac{1}{\varepsilon^2} \int_{|z| \geqslant \varepsilon} z^2 f_n(z) dz \leqslant \frac{1}{\varepsilon^2} \int_{-\infty}^{\infty} z^2 f_n(z) dz$$
$$= \frac{1}{\varepsilon^2} \mathrm{E} Z^2 = \frac{1}{\varepsilon^2} \mathrm{E}[(X_n - c)^2] \to 0, \qquad n \to \infty. \qquad\square$$

对于随机变量序列我们还可以从分布函数的角度定义其收敛性。

定义 2.50： 设 $\{X_n\}$ 为一随机变量序列，对应的分布函数列为 $\{F_n\}$，X 为一随机变量，分布函数为 F，若对 F 的任意连续点 x，均有

$$\lim_{n \to \infty} F_n(x) = F(x)$$

成立，则称 $\{X_n\}$ **依分布收敛** (Converge in distribution) 于 X 或 F_n 弱收敛于 F，记作 $X_n \xrightarrow{L} X$。

对于依分布收敛，我们需要澄清几个事实。首先，若分布函数列 $\{F_n\}$ 的极限对任意点 x 均存在，即对任意 x 均有

$$\lim_{n \to \infty} F_n(x) = F(x),$$

F 并不一定是分布函数。从定理2.15分布函数的性质可以看出，对于函数 F，单调性很容易验证。但是规范性，即

$$F(\infty) := \lim_{x \to \infty} F(x) = 1 \quad 和 \quad F(-\infty) := \lim_{x \to -\infty} F(x) = 0, \tag{2.27}$$

不一定成立。下面就给出相应的反例。

例 2.51： 设随机变量序列 $\{X_n\}$ 服从均值为 0，方差为 σ_n^2 的正态分布，其中 $\sigma_n^2 \to \infty$。记 X_n 的分布函数为 F_n，则

$$F_n(x) = P(X_n/\sigma_n \leqslant x/\sigma_n) = \Phi(x/\sigma_n) \to \Phi(0) = \frac{1}{2}, \qquad n \to \infty.$$

显然，作为 $F_n(x)$ 的极限，$F(x) = 1/2$ 不满足分布函数的等式(2.27)，从而 F_n 的极限不一定是分布函数。

为了避免例2.51中情况的发生，我们给出如下的定义。

定义 2.51： 若随机变量序列 $\{X_n\}$ 满足对于任意 $\varepsilon > 0$, 存在一个常数 C 和一个整数 n_0，使得

$$P(|X_n| \leqslant C) \geqslant 1 - \varepsilon, \qquad \forall n \geqslant n_0,$$

则称随机变量序列 $\{X_n\}$ **依概率有界** (Bounded in probability)。

下面的定理给出了等式(2.27)满足的充要条件。

定理 2.38： 设随机变量序列 $\{X_n\}$ 的分布函数为 $\{F_n\}$, 且对于任意的 x, $F_n(x)$ 的极限存在，即 $\lim_{n \to \infty} F_n(x) = F(x)$，则函数 F 满足等式(2.27)的充要条件是序列 $\{X_n\}$ 是概率有界的。

定理的证明显而易见，留给读者自己证明 (见本章练习第 4 题)。

其次，在依分布收敛的概念中，我们只要求 $\lim_{n \to \infty} F_n(x) = F(x)$ 对 F 的连续点 x 成立即可。下面的例子可以告诉我们理由。

例 2.52： 设有随机变量序列 $X_n \sim N(0, 1/n)$, $n = 1, 2, \cdots$。随着 n 增加，X_n 的方差趋于 0。所以直觉上判断，当 n 很大时，X_n 的分布 F_n 应该收敛于一个单位质量全部集中在 $x = 0$ 这一点的分布，即

$$F(x) = \begin{cases} 0, & x < 0, \\ 1, & x \geqslant 0. \end{cases}$$

图2.20给出了 X_1，X_9 的分布函数曲线以及 $F(x)$ 曲线。从图中我们也可以直观地判断 $F_n(x)$ 应收敛于 $F(x)$。我们检验一下是否正确。我们首先注意到 $\sqrt{n}X_n \sim N(0, 1)$。对于任意的 $x < 0$,

$$F_n(x) = P(X_n \leqslant x) = P(\sqrt{n}X_n \leqslant \sqrt{n}x) = \Phi(\sqrt{n}x) \to 0, \qquad n \to \infty.$$

对于任意的 $x > 0$,

$$F_n(x) = P(X_n \leqslant x) = P(\sqrt{n}X_n \leqslant \sqrt{n}x) = \Phi(\sqrt{n}x) \to 1, \qquad n \to \infty.$$

所以，对于所有 $x \neq 0$, $F_n(x) \to F(x)$。但是在 $x = 0$ 点，$1/2 = F_n(0) \neq F(0) = 1$。当然这并不影响我们的结论，因为 $x = 0$ 不是 $F(x)$ 的连续点。而依分布收敛仅要求在 $F(x)$ 的连续点收敛。

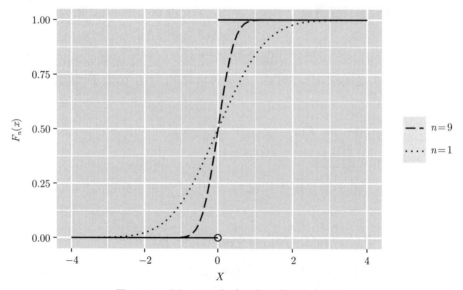

图 2.20：例2.52正态随机变量序列分布函数

定理 2.39： 设随机变量序列 $\{X_n\}$ 依概率有界, 随机变量序列 $\{Y_n\}$ 依概率收敛到 0, 即 $Y_n \overset{P}{\longrightarrow} 0$, 则

$$X_n Y_n \overset{P}{\longrightarrow} 0, \qquad n \to \infty.$$

证明： 对于任意给定的 $\varepsilon > 0$, 由 $\{X_n\}$ 依概率有界可得, 存在常数 $C > 0$ 和正整数 n_0, 使得 $\forall n > n_0$ 有

$$P(|X_n| \leqslant C) \geqslant 1 - \varepsilon.$$

又由于 $Y_n \overset{P}{\longrightarrow} 0$, 所以

$$\lim_{n \to \infty} P(|Y_n| \geqslant \varepsilon/C) = 0.$$

从而我们可以得到：

$$\limsup_{n \to \infty} P(|X_n Y_n| \geqslant \varepsilon) \leqslant \limsup_{n \to \infty} P(|X_n Y_n| \geqslant \varepsilon, |X_n| \leqslant C) + \limsup_{n \to \infty} P(|X_n Y_n| \geqslant \varepsilon, |X_n| > C)$$

$$\leqslant \limsup_{n \to \infty} P(|Y_n| \geqslant \varepsilon/C) + \limsup_{n \to \infty} P(|X_n| > C) < \varepsilon. \qquad \square$$

定理 2.40： 设 $\{X_n\}$ 是一随机变量序列, X 是一随机变量。若 $X_n \overset{L}{\longrightarrow} X$, 则 $\{X_n\}$ 是依概率有界的。

证明： 设 X_n 的分布函数为 F_n, X 的分布函数为 F。分布函数 F 应满足等式(2.27), 所以我们总可以找到 F 的连续点 C_1, C_2, 使得

$$F(C_2) > 1 - \varepsilon/4, \qquad F(-C_1) < \varepsilon/4.$$

又由于 $X_n \overset{L}{\longrightarrow} X$, 可以找到一个正整数 n_0, 使得 $\forall n > n_0$ 有

$$F_n(C_2) > F(C_2) - \varepsilon > 1 - \varepsilon/2, \qquad F_n(-C_1) < F(-C_1) + \varepsilon/4 < \varepsilon/2.$$

取 $C = \max\{|C_1|, |C_2|\}$, 则

$$P(|X_n| \leqslant C) \geqslant F_n(C_2) - F_n(-C_1) > 1 - \varepsilon. \qquad \square$$

定理 2.41 (Slutsky 定理)： 设 $\{X_n\}$ 和 $\{Y_n\}$ 为两列随机变量序列, 另有一随机变量 X 和一常数 c。若

$$X_n \overset{L}{\longrightarrow} X, \qquad Y_n \overset{P}{\longrightarrow} c$$

成立, 则有

(1) $X_n + Y_n \overset{L}{\longrightarrow} X + c$;

(2) $X_n Y_n \overset{L}{\longrightarrow} cX$;

(3) $X_n/Y_n \overset{L}{\longrightarrow} X/c, c \neq 0$。

证明： 我们仅证明结论 (1)。结论 (2) 和 (3) 的证明方法与 (1) 类似, 请读者自己证明。设 F 为随机变量 X 的分布函数, 则 $X + c$ 的分布函数在 x 处取值 $F(x - c)$。欲证明 $X_n + Y_n \overset{L}{\longrightarrow} X + c$, 只需证明对于任意 $\varepsilon > 0$,

$$F(x - c - \varepsilon) \leqslant \liminf_{n \to \infty} P(X_n + Y_n \leqslant x) \leqslant \limsup_{n \to \infty} P(X_n + Y_n \leqslant x) \leqslant F(x - c + \varepsilon).$$

首先,

$$P(X_n + Y_n \leqslant x) \leqslant P(X_n + Y_n \leqslant x, |Y_n - c| \leqslant \varepsilon) + P(X_n + Y_n \leqslant x, |Y_n - c| > \varepsilon)$$

$$\leqslant P(X_n \leqslant x - c + \varepsilon) + P(|Y_n - c| > \varepsilon).$$

由此可知：

$$\limsup_{n\to\infty} P(X_n + Y_n \leqslant x) \leqslant \lim_{n\to\infty} P(X_n \leqslant x - c + \varepsilon) + \lim_{n\to\infty} P(|Y_n - c| > \varepsilon) = F(x - c + \varepsilon).$$

最后一个等号成立是由已知条件 $X_n \xrightarrow{L} X$ 以及 $Y_n \xrightarrow{P} c$，即可得证。

类似地，我们可以证明

$$\liminf_{n\to\infty} P(X_n + Y_n \leqslant x) \geqslant \lim_{n\to\infty} P(X_n \leqslant x - c - \varepsilon) - \lim_{n\to\infty} P(|Y_n - c| > \varepsilon) = F(x - c + \varepsilon).$$

由上面两个不等式我们可以得到：

$$\lim_{n\to\infty} P(X_n + Y_n \leqslant x) = F(x - c),$$

也就是 $X_n + Y_n \xrightarrow{L} X + c$。 □

定理 2.42： 若 $X_n \xrightarrow{P} X$，则 $X_n \xrightarrow{L} X$。

证明： 由 $X_n = X + (X_n - X)$，$X_n - X \xrightarrow{P} 0$，以及 Slutsky 定理，结论得证。 □

定理2.42说明依概率收敛则必然依分布收敛，其逆命题并不成立。但是若 X 为常数，那么这两种收敛则完全等价。

定理 2.43： 设 C 是常数，若 $X_n \xrightarrow{L} C$，则 $X_n \xrightarrow{P} C$。

证明： 记 F_n 为 X_n 的分布函数。对任意的 $\varepsilon > 0$，

$$\begin{aligned} P(|X_n - C| \geqslant \varepsilon) &= P(X_n \geqslant C + \varepsilon) + P(X_n \leqslant C - \varepsilon) \\ &= 1 - F_n(C + \varepsilon) + F_n(C - \varepsilon + 0) \\ &\to 1 - 1 + 0 = 0, \quad n \to \infty. \end{aligned}$$

所以，$X_n \xrightarrow{P} C$。 □

2.5.2 大数定律

在第 2.1 节的扔硬币实验中，我们展示了当实验次数 N 很小时，频率的波动很大，而随着 N 的增大，频率逐渐趋于一个稳定值 0.5，见图 2.21。

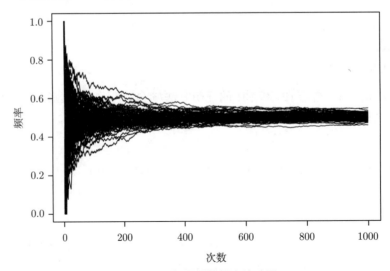

图 2.21：扔硬币的频率波动图

随机事件发生的频率趋于稳定这一事实是随机现象的内在规律，这一规律事实上就是我们这一小节要讨论的内容——大数定律。大数定律描述了随机变量均值序列的极限行为。最早的大数定律是由伯努利针对伯努利分布随机变量均值序列提出的，并给出了严格的证明。1866 年俄罗斯数学家切比雪夫给出了更一般形式的大数定律。

定义 2.52：设 $\{X_n\}$ 为随机变量序列，若对任意的 $\varepsilon > 0$，有

$$\lim_{n \to \infty} P\left(\left|\frac{1}{n}\sum_{i=1}^{n}X_i - \frac{1}{n}\sum_{i=1}^{n}\mathrm{E}X_i\right| < \varepsilon\right) = 1,$$

则称 $\{X_n\}$ **服从大数定律**。

从定义可以看出，大数定律就是指随机变量的均值序列与其均值的差依概率收敛到 0。给出 $\{X_n\}$ 服从大数定律的定义，一个自然的问题是随机变量序列 $\{X_n\}$ 在什么条件下服从大数定律。下面我们将讨论几种不同条件下的大数定律。

定理 2.44 (切比雪夫大数定律)：设 $\{X_n\}$ 是一列两两不相关的随机变量序列，每一随机变量都有有限的方差，并且有公共上界

$$\mathrm{Var}(X_i) \leqslant C, \ i = 1, 2, \cdots,$$

则 $\{X_n\}$ 服从大数定律，即对任意的 $\varepsilon > 0$，有

$$\lim_{n \to \infty} P\left(\left|\frac{1}{n}\sum_{i=1}^{n}X_i - \frac{1}{n}\sum_{i=1}^{n}\mathrm{E}X_i\right| < \varepsilon\right) = 1.$$

证明：因为 $\{X_n\}$ 两两不相关，故

$$\mathrm{Var}\left(\frac{1}{n}\sum_{i=1}^{n}X_i\right) = \frac{1}{n^2}\sum_{i=1}^{n}\mathrm{Var}(X_i) \leqslant \frac{C}{n}.$$

由切比雪夫不等式可得，对任意的 $\varepsilon > 0$，有

$$P\left(\left|\frac{1}{n}\sum_{i=1}^{n}X_i - \frac{1}{n}\sum_{i=1}^{n}\mathrm{E}X_i\right| < \varepsilon\right) \geqslant 1 - \frac{\mathrm{Var}\left(\frac{1}{n}\sum_{i=1}^{n}X_i\right)}{\varepsilon^2} \geqslant 1 - \frac{C}{n\varepsilon^2}, \to 1, \qquad n \to \infty.$$

由此得证。 □

切比雪夫大数定律只要求 $\{X_n\}$ 不相关。因此，作为特例，若 $\{X_n\}$ 是独立同分布的随机变量序列，且方差有限，则 $\{X_n\}$ 必然服从大数定律。伯努利大数定律可以看作是切比雪夫大数定律的特例。

推论 2.1 (伯努利大数定律)：若 n 次伯努利试验中，事件 A 在每次试验中出现的概率为 p，在 n 次试验中事件 A 出现的次数为 S_n，则对任意 $\varepsilon > 0$，都有

$$\lim_{n \to \infty} P\left(\left|\frac{S_n}{n} - p\right| < \varepsilon\right) = 1.$$

证明：定义伯努利随机变量

$$X_i = \begin{cases} 1, & \text{第 } i \text{ 次试验出现 } A, \\ 0, & \text{第 } i \text{ 次试验不出现 } A, \end{cases} \qquad i = 1, 2, \cdots,$$

则 $\mathrm{E}X_i = p$, $\mathrm{Var}(X_i) = pq$。而在 n 次试验中事件 A 出现的次数 $S_n = \sum_{i=1}^{n}X_i$，所以由切比雪夫大数定律即可得证。 □

伯努利大数定律向我们揭示了事件 A 发生的频率稳定于事件 A 发生的概率这一事实。在应用切比雪夫不等式证明大数定律的过程中不难看出，对于任意的随机变量序列 $\{X_n\}$，无论是否相关，只要满足

$$\frac{1}{n^2}\mathrm{Var}\left(\sum_{i=1}^{n}X_i\right) \to 0, \qquad n \to \infty, \tag{2.28}$$

序列 $\{X_n\}$ 必然服从大数定律。式(2.28)称为**马尔可夫条件**。

定理 2.45 (马尔可夫大数定律)：对于随机变量序列 $\{X_n\}$，若马尔可夫条件(2.28)成立，则 $\{X_n\}$ 服从大数定律，即对任意 $\varepsilon > 0$，有

$$\lim_{n\to\infty} P\left(\left|\frac{1}{n}\sum_{i=1}^{n}X_i - \frac{1}{n}\sum_{i=1}^{n}\mathrm{E}X_i\right| < \varepsilon\right) = 1.$$

由切比雪夫大数定律我们知道，若 $\{X_n\}$ 是独立同分布的随机变量序列，且方差有限，那么 $\{X_n\}$ 必然服从大数定律。事实上，对于独立同分布的随机变量序列我们不需要其方差存在，可以将条件弱化到一阶矩存在即可。这就是辛钦 (Khinchin) 大数定律。

定理 2.46 (辛钦大数定律)：设 $\{X_n\}$ 是一列独立同分布的随机变量序列，若各随机变量具有有限的数学期望，即 $\mu = \mathrm{E}X_i, i = 1, 2, \cdots$，则 $\{X_n\}$ 服从大数定律，即对任意的 $\varepsilon > 0$，有

$$\lim_{n\to\infty} P\left(\left|\frac{1}{n}\sum_{i=1}^{n}X_i - \mu\right| < \varepsilon\right) = 1.$$

证明：首先，$X_i, i = 1, 2, \cdots$，分布相同，故特征函数也相同，设为 $f(t)$。因为数学期望 $\mu = \mathrm{E}X_i$ 存在，所以 $f'(0) = i\mu$。由泰勒公式可知，

$$f(t) = f(0) + f'(0)t + o(t) = 1 + i\mu t + o(t).$$

由 $\{X_i\}$ 独立同分布可知，$\frac{1}{n}\sum\limits_{i=1}^{n}X_i$ 的特征函数在 t 处取值为

$$\left[f\left(\frac{t}{n}\right)\right]^n = \left[1 + i\mu\frac{t}{n} + o\left(\frac{t}{n}\right)\right]^n.$$

对于固定的 t，

$$\left[f\left(\frac{t}{n}\right)\right]^n \to e^{i\mu t}, \qquad n \to \infty.$$

极限函数 $e^{i\mu t}$ 是连续函数，它是退化分布 $P(X = \mu) = 1$ 所对应的特征函数。由逆极限定理可知 $\frac{1}{n}\sum\limits_{i=1}^{n}X_i \xrightarrow{L} \mu$，再由定理2.43即可得证。 □

辛钦大数定律的证明较为复杂，感兴趣的读者可以参阅李贤平 (2010) 或王梓坤 (2007)。

大数定律的应用非常广泛，它可以说是很多统计方法的理论基础，第 4 章中我们将进一步讨论大数定律在统计推断中的应用。除此外，它也是蒙特卡洛方法计算定积分的理论依据。

例 2.53 (定积分的计算)：采用蒙特卡洛方法计算定积分

$$I = \int_a^b f(x)dx.$$

设 $X_1, X_2, \cdots \overset{iid}{\sim} U(0,1)$。令 $Y_i = a + (b-a)X_i$，则有

$$Y_1, Y_2, \cdots \overset{iid}{\sim} U(a,b).$$

所以由辛钦大数定律有

$$\frac{1}{n}\sum_{i=1}^{n} f(Y_i) \overset{P}{\longrightarrow} \mathrm{E}[f(Y_1)], \qquad n \to \infty.$$

而 $\mathrm{E}[f(Y_1)] = \int_a^b f(x)\frac{1}{b-a}dx$，所以定积分 I 可以近似为

$$I = (b-a)\mathrm{E}[f(Y_1)] \approx \frac{b-a}{n}\sum_{i=1}^{n} f(y_i).$$

2.5.3 中心极限定理

中心极限定理描述了独立随机变量的标准化和 (或均值) 序列依分布收敛到标准正态分布这一事实。设 $\{X_n\}$ 是独立同分布的随机变量序列，其密度函数取值表达式为

$$f(x) = 0.1e^{0.1x}, \qquad x > 0.$$

现考虑 $\{X_n\}$ 的均值序列 $\{\bar{X}_n\}$ 的分布，其中 $\bar{X}_n = \frac{X_1+\cdots+X_n}{n}$。图2.22中的左上方图为相应的密度函数图。我们通过模拟，分别给出了 $n = 5, 10, 50$ 时的 $\bar{X}_n$ 的直方图 (见图2.22)。从图中不难发现，随着 n 的增加，$\bar{X}_n$ 的分布渐渐趋于正态分布。这就是中心极限定理的内涵。在这一小节中我们将给出不同条件下的中心极限定理。首先给出独立同分布场合下的中心极限定理。

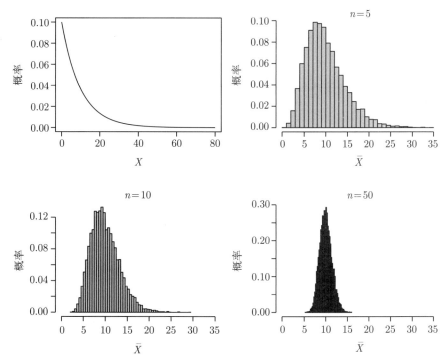

图 2.22：期望为 10 的指数分布密度函数和相应的样本均值直方图

定理 2.47 (林德伯格-莱维中心极限定理)：若 $\{X_n\}$ 是一列独立同分布的随机变量序列，且 $\mathrm{E}X_k = \mu$，$\mathrm{Var}(X_k) = \sigma^2 < \infty$。令 $S_n = \sum_{i=1}^{n} X_i$，$\bar{X}_n = \frac{S_n}{n} = \frac{1}{n}\sum_{i=1}^{n} X_i$，则标准化随机变量和序列依分布收敛

到标准正态，即

$$Y_n = \frac{S_n - n\mu}{\sigma\sqrt{n}} = \frac{\sqrt{n}(\bar{X}_n - \mu)}{\sigma} \xrightarrow{L} N(0,1).$$

证明：记 $X_k - \mu$ 的特征函数为 g，则 Y_n 的特征函数在 t 处取值为 $\left[g\left(\frac{t}{\sigma\sqrt{n}}\right)\right]^n$。由于 $\mathrm{E}(X_k - \mu) = 0$，$\mathrm{Var}(X_k - \mu) = \sigma^2$，故 $g'(0) = 0, g''(0) = -\sigma^2$。由泰勒展开式可得：

$$g(t) = 1 - \frac{1}{2}\sigma^2 t^2 + o(t^2),$$

所以有

$$\left[g\left(\frac{t}{\sigma\sqrt{n}}\right)\right]^n = \left[1 - \frac{1}{2\sqrt{n}}t^2 + o\left(\frac{t^2}{n}\right)\right]^n \to e^{-\frac{t^2}{2}}.$$

特征函数 $e^{-\frac{t^2}{2}}$ 是连续函数，它对应的分布函数为 $N(0,1)$，因此由逆极限定理可知 $Y_n \xrightarrow{L} N(0,1)$。$\square$

例 2.54 (正态随机数的产生)：已知服从均匀分布 $U(0,1)$ 的随机变量 X 的随机值，要求分布函数为 F 的随机变量 Y 的随机数，通常的做法是通过 F 来转换，即令 $Z = F^{-1}(X)$。但是这一方法不适用于正态随机数的产生，因为正态随机变量的分布函数没有一个闭合形式的表达，所以无法计算 $\Phi^{-1}(X)$。在这里，我们采取中心极限定理的思想去近似产生服从正态 $N(\mu, \sigma^2)$ 的随机数，基本步骤如下：

(1) 随机产生 12 个服从均匀分布 $U(0,1)$ 的随机数 $X_1, \cdots, X_{12}$；
(2) 令 $Y = X_1 + \cdots + X_{12} - 6$。显然，$\mathrm{E}Y = 0$，$\mathrm{Var}(Y) = 1$。由林德伯格-莱维中心极限定理可知，$Y$ 可以近似地看作服从标准正态 $N(0,1)$ 的随机数；
(3) 令 $Z = \mu + \sigma Y$，则得到近似地服从正态 $N(\mu, \sigma^2)$ 的随机数。

例 2.55 (卡方的正态近似)：服从自由度为 n 的卡方分布的随机变量 $\chi^2(n)$ 可以看作是 n 个独立同分布的标准正态随机变量的平方和，

$$\chi^2(n) = \sum_{i=1}^{n} Z_i^2, \qquad \text{其中 } Z_i \overset{iid}{\sim} N(0,1).$$

由于 $\mathrm{E}X_i^2 = 1$，$\mathrm{Var}(X_i^2) = 2$，所以由林德伯格-莱维中心极限定理可知

$$\frac{\chi^2(n) - n}{\sqrt{2n}} \xrightarrow{L} N(0,1).$$

林德伯格-莱维中心极限定理在伯努利试验场中的应用就是棣莫弗-拉普拉斯中心极限定理。棣莫弗-拉普拉斯中心极限定理是历史上第一个中心极限定理，它描述了事件发生的频数或频率近似地服从正态分布这一事实。我们也通常把这一事实描述为"二项分布的正态近似"。

定理 2.48 (棣莫弗-拉普拉斯中心极限定理)：设在 n 重伯努利试验中，事件 A 在每次试验中出现的概率为 p，$0 < p < 1$，在 n 次试验中事件 A 出现的次数为 S_n，出现的频率为 $\hat{p} = S_n/n$，则当 $n \to \infty$ 时，一致地有

$$\frac{S_n - np}{\sqrt{npq}} \xrightarrow{L} N(0,1),$$

或等价地

$$\frac{\hat{p} - p}{\sqrt{pq/n}} \xrightarrow{L} N(0,1).$$

例 2.56 (二项分布的正态近似)：服从二项分布 $B(n,p)$ 的随机变量 X_n 是 n 个独立同分布于伯努利 $B(1,p)$ 随机变量的和，

$$X_n = \sum_{i=1}^{n} Y_i, \qquad 其中 Y_i \overset{iid}{\sim} B(1,p).$$

由棣莫弗-拉普拉斯中心极限定理，X_n 近似地服从均值为 np 方差为 npq 的正态分布，即 $X_n \sim N(np, npq)$。

图2.23是 $B(10, 0.5)$ 的概率函数以及正态近似分布 $N(5, 2.5)$ 的密度函数。从图中可以看出，每个矩形的底边长为 1，第 k 个矩形的高 (也是其面积) 是 $X_n = k$ 的概率，而这个面积与正态曲线在 $(k-0.5, k+0.5)$ 下的面积相似。所以

$$P(X_n = k) \simeq P(k-0.5 < Y < k+0.5), \qquad 其中 Y \sim N(np, npq).$$

这就是所谓的"连续性修正"(Continuity correction)。

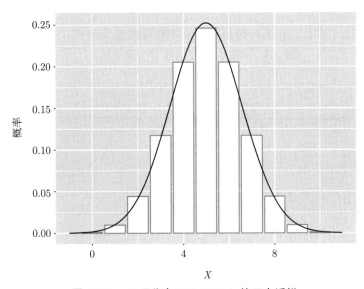

图 2.23：二项分布 $B(10,0.5)$ 的正态近似

例 2.57： 设随机变量 $X \sim B(100, 0.3)$，求 $P(X \geqslant 40)$。

解： 对于二项分布 $B(n,p)$，其中 $n = 100, p = 0.3$，由中心极限定理可知服从近似正态 $N(\mu, \sigma^2)$，其中 $\mu = np = 30$，$\sigma^2 = npq = 21$。又由连续性修正，有

$$P(X \geqslant 40) \simeq P(Y \geqslant 39.5) \qquad (Y \sim N(30, 21))$$
$$= 1 - \Phi\left(\frac{39.5 - 30}{\sqrt{21}}\right) = 1 - \Phi(2.07) = 0.0192.$$

本节最后我们给出一个独立不同分布场合下的中心极限定理，证明从略，感兴趣的读者可参考 Billingsley(2012) 中的定理 27.2。

定理 2.49： 设 $\{X_n\}$ 是相互独立的随机变量序列，且 $\mu_i = \mathrm{E}X_i$，$\sigma_i^2 = \mathrm{Var}(X_i)$，$i = 1, 2, \cdots$ 均存在。若存在 $r > 2$，使得

$$\lim_{n \to \infty} \frac{1}{B_n^r} \sum_{k=1}^{n} \mathrm{E}|X_k - a_k|^r = 0,$$

其中 $B_n = \sqrt{\sigma_1^2 + \cdots + \sigma_n^2}$，则

$$\frac{1}{B_n} \sum_{i=1}^{n} (X_i - \mu_i) \overset{L}{\longrightarrow} N(0,1).$$

2.6 更多结果

本节简单介绍了概率论中其他常用收敛性及其相关结果。

定义 2.53：设 $\{X_n\}$ 为一随机变量序列，X 为一随机变量，若

$$P(\lim_{n \to \infty} X_n = X) = 1,$$

则称 $\{X_n\}$ **几乎必然收敛** (Converge almost surely) 于 X，或 $\{X_n\}$ **以概率 1 收敛** (Converge with probability 1) 于 X，并记为 $X_n \overset{as}{\longrightarrow} X$。

定理 2.50：设 $\{X_n\}$ 为一随机变量序列，X 为一随机变量，若 $X_n \overset{as}{\longrightarrow} X$，则 $X_n \overset{P}{\longrightarrow} X$。

定理 2.51 (强大数定律)：设 $\{X_n\}$ 是一列独立同分布的随机变量序列，若各随机变量具有有限的数学期望，即 $\mu = \mathrm{E}X_i$, $i = 1, 2, \cdots$，则 $\{X_n\}$ 服从强大数定律，即

$$\frac{1}{n} \sum_{i=1}^{n} X_i \overset{as}{\longrightarrow} \mu, \qquad n \to \infty.$$

练习题2

1. $\{\mathbb{A}_n,\ n = 1, 2, \cdots\} \subset \mathcal{F}$ 为递减事件列，证明

$$\lim_{n \to \infty} P(\mathbb{A}_n) = P\left(\lim_{n \to \infty} \mathbb{A}_n\right).$$

2. 证明式(2.2)。

3. 证明定理2.36中的结论 (2) 和 (3)。

4. 证明定理2.38。

5. 设 $X_1, X_2, \cdots, X_n$ 独立同分布于几何分布, 取值概率为

$$P(X = k) = (1-p)^k p, \qquad k = 0, 1, 2, \cdots,$$

其中 $0 < p < 1$。试求 $\sum_{i=1}^{n} X_i$ 的分布。

6. 写出下列随机试验的样本空间：

(a) 抛三枚硬币；

(b) 抛三枚骰子；

(c) 连续抛一枚硬币，直到出现正面为止；

(d) 口袋中有红、白、黑球各一个，从中任取两个球：先从中取出一个，放回后再取出一个；

(e) 口袋中有红、白、黑球各一个，从中任取两个球：先从中取出一个，不放回再取出一个。

7. 试问下列命题是否成立？

(a) $\mathbb{A} - (\mathbb{B} - \mathbb{C}) = (\mathbb{A} - \mathbb{B}) \cup \mathbb{C}$;

(b) 若 $\mathbb{A}\mathbb{B} = \varnothing$ 且 $\mathbb{C} \subset \mathbb{A}$, 则 $\mathbb{B}\mathbb{C} = \varnothing$;

(c) $(\mathbb{A} \cup \mathbb{B}) - \mathbb{B} = \mathbb{A}$;

(d) $(\mathbb{A} - \mathbb{B}) \cup \mathbb{B} = \mathbb{A}$.

8. 从一副 52 张的扑克牌中任取 4 张, 求下列事件的概率:

(a) 全是黑桃;

(b) 同花;

(c) 没有两张同一花色;

(d) 同色。

9. 在一线段中随机取两个点把线段截成三段, 求这三段可以构成一个三角形的概率 (三线段可以构成一个三角形的充要条件是任意两边之和大于第三边)。

10. 设随机事件 $\mathbb{A}$ 与 $\mathbb{B}$ 满足 $P(\mathbb{A}) = 0.6, P(\mathbb{B}) = 0.8$。

(a) 在什么条件下 $P(\mathbb{A}\mathbb{B})$ 取到最大值, 最大值是多少?

(b) 在什么条件下 $P(\mathbb{A}\mathbb{B})$ 取到最小值, 最小值是多少?

11. 求证如下定理: 若 P 是 σ 代数 $\mathcal{F}$ 上的任意非负集合函数, $P(\Omega) = 1$, 则 P 具有可列可加性的充要条件是它是有限可加的且是下连续的。

12. 设 $\mathbb{A}, \mathbb{B}$ 为两随机事件, $P(\mathbb{A}) = P(\mathbb{B}) = \frac{1}{3}$, $P(\mathbb{A}|\mathbb{B}) = \frac{1}{6}$, 求 $P(\bar{\mathbb{A}}|\bar{\mathbb{B}})$。

13. 事件 $\mathbb{A}, \mathbb{B}, \mathbb{C}$ 两两独立, $\mathbb{A}\mathbb{B}\mathbb{C} = \varnothing$, $P(\mathbb{A}) = P(\mathbb{B}) = P(\mathbb{C})$, 且 $P(\mathbb{A} \cup \mathbb{B} \cup \mathbb{C}) = 9/16$, 求 $P(\mathbb{A})$。

14. 若 M 件产品中包含 m 件废品, 今在其中任取两件, 求:

(a) 取出的两件中至少有一件是废品的概率;

(b) 已知取出的两件中有一件是废品的条件下, 另一件也是废品的条件概率;

(c) 已知两件中有一件不是废品的条件下, 另一件是废品的条件概率。

15. 有两箱零件, 第一箱装 50 件, 其中 20 件是一等品; 第二箱装 30 件, 其中 18 件是一等品, 现从两箱中随意抽出一箱, 然后从该箱中先后任取两个零件, 试求:

(a) 第一次取出的零件是一等品的概率;

(b) 在第一次取出的是一等品的条件下, 第二次取出的零件仍然是一等品的概率。

16. 已知产品中 96% 是合格的, 现有一种简化的检查方法, 它把真正的合格品确认为合格品的概率为 0.98, 而误认废品为合格品的概率为 0.05, 求在简化法检查下为合格品的一个产品确实是合格品的概率。

17. 一个系统由多个元件组成, 各个元件是否正常工作是相互独立的, 且各元件正常工作的概率为 p。若在系统中至少有一半的元件正常工作, 那么整个系统就有效。问 p 取何值时 5 个元件的系统比 3 个元件的系统更有可能有效?

18. 设 a_1, a_2 为两个常数, 且满足 $a_1 \geqslant 0$, $a_2 \geqslant 0$, $a_1 + a_2 = 1$, 又设 F_1, F_2 为两个分布函数, 证明

$$F = a_1 F_1 + a_2 F_2$$

是分布函数。

19. 令 $a_1 = a_2 = \frac{1}{2}$, 分布函数 F_1 和 F_2 定义如下:

$$F_1(x) = \begin{cases} 0, & x < 0, \\ 1, & x \geqslant 0, \end{cases} \qquad F_2(x) = \begin{cases} 0, & x < 0, \\ x, & 0 \leqslant x \leqslant 1, \\ 1, & x > 1. \end{cases}$$

请写出 $F(x) = a_1 F_1(x) + a_2 F_1(x)$ 的表达式并画图；请问 F 是分布函数吗？如果是分布函数，请问是连续型还是离散型？

20. 一个工厂出产的产品中废品率为 0.005，任意取来 1000 件，试计算下面概率：

   (a) 其中至少有 2 件废品；

   (b) 其中不超过 5 件废品；

   (c) 能以 90% 的概率希望废品件数不超过多少？

21. 已知某商场一天内来 k 个顾客的概率为 $\lambda^k e^{-\lambda}/k!$, $k = 0, 1, 2, \cdots$，其中 $\lambda > 0$。又设每个到达商场的顾客购买商品是独立的，其概率为 p，试证：这个商场一天内有 r 个顾客购买商品的概率为 $(\lambda p)^r e^{-\lambda p}/r!$。

22. 设 X 的概率密度函数在 x 处表达式为

$$f(x) = \begin{cases} c, & 0 < x < 1, \\ 2/9, & 3 < x < 6, \\ 0 & \text{其他}. \end{cases}$$

   (a) 求常数 c 的值；

   (b) 写出 X 的概率分布函数；

   (c) 要使 $P(X < k) = \frac{2}{3}$，求 k 的值。

23. 一批钢材长度 $X \sim N(\mu, \sigma^2)$。

   (a) 若 $\mu = 100$, $\sigma = 2$，求这批钢材长度小于 97.8 的概率；

   (b) 若 $\mu = 100$，要使这批钢材的长度至少有 90% 落在区间 $(97, 103)$ 内，问 σ 至多取何值？

24. 若 (X, Y) 的密度函数在 (x, y) 处表达式为

$$f(x, y) = \begin{cases} Ae^{-(2x+y)}, & x > 0, y > 0, \\ 0, & \text{其他}. \end{cases}$$

试求：

   (a) 常数 A；

   (b) $P(X < 2, Y < 1)$；

   (c) X 的边际分布函数；

   (d) 条件密度函数在 x 处的表达式，即 $f(x|y)$ 的具体形式；

   (e) $P(X < 2 | Y < 1)$。

25. 假设某个社区内，15% 的家庭没有小孩，20% 的家庭有一个小孩，35% 的家庭有两个小孩，30% 的家庭有 3 个小孩。而且，进一步假定每个家庭里的每个孩子为男孩或女孩的可能性是一样的 (且独立)。如果从这个社区内随机抽取一个家庭，令 B 表示该家庭的男孩数，G 表示该家庭女孩数，求 B 与 G 的联合概率分布，以及各自的边际概率分布和边际分布函数。

26. 设二维随机变量 (X, Y) 的联合密度函数在 (x, y) 处表达式如下，试问 X 和 Y 是否相互独立？

(a) $f(x,y) = \begin{cases} xe^{-(x+y)}, & x > 0, y > 0, \\ 0, & \text{其他}; \end{cases}$

(b) $f(x,y) = \begin{cases} 24xy, & 0 < x < 1, 0 < y < 1, 0 < x+y < 1, \\ 0, & \text{其他}; \end{cases}$

(c) $f(x,y) = \begin{cases} 12xy(1-x), & 0 < x < 1, 0 < y < 1, \\ 0, & \text{其他}. \end{cases}$

27. 证明：连续型 (离散型) 随机变量 X 和 Y 相互独立，当且仅当其联合密度函数 (联合概率分布) 在 (x,y) 处可以写成

$$f(x,y) = h(x) g(y), \qquad -\infty < x < \infty, -\infty < y < \infty.$$

28. 设随机变量 $X \sim U(0,1)$，试求：

(a) $Y = e^X$ 的分布函数及密度函数；

(b) $Z = -2\ln X$ 的分布函数及密度函数。

29. 若 $X_1, X_2, \cdots, X_n$ 相互独立且皆服从指数分布，参数分别为 $\lambda_1, \lambda_2, \cdots, \lambda_n$，试求 $Y = \min\{X_1, X_2, \cdots, X_n\}$ 的分布。

30. 设随机变量 X 与 Y 独立同分布，其密度函数在 x 处表达式为

$$f(x) = \begin{cases} e^{-x}, & x > 0, \\ 0, & x \leqslant 0. \end{cases}$$

(a) 求 $U = X + Y$ 与 $V = X/(X+Y)$ 的联合密度函数 $h(u,v)$；

(b) U 和 V 是否独立？

31. 设随机变量 Y_1 与 Y_2 互相独立且有相同的几何分布 $P(Y_i = k) = p(1-p)^k, i = 1,2; k = 0,1,2,\cdots$。

(a) 证明 $P(Y_1 = k | Y_1 + Y_2 = n) = \frac{1}{n+1}, \quad k = 0,1,2,\cdots,n$；

(b) 求 $X = \max\{Y_1, Y_2\}$ 的概率分布；

(c) 求 X, Y_1 的联合概率分布。

32. 设 X 为仅取非负整数的离散型随机变量且其数学期望存在，试证：

(a) $\mathrm{E}X = \sum_{k=1}^{\infty} P(X \geqslant k)$；

(b) $\sum_{k=0}^{\infty} kP(X > k) = \frac{1}{2}(\mathrm{E}X^2 - \mathrm{E}X)$。

33. 设 X 与 Y 为独立同分布的离散型随机变量，且 $P(Y = j) = \frac{1}{n}, j = 1,2,\cdots,n$。试求 $\mathrm{E}|X - Y|$。

34. 设 X 与 Y 为独立同分布的随机变量，且均服从正态分布 $N(\mu, \sigma^2)$。试求 $\mathrm{E}(\max\{X,Y\})$。

35. 设电力公司每月可以供应某工厂的电力 X 服从均匀分布 $U(10,30)$(单位：10^4kW)，而该工厂每月实际需要的电力 Y 服从均匀分布 $U(10,20)$(单位：10^4kW)。如果工厂能从电力公司得到足够的电力，则每 10^4kW 电可以创造 30 万元的利润，若工厂从电力公司得不足够的电力，则不足部分由工厂通过其他途径解决，由其他途径得到的电力每 10^4kW 电只有 10 万元利润。试求该工厂每个月的平均利润。

36. 假设某一超市出售的某种商品，每周的需求量 X 在 10 至 30 范围内等可能取值，超市每销售一个该商品可获利 500 元，若供大于求，则减价处理，每处理一个该商品亏损 100 元；若供不应求，

可从其他超市调拨，此时每一个超市商品可获利 300 元。试计算进货量多少时，超市可获得最佳利润？并求出最大利润的期望值。

37. 设随机变量 (X, Y) 的联合密度函数在 (x, y) 处取值表达式为

$$f_{XY}(x, y) = \begin{cases} k\left(x^2 + \frac{xy}{2}\right), & 0 < x < 1, 0 < y < 2, \\ 0, & \text{其他}. \end{cases}$$

试求 k, $\mathrm{Var}(X)$, $\mathrm{Var}(Y)$, $\mathrm{Cov}(X, Y)$ 以 X 和 Y 的相关系数 ρ_{XY}。

38. 求解下列问题中的期望和方差。

(a) 设有 n 把外形相同的钥匙和一把锁，其中只有一把钥匙可以打开锁。从这 n 把钥匙中任取一把试开，试过的钥匙不再使用，直至能成功开锁为止，求试开次数 X 的期望和方差；

(b) 设有 n 把外形相同的锁分别对应 n 把外形相同的钥匙，且每把钥匙只能打开与其对应的锁。现将这 n 把锁和 n 把钥匙随机配对并进行开锁，记能正确开锁的数量为 X，求 X 的期望和方差。

39. 设随机变量 X 和 Y 的相关系数 $\rho_{XY} = -0.5$，且满足 $\mathrm{E}X = -1, \mathrm{E}Y = 1, \mathrm{Var}(X) = 4, \mathrm{Var}(Y) = 9$，试用切比雪夫不等式给出 $P(|X + Y| \geqslant 6)$ 的上界。

40. 设随机变量 X 服从 $\left[\frac{1}{2}, \frac{5}{2}\right]$ 上的均匀分布，记 $[x]$ 为不超过 x 的最大正整数，求：

(a) $\mathrm{Var}([X])$ 和 $\mathrm{Var}(X - [X])$；
(b) X 和 $[X]$ 的相关系数 $\rho_{X[X]}$。

41. 设随机变量 (X, Y) 的联合密度函数在 (x, y) 处取值表达式为

$$f_{XY}(x, y) = \begin{cases} \frac{1}{\pi}, & x^2 + y^2 \leqslant 1, \\ 0, & x^2 + y^2 > 1. \end{cases}$$

试验证：X 与 Y 不相关，但它们不独立。

42. 设随机变量 X 的密度函数在 x 处取值表达式为 $f(x) = \frac{\lambda}{2} e^{-\lambda|x|}$，$-\infty < x < \infty$，其中 $\lambda > 0$。求 X 的特征函数。

43. 设 X 服从柯西分布，其概率密度函数在 x 处的取值表达式为

$$f(x) = \frac{1}{\pi} \frac{1}{1 + x^2}, \quad -\infty < x < \infty.$$

令 $Y = X$，$Z = X + Y$。试证 Z 的特征函数满足

$$\phi_Z(t) = \phi_X(t)\phi_Y(t).$$

请问 X, Y 独立吗？

44. 利用中心极限定理证明

$$\lim_{n \to \infty} e^{-n} \sum_{k=1}^{n} \frac{n^k}{k!} = \frac{1}{2}.$$

45. 某餐厅每天接待 400 名顾客，设每位顾客的消费额 (单位：元) 服从 $(20, 100)$ 上的均匀分布，且顾客的消费额都是相互独立的。试求：

(a) 该餐厅每天的平均营业额；

(b) 该餐厅每天的营业额在平均营业额 ±760 元内的概率。

46. 有两个班级同时上一门课，甲班有 25 人，乙班有 64 人。该门课程期末考试平均成绩为 78 分，标准差为 6 分。试问甲班的平均成绩超过 80 分的概率大，还是乙班的平均成绩超过 80 分的概率大？

47. 某保险公司多年的统计资料表明，在索赔户中被盗索赔户占 20%，以 X 表示在随意抽查的 100 个索赔户中因被盗向保险公司索赔的户数。

(a) 写出 X 的概率分布；

(b) 求被盗索赔户不少于 14 户且不多于 30 户的概率的近似值；

(c) 现保险公司决定再做一次抽样调查以考察索赔户中被盗索赔户占比是否发生变化，要求误差小 2% 的概率达到 90%，问至少要抽多少户？

第 3 章 初步统计推断

我们在第1章中讲到了总体、样本以及简单随机样本的概念。这一章我们将从统计推断的角度继续讨论样本以及简单随机样本，并引入统计量以及抽样分布的概念。那么什么是统计推断呢？**统计推断**是利用样本推断产生这些样本的总体分布的过程。

例如：我们得到一个简单随机样本 $X_1, \cdots, X_n \overset{iid}{\sim} F(x; \theta)$。在实际应用中，有些场景下分布族 $F(x; \theta)$ 根据历史经验是已知的，但模型中的参数 θ 是未知的。有些场景中分布族也是未知的。如何去推断 $F(x; \theta)$？或者如何去推断 θ？此外，我们有时感兴趣分布的某些数字特征，例如均值 $\mu = \int x dF(x; \theta) = g(\theta)$。而这些数字特征显然是参数 θ 的函数。如何去推断 $g(\theta)$ 或者如何判断 $g(\theta)$ 是否满足某种假设？

在这一章中我们将会逐一探讨统计推断的三种基本形式：点估计、区间估计和假设检验。

3.1 统计量及其分布

我们在第1章中讲到，所谓总体，指的是我们研究中感兴趣的所有元素的集合。例如，我们要了解某个灯泡制造厂所生产的灯泡寿命，那么这个厂商所生产的所有灯泡的使用寿命就是我们研究的总体。在统计学中，总体可以表示为随机变量。所以，总体的特征就可以归结为刻画灯泡使用寿命的随机变量的特征，也可以说归结为该随机变量的分布。今后，我们讲"**总体**"，就是指某个相应的随机变量 X 或其分布 F。在统计研究中，我们经常只能确定总体为某一个分布族 $\{F(x; \theta) : \theta \in \Theta\}$，其中 θ 表示在参数空间 Θ 中取值的未知参数。此时，我们称总体模型为参数模型。**参数模型**就是指一系列可以用有限个参数表示的分布模型。有时总体的分布完全未知，此时我们称总体模型为非参数模型。**非参数模型**是指不能用有限个参数表示的分布模型。在统计学中，我们通过数据来获取 F 或 θ 的信息。将数据 $x_1, \cdots, x_n$ 看成来自总体分布 F 的一组独立观察值，我们就得到来自总体的一个简单随机样本值。

定义 3.1： 设随机向量 $\boldsymbol{X} = (X_1, \cdots, X_n)$，其中 $X_1, \cdots, X_n \overset{iid}{\sim} F$，则称 $\boldsymbol{X}$ 为总体 F 的样本量为 n 的**简单随机样本** (Simple random sample)。而 $\boldsymbol{X}$ 的观察值 $\boldsymbol{x} = (x_1, \cdots, x_n)$ 称为**样本值** (Realization)。

如无特别说明，本书中的样本均指简单随机样本。当我们用样本 $X_1, \cdots, X_n$ 进行统计推断时，有时我们并不需要知道每个样本观测值，而只需要样本的一些数字特征，例如样本均值、方差、中位数等等，我们称这些量为统计量。下面我们先给出统计量的一般定义。

定义 3.2： 设 $\boldsymbol{X} = (X_1, \cdots, X_n)$ 为来自总体 F 的样本，$T(\boldsymbol{X})$ 为样本 $\boldsymbol{X}$ 的可测函数。若当 $\boldsymbol{X}$ 给定时则 $T(\boldsymbol{X})$ 的值即可确定，也就是可测函数 $T(\cdot)$ 是已知的，并且函数中不含有任何未知的参数，则称 $T(\boldsymbol{X})$ 为**统计量** (Statistic)。

尽管统计量 $T(\boldsymbol{X})$ 中不含有任何未知参数，但是它是样本 $\boldsymbol{X}$ 的函数，因此必然含有关于总体 $F(x)$ 或总体的参数的信息。所以统计量的分布是统计推断中非常重要的一个问题。统计量的分布称为**抽样分布**。由于统计量是样本的函数，因此我们可以用第2章中求变量函数的分布的方法求得统计量的分布。

例 3.1： 设 $X_1, \cdots, X_n$ 是来自总体 F 的一个样本，$\mu = \int x dF(x)$ 和 $\sigma^2 = \int (x - \mu)^2 dF(x)$ 为总体均值和方差。样本均值 $\bar{X}$ 和样本方差 S^2 是我们最频繁使用的两个统计量。那么对这两个统计量的抽样

分布我们可以有怎样的认知呢？

首先，我们考虑抽样分布的数字特征。如果总体的二阶矩存在，$\mathrm{E}|X|^2 < \infty$，我们可以求得 $\bar{X}$ 的期望和方差：

$$\mathrm{E}\bar{X} = \mu, \qquad \mathrm{Var}(\bar{X}) = \sigma^2/n;$$

我们还可以求得样本方差 S^2 的期望：

$$\mathrm{E}S^2 = \sigma^2.$$

此外，如果总体的四阶矩存在，$\mathrm{E}|X|^4 < \infty$，我们还可以求得 S^2 的方差 $\mathrm{Var}(S^2)$ 以及这两个统计量的协方差 $\mathrm{Cov}(\bar{X}, S^2)$ (留作练习)。

其次，关于 $\bar{X}$ 的分布。当总体是给定的参数模型时，我们通常可以求得 $\bar{X}$ 的分布。例如若总体是正态 $N(\mu, \sigma^2)$，我们知道 $\bar{X} \sim N(\mu, \sigma^2/n)$。若总体是参数为 $1/\lambda$ 的指数分布，那么 $n\bar{X} \sim \Gamma(n, \theta)$。当然并不是每个参数模型下 $\bar{X}$ 的分布都能轻松得到。此外，当模型是非参数时，我们通常很难得到其抽样分布。此时，对于 $\bar{X}$，我们可以根据中心极限定理得到其渐近正态分布：

$$\sqrt{n}(\bar{X} - \mu) \overset{L}{\to} N(0, \sigma^2), \qquad n \to \infty.$$

在实际应用中，当精确的分布很难得到时，我们通常会使用大样本分布进行近似地统计推断。

对于样本方差 S^2 的分布，若总体是正态 $N(\mu, \sigma^2)$，我们后续可以求得 $\frac{(n-1)S^2}{\sigma^2} \sim \chi^2(n-1)$。但对于其他总体，就比较难以得到。

3.1.1 正态总体相关的抽样分布

在第1章中，当我们画数据的直方图时可以看到，很多时候直方图是近似正态的。事实上，在很多实际应用问题中，我们可以合理地假设总体是正态或近似正态的。因此，正态总体下的抽样分布显得尤为重要。在这一小节中我们将给出正态总体下的三个重要的抽样分布。

定理 3.1： 设 $X_1, \cdots, X_n$ 是来自正态总体 $N(\mu, \sigma^2)$ 的一个样本，样本均值 $\bar{X}$ 和样本方差 S^2 分别为

$$\bar{X} = \frac{1}{n}\sum_{i=1}^{n} X_i, \qquad S^2 = \frac{1}{n-1}\sum_{i=1}^{n}(X_i - \bar{X})^2.$$

则有：

(1) $\bar{X}$ 服从均值为 $\mu_{\bar{X}} = \mu$, 方差为 $\sigma_{\bar{X}}^2 = \sigma^2/n$ 的正态分布, 即

$$\bar{X} \sim N(\mu, \sigma^2/n);$$

(2) $\frac{(n-1)S^2}{\sigma^2} = \frac{1}{\sigma^2}\sum_{i=1}^{n}(X_i - \bar{X})^2$ 服从自由度为 $n-1$ 的卡方分布, 即

$$\frac{(n-1)S^2}{\sigma^2} \sim \chi^2(n-1);$$

(3) $\bar{X}$ 与 S^2 相互独立。

证明： 令 $\boldsymbol{X} = (X_1, \cdots, X_n)^{\top}$, 则 $\boldsymbol{X}$ 服从多元正态 $N(\boldsymbol{\mu_X}, \boldsymbol{\Sigma_X})$, 其中 $\boldsymbol{\mu_X} = (\mu, \cdots, \mu)^{\top}$, $\boldsymbol{\Sigma_X} = \sigma^2 \boldsymbol{I}_n$, $\boldsymbol{I}_n$ 为 n 维的单位阵。

如下构造 n 维正交阵 $\boldsymbol{A}$：

$$\boldsymbol{A} = \begin{pmatrix} 1/\sqrt{n} & 1/\sqrt{n} & 1/\sqrt{n} & \cdots & 1/\sqrt{n} \\ 1/\sqrt{2 \times 1} & -1/\sqrt{2 \times 1} & 0 & \cdots & 0 \\ 1/\sqrt{3 \times 2} & 1/\sqrt{3 \times 2} & -2/\sqrt{3 \times 2} & \cdots & 0 \\ \vdots & \vdots & \vdots & & \vdots \\ 1/\sqrt{n(n-1)} & 1/\sqrt{n(n-1)} & 1/\sqrt{n(n-1)} & \cdots & -(n-1)/\sqrt{n(n-1)} \end{pmatrix}.$$

令 $\boldsymbol{Y} = (Y_1, \cdots, Y_n)^\top = \boldsymbol{AX}$，可知：

$$Y_1 = \frac{1}{\sqrt{n}} \sum_{i=1}^{n} X_i \quad \text{且} \quad \sum_{i=1}^{n} Y_i^2 = \boldsymbol{Y}^\top \boldsymbol{Y} = \boldsymbol{X}^\top \boldsymbol{A}^\top \boldsymbol{A} \boldsymbol{X} = \sum_{i=1}^{n} x_i^2.$$

从而有

$$\bar{X} = \frac{1}{\sqrt{n}} Y_1, \quad \text{且} \quad \frac{(n-1)S^2}{\sigma^2} = \frac{1}{\sigma^2} \left(\sum_{i=1}^{n} X_i^2 - n\bar{X}^2 \right) = \sum_{i=2}^{n} \left(\frac{Y_i}{\sigma} \right)^2.$$

另外一方面，

$$\boldsymbol{Y} \sim N(\boldsymbol{\mu_Y}, \boldsymbol{\Sigma_Y}),$$

其中 $\boldsymbol{\mu_Y} = \boldsymbol{A}\boldsymbol{\mu_X} = (\mu, 0, \cdots, 0)^\top$，$\boldsymbol{\Sigma_Y} = \boldsymbol{A}\boldsymbol{\Sigma_X}\boldsymbol{A}^\top = \sigma^2 \boldsymbol{I}_n$。所以，$Y_1, Y_2, \cdots, Y_n$ 相互独立且服从均值不同但方差均为 σ^2 的正态分布。其中 Y_1 的均值是 $\mathrm{E}Y_1 = \sqrt{n}\mu$，而当 $i \geqslant 2$ 时，Y_i 的均值为 $\mathrm{E}Y_i = 0$。

综上可知，$\bar{X}$ 与 S^2 独立，$\bar{X}$ 服从均值为 μ，方差为 σ^2/n 的正态分布，而 $\frac{(n-1)S^2}{\sigma^2}$ 服从自由度为 $n-1$ 的卡方分布。 $\qquad\qquad\square$

由定理3.1可知 $\sqrt{n}(\bar{X} - \mu)/\sigma \sim N(0,1)$，因此正态总体下当 σ 已知时，我们可以由此对总体均值 μ 做统计推断的基础。而当 σ 未知时，我们可以用样本标准差 $S = \sqrt{S^2}$ 去替换。

推论 3.1：设 $X_1, \cdots, X_n$ 是来自正态总体 $N(\mu, \sigma^2)$ 的一个样本，记样本均值为 $\bar{X}$，样本方差为 S^2，则有

$$T = \frac{\sqrt{n}(\bar{X} - \mu)}{S}$$

服从自由度为 $n-1$ 的 t 分布，记作 $T \sim t(n-1)$。

由定理2.24即可证明推论3.1(请读者自证)。t 分布是由英国统计学家戈塞特 (William Sealy Gosset，1876—1937) 在二十世纪初提出的。他发现在样本量很小的时候 T 统计量的分布与正态分布差别很大，从而在 1908 年给出了其确切的分布。由于他当时是以 "Student" 的笔名发表的论文，因此也通常称之为 "Student's t 分布"。

 视角与观点：戈塞特与 student's t 分布。"戈塞特 1908 年导出了 t 分布——正态总体下 T 统计量的精确分布，开创了小样本理论的先河。"——摘自《中国大百科全书》(数学卷)

1899 年，23 岁的戈塞特进入爱尔兰的都柏林一家酿酒公司担任酿造化学技师，从事统计和实验工作。1906—1907 年间，他在 K. Pearson 那里学习和研究统计学。在当时，统计学几乎就是大样本的科学。K. Pearson 几乎所有的工作都是基于大样本的假设。而戈塞特当时在酿酒厂遇到的问题是，无法获得大量样本，只能是小样本。可是，从小样本来分析数据是否可靠？误差有多大？小样本理论就在这样的背景下应运而生。戈塞特通过大量的实验记录小样

本的观测、均值、标准差以及二者比值的分布图。在经过对分布图特征的调查比对后，确定了其分布并称其为 t 分布。1908 年，戈塞特以"学生 (Student)"为笔名在《生物计量学》杂志发表了论文《均值的或然误差》(The probable error of the mean)。在当时，戈塞特所在酒厂为防止商业机密外泄，禁止员工在外发表文章。因此戈塞特使用了一个笔名，也就是我们现在所见到的"Student"。

在应用中我们有时需要对两个总体的期望或方差的对比进行统计推断。设总体 X 的均值和方差分别为 μ_1 和 σ_1^2。总体 Y 的均值和方差分别为 μ_2 和 σ_2^2。假设两独立样本 $\boldsymbol{X}$ 和 $\boldsymbol{Y}$ 为分别来自总体 X 和 Y 的容量为 n_1 和 n_2 的样本。设 $\bar{X}$ 和 S_1^2 为样本 $\boldsymbol{X}$ 的样本均值和方差，$\bar{Y}$ 和 S_2^2 为 $\boldsymbol{Y}$ 的样本均值和方差。由定理3.1 中的 (3) 可知：

$$\frac{(n_i-1)S_i^2}{\sigma_i^2} \sim \chi^2(n_i-1), \qquad i=1,2. \tag{3.1}$$

所以由定理2.25可以得到两样本方差比的抽样分布：

$$\frac{S_1^2/\sigma_1^2}{S_2^2/\sigma_2^2} = \left(\frac{\sigma_2^2}{\sigma_1^2}\right)\left(\frac{S_1^2}{S_2^2}\right) \sim F(n_1,n_2). \tag{3.2}$$

3.1.2 次序统计量

次序统计量无论是在统计推断中还是日常生活中都有非常广泛的应用。例如在第 8 章稳健估计中，我们所讨论的截断均值就是次序统计量的函数。例如中国堤防工程防洪标准中要求，对特别重要的城市要求防 $\geqslant 100$ 年一遇洪水，重要城市防 50~100 年一遇洪水（《水利水电工程等级划分及洪水标准》，中华人民共和国水利部，2017 年)。不管是百年一遇洪水还是 50 年一遇的洪水，对于堤防工程设计者，他们关心的都是一列随机变量最大值的分布。

若随机样本 $X_1,\cdots,X_n$ 按数值升序排列，并记作 $X_{(1)} \leqslant \cdots \leqslant X_{(n)}$，则称 $X_{(r)}$ $(r=1,\cdots,n)$ 为第 r 次序统计量。如前所述，次序统计量及其函数在统计推断中有非常广泛的应用。例如在第1章中曾经介绍过的统计量：

极差 (Range)：$R = X_{(n)} - X_{(1)}$，也就是样本最大观测值和最小观测值之间的距离。极差描述了数据的离散度，尽管其比较粗略。

样本分位数 (Sample quantile)：$\hat{\xi}_\tau = X_{([(n+1)\tau])}$，其中 $0<\tau<1$ 表示分位数水平，$[\cdot]$ 表示向下取整运算。

特别地，当 $\tau=0.5$ 时，我们称 $\hat{\xi}_{0.5}$ 为样本中位数，样本中位数有一种常用定义如下。

样本中位数 (Median)：

$$M = \begin{cases} X_{((n+1)/2)} & n\text{为奇数}, \\ \frac{1}{2}\left(X_{(n/2)} + X_{((n+1)/2)}\right) & n\text{为偶数}. \end{cases}$$

样本中位数是样本排序后中间位置的数，有大约一半的样本小于等于中位数，而剩余一半的样本大于中位数。样本中位数是描述数据中心位置的统计量。由于中位数只与样本中间位置的数据有关，不容易受到极值的影响。因此与样本均值相比，中位数更加稳健。

除此之外，我们常用的与次序统计量相关的统计量还有截断均值、四分位距等。显然次序统计量是随机变量 $X_1,\cdots,X_n$ 的函数，因此我们可以从 $X_1,\cdots,X_n$ 的分布得到次序统计量的分布。

定理 3.2： 设 $X_1, \cdots, X_n$ 为独立同分布的随机变量，其分布函数为 F，则第 r 次序统计量 $X_{(r)}$ $(r = 1, \cdots, n)$ 的分布函数为

$$
\begin{aligned}
F_{(r)}(x) &= P(X_{(r)} \leqslant x) \\
&= P(\text{至少 } r \text{ 个} X_i \leqslant x) \\
&= \sum_{i=r}^{n} \binom{n}{i} [F(x)]^i [1 - F(x)]^{n-i}, \qquad -\infty < x < \infty.
\end{aligned}
$$

更进一步，当样本 $X_1, \cdots, X_n$ 来自密度函数为 f 的连续型总体时，第 r 次序统计量 $X_{(r)}$ $(r = 1, \cdots, n)$ 的密度函数在 x 处取值为

$$
f_{(r)}(x) = \frac{n!}{(r-1)!(n-r)!} f(x)[F(x)]^{r-1}[1 - F(x)]^{n-r}, \qquad -\infty < x < \infty.
$$

此外，任意两个次序统计量 $X_{(r)}$ 和 $X_{(s)}$ $(1 \leqslant r < s \leqslant n)$ 的联合密度函数在 (x_r, x_s) 处取值为

$$
\begin{aligned}
f_{(r,s)}(x_r, x_s) &= \frac{n!}{(r-1)!(s-r-1)!(n-s)!} [F(x_r)]^{r-1}[F(x_s) - F(x_r)]^{s-r-1} \\
&\quad [1 - F(x_s)]^{n-s} f(x_r) f(x_s), \qquad -\infty < x_r < x_s < \infty.
\end{aligned}
$$

我们可以类似得到任意多个次序统计量的联合密度函数以及次序统计量函数的密度函数。

例 3.2： 设随机样本 $X_1, \cdots, X_n$ 来自 $(0,1)$ 区间上的均匀分布总体。$X_{(1)}, \cdots, X_{(n)}$ 为其次序统计量。求极差 $R = X_{(n)} - X_{(1)}$ 的分布。

解： 首先，$(0,1)$ 区间上的均匀分布密度函数满足 $f(x) = 1$，$0 < x < 1$；其分布函数满足 $F(x) = x\mathbf{I}(0 < x < 1)$，$-\infty < x < \infty$。其次，$(X_{(1)}, X_{(n)})$ 的联合密度函数在 (x_1, x_n) 处取值的表达式为

$$
h(x_1, x_n) = n(n-1) f(x_1) f(x_n) [F(x_n) - F(x_1)]^{n-2} = n(n-1)(x_n - x_1)^{n-2}.
$$

令 $\begin{cases} U = X_{(1)}, \\ R = X_{(n)} - X_{(1)}, \end{cases}$ 则 $\begin{cases} X_{(1)} = U, \\ X(n) = U + R. \end{cases}$ 其雅可比行列式为 $J = \det \begin{pmatrix} 1 & 0 \\ 0 & 1 \end{pmatrix} = 1$，所以 (U, R) 的联合密度为

$$
\begin{aligned}
g(u, r) &= n(n-1) f(u) f(u+r) [F(u+r) - F(u)]^{n-2} \\
&= n(n-1) r^{n-2}, \qquad 0 < u < 1.
\end{aligned}
$$

当 $0 \leqslant u \leqslant 1$ 且 $0 \leqslant u + r \leqslant 1$ 时，即 $0 \leqslant u \leqslant 1 - r$ 时，$f(u)$ 和 $f(u+r)$ 同时非负。因此，R 的密度函数在 r 处取值为

$$
\begin{aligned}
g(r) &= \int_{-\infty}^{\infty} g(u, r) du = n(n-1) r^{n-2} \int_0^{1-r} du \\
&= n(n-1)(1 - r) r^{n-2}, \qquad 0 \leqslant r \leqslant 1.
\end{aligned}
$$

3.2 点估计的基本概念

设随机样本 $\boldsymbol{X} = (X_1, \cdots, X_n)$ 来自总体 $F(x; \theta)$，其中参数 $\theta \in \Theta$ 未知。我们现在考虑未知参数 $g(\theta)$ 的估计。什么是 $g(\theta)$ 的估计呢？估计本质上就是一个统计量 $T(\boldsymbol{X})$。统计量是样本的函数，把观

测到的样本的值代入到函数关系中得到的数就可以作为待估参数的估计。比如说，在例3.1中，我们可以用样本均值 $\bar{X} = \frac{1}{n}\sum_{i=1}^{n} X_i$ 作为 μ 的估计。当然 μ 的估计不止一个，再比如说，我们还可以用样本中位数 $\hat{\xi}_{0.5}$ 作为 μ 的估计。因此，估计的核心问题是要找到"好的"估计。那么什么是好的估计呢？在这一节中我们将给出评价点估计的一些准则。对于任意一个估计 $T(\boldsymbol{X})$，在每次观测下总会存在估计误差 $T(\boldsymbol{X}) - g(\theta)$。因此我们首先针对估计误差给出评估准则——无偏性准则。

3.2.1 无偏性准则

定义 3.3： 设 $\boldsymbol{X} = (X_1, \cdots, X_n)$ 是来自总体的 $F(x;\theta)$，$\theta \in \Theta$ 的随机样本。$g(\theta)$ 为待估参数，$T(\boldsymbol{X})$ 为 $g(\theta)$ 的一个估计。称

$$\text{Bias}[T(\boldsymbol{X})] = \text{E}[T(\boldsymbol{X})] - g(\theta)$$

为 $g(\theta)$ 的估计 $T(\boldsymbol{X})$ 的**偏差** (Bias)。若对任意的 $\theta \in \Theta$，$\text{Bias}[T(\boldsymbol{X})] = 0$，即

$$\text{E}[T(\boldsymbol{X})] = g(\theta), \qquad \forall \theta \in \Theta, \tag{3.3}$$

则称 $T(\boldsymbol{X})$ 为 $g(\theta)$ 的**无偏估计 (量)**(Unbiased estimator)。

从公式(3.3)可以看出，无偏估计可以看作是没有系统偏差的估计，也就是说，在平均意义下，无偏估计是准确的。在例3.1中，样本均值和样本方差显然分别是总体均值和方差的无偏估计量，即

$$\text{E}\bar{X} = \mu, \qquad \text{E}S^2 = \sigma^2.$$

下面我们再给出一个无偏估计量的例子。

例 3.3： 设随机样本 $X_1, \cdots, X_n$ 来自未知总体 F。现需要估计 $F(x)$，我们考虑经验分布函数在 x 处的取值作为 $F(x)$ 的估计

$$\hat{F}_n(x) = \frac{1}{n}\sum_{i=1}^{n} \mathbf{I}(X_i \leqslant x), \qquad -\infty < x < \infty.$$

因为 $X_1, \cdots, X_n \sim F$，所以对于任意的 $x \in \mathbb{R}$，$\mathbf{I}(X_1 \leqslant x), \cdots, \mathbf{I}(X_n \leqslant x) \sim B(1, F(x))$。从而有

$$\text{E}[\hat{F}_n(x)] = \frac{1}{n}\sum_{i=1}^{n} \text{E}[\mathbf{I}(X_i \leqslant x)] = \frac{1}{n}\sum_{i=1}^{n} F(x) = F(x).$$

所以，经验分布函数在 x 点处的取值 $\hat{F}_n(x)$ 是 $F(x)$ 的无偏估计。

3.2.2 均方误差准则

在平均意义下，无偏估计是准确的。但是，从一次观测数据来看，无偏估计的误差可能非常大，也可能比较小。因此对于无偏估计，我们希望选择波动性小的。而波动性通常用方差来描述。下面给出均方误差的定义。

定义 3.4： 设 $\boldsymbol{X} = (X_1, \cdots, X_n)$ 是来自总体 $F(x;\theta)$，$\theta \in \Theta$ 的随机样本，其中 $g(\theta)$ 为待估参数。作为 $g(\theta)$ 的估计，$T(\boldsymbol{X})$ 的**均方误差** (Mean squared error, 简记为 MSE) 定义为

$$\text{MSE}[T(\boldsymbol{X})] = \text{E}[T(\boldsymbol{X}) - g(\theta)]^2 = \{\text{Bias}[T(\boldsymbol{X})]\}^2 + \text{Var}[T(\boldsymbol{X})].$$

例 3.4： 在例3.3中我们已经验证了经验分布函数在任意 $x \in \mathbb{R}$ 处的取值 $F_n(x)$ 都是对应分布函数在该处取值 $F(x)$ 的无偏估计。此外，我们可以计算其均方误差：

$$\text{MSE}[F_n(x)] = \text{Var}[F_n(x)] = \frac{1}{n}F(x)[1 - F(x)].$$

从定义3.4可以看出，均方误差综合考虑了估计的系统误差及其自身的波动性。对于无偏估计来说，均方误差即为估计自身的方差。通常来说，对于参数，我们可以得到不止一个无偏估计。对于同一参数的任意两个无偏估计，我们应选择方差较小的那一个。任意两个无偏估计方差的比，我们称之为这两个无偏估计的相对效率。

定义 3.5： 对于参数 θ 的任意两个无偏估计 $\hat{\theta}_1$ 和 $\hat{\theta}_2$，设其方差分别为 $\text{Var}(\hat{\theta}_1)$ 和 $\text{Var}(\hat{\theta}_2)$，则 $\hat{\theta}_1$ 相对于 $\hat{\theta}_2$ 的效率，记为 $\text{RE}(\hat{\theta}_1, \hat{\theta}_2)$，定义为

$$\text{RE}(\hat{\theta}_1, \hat{\theta}_2) = \frac{\text{Var}(\hat{\theta}_2)}{\text{Var}(\hat{\theta}_1)}.$$

当 $\hat{\theta}_1$ 相对于 $\hat{\theta}_2$ 的效率大于 1，意味着 $\text{Var}(\hat{\theta}_1)$ 更小，我们称之为 $\hat{\theta}_1$ 比 $\hat{\theta}_2$ 更有效。

例 3.5： 设 $X_1, \cdots, X_n$ 为来自均匀分布 $U(\theta, \theta+1)$ 的随机样本。现考虑 θ 的两个无偏估计

$$\hat{\theta}_1 = \bar{X} - \frac{1}{2}, \qquad \hat{\theta}_2 = X_{(n)} - \frac{n}{n+1}.$$

求它们的相对效率。

解： 首先，均匀分布总体的均值和方差分别为 $\mu = \text{E}X_i = \theta + \frac{1}{2}$ 和 $\sigma^2 = \text{Var}(X_i) = \frac{1}{12}$。由此可得，

$$\text{E}\hat{\theta}_1 = \text{E}\bar{X} - \frac{1}{2} = \mu - \frac{1}{2} = \theta,$$

即 $\hat{\theta}_1$ 为 θ 的无偏估计，并且可得 $\hat{\theta}_1$ 的方差为

$$\text{Var}(\hat{\theta}_1) = \text{Var}(\bar{X}) = \frac{\sigma^2}{n} = \frac{1}{12n}.$$

对于 $\hat{\theta}_2$，我们首先可知 $X_{(n)}$ 的密度函数在 x 处的取值为

$$f_{(n)}(x) = n[F(x)]^{n-1}f(x) = n(x-\theta)^{n-1}, \qquad \theta < x < \theta + 1.$$

因此，

$$\text{E}X_{(n)} = n\int_\theta^{\theta+1} x(x-\theta)^{n-1}ds = \theta + \frac{n}{n+1},$$

从而可知 $\text{E}\hat{\theta}_2 = \theta$，即 $\hat{\theta}_2$ 为 θ 的无偏估计。此外，由

$$\text{E}X_{(n)}^2 = n\int_\theta^{\theta+1} x^2(x-\theta)^{n-1}ds = \frac{n}{n+2} + \frac{2n\theta}{n+1} + \theta^2,$$

可得 $X_{(n)}$ 以及 $\hat{\theta}_2$ 的方差为

$$\text{Var}(\hat{\theta}_2) = \text{Var}(X_{(n)}) = \text{E}X_{(n)}^2 - (\text{E}X_{(n)})^2 = \frac{n}{n+2} - \left(\frac{n}{n+1}\right)^2.$$

因此，$\hat{\theta}_1$ 相对于 $\hat{\theta}_2$ 的效率为

$$\text{RE}(\hat{\theta}_1, \hat{\theta}_2) = \frac{\text{Var}(\hat{\theta}_2)}{\text{Var}(\hat{\theta}_1)} = \frac{12n^2}{(n+2)(n+1)^2}.$$

如果参数 θ 存在无偏估计，则称 θ **可估** (Estimable)。如果 θ 可估，其无偏估计经常不止一个，而在众多无偏估计中，我们总希望找到方差最小的，也就是一致最小方差无偏估计。

定义 3.6：设 $T(\boldsymbol{X})$ 为参数 θ 的无偏估计，称 $T(\boldsymbol{X})$ 为 θ 的**一致最小方差无偏估计 (量)**(Uniformly minimum variance unbiased estimator, UMVUE)，若对于参数 θ 任意其他的无偏估计 $U(\boldsymbol{X})$ 均有

$$\mathrm{Var}[T(\boldsymbol{X})] \leqslant \mathrm{Var}[U(\boldsymbol{X})], \qquad \theta \in \Theta.$$

从定义可以看出，对于一个已知的无偏估计要证明其为 UMVUE 并不容易。此外，在现实生活中，我们更需要的是去找到 UMVUE，这就更加困难。在后面的章节中我们将介绍如何寻找 UMVUE。

3.2.3 有效性和最佳无偏估计

在本小节中,我们试图给出寻找或者验证 UMVUE 的一个途径。对于待估参数 θ,如果我们能够给出其所有无偏估计方差的下界。那么如果一个无偏估计的方差达到这个下界，它必然是 UMVUE。这个下界我们称之为 Cramér-Rao 下界。我们首先介绍一个基本概念——**费希尔信息量** (Fisher information)。

定义 3.7：设总体的概率函数 $f(\cdot;\theta)$, $\theta \in \Theta$ 满足下列条件：

(1) 参数空间 Θ 是直线上的一个开区间；
(2) 支撑 $S = \{x : f(x;\theta) > 0\}$ 与 θ 无关；
(3) 导数 $\frac{\partial}{\partial\theta} f(x;\theta)$ 对一切 $\theta \in \Theta$ 都存在；
(4) 对 $f(x;\theta)$，积分与微分运算可交换次序；
(5) 期望 $\mathrm{E}\left[\frac{\partial}{\partial\theta} \log f(x;\theta)\right]^2$ 存在，

则称 $I(\theta) = \mathrm{E}\left[\frac{\partial}{\partial\theta} \log f(x;\theta)\right]^2$ 为总体分布的**费希尔信息量** (Fisher information)。

我们通常称

$$S(\theta) = \frac{\partial \log f(x;\theta)}{\partial\theta}$$

为**得分函数** (Score function)。从几何意义来说，得分函数的值描述了 $f(x;\theta)$ 关于 θ 变化大小。所以，作为得分函数平方的期望，费希尔信息量描述了平均来说 $f(x;\theta)$ 关于 θ 的信息的多少。费希尔信息量越大，$f(x;\theta)$ 包含的关于 θ 的信息就越多。若 $\frac{\partial}{\partial\theta} \log f(x;\theta)$ 等于 0，也就是 $f(x;\theta)$ 不是 θ 的函数，不包含关于 θ 的信息。

关于得分函数，我们可以观察到

$$\mathrm{E}\left[S(\theta)\right] = \int \frac{\partial}{\partial\theta} \log f(x;\theta) f(x;\theta) dx = \int \frac{\partial f(x;\theta)/\partial\theta}{f(x;\theta)} f(x;\theta) dx$$

$$= \int \frac{\partial f(x;\theta)}{\partial\theta} dx = \frac{\partial}{\partial\theta} \int f(x;\theta) dx = 0.$$

所以，费希尔信息量还可以解释为得分函数的方差：

$$I(\theta) = \mathrm{Var}\left[\frac{\partial}{\partial\theta} \log f(x;\theta)\right].$$

此外，若二阶导数 $\frac{\partial^2}{\partial\theta^2} f(x;\theta)$ 对一切 $\theta \in \Theta$ 都存在，且积分与二阶微分运算可交换次，则可将等式 $\mathrm{E}\left[\frac{\partial}{\partial\theta} \log f(x;\theta)\right] = 0$ 的左右两边关于 θ 再次求导得到：

$$0 = \frac{\partial \mathrm{E}S(\theta)}{\partial\theta} = \frac{\partial}{\partial\theta} \int_{-\infty}^{\infty} S(\theta) f(x;\theta) dx = \int_{-\infty}^{\infty} \frac{\partial}{\partial\theta} \left[S(\theta) \cdot f(x;\theta)\right] dx$$

$$= \int_{-\infty}^{\infty} \left[\frac{\partial S(\theta)}{\partial\theta} \cdot f(x;\theta) + S(\theta) \cdot \frac{\partial f(x;\theta)}{\partial\theta}\right] dx$$

$$= \int_{-\infty}^{\infty} \frac{\partial^2 \log f(x;\theta)}{\partial \theta^2} \cdot f(x;\theta)dx + \int_{-\infty}^{\infty} \left[\frac{\partial \log f(x;\theta)}{\partial \theta}\right]^2 \cdot f(x;\theta)dx$$

$$= \mathrm{E}\left[\frac{\partial^2 \log f(x;\theta)}{\partial \theta^2}\right] + \mathrm{E}[S(\theta)]^2 = \mathrm{E}\left[\frac{\partial^2 \log f(x;\theta)}{\partial \theta^2}\right] + I(\theta).$$

所以，费希尔信息量还可以表示为

$$I(\theta) = -\mathrm{E}\left[\frac{\partial^2 \log f(x;\theta)}{\partial \theta^2}\right]. \tag{3.4}$$

通常来说，利用式(3.4) 计算费希尔信息量会比定义简便一些。从式(3.4)我们可以更直观地理解费希尔信息的含义。费希尔信息量是对数概率函数在参数真实值处的负二阶导数的期望。对于这样的一个对数概率函数，它在参数真实值处的负二阶导数，就反映了这个对数概率函数在此点处的弯曲程度。弯曲程度越大，整个对数概率函数的形状就越偏向于高而窄，它提供的 θ 的信息量越大。反之，它弯曲程度越小，越平而宽，它所提供的 θ 的信息量越小。图3.1给出了例3.6中指数分布总体的对数密度函数随参数 θ 的变化曲线。从图中可以看出，θ 越小，对数密度函数的曲率变化越快，它所能提供的 θ 的信息 $I(\theta)$ 也就越大。

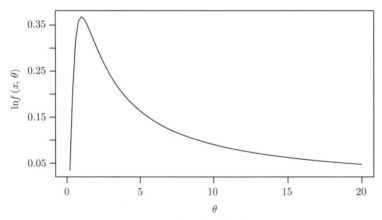

图 3.1：指数分布的对数密度函数

例 3.6： 设总体为指数分布，其密度函数在 x 处为

$$f(x;\theta) = \frac{1}{\theta}\exp\left\{-\frac{x}{\theta}\right\}, \qquad x > 0, \theta > 0.$$

则有

$$\frac{\partial}{\partial \theta}\log f(x;\theta) = -\frac{1}{\theta} + \frac{x}{\theta^2} = \frac{x-\theta}{\theta^2},$$

$$\frac{\partial^2}{\partial \theta^2}\log f(x;\theta) = \frac{1}{\theta^2} - \frac{2x}{\theta^3}.$$

所以费希尔信息量为

$$I(\theta) = -\mathrm{E}\left(\frac{1}{\theta^2} - \frac{2X}{\theta^3}\right) = -\frac{1}{\theta^2} + \frac{2\mathrm{E}X}{\theta^3} = \frac{1}{\theta^2}.$$

由此可见，θ 越小其费希尔信息量越大，这与图3.1相吻合。

例 3.7： 设总体为伯努利分布 $B(1,p), 0 < p < 1$，则

$$\log f(x;p) = x\log p - (1-x)\log p,$$

$$\frac{\partial}{\partial p} \log f(x; p) = \frac{x}{p} - \frac{1-x}{1-p}, \qquad \frac{\partial^2}{\partial p^2} \log f(x; p) = -\frac{x}{p^2} - \frac{1-x}{(1-p)^2}.$$

因此，关于 p 的费希尔信息量为

$$I(p) = -\mathrm{E}\left[-\frac{x}{p^2} - \frac{1-x}{(1-p)^2}\right] = \frac{\theta}{\theta^2} + \frac{1-\theta}{(1-\theta)^2} = \frac{1}{\theta(1-\theta)}.$$

设 $\boldsymbol{X} = (X_1, \cdots, X_n)$ 是来自总体 $f(\cdot; \theta)$ 的容量为 n 的简单随机样本。总体 $f(\cdot; \theta)$ 的费希尔信息量为 $I(\theta)$。对于每个样本 X_i，它的信息量均为 $I(\theta)$，那么这 n 个独立同分布的样本 $\boldsymbol{X}$ 关于参数 θ 的费希尔信息量应为 n 个 $I(\theta)$ 的加和，即 $nI(\theta)$。事实上，我们不难发现：

$$nI(\theta) = \sum_{i=1}^{n} \mathrm{Var}\left[\frac{\partial \log f(x_i; \theta)}{\partial \theta}\right] = \mathrm{Var}\left[\frac{\partial}{\partial \theta} \sum_{i=1}^{n} \log f(x_i; \theta)\right]$$

$$= \mathrm{Var}\left[\frac{\partial}{\partial \theta} \log \prod_{i=1}^{n} f(x_i; \theta)\right] = \mathrm{Var}\left[\frac{\partial}{\partial \theta} \log L(\theta; \boldsymbol{x})\right], \tag{3.5}$$

其中样本 $\boldsymbol{X}$ 的联合概率函数 $L(\theta; \boldsymbol{x}) = \prod_{i=1}^{n} f(x_i; \theta)$ 称为独立同分布样本 $\boldsymbol{X} = (X_1, \cdots, X_n)$ 的似然函数。关于似然函数我们将在第 3.4 节中进行介绍。从上述的表达式可以看出，n 个独立同分布的样本 $\boldsymbol{X}$ 关于参数 θ 的费希尔信息量是样本对数似然函数导数的方差。

定理 3.3 (Cramér-Rao 下界)：设总体的概率函数 $f(\cdot; \theta)$，$\theta \in \Theta$ 满足定义3.7中的条件，$\boldsymbol{X} = (X_1, \cdots, X_n)$ 为来自总体 $f(\cdot; \theta)$ 的简单随机样本。设 $T(\boldsymbol{X}) = T(X_1, \cdots, X_n)$ 为任意统计量，$T(\boldsymbol{X})$ 的期望为 $\mathrm{E}[T(\boldsymbol{X})] = \gamma(\theta)$ 且方差存在，则有

$$\mathrm{Var}[T(\boldsymbol{X})] \geqslant \frac{[\gamma'(\theta)]^2}{nI(\theta)}. \tag{3.6}$$

同时称 $[\gamma'(\theta)]^2/[nI(\theta)]$ 为 $\gamma(\theta)$ 的无偏估计的方差的 Cramér-Rao 下界，简称 $\gamma(\theta)$ 的 C-R 下界。

证明：由式(3.5)可知，

$$nI(\theta) = \mathrm{Var}\left[\frac{\partial}{\partial \theta} \log L(\theta; \boldsymbol{x})\right].$$

所以我们只需证明

$$[\gamma'(\theta)]^2 \leqslant \mathrm{Var}[T(\boldsymbol{X})] \cdot \mathrm{Var}\left[\frac{\partial}{\partial \theta} \log L(\theta; \boldsymbol{x})\right].$$

上式的形式让我们联想到 Cauchy-Schwarz 不等式，如果可以证明

$$\gamma'(\theta) = \mathrm{Cov}\left(\mathrm{Var}[T(\boldsymbol{X})], \frac{\partial}{\partial \theta} \log L(\theta; \boldsymbol{x})\right),$$

那么由 Cauchy-Schwarz 不等式，定理即可得证。我们首先注意到

$$\gamma'(\theta) = \frac{\partial}{\partial \theta} \int T(\boldsymbol{x}) L(\theta; \boldsymbol{x}) d\boldsymbol{x} = \int T(\boldsymbol{x}) \frac{\partial L(\theta; \boldsymbol{x})}{\partial \theta} d\boldsymbol{x}$$

$$= \int T(\boldsymbol{x}) \frac{\partial \log L(\theta; \boldsymbol{x})}{\partial \theta} L(\theta, \boldsymbol{x}) d\boldsymbol{x}$$

$$= \mathrm{E}\left[T(\boldsymbol{x}) \frac{\partial \log L(\theta; \boldsymbol{x})}{\partial \theta} \right].$$

其次，$L(\cdot)$ 为样本 $\boldsymbol{X}$ 的联合概率函数，所以有 $\int L(\theta, \boldsymbol{x}) d\boldsymbol{x} = 1$。等式两边对 θ 求导可得

$$0 = \frac{\partial}{\partial \theta} \int L(\theta; \boldsymbol{x}) d\boldsymbol{x} = \int \frac{\partial}{\partial \theta} L(\theta; \boldsymbol{x}) d\boldsymbol{x}$$

$$= \int \frac{\partial \log L(\theta; \boldsymbol{x})}{\partial \theta} L(\theta; \boldsymbol{x}) d\boldsymbol{x} = \mathrm{E}\left[\frac{\partial \log L(\theta; \boldsymbol{x})}{\partial \theta} \right].$$

所以有

$$\gamma\prime(\theta) = \mathrm{E}\left[T(\boldsymbol{x}) \frac{\partial \log L(\theta; \boldsymbol{x})}{\partial \theta} \right] = \mathrm{Cov}\left(T(\boldsymbol{X}), \frac{\partial}{\partial \theta} \log L(\theta; \boldsymbol{x}) \right).$$

最终由 Cauchy-Schwarz 不等式，定理即可得证。 □

推论 3.2： 在定理3.3的条件下，若 $T(\boldsymbol{X})$ 是 θ 的无偏估计，即 $\gamma(\theta) = \theta$, 那么

$$\mathrm{Var}[T(\boldsymbol{X})] \geqslant \frac{1}{nI(\theta)}.$$

定义 3.8： 设 $T(\boldsymbol{X})$ 是参数 θ 的无偏估计，则称 θ 的 C-R 下界与 $T(\boldsymbol{X})$ 的方差之比为无偏估计 $T(\boldsymbol{X})$ 的**效率** (Efficiency)，即

$$\mathrm{Eff}[T(\boldsymbol{X})] = \frac{1/[nI(\theta)]}{\mathrm{Var}[T(\boldsymbol{X})]}. \tag{3.7}$$

显然，任意无偏估计的效率介于 0 和 1 之间。当效率等于 1，即达到 C-R 下界时我们称之为有效估计。如果一个无偏估计是有效估计，那么它显然是 UMVUE。

定义 3.9： 设 $T(\boldsymbol{X})$ 是参数 θ 的无偏估计，若 $T(\boldsymbol{X})$ 的方差达到 θ 的 C-R 下界，则称 $T(\boldsymbol{X})$ 为 θ 的**有效估计** (Efficient estimator)。

从效率的定义(3.7)以及相对效率定义可以看出 θ 的任意两个无偏估计 $\hat{\theta}_1$ 相对于 $\hat{\theta}_2$ 的效率即为这两个估计的效率的比值

$$\mathrm{RE}(\hat{\theta}_1, \hat{\theta}_2) = \frac{\mathrm{Var}(\hat{\theta}_2)}{\mathrm{Var}(\hat{\theta}_1)} = \frac{\mathrm{Eff}(\hat{\theta}_1)}{\mathrm{Eff}(\hat{\theta}_2)}.$$

例 3.8： 设 $\boldsymbol{X} = (X_1, \cdots, X_n)$ 为来自参数为 θ 的指数分布总体的随机样本，总体的密度函数在 x 处表达式为

$$f(x; \theta) = \frac{1}{\theta} \exp\left\{ -\frac{x}{\theta} \right\}, \qquad x > 0, \theta > 0.$$

由例3.6可知，总体分布的费希尔信息量为 $I(\theta) = 1/\theta^2$。所以 C-R 下界为

$$\frac{1}{nI(\theta)} = \frac{\theta^2}{n}.$$

考虑样本均值 $\bar{X}$，显然 $\bar{X}$ 是 θ 的无偏估计。而 $\bar{X}$ 的方差为

$$\mathrm{Var}(\bar{X}) = \frac{\theta^2}{n} = \frac{1}{nI(\theta)}.$$

$\bar{X}$ 的方差达到 C-R 下界。所以 $\bar{X}$ 是有效估计，进而是 UMVUE。

例 3.9： 设 $\boldsymbol{X} = (X_1, \cdots, X_n)$ 为来自正态分布总体 $N(\mu, \sigma^2)$ 的随机样本, 参数 μ 和 σ^2 均未知。考虑 σ^2 的无偏估计 $S^2 = \frac{1}{n-1} \sum_{i=1}^{n} (X_i - \bar{X})^2$, σ^2 是否为有效估计？

解： 正态总体 $N(\mu, \sigma^2)$ 的密度函数满足定义3.7中的条件。其对数密度函数在 x 处为

$$\log f(x; \mu, \sigma^2) = -\frac{\log(2\pi)}{2} - \frac{1}{2}\log(\sigma^2) - \frac{x^2}{2\sigma^2}, \qquad -\infty < \mu < \infty, \sigma > 0.$$

所以有

$$\frac{\partial^2}{\partial(\sigma^2)^2} \log f(x; \mu, \sigma^2) = \frac{1}{2\sigma^4} - \frac{(x-\mu)^2}{\sigma^6}, \qquad I(\sigma^2) = -\mathrm{E}\left[\frac{1}{2\sigma^4} - \frac{(x-\mu)^2}{\sigma^6}\right] = \frac{1}{2\sigma^4}.$$

上面最后一个等号成立是由于 $\frac{(x-\mu)^2}{\sigma^2} \sim \chi^2(1)$。所以 σ^2 的 C-R 下界为 $\frac{2\sigma^4}{n}$。而样本方差 S^2 作为 σ^2 的无偏估计，其方差为

$$\mathrm{Var}(S^2) = \frac{2\sigma^4}{n-1} > \frac{2\sigma^4}{n}.$$

所以 S^2 并未达到 C-R 下界，因此并不是 σ^2 的有效估计。

例3.9留给我们一个还未回答的问题，S^2 是不是 UMVUE 呢？我们该如何寻找 UMVUE 呢？我们将在第 6 章做进一步的探讨。

3.3 矩估计

矩估计法 (Method of moment) 是由英国统计学家 K. Pearson 在 1894 年提出的。矩估计法可以称为最古老的参数估计方法之一，其理论基础为大数定律。设总体 $X \sim F(\cdot; \boldsymbol{\theta})$，其中 $\boldsymbol{\theta} = (\theta_1, \cdots, \theta_k) \in \Theta$ 为未知参数。设总体的 l 阶原点矩存在，记为

$$\alpha_l = \mathrm{E}_\theta(X^l) = \int_{-\infty}^{\infty} x^l dF(x; \boldsymbol{\theta}).$$

若 $X_1, \cdots, X_n$ 为来自此总体的简单随机样本，则样本的 l 阶原点矩为

$$a_l = \frac{1}{n} \sum_{i=1}^{n} X_i^l.$$

定义 3.10： (1) l 阶总体矩 α_l 的矩估计定义为样本的 l 阶矩，即

$$\hat{\alpha}_l = a_l, \qquad l = 1, 2, \cdots.$$

(2) 若参数 $g(\boldsymbol{\theta})$ 可表示为总体各阶矩的函数，即 $g(\boldsymbol{\theta}) = \phi(\alpha_1, \cdots, \alpha_k)$，则 $g(\boldsymbol{\theta})$ 的矩估计定义为

$$\widehat{g(\boldsymbol{\theta})} = \phi(a_1, \cdots, a_k).$$

例 3.10： 设 $X_1, \cdots, X_n$ 是来自正态总体 $N(\mu, \sigma^2)$ 的一个样本, 其中 μ 和 σ^2 均未知。显然 $a_1 = \bar{X}$ 为 μ 的矩估计。现考虑 σ^2 的矩估计。$\sigma^2 = \mathrm{E}X^2 - (\mathrm{E}X)^2 = \alpha_2 - \alpha_1^2$，所以由矩估计方法，我们可以得到 σ^2 的矩估计为

$$\hat{\sigma}^2 = a_2 - a_1^2 = \frac{1}{n} \sum_{i=1}^{n} X_i^2 - (\bar{X})^2 = S_n^2.$$

例 3.11：$X_1, \cdots, X_n$ 是来指数分布总体的样本，其密度函数在 x 处为

$$f(x, \lambda) = \lambda e^{-\lambda x}, \qquad x > 0,$$

其中参数 $\lambda > 0$ 未知。我们现考虑用矩法估计 $\lambda > 0$。由于 $\alpha_1 = EX = 1/\lambda$，我们可知 $\lambda = 1/\alpha_1$。由此可得 λ 的矩估计

$$\hat{\lambda} = 1/a_1 = 1/\bar{X}.$$

此外，由 $\alpha_2 = \frac{2}{\lambda^2}$ 可知 $\lambda = \sqrt{2/\alpha_2}$。由此我们还可以得到 λ 的矩估计

$$\tilde{\lambda} = \sqrt{2/a_2} = \sqrt{\frac{2n}{\sum_{i=1}^{n} X_i^2}}.$$

由例3.11可以看出，参数的矩估计可能不唯一。这并不是个别现象，例如参数为 λ 的泊松分布中，参数 $\lambda = EX = \mathrm{Var}(X)$，因此样本均值 $\bar{X}$ 和样本方差 S^2 均可作为 λ 的矩估计。当矩估计不唯一时，我们一般采用的矩的阶数尽可能地小。例如，在例3.11中，我们应用 $1/\bar{X}$ 估计 λ；而在泊松分布中，我们应采用 $\bar{X}$ 估计 λ。

例 3.12 (Hardy-Weinberg 模型)：遗传学中著名的"哈迪-温伯格定律"(Hardy-Weinberg equilibrium) 是指在理想状态下，各等位基因的频率和等位基因的基因型频率在遗传中是稳定不变的，即保持着基因平衡。也就是说，在没有其他进化因素影响下，一对等位基因 (A,a) 的 3 种基因型 (记为 AA、Aa、aa) 的比例分布为：基因型 AA 的概率为 θ^2，aa 的概率为 $(1-\theta)^2$，Aa 的概率为 $2\theta(1-\theta)$，其中 $0 < \theta < 1$ 是未知参数。现随机选取 n 个个体测得各基因型的个数分别为 AA 型 n_1 个，Aa 型 n_2 个，aa 型 n_3 个。求 θ 的矩估计。

解：以 $i = 1, 2, 3$ 分别表示 AA、Aa、aa 三种基因型。设随机变量 $X_i, i = 1, 2, 3$ 分别表示第 i 种基因是否出现，即

$$X_i = \begin{cases} 1, & \text{第}i\text{种基因出现}, \\ 0, & \text{第}i\text{种基因没有出现}, \end{cases} \qquad i = 1, 2, 3.$$

则 $\boldsymbol{X} = (X_1, X_2, X_3)^\top$ 的边际概率分布，即三种基因型出现的概率分别是

$$p_1 = P(AA) = P(X_1 = 1, X_2 = 0, X_3 = 0) = \theta^2,$$
$$p_2 = P(Aa) = P(X_1 = 0, X_2 = 1, X_3 = 0) = 2\theta(1-\theta),$$
$$p_3 = P(aa) = P(X_1 = 0, X_2 = 0, X_3 = 1) = (1-\theta)^2.$$

令 $\{\boldsymbol{x}_i = (x_{i1}, x_{i2}, x_{i3})^\top, i = 1, \cdots, n\}$ 为 n 次观测的样本，$\boldsymbol{x}_i = (1, 0, 0,), (0, 1, 0)$ 或 $(0, 0, 1)$。设 $\boldsymbol{x}_1, \cdots, \boldsymbol{x}_n$ 种共有 n_1 个 $x_{i1} = 1$，n_2 个 $x_{i2} = 1$，n_3 个 $x_{i3} = 1$，即

$$n_1 = \sum_{i=1}^{n} x_{i1}, \quad n_2 = \sum_{i=1}^{n} x_{i2}, \quad n_3 = \sum_{i=1}^{n} x_{i3}.$$

所以由矩估计方法我们可以建立以下等式：

$$p_1 = EX_1 = \theta^2, \quad p_2 = EX_2 = 2\theta(1-\theta), \quad p_3 = EX_3 = (1-\theta)^2.$$

由此我们可以得到三个不同的关于 θ 的表达式，它们分别是

$$\theta = \sqrt{p_1}, \quad \theta = 1 - \sqrt{p_3}, \quad \theta = p_1 + p_2/2.$$

用频率代替换概率即可得到关于 θ 的三个不同的矩估计：

$$\hat{\theta}_1 = \sqrt{n_1/n}, \quad \hat{\theta}_2 = 1 - \sqrt{n_3/n}, \quad \hat{\theta}_3 = (2n_1 + n_2)/2n.$$

从定义以及上面的例子均可以看出，矩估计方法的使用非常简单，但是也有其自身的缺陷。例如，矩估计的求解只涉及总体矩和样本矩而和参数空间无关，因此有可能会给出参数空间之外的估计值，这显然是不合理的。

例 3.13： 设 $X_1, \cdots, X_n$ 是来自均匀分布 $U(0, \theta]$ 的一个样本，其中 θ 为未知参数。显然 θ 的矩估计为 $\hat{\theta} = 2\bar{X}$。但是作为 θ 的估计，$2\bar{X}$ 有其不足之处。θ 作为支撑集的右端点，意味着所有样本均不会超过 θ。而作为 θ 的估计，$2\bar{X}$ 也应该满足 $X_i \leqslant 2\bar{X}$，$i = 1, \cdots, n$。但是在实际应用中我们会发现存在 $2\bar{X} < \max\{X_i, i = 1, \cdots, n\}$ 的情况，这显然是矩估计的不足之处。从图3.2中我们可以看出，这一比例大致在 50% 左右。

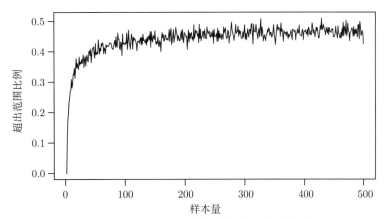

图 3.2：均匀分布 $U(0, \theta)$ 样本值超出 θ 矩估计的比例

3.4 极大似然估计

上一节我们介绍了矩估计方法，在这一节中我们将学习另一个在统计中非常重要的方法——极大似然方法 (Maximum likelihood method)。极大似然的思想最早可以追溯到 19 世纪初，但通常被归功于英国的统计学家 R. A. Fisher，他在 1922 年首次探讨了极大似然方法的一些性质。极大似然估计方法是在给定的参数分布族中，通过极大化观测到的样本发生的概率 (似然函数) 来估计参数的方法。通过极大似然方法得到的估计量称为**极大似然估计量** (Maximum likelihood estimator, MLE)。我们通过下面的例子来说明极大似然估计的基本思想。

例 3.14： 设有一个硬币，有可能是一枚公平的硬币 $(p = 0.5)$, 也有可能不是一枚公平的硬币 $(p = 0.7)$, p 为正面朝上的概率。随机扔两次，若令 $X =$ 两次中正面朝上的次数，显然 X 服从参数为 p 的二项分布，其中 $p = 0.5$ 或 0.7。相应的概率分布如表 3.1 所示。

表 3.1: X 的概率分布

	$x = 0$	$x = 1$	$x = 2$
$p = 0.5$	0.25	0.50	0.25
$p = 0.7$	0.09	0.42	0.49

如果两次均未出现正面朝上，即 $X = 0$, 那么显然认为 $p = 0.5$ 更合理，这是因为 $P(X = 0|p = 0.5) > P(X = 0|p = 0.7)$。类似地，如果两次均出现正面朝上，即 $X = 2$, 那么显然认为 $p = 0.7$ 更合理，因为 $P(X = 2|p = 0.7) > P(X = 2|p = 0.5)$。这就是极大似然的思想，实验条件 (即参数的取值) 对已发生的结果 (即样本观测值) 有利，也就是选取的参数值使样本观测值在被选的总体中出现的可能性最大。

例3.14中对离散型随机变量的讨论也可以推广到连续型或其他任意的随机变量。对连续型随机变量，样本观测值 $\boldsymbol{x}$ 发生的概率为 0, 此时，我们用 $\boldsymbol{x}$ 的联合密度函数来表示在样本观测值附近出现的可能性。由此，我们给出如下定义。

定义 3.11： 令 $\boldsymbol{X} = (X_1, \cdots, X_n)$ 独立同分布于概率函数 $f(x; \theta)$, 其中未知参数 $\theta \in \Theta$。对于任意给定的 $\boldsymbol{X}$ 的观测值 $\boldsymbol{x}$,

(1) 未知参数 θ 的函数

$$L(\theta) = L(\theta; \boldsymbol{x}) = \prod_{i=1}^{n} f(x_i; \theta),$$

称为**似然函数** (Likelihood function)。

(2) 极大似然估计，记为 $\hat{\theta}$, 是使得 $L(\theta)$ 达最大的 θ 的值，即

$$L(\hat{\theta}) = \max_{\theta \in \Theta} L(\theta)$$

由于 $\log(\cdot)$ 是严格递增函数，而 $L(\theta) > 0$, 所以使对数似然函数 $l(\cdot) = \log L(\cdot)$ 达到最大与使似然函数 $L(\theta)$ 达到最大是等价的。在很多时候使用 $\log L(\cdot)$ 更为方便。为了求得 MLE, 若 L 在 Θ 空间可导，那么我们可以通过求解似然方程 (Likelihood equation)

$$\frac{\partial L(\theta)}{\partial \theta} = 0,$$

或等价地通过求解对数似然方程 (Log-likelihood equation)

$$\frac{\partial l(\theta)}{\partial \theta} = 0,$$

来得到极大似然估计。

视角与观点： 在哲学中，偶然性和必然性是辩证统一的。必然性是事物存在和发展过程中确定不移、不可避免的趋势，而偶然性则是事物存在和发展过程中多种可能、难以确定的趋势。必然性是事物发展的确定趋势，处于支配地位；偶然性是事物发展的非确定趋势，处于从属地位。两者相互依存，必然性通过偶然性表现出来，而偶然性背后隐藏着必然性 (如图 3.3)。通过这段描述，我们是不是觉得极大似然的想法正是在实践这一哲学理论？样本数据的出现是偶然的，然而极大似然方法中蕴含的思想则认为这个随机样本的出现是由背后规律性的东西 (即为总体分布) 所确定的，因此我们通过偶然性的样本数据，反过来估计最大可能产生这些样本的必然性的分布，正是这一哲学思想在统计估计方法中的体现。推而广之，统计学知识体系的构建恰恰是偶然性和必然性辩证统一思想的实践过程。

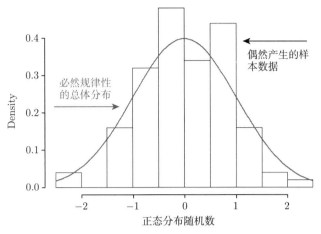

图 **3.3**：随机模拟正态分布直方图

例 3.15： 设 $X_1, \cdots, X_n$ 为来自正态总体 $N(\mu, \sigma^2)$ 的随机样本，其中 $\mu \in \mathbb{R}, \sigma > 0$ 为未知参数。求 μ, σ^2 的极大似然估计。

解： 样本 $X_1, \cdots, X_n$ 的似然函数在 (μ, σ^2) 处为

$$L(\mu, \sigma^2) = \prod_{i=1}^{n} \frac{1}{\sqrt{2\pi}\sigma} \exp\left\{-\frac{(x_i - \mu)^2}{2\sigma^2}\right\} = \left(\frac{1}{2\pi\sigma^2}\right)^{n/2} \exp\left\{-\frac{1}{2\sigma^2} \sum_{i=1}^{n} (x_i - \mu)^2\right\}.$$

其相应的对数似然函数在同一个取值点的表达式为

$$l(\mu, \sigma^2) = C - \frac{n}{2} \log \sigma^2 - \frac{1}{2\sigma^2} \sum_{i=1}^{n} (x_i - \mu)^2,$$

其中，常数 C 表示与 μ 和 σ^2 无关的项。显然，μ 和 σ^2 的极大似然估计即为 l 的极大值点。分别对 μ 和 σ^2 建立似然方程：

$$0 = \frac{\partial l(\mu, \sigma^2)}{\partial \mu} = \frac{1}{\sigma^2} \sum_{i=1}^{n} (x_i - \mu),$$

$$0 = \frac{\partial l(\mu, \sigma^2)}{\partial \sigma^2} = -\frac{n}{2} \cdot \frac{1}{\sigma^2} + \frac{1}{2\sigma^4} \sum_{i=1}^{n} (x_i - \mu)^2.$$

解得：

$$\hat{\mu} = \frac{1}{n} \sum_{i=1}^{n} x_i = \bar{x}, \qquad \hat{\sigma}^2 = \frac{1}{n} \sum_{i=1}^{n} (x_i - \bar{x})^2 = \frac{n-1}{n} S^2.$$

此外，检验对数似然函数的二阶导函数的非正定性可知，$\hat{\mu}$ 和 $\hat{\sigma}^2$ 为 MLE。

我们不难发现，$\hat{\mu} = \bar{x}$ 为 μ 的无偏估计。而 $\hat{\sigma}^2 = \frac{1}{n} \sum_{i=1}^{n} (x_i - \bar{x})^2$ 尽管不是 σ^2 的无偏估计，但是它可以通过修正得到无偏估计 S^2。

极大似然估计有很多好的性质，在这里我们先介绍极大似然估计的不变性，其他的性质将在第 4 章进行详细的介绍。

定理 3.4 (极大似然估计的不变性)：若 $\hat{\theta}$ 是 θ 的极大似然估计，则对于 θ 的任意函数 $g(\theta)$，$g(\hat{\theta})$ 是 $g(\theta)$ 的极大似然估计。

证明：方便起见，容量为 n 的样本记作 $\boldsymbol{x} = (x_1, \cdots, x_n)$。记 $\tau = g(\theta)$，并记 τ 的极大似然估计为 $\hat{\tau}$。下面证明 $\hat{\tau} = g(\hat{\theta})$。

若 $g(\theta)$ 是一一映射，则存在 g 的反函数 g^{-1} 并且 $g^{-1}[g(\theta)] = \theta$。此时把似然函数作为 θ 的函数或 $g(\theta)$ 的函数进行极大化，得到的答案是相同的，即

$$L(\theta; \boldsymbol{x}) = L(g^{-1}(\tau); \boldsymbol{x}) = L(\tau; \boldsymbol{x}),$$

且

$$L(g(\hat{\theta}); \boldsymbol{x}) = L(g^{-1}[g(\hat{\theta})]; \boldsymbol{x}) = L(\hat{\theta}; \boldsymbol{x}).$$

所以 $\hat{\tau} = g(\hat{\theta})$。

若 $g(\theta)$ 不是一一映射，记 $g^{-1}(\tau) = \{\theta : g(\theta) = \tau\}$。令 $L^*(\tau; \boldsymbol{x}) = \sup\limits_{g^{-1}(\tau)} L(\theta; \boldsymbol{x})$。显然使 $L^*(\cdot; \boldsymbol{x})$ 达到最大的 τ 即为 τ 的极大似然估计 $\hat{\tau}$。

首先，$L^*(\cdot, \boldsymbol{x})$ 的极大值与 $L(\cdot, \boldsymbol{x})$ 的极大值相等，

$$L^*(\hat{\tau}; \boldsymbol{x}) = \sup_{\tau} \sup_{g^{-1}(\tau)} L(\theta; \boldsymbol{x}) = \sup_{\theta} L(\theta; \boldsymbol{x}) = L(\hat{\theta}; \boldsymbol{x}).$$

其次，证明 $g(\hat{\theta})$ 使 $L^*(\cdot; \boldsymbol{x})$ 达最大。因为 $L(\cdot; \boldsymbol{x})$ 在 $\hat{\theta}$ 达最大，所以有

$$L(\hat{\theta}; \boldsymbol{x}) = \sup_{\{\theta : g(\theta) = g(\hat{\theta})\}} L(\theta; \boldsymbol{x}) = L^*(g(\hat{\theta}); \boldsymbol{x}).$$

所以 $\hat{\tau} = g(\hat{\theta})$。 $\qquad\square$

例 3.16 (Hardy-Weinberg 模型)：在例3.12中我们讨论了 Hardy-Weinberg 分布中参数的 MLE。三种基因型 AA，Aa，aa 出现的概率分别为 $p_1 = \theta^2$，$p_2 = 2\theta(1-\theta)$ 以及 $p_3 = (1-\theta)^2$，其中 $0 < \theta < 1$ 是未知参数。在随机选取的 n 个个体的基因中有 AA 型 n_1 个，Aa 型 n_2 个，aa 型 n_3 个。求 θ 的极大似然估计，并据此给出三种基因型之间比率的估计。

解：根据例3.12中的讨论，设 $\boldsymbol{x}_1, \cdots, \boldsymbol{x}_n$ 为随机样本，其中 $\boldsymbol{x}_i = (1,0,0)$, $(0,1,0)$ 或 $(0,0,1)$，其相应的概率分别为 p_1, p_2 或 p_3。由此可知似然函数的取值表达式为

$$L(\theta) = L(\theta; \boldsymbol{x}_1, \cdots, \boldsymbol{x}_n) = (\theta^2)^{n_1} [2\theta(1-\theta)]^{n_2} [(1-\theta)^2]^{n_3} = 2^{n_2} \theta^{2n_1 + n_2} (1-\theta)^{2n_3 + n_2},$$

其相应的对数似然函数在同一个点的取值表达式为

$$l(\theta) = n_2 \log 2 + (2n_1 + n_2) \log \theta + (2n_3 + n_2) \log(1-\theta).$$

从而其对数似然方程为

$$0 = \frac{\partial l(\theta)}{\partial \theta} = \frac{2n_1 + n_2}{\theta} - \frac{2n_3 + n_2}{1 - \theta}.$$

解得：

$$\hat{\theta} = \frac{2n_1 + n_2}{2n}.$$

检验对数似然函数的二阶导数可知

$$\frac{\partial^2 l(\theta)}{\partial \theta^2} = -\frac{2n_1 + n_2}{\theta^2} - \frac{2n_3 + n_2}{(1-\theta)^2} < 0.$$

所以，θ 的极大似然估计为 $\hat{\theta}$。我们注意到，MLE 与例3.12中的矩估计 $\hat{\theta}_3$ 相同。根据极大似然估计的不变性可知，三个基因型之间比率的估计为

$$\text{AA} : \text{Aa} : \text{aa} = \hat{\theta}^2 : 2\hat{\theta}(1-\hat{\theta}) : (1-\hat{\theta}^2) = (2n_1 + n_2)^2 : 2(2n_1 + n_2)(2n_3 + n_2) : (2n_3 + n_2)^2.$$

例 3.17： 设 $X_1, \cdots, X_n$ 为来自均匀分布 $U[0, \theta]$ 的随机样本，其中 $\theta \in (0, \infty)$ 为未知参数。求 θ 的极大似然估计。

解： 均匀分布 $U[0, \theta]$ 的密度函数为

$$f(x; \theta) = \frac{1}{\theta} \mathbf{I}(0 \leqslant x \leqslant \theta),$$

由此可得样本 $X_1, \cdots, X_n$ 的似然函数的取值表达式为

$$L(\theta) = \prod_{i=1}^{n} \theta^{-1} \mathbf{I}(0 \leqslant x_i \leqslant \theta) = \theta^{-n} \prod_{i=1}^{n} \mathbf{I}(0 \leqslant x_i \leqslant \theta) = \theta^{-n} \mathbf{I}(x_{(n)} \leqslant \theta).$$

如图3.4所示，似然函数在整个参数空间中存在不可导点。在区间 $(0, x_{(n)})$ 上，$L(\cdot) \equiv 0$。而在区间 $(x_{(n)}, \infty)$ 上，$\partial L(\theta)/\partial \theta = -n\theta^{-(n+1)} < 0$，即 $L(\theta)$ 在 $(x_{(n)}, \infty)$ 上为减函数。所以，不连续点 $x_{(n)}$ 为 L 唯一极大值点，从而 θ 的极大似然估计为最大次序统计量 $X_{(n)}$。

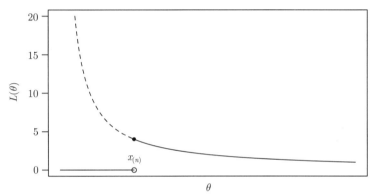

图 3.4：均匀分布总体下的似然函数

极大似然估计方法的一个问题是 MLE 不总是存在的，下面给出 MLE 不存在的例子。

例 3.18： 设 X 为一两点分布，其概率分布为

$$P(X = 0) = e^{-\lambda}, \quad P(X = 1) = 1 - e^{-\lambda}.$$

设 $X_1, \cdots, X_n$ 为来自总体 X 的随机样本，则似然函数在 λ 处取值为

$$L(\lambda) = (1 - e^{-\lambda})^{\sum_{i=1}^{n} X_i} e^{-\lambda \sum_{i=1}^{n}(1 - X_i)}.$$

极大化 L 可得，当至少存在一个 $X_i \neq 1$，即 $\bar{X} \neq 1$ 时，其 MLE 为

$$\hat{\lambda} = \log \frac{n}{\sum_{i=1}^{n}(1 - X_i)} = -\log(1 - \bar{X}).$$

但是当所有 X_i 均为 1 时，似然函数在 λ 处为

$$L(\lambda) = (1 - e^{-\lambda})^n.$$

此时，$L(\lambda)$ 是 λ 的增函数，MLE 不存在。进一步，MLE 不存在的概率为

$$P(X_1 = \cdots = X_n = 1) = (1 - e^{-\lambda})^n.$$

对于给定的样本量 n，这一概率随 λ 的增加而增加。当 $\lambda \to \infty$ 时，MLE 不存在的概率趋于 1。但是从另一面还可以看出，对于给定的 λ，当 $n \to \infty$ 时，此概率趋于 0。

3.5 区间估计

3.5.1 区间估计基本概念

在第 3.2—3.4 节中我们讨论了未知参数的点估计问题。假设 $\hat{\theta} = \hat{\theta}(X_1, \cdots, X_n)$ 是未知参数 θ 的一个点估计，当我们得到一组样本值 $x_1, \cdots, x_n$，我们即可得到 θ 的一个估计值，但是通常这个估计值不太可能恰好等于真值 θ。尽管我们可以估算点估计与真值之间的误差 $\hat{\theta} - \theta$，但这并不好把握。因此统计学家希望找到这样的两个统计量 $\hat{\theta}_L$ 和 $\hat{\theta}_U$，保证区间 $[\hat{\theta}_L, \hat{\theta}_U]$ 能以很大的概率覆盖真值 θ。这个区间就是我们所说的置信区间。

定义 3.12：设 $\boldsymbol{X} = (X_1, \cdots, X_n)$ 是来自总体 $F(\cdot; \theta), \theta \in \Theta$ 的随机样本，其中 θ 为未知参数。设 $\alpha \in (0, 1)$ 为任意给定的常数。

(1) 设 $\hat{\theta}_L(\boldsymbol{X})$ 和 $\hat{\theta}_U(\boldsymbol{X})$ 为满足条件 $\hat{\theta}_L(\boldsymbol{X}) < \hat{\theta}_U(\boldsymbol{X})$ 的统计量, 若有

$$P(\hat{\theta}_L(\boldsymbol{X}) \leqslant \theta \leqslant \hat{\theta}_U(\boldsymbol{X})) \geqslant 1 - \alpha, \quad \forall \theta \in \Theta, \tag{3.8}$$

则称随机区间 $[\hat{\theta}_L(\boldsymbol{X}), \hat{\theta}_U(\boldsymbol{X})]$ 为参数 θ 的 $(1-\alpha)100\%$ 的**置信区间** (Confidence interval)，其中 $1 - \alpha$ 称为置信区间的**置信水平** (Confidence level)。

(2) 设 $\hat{\theta}_U(\boldsymbol{X})$ 为一统计量, 若有

$$P(\theta \leqslant \hat{\theta}_U(\boldsymbol{X})) \geqslant 1 - \alpha, \quad \forall \theta \in \Theta,$$

则称 $\hat{\theta}_U(\boldsymbol{X})$ 为参数 θ 的 $(1-\alpha)100\%$ 的 **(单侧) 置信上限** (Upper confidence bound)。

(3) 设 $\hat{\theta}_L(\boldsymbol{X})$ 为一统计量, 若有

$$P(\theta \geqslant \hat{\theta}_L(\boldsymbol{X})) \geqslant 1 - \alpha, \quad \forall \theta \in \Theta,$$

则称 $\hat{\theta}_L(\boldsymbol{X})$ 为参数 θ 的 $(1-\alpha)100\%$ 的 **(单侧) 置信下限** (Lower confidence bound)。

在式(3.8)中，不等式的左边 $P(\hat{\theta}_L(\boldsymbol{X}) \leqslant \theta \leqslant \hat{\theta}_U(\boldsymbol{X}))$ 是指区间 $[\hat{\theta}_L(\boldsymbol{X}), \hat{\theta}_U(\boldsymbol{X})]$ 覆盖参数真实值的概率，这一概率称为区间 $[\hat{\theta}_L(\boldsymbol{X}), \hat{\theta}_U(\boldsymbol{X})]$ 的**覆盖率** (Coverage probability)。覆盖率是参数 θ 的函数，它在参数空间 Θ 上的下确界

$$\inf_{\theta \in \Theta} P(\hat{\theta}_L(\boldsymbol{X}) \leqslant \theta \leqslant \hat{\theta}_U(\boldsymbol{X}))$$

称为该区间的**置信系数** (Confidence coefficient)。显然，式(3.8)意味着我们保证区间 $[\hat{\theta}_L(\boldsymbol{X}), \hat{\theta}_U(\boldsymbol{X})]$ 的置信系数至少为 $1 - \alpha$。

例 3.19：设 $X_1, \cdots, X_n$ 是来自总体 $N(\mu, \sigma^2)$ 的随机样本，其中参数 σ^2 已知，$\mu \in \mathbb{R}$ 未知。由前面内容可知，样本均值 $\bar{X}$ 既是 μ 的矩估计也是其极大似然估计。现考虑通过 $\bar{X}$ 构造 μ 的区间估计 $[\bar{X} - a, \bar{X} + b]$，其中 $a, b \geqslant 0$ 为某个给定的常数。由 $\bar{X}$ 的抽样分布，我们可以计算得到区间 $[\bar{X} - a, \bar{X} + b]$ 覆盖率为

$$P(\bar{X} - a \leqslant \mu \leqslant \bar{X} + b) = P\left(-b < \bar{X} - \mu \leqslant a\right) = P\left(-\frac{\sqrt{n}b}{\sigma} \leqslant \frac{\sqrt{n}(\bar{X} - \mu)}{\sigma} \leqslant \frac{\sqrt{n}a}{\sigma}\right)$$

$$= \Phi(\sqrt{n}a/\sigma) + \Phi(\sqrt{n}b/\sigma) - 1.$$

显然，这个概率不依赖 μ，所以随机区间 $[\bar{X} - a, \bar{X} + b]$ 的置信水平即为 $\Phi(\sqrt{n}a/\sigma) + \Phi(\sqrt{n}b/\sigma) - 1$。

构造置信区间的方法有多种，在这里我们将主要探讨其中的一种——枢轴量法。在例3.19中可以看出，置信区间 $[\bar{X}-a, \bar{X}+b]$ 的覆盖率不依赖 μ，这是因为其覆盖率是由随机变量 $\frac{\sqrt{n}(\bar{X}-\mu)}{\sigma}$ 来表示的，而这个随机变量的分布是确切已知的，并不依赖未知的参数。我们称这个量为枢轴量。

定义 3.13：设 $X_1, \cdots, X_n \overset{iid}{\sim} F(\cdot; \theta)$。如果一个随机变量 $Q(\boldsymbol{X}; \theta) = Q(X_1, \cdots, X_n; \theta)$ 的分布独立于所有的参数，那么称 $Q(\boldsymbol{X}; \theta)$ 为**枢轴量** (Pivotal quantity)。

在得到枢轴量之后，我们就可以利用枢轴量来构造置信区间。因为枢轴量 $Q(\boldsymbol{X}; \theta)$ 的分布独立于所有的参数，所以我们可以找到这样的 c_1 和 c_2 使得

$$P(c_1 \leqslant Q(\boldsymbol{X}; \theta) \leqslant c_2) \geqslant 1 - \alpha. \tag{3.9}$$

通过解关于 θ 的不等式 $c_1 \leqslant Q(\boldsymbol{X}; \theta) \leqslant c_2$，即可得到 $\hat{\theta}_L(\boldsymbol{X}) \leqslant \theta \leqslant \hat{\theta}_U(\boldsymbol{X})$，从而有

$$P(\hat{\theta}_L(\boldsymbol{X}) \leqslant \theta \leqslant \hat{\theta}_U(\boldsymbol{X})) = P(c_1 \leqslant Q(\boldsymbol{X}; \theta) \leqslant c_2) \geqslant 1 - \alpha.$$

也就是说，$[\hat{\theta}_L(\boldsymbol{X}), \hat{\theta}_U(\boldsymbol{X})]$ 即为 θ 的 $1 - \alpha$ 置信区间。

显然，枢轴量法构造置信区间的关键是给出枢轴量。通常情况下，枢轴量并不唯一。例如在例3.19中，$\frac{X_1 - \mu}{\sigma}$ 也可以作为枢轴量。我们很难给出求枢轴量的通用方法，但是如果充分统计量存在，那么枢轴量应为充分统计量的函数。此外，满足式(3.9)的 c_1 和 c_2 的值可能有很多。如何来选取 c_1 和 c_2 的值呢？我们通常采用区间估计的效率，即区间期望长度作为选取的准则。假设 $[\hat{\theta}_L(\boldsymbol{X}), \hat{\theta}_U(\boldsymbol{X})]$ 和 $[\tilde{\theta}_L(\boldsymbol{X}), \tilde{\theta}_U(\boldsymbol{X})]$ 均为 θ 的 $1 - \alpha$ 置信区间。若对于任意 $\theta \in \Theta$，均有 $\mathrm{E}[\hat{\theta}_U(\boldsymbol{X}) - \hat{\theta}_L(\boldsymbol{X})] \leqslant \mathrm{E}[\tilde{\theta}_U(\boldsymbol{X}) - \tilde{\theta}_L(\boldsymbol{X})]$，我们就称 $[\hat{\theta}_L(\boldsymbol{X}), \hat{\theta}_U(\boldsymbol{X})]$ 比 $[\tilde{\theta}_L(\boldsymbol{X}), \tilde{\theta}_U(\boldsymbol{X})]$ 更有效。在很多场合下，很难找到这样的 c_1 和 c_2 使得 $\mathrm{E}[\hat{\theta}_U(\boldsymbol{X}) - \hat{\theta}_L(\boldsymbol{X})]$ 达到最小。此时我们可以采用等尾的方法，即对于给定的 $1 - \alpha$，我们选取这样的 c_1 和 c_2 使得

$$P(Q(\boldsymbol{X}; \theta) < c_1) = P(Q(\boldsymbol{X}; \theta) > c_2) = \alpha/2.$$

例3.19中，我们可以证明，当 $a = b = \frac{\sigma}{\sqrt{n}} z_{1-\alpha/2}$ 时，置信区间 $[\bar{X}-a, \bar{X}+b]$ 的区间长度达最短。直观上来讲，把概率密度高的点包含进区间会使区间长度更短。枢轴量 $\frac{\sqrt{n}(\bar{X}-\mu)}{\sigma}$ 服从标准正态分布，密度函数关于零对称，所以为使区间长度最短，应 $\frac{\sqrt{n}a}{\sigma} = \frac{\sqrt{n}b}{\sigma} = z_{1-\alpha/2}$。这一结论也可以从理论上证明，具体证明留给读者。

例 3.20：设 $X_1, \cdots, X_n$ 为来自均匀分布 $U(0, \theta)$ 的样本，求 θ 的 $1 - \alpha$ 置信区间。

解：在例3.13和例3.17中我们知道，$2\bar{X}$ 和 $X_{(n)}$ 分别是 θ 的矩估计和极大似然估计。后面我们将知道，对于均匀分布来说，$X_{(n)}$ 是充分完备统计量。所以，我们现基于 $X_{(n)}$ 构造置信区间。令 $Y_i = X_i/\theta$，则有 $Y_1, \cdots, Y_n \overset{iid}{\sim} U(0, 1)$。所以，可以选取枢轴量为 $Y_{(n)} = X_{(n)}/\theta$，其密度函数为

$$f(y) = ny^{n-1}\mathbf{I}(0 < y < 1).$$

对于给定的 α，选取 $0 < c_1 < c_2 < 1$ 满足

$$P(X_{(n)}/c_2 \leqslant \theta \leqslant X_{(n)}/c_1) = P(c_1 \leqslant X_{(n)}/\theta \leqslant c_2) = c_2^n - c_1^n = 1 - \alpha. \tag{3.10}$$

所以 θ 的置信区间为 $[X_{(n)}/c_2, X_{(n)}/c_1]$。下面我们通过使平均区间长度最短的原则确定 c_1 和 c_2 的值。选取 c_1 和 c_2 的值使得

$$\mathrm{E}(X_{(n)}/c_1 - X_{(n)}/c_2) = (1/c_1 - 1/c_2)\mathrm{E}X_{(n)}$$

达最短。由公式(3.10)可得 $\frac{dc_1}{dc_2} = \left(\frac{c_2}{c_1}\right)^{n-1}$。而

$$\frac{d\mathrm{E}(X_{(n)}/c_1 - X_{(n)}/c_2)}{dc_2} = \mathrm{E}X_{(n)}\frac{c_1^{n+1} - c_2^{n+1}}{c_2^2 c_1^{n+1}} < 0.$$

因此，当 $c_2 = 1$，$c_1 = \alpha^{1/n}$ 时，平均区间长度 $\mathrm{E}(X_{(n)}/c_1 - X_{(n)}/c_2)$ 达到最短。所以 θ 的 $1 - \alpha$ 置信区间为 $[X_{(n)}, X_{(n)}/\alpha^n]$。

例 3.21： 设总体 X 的密度函数在 x 处为 $\lambda e^{-\lambda x}\mathbf{I}(x > 0)$，其中 $\lambda > 0$ 为未知参数。$X_1, X_2, \cdots, X_n$ 为来自总体的简单随机样本，求 λ 的 $1 - \alpha$ 置信区间。

解： 由指数分布和伽马分布的关系知 $\sum_{i=1}^n X_i \sim \Gamma(n, \lambda)$。选取 $2\lambda \sum_{i=1}^n X_i$ 作用枢轴量，根据伽马分布的性质可知

$$2\lambda \sum_{i=1}^n X_i \sim \Gamma\left(n, \frac{1}{2}\right) = \chi^2(2n).$$

我们在这里采取等尾的原则确定置信限，

$$P\left(\chi^2_{\frac{\alpha}{2}}(2n) \leqslant 2\lambda \sum_{i=1}^n X_i \leqslant \chi^2_{1-\frac{\alpha}{2}}(2n)\right) = 1 - \alpha.$$

因此可得 λ 的 $1 - \alpha$ 置信区间为

$$\left[\frac{\chi^2_{\alpha/2}(2n)}{2n\bar{X}}, \frac{\chi^2_{1-\alpha/2}(2n)}{2n\bar{X}}\right].$$

3.5.2 枢轴化分布函数

上一小节我们给出了构造置信区间的枢轴量法，在一些情况下，我们可以通过统计量的分布函数来作为枢轴量构造置信区间。

设 $X_1, \cdots, X_n$ 为来自总体分布为 $F(\cdot; \theta)$ 的随机样本，并记 $T(\boldsymbol{X}) = T(X_1, \cdots, X_n)$ 为一统计量。设统计量 $T(\boldsymbol{X})$ 的分布函数 $G(t(\boldsymbol{X}); \theta)$ 是连续函数。那么 $G(t(\boldsymbol{X}); \theta)$ 服从 $(0,1)$ 上的均匀分布，因而 $G(t(\boldsymbol{X}); \theta)$ 是一枢轴量。我们可以由此来构造置信区间。事实上，即使 $T(\boldsymbol{X})$ 的分布函数不是连续的，我们依然可以由此来构造置信区间。

定理 3.5： 设 $X_1, \cdots, X_n$ 为来自总体分布为 $F(\cdot; \theta)$ 的随机样本，其中 $\theta \in \Omega$ 为未知参数。记 $T(\boldsymbol{X}) = T(X_1, \cdots, X_n)$ 为一统计量，其分布函数为 $G(t; \theta)$。设 $\alpha_1 > 0, \alpha_2 > 0$ 为给定的常数且满足 $\alpha_1 + \alpha_2 = \alpha < \frac{1}{2}$。

(1) 若对于 $T(\boldsymbol{X})$ 的支撑中任意给定的 t，$G(t; \cdot)$ 与 $G(t-; \cdot)$ 均为 θ 的非递增函数。定义

$$\bar{\theta}(t) = \sup\{\theta : G(t; \theta) \geqslant \alpha_1\}, \qquad \underline{\theta}(t) = \inf\{\theta : G(t-; \theta) \leqslant 1 - \alpha_2\},$$

则 $[\underline{\theta}[T(\boldsymbol{X})], \bar{\theta}[T(\boldsymbol{X})]]$ 是 θ 的置信水平为 $1 - \alpha$ 的置信区间。

(2) 若对于 $T(\boldsymbol{X})$ 的支撑集中任意给定的 t，$G(t; \cdot)$ 与 $G(t-; \cdot)$ 均为 θ 的非递减函数。定义

$$\underline{\theta}(t) = \inf\{\theta : G(t; \theta) \geqslant \alpha_1\}, \qquad \bar{\theta}(t) = \sup\{\theta : G(t-; \theta) \leqslant 1 - \alpha_2\},$$

则 $[\underline{\theta}[T(\boldsymbol{X})], \bar{\theta}[T(\boldsymbol{X})]]$ 是 θ 的置信水平为 $1 - \alpha$ 的置信区间。

(3) 若对任意的 θ，分布函数 $G(\cdot; \theta)$ 连续，则 $G(T(\boldsymbol{X}); \theta)$ 为枢轴量，且可由此得到 θ 的置信系数为 $1 - \alpha$ 的置信区间 $[\underline{\theta}[T(\boldsymbol{X})], \bar{\theta}[T(\boldsymbol{X})]]$，其中 $\underline{\theta}[T(\boldsymbol{X})]$ 和 $\bar{\theta}[T(\boldsymbol{X})]$ 可以被如下定义：

若 $G(t; \cdot)$ 为 θ 的非递增函数, 则满足

$$G(t; \bar{\theta}[T(\boldsymbol{X})]) = \alpha_1, \qquad G(t; \underline{\theta}[T(\boldsymbol{X})]) = 1 - \alpha_2;$$

若 $G(t; \cdot)$ 为 θ 的非递减函数, 则满足

$$G(t; \bar{\theta}[T(\boldsymbol{X})]) = 1 - \alpha_2, \qquad G(t; \underline{\theta}[T(\boldsymbol{X})]) = \alpha_1.$$

证明: 我们只证明定理3.5(1), 定理3.5(2) 的证明与其类似, 而定理3.5(3) 是 (1) 和 (2) 的特例, 我们把定理3.5(2) 和 (3) 的证明留作练习。

在定理3.5(1) 给定的条件下, 当 $\theta > \bar{\theta}$ 时, $G(T; \theta) < \alpha_1$; 当 $\theta < \underline{\theta}$ 时, $G(T-; \theta) > 1 - \alpha_2$。所以有

$$P(\underline{\theta} < \theta < \bar{\theta}) \geqslant 1 - P(G(T; \theta) < \alpha_1) - P(G(T-; \theta) > 1 - \alpha_2).$$

又由

$$P(G(T; \theta) < \alpha_1) \leqslant \alpha_1, \qquad P(G(T-; \theta) > 1 - \alpha_2) \leqslant \alpha_2, \tag{3.11}$$

即可得到结论。 $\qquad\square$

我们通过下面的例子给出定理3.5在离散总体中的应用。

例 3.22: 设 $X_1, \cdots, X_n$ 为来自泊松分布总体 $P(\lambda)$ 的随机样本, 其中 $\lambda > 0$ 为未知参数。我们将通过统计量 $T = \sum_{i=1}^n X_i$ 的分布函数来构造关于 λ 的置信区间。显然, T 服从泊松分布 $P(n\lambda)$, 所以 T 的分布函数在 t 处为

$$G(t; \lambda) = \sum_{k=0}^{t} \frac{e^{-n\lambda}(n\lambda)^k}{k!} = \frac{1}{\Gamma(t+1)} \int_{n\lambda}^{\infty} x^t e^{-x} dx, \qquad t = 0, 1, 2, \cdots,$$

并且可以验证得到:

$$\frac{d}{d\lambda} G(t; \lambda) = -\frac{n(n\lambda)^t e^{-n\lambda}}{\Gamma(t+1)} < 0.$$

所以 $G(t; \cdot)$ 是 λ 的严格单调递减函数。此外, $G(t; \cdot)$ 关于 λ 连续, 且 $\lim_{\lambda \to 0} G(t; \lambda) = 1, \lim_{\lambda \to \infty} G(t; \lambda) = 0$。所以由定理3.5, 置信限 $\bar{\lambda}$ 和 $\underline{\lambda}$ 由以下等式唯一确定:

$$G(T; \bar{\lambda}) = \alpha_1; \qquad G(T-; \underline{\lambda}) = G(T-1; \underline{\lambda}) = 1 - \alpha_2.$$

由此可以得到 (留作习题请读者自己证明):

$$\bar{\lambda} = \frac{1}{2n} \chi^2_{1-\alpha_1}(2(T+1)), \qquad \underline{\lambda} = \frac{1}{2n} \chi^2_{\alpha_2}(2(T+1)). \tag{3.12}$$

3.5.3 正态分布参数的置信区间

正态分布是统计学中极为重要的分布之一, 在这一小节中我们具体讨论正态分布中参数置信区间的构造。本小节的讨论均是基于"取自正态分布总体的简单随机样本"这一假设。实验表明, 结论对于总体近似服从正态时也依然适用。

例3.19是求正态总体参数置信区间的一种简单类型, 当样本来自正态总体, 且方差已知, 即 $X_1, \cdots, X_n \overset{iid}{\sim} N(\mu, \sigma^2)$, 且 σ^2 已知, 则总体均值 μ 的 $1 - \alpha$ 置信区间为

$$\left[\bar{X} - z_{1-\alpha/2} \frac{\sigma}{\sqrt{n}}, \ \bar{X} + z_{1-\alpha/2} \frac{\sigma}{\sqrt{n}} \right].$$

在相同的假设条件下，我们还可以得到 μ 的 $1-\alpha$ 单侧置信限。显然，

$$1-\alpha = P\left(\frac{\sqrt{n}(\bar{X}-\mu)}{\sigma} \leqslant z_{1-\alpha}\right) = P\left(\mu \leqslant \bar{X} + z_{1-\alpha}\frac{\sigma}{\sqrt{n}}\right),$$

所以 μ 的 $1-\alpha$ 单侧置信上限为 $\bar{X}+z_{1-\alpha}(\sigma/\sqrt{n})$。类似可得，$\mu$ 的 $1-\alpha$ 单侧置信下限为 $\bar{X}-z_{1-\alpha}(\sigma/\sqrt{n})$。

在实际应用中，总体方差一般是未知的。此时我们可以根据推论3.1选取枢轴量。

例 3.23 (正态总体方差未知时均值的置信区间)：设 $X_1, \cdots, X_n$ 是来自总体 $N(\mu, \sigma^2)$ 的随机样本，其中参数 $\sigma^2 \in \mathbb{R}^+, \mu \in \mathbb{R}$ 均未知。在此条件下求 μ 的置信区间，我们选取

$$T = \frac{\sqrt{n}(\bar{X}-\mu)}{S}$$

作为枢轴量。T 服从自由度为 $n-1$ 的 t 分布。记 $t_{1-\alpha/2}(n-1)$ 为自由度为 $n-1$ 的 t 分布的 $1-\alpha/2$ 分位数，则有：

$$P\left(\left|\frac{\sqrt{n}(\bar{X}-\mu)}{S}\right| \leqslant t_{1-\alpha/2}(n-1)\right) = 1-\alpha,$$

$$P\left(\bar{X} - \frac{S}{\sqrt{n}}t_{1-\alpha/2}(n-1) \leqslant \mu \leqslant \bar{X} + \frac{S}{\sqrt{n}}t_{1-\alpha/2}(n-1)\right) = 1-\alpha.$$

所以总体均值 μ 的 $1-\alpha$ 置信区间为

$$\left[\bar{X} - \frac{S}{\sqrt{n}}t_{1-\alpha/2}(n-1),\ \bar{X} + \frac{S}{\sqrt{n}}t_{1-\alpha/2}(n-1)\right].$$

在相同条件下，我们同样可以得到 μ 的 $1-\alpha$ 单侧置信上限为 $\bar{X}+t_{1-\alpha}(n-1)(S/\sqrt{n})$，单侧置信下限为 $\bar{X}-t_{1-\alpha}(n-1)(S/\sqrt{n})$。

例 3.24 (正态总体方差的置信区间)：设 $X_1, \cdots, X_n$ 是来自总体 $N(\mu, \sigma^2)$ 的随机样本，其中参数 $\sigma^2 \in \mathbb{R}^+$ 未知，$\mu \in \mathbb{R}$。在此条件下欲求 σ^2 的置信区间。根据定理3.1我们可知：

$$\chi^2 = \frac{(n-1)S^2}{\sigma^2} \sim \chi^2(n-1).$$

选取 χ^2 作为枢轴量，对于给定的 α，记 $\chi^2_{\alpha/2}(n-1)$ 为自由度为 $n-1$ 的卡方分布的 $\alpha/2$ 分位数，则

$$1-\alpha = P\left(\chi^2_{\alpha/2}(n-1) \leqslant \frac{(n-1)S^2}{\sigma^2} \leqslant \chi^2_{1-\alpha/2}(n-1)\right) = P\left(\frac{(n-1)S^2}{\chi^2_{1-\alpha/2}(n-1)} \leqslant \sigma^2 \leqslant \frac{(n-1)S^2}{\chi^2_{\alpha/2}(n-1)}\right).$$

所以正态总体方差 σ^2 的 $1-\alpha$ 置信区间为

$$\left[\frac{(n-1)S^2}{\chi^2_{1-\alpha/2}(n-1)},\ \frac{(n-1)S^2}{\chi^2_{\alpha/2}(n-1)}\right].$$

类似可得：σ^2 的 $1-\alpha$ 单侧置信上限为 $(n-1)S^2/\chi^2_\alpha(n-1)$，单侧置信下限为 $(n-1)S^2/\chi^2_{1-\alpha}(n-1)$。

在实际问题中，我们经常要比较两个分布，例如在新药研发过程中比较新药是否比传统用药更有效，或者在工业统计中新的制作工艺是否比传统工艺更好、更稳定。在这里我们将比较两个分布的均值是否有差异或者方差是否有差异。

例 3.25 (两正态总体均值之差的置信区间)：设 $X_1, \cdots, X_{n_1}$ 是来自正态总体 $N(\mu_1, \sigma^2)$ 的随机样本，$Y_1, \cdots, Y_{n_2}$ 是来自正态总体 $N(\mu_2, \sigma^2)$ 的随机样本，其中 μ_1, μ_2 以及共同方差 σ^2 均未知。假定两样本相互独立，我们可以通过均值差 $\mu_1 - \mu_2$ 的置信区间来推断两个分布之间均值的差异性。

首先，我们知道 $\mu_1 - \mu_2$ 的点估计为 $\bar{X} - \bar{Y}$。下面我们根据点估计来构造置信区间。由定理3.1我们可知：$\bar{X} \sim N(\mu_1, \sigma^2/n_1)$，$\bar{Y} \sim N(\mu_2, \sigma^2/n_2)$，并且两样本相互独立，所以

$$\frac{(\bar{X} - \bar{Y}) - (\mu_1 - \mu_2)}{\sigma\sqrt{\frac{1}{n_1} + \frac{1}{n_2}}} \sim N(0, 1).$$

此外，$(n_1 - 1)S_1^2/\sigma^2$ 和 $(n_2 - 1)S_2^2/\sigma^2$ 分别服从自由度为 $n_1 - 1$ 和 $n_2 - 1$ 的卡方分布并且相互独立，所以由卡方分布的可加性我们有

$$\frac{(n_1 - 1)S_1^2 + (n_2 - 1)S_2^2}{\sigma^2} = \frac{(n_1 + n_2 - 2)S_p^2}{\sigma^2} \sim \chi^2(n_1 + n_2 - 2),$$

其中

$$S_p^2 = \frac{(n_1 - 1)S_1^2 + (n_2 - 1)S_2^2}{n_1 + n_2 - 2}.$$

显然，S_p^2 是 S_1^2 和 S_2^2 的加权平均。与 S_1^2 和 S_2^2 相同，S_p^2 也是 σ^2 的无偏估计，但是它比 S_1^2 和 S_2^2 更有效。更进一步，$\bar{X}, \bar{Y}, S_1^2, S_2^2$ 之间相互独立，所以 $\bar{X} - \bar{Y}$ 与 S_p^2 独立，从而有

$$T = \frac{[(\bar{X} - \bar{Y}) - (\mu_1 - \mu_2)]/(\sigma\sqrt{\frac{1}{n_1} + \frac{1}{n_2}})}{\sqrt{\frac{(n_1+n_2-2)S_p^2/\sigma^2}{n_1+n_2-2}}} = \frac{(\bar{X} - \bar{Y}) - (\mu_1 - \mu_2)}{S_p\sqrt{\frac{1}{n_1} + \frac{1}{n_2}}}$$

服从自由度为 $n_1 + n_2 - 2$ 的 t 分布。选取 T 作为枢轴量，我们可以构造 $\mu_1 - \mu_2$ 的 $1 - \alpha$ 置信区间为

$$\left[(\bar{X} - \bar{Y}) - t_{1-\alpha/2}(n_1 + n_2 - 2)S_p\sqrt{\frac{1}{n_1} + \frac{1}{n_2}}, (\bar{X} - \bar{Y}) + t_{1-\alpha/2}(n_1 + n_2 - 2)S_p\sqrt{\frac{1}{n_1} + \frac{1}{n_2}} \right].$$

例 3.26 (两正态总体方差之比的置信区间)：设 $X_1, \cdots, X_{n_1}$ 是来自正态总体 $N(\mu_1, \sigma_1^2)$ 的随机样本，$Y_1, \cdots, Y_{n_2}$ 是来自正态总体 $N(\mu_2, \sigma_2^2)$ 的随机样本，其中 $\mu_1, \mu_2, \sigma_1^2, \sigma_2^2$ 均未知。假定两样本相互独立，我们可以通过方差之比 σ_1^2/σ_2^2 的置信区间来推断两个分布之间方差的差异性。

根据公式(3.2)，枢轴量

$$F = \frac{S_1^2/\sigma_1^2}{S_2^2/\sigma_2^2} = \left(\frac{\sigma_2^2}{\sigma_1^2}\right)\left(\frac{S_1^2}{S_2^2}\right)$$

服从自由度为 (n_1, n_2) 的 F 分布。由此构造 σ_1/σ_2 的 $1 - \alpha$ 置信区间为

$$\left[\frac{S_1^2}{S_2^2} \cdot \frac{1}{F_{1-\alpha/2}(n_1, n_2)}, \frac{S_1^2}{S_2^2} \cdot \frac{1}{F_{\alpha/2}(n_1, n_2)} \right],$$

其中 $F_{\alpha/2}(n_1, n_2)$ 为自由度为 (n_1, n_2) 的 F 分布的 $\alpha/2$ 分位数。

3.5.4 大样本置信区间

在一些情形，尤其是非参数假设下，我们很难找到枢轴量或枢轴量的精确分布。此时，我们可以考虑用近似的枢轴量来构造参数的近似置信区间。最常用的方法就是通过参数的渐近正态估计来构造。

若 $X_1, \cdots, X_n$ 是取自总体 $F(\cdot; \theta)$ 的随机样本，统计量 $T_n = T(X_1, \cdots, X_n)$ 是 θ 的一个估计，记 T_n 的方差为 σ_n^2。如果我们有 $(T_n - \theta)/\sigma_n$ 依分布收敛到标准正态，即

$$\frac{T_n - \theta}{\sigma_n} \xrightarrow{L} N(0,1),$$

我们可以由此来构造关于 θ 的近似置信区间。在很多情形下，σ_n 是依赖未知参数的。在此情形下，我们可以寻找 σ_n 的相合估计 $\hat{\sigma}_n$ 来替换 σ_n。因为 $\hat{\sigma}_n/\sigma_n$ 依概率收敛到 1，所以由 Slutsky 定理，替换之后的枢轴量也渐近收敛到标准正态，

$$\frac{T_n - \theta}{\hat{\sigma}_n} \xrightarrow{L} N(0,1).$$

由此我们可以构造关于 θ 的 $1-\alpha$ 近似置信区间

$$\left[T_n - z_{1-\alpha/2}\hat{\sigma}_n,\ T_n + z_{1-\alpha/2}\hat{\sigma}_n\right].$$

这就是 Wald 置信区间，更多关于大样本置信区间的讨论可参考 Casella 和 Berger (2001)。

例 3.27： 若 $X_1,\cdots,X_n$ 是取自总体 F 的随机样本，记总体的期望和方差分别为 $\mu = \mathrm{E}X_i$ 和 $\sigma^2 = \mathrm{Var}(X_i)$。构造 μ 的 $1-\alpha$ 置信区间。在总体分布未知的条件下，我们考虑通过中心极限定理构造近似置信区间。由中心极限定理有 $\sqrt{n}(\bar{X} - \mu)/\sigma$ 收敛到标准正态。对于未知参数 σ^2，我们用样本方差 $S^2 = \frac{1}{n-1}\sum_{i=1}^n (X_i - \bar{X})^2$ 替换，从而有

$$\frac{\sqrt{n}(\bar{X} - \mu)}{S} \xrightarrow{L} N(0,1).$$

由此我们可以得到 μ 的 $1-\alpha$ 近似置信区间为

$$\left[\bar{X} - z_{1-\alpha/2}\frac{S}{\sqrt{n}},\ \bar{X} + z_{1-\alpha/2}\frac{S}{\sqrt{n}}\right].$$

与例3.23不同，这里分布 F 是任意的，当样本量足够大，其置信水平就接近 $1-\alpha$。

例 3.28： 设随机样本 $X_1,\cdots,X_n$ 取自伯努利分布 $B(1,p)$，构造 p 的 $1-\alpha$ 近似置信区间。记样本频率 $\hat{p} = \frac{1}{n}\sum_{i=1}^n X_i$。由中心极限定理有

$$\frac{\hat{p} - p}{\sqrt{p(1-p)/n}} \xrightarrow{L} N(0,1). \tag{3.13}$$

对给定的 α，

$$P\left(\left|\frac{\hat{p} - p}{\sqrt{p(1-p)/n}}\right| \leqslant z_{1-\alpha/2}\right) \approx 1-\alpha.$$

通过变形可以得到 p 的 $1-\alpha$ 近似置信区间为

$$\left[\frac{2\hat{p} + z_{1-\alpha/2}^2/n}{2(1 + z_{1-\alpha/2}^2/n)} - \Delta,\ \frac{2\hat{p} + z_{1-\alpha/2}^2/n}{2(1 + z_{1-\alpha/2}^2/n)} + \Delta\right], \tag{3.14}$$

其中

$$\Delta = \frac{\sqrt{(z_{1-\alpha/2}^2/n)[z_{1-\alpha/2}^2/n + 4\hat{p}(1-\hat{p})]}}{2(1 + z_{1-\alpha/2}^2/n)}.$$

公式(3.14)也称为得分 (Score) 置信区间。此外，$\hat{p}$ 是 p 的相合估计，如果将 $\hat{p}$ 替换公式(3.13)枢轴量分母中的 p，依然有

$$\frac{\hat{p} - p}{\sqrt{\hat{p}(1-\hat{p})/n}} \xrightarrow{L} N(0,1).$$

由此得到 p 的 $1-\alpha$ Wald 置信区间为

$$\left[\hat{p} - z_{1-\alpha/2}\sqrt{\frac{\hat{p}(1-\hat{p})}{n}}, \ \hat{p} + z_{1-\alpha/2}\sqrt{\frac{\hat{p}(1-\hat{p})}{n}} \right]. \tag{3.15}$$

需要注意的是，比例 p 的 Wald 置信区间(3.15)虽然简单，但是当真实的比例值接近 0 或者 1，或者样本量 n 不够大时，其效果并不好。图3.5 展示了在置信水平 $1-\alpha = 0.95$，样本容量 $n = 100$ 时关于比例 p 的得分置信区间 (长虚线) 和 Wald 置信区间 (实线) 的真实覆盖率。从图中可以看出，当 p 的真实值接近 0 或者 1 时，Wald 置信区间的真实覆盖率急剧下降。而得分置信区间的真实覆盖率则比较稳定。

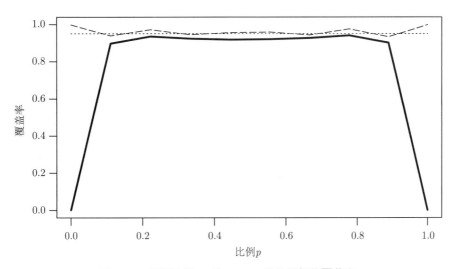

图 3.5：关于比例 p 的 Wald 置信区间的覆盖率

例 3.29： 瑞德西韦 (Remdesivir) 对治疗新型冠状病毒 (2019-nCoV) 重症患者有效吗？*The Lancet* 中发表的文献《Remdesivir in adults with severe COVID-19: a randomised, double-blind, placebo-controlled, multicentre trial》提供了相关随机双盲对照试验研究的数据，数据汇总见表 3.2。

表 3.2: 例 3.29 数据汇总

	死亡	存活	合计
Remdesivir	22	136	158
placebo	10	68	78
合计	32	204	236

(1) 请给出使用 Remdesivir 治疗的重症患者存活率的 0.95 置信区间；

(2) 请问使用 Remdesivir 治疗重症患者是否有效？

解： (1) 记 p_1 为使用 Remdesivir 治疗的重症患者存活率，则其估计量为

$$\hat{p}_1 = \frac{136}{158} = 0.86.$$

p 的 0.95 置信区间为

$$\hat{p}_1 \pm z_{1-\alpha/2}\sqrt{\frac{\hat{p}_1(1-\hat{p}_1)}{n}} = 0.86 \pm 1.96 \times \sqrt{\frac{0.86 \times (1-0.86)}{158}} = [0.806, 0.914].$$

(2) 要回答使用 Remdesivir 治疗重症患者是否有效，我们考虑使用 Remdesivir 治疗的重症患者存活率与使用安慰剂治疗的重症患者存活率之间的差异性。记 p_2 为使用安慰剂治疗的重症患者存活率，则其估计量为

$$\hat{p}_2 = \frac{68}{78} = 0.87.$$

在 Remdesivir 治疗组与安慰剂治疗组独立的条件下，利用式(3.13)我们可以得到 $p_1 - p_2$ 的 $1-\alpha$ 近似置信区间为

$$\left[(\hat{p}_1 - \hat{p}_2) - z_{1-\alpha/2}\sqrt{\frac{\hat{p}_1(1-\hat{p}_1)}{n_1} + \frac{\hat{p}_2(1-\hat{p}_2)}{n_2}}, \ (\hat{p}_1 - \hat{p}_2) + z_{1-\alpha/2}\sqrt{\frac{\hat{p}_1(1-\hat{p}_1)}{n_1} + \frac{\hat{p}_2(1-\hat{p}_2)}{n_2}} \right].$$

令 $\alpha = 0.05$，代入数据即可得到

$$(\hat{p}_1 - \hat{p}_2) \pm z_{1-\alpha/2}\sqrt{\frac{\hat{p}_1(1-\hat{p}_1)}{n_1} + \frac{\hat{p}_2(1-\hat{p}_2)}{n_2}}$$

$$= (0.86 - 0.87) \pm 1.96\sqrt{\frac{0.86 \times 0.14}{185} + \frac{0.87 \times 0.13}{78}} = -0.01 \pm 0.09 = [-0.1, 0.08].$$

所以，$p_1 - p_2$ 的 0.95 近似置信区间为 $[-0.1, 0.08]$。根据这一结果我们认为使用 Remdesivir 对于提升重症患者存活率并没有显著效果。

3.6 假设检验

3.6.1 假设检验的基本原理

前面我们讨论了参数估计问题。无论是点估计还是区间估计，实际上都是对未知的参数真值的猜测。在实际问题中，我们还经常会遇到另一种情形，我们并不需要知道参数可能的值，而只是对关于参数的某个陈述或论断进行判断。

例 3.30： 假设某麦片公司的包装机，在正常运行下，包装物品的重量 $X \sim N(\mu, 15^2)$，假设 μ 的设计值要求为公司标注的每盒麦片平均重量为 368 克。为监测装盒过程是否运行正常，公司随机抽取了 25 盒，测得每盒麦片平均重量 $\bar{X} = 364$。问此台包装机是否运行正常？显然根据产品规格设定要求，我们要回答 $\mu = 368$ 是否成立。

与前面讨论的参数估计不同，在这个例子中，我们需要根据观察到的数据对判断关于参数的论断 $\mu = 368$ 是否成立。要解决这一问题，我们需要使用"假设检验"这一统计推断方法。

假设样本 $X_1, \cdots, X_n$ 来自总体 $F(\cdot; \theta)$，其中 $\theta \in \Theta$。记关于 θ 的两个相互对立的论断为

$$H_0: \theta \in \Theta_0 \quad \text{与} \quad H_1: \theta \in \Theta_1,$$

其中 $\Theta_0 \subset \Theta$，$\Theta_1 = \Theta \setminus \Theta_0$。$H_0$ 称为**原假设** (或零假设, Null hypothesis)，而与其对立的 H_1 称为**备择假设** (或对立假设, Alternative hypothesis)。原假设一般是依据理论或已有的历史事实，而备择假设通

常是指与理论或历史事实发生改变的论断。**假设检验** (Hypothesis testing) 问题就是根据样本判断决定不拒绝 H_0 为真，还是拒绝接受 H_0 为真即认为 H_1 为真。

例3.30中，原假设以及备择假设为

$$H_0: \mu = 368 \quad 与 \quad H_1: \mu \neq 368.$$

一般来说包装机均应正常运行，而在包装机正常运行情况下，$\mu = 368$，所以设为原假设。而作为原假设被拒绝时得到的结果，备择假设 $\mu \neq 368$ 是研究更为关注的重点。如果拒绝原假设接受备择假设，那么就说明包装机没有正常运行，应采取必要的措施进行调整。

判断决定不拒绝 H_0 为真还是拒绝接受 H_0 为真，是基于来自这一总体 $F(\cdot, \theta)$ 的样本 $X_1, \cdots, X_n$，并在一定的决策规则下完成的。记 Ω 为样本空间，我们观测到的样本 $\boldsymbol{X} = (X_1, \cdots, X_n)$ 为样本空间中的一点，为了根据样本对假设做出判断，我们给出样本空间的一个划分：$\mathbb{C} \subset \Omega$ 及其补集 $\Omega \setminus \mathbb{C}$；并给出相应的决策规则：

$$\boldsymbol{X} \in \mathbb{C}, \qquad 拒绝原假设H_0，接受备择假设H_1；$$
$$\boldsymbol{X} \notin \mathbb{C}, \qquad 不拒绝原假设H_0，拒绝备择假设H_1，$$

我们称 $\mathbb{C}$ 为**拒绝域** (Rejection region), 而称拒绝域的补集为**接受域** (Acceptance region)。

例3.30中，我们要检验 μ 是否等于 368。直观上来说，样本均值 $\bar{X}$ 距离 368 越远我们越有理由拒绝 H_0。因此，我们可以给出拒绝域的形式 $\mathbb{C} = \{\boldsymbol{X} : |\bar{X} - 368| \geqslant c\}$。在这个例子中，$\bar{X} - 368$ 称为**检验统计量** (Test statistic), 而常数 c 称为**临界值** (Critical value)。可以看出，假设检验问题最终的解就是找到拒绝域，也就是找到检验统计量并给出具体的临界值。

和估计问题类似，对于假设检验问题，我们不仅要给出一个拒绝域，而且希望能够给出一个好的拒绝域。这就涉及如何评价拒绝域的好坏，以及什么样的拒绝域是最好的拒绝域。我们将在后面的章节做深入的讨论，这里我们先简单介绍其基本的原理。我们首先来看给出一个决策规则，即拒绝域 $\mathbb{C}$，并依此规则做出决策时可能出现的所有结果。当 H_0 为真时，若样本 $\boldsymbol{X} \notin \mathbb{C}$，根据决策规则，我们不拒绝 H_0，即做了正确的决策；但是若样本 $\boldsymbol{X} \in \mathbb{C}$，根据决策规则，我们拒绝 H_0，此时就犯了错误，我们称这类错误为**第 I 类错误** (Type I error)，也称为**拒真错误**。当 H_0 不真时，若样本 $\boldsymbol{X} \in \mathbb{C}$，根据决策规则，我们拒绝 H_0，即做了正确的决策；但是若样本 $\boldsymbol{X} \notin \mathbb{C}$，根据决策规则，我们不拒绝 H_0，此时又犯了错误，我们称这类错误为**第 II 类错误** (Type II error)，也称为**取伪错误**。为读者方便，我们将上面的四种情况汇总如表3.3。

表 3.3: 假设检验的结果

总体情况	样本情况	决策结果	决策正确性
H_0 为真	$\boldsymbol{X} \in \mathbb{C}$	拒绝 H_0	犯第 I 类错误
	$\boldsymbol{X} \notin \mathbb{C}$	不拒绝 H_0	正确
H_0 不真	$\boldsymbol{X} \in \mathbb{C}$	拒绝 H_0	正确
	$\boldsymbol{X} \notin \mathbb{C}$	不拒绝 H_0	犯第 II 类错误

任何一个假设检验问题都不可避免地出现犯错误的可能。在实际问题中，我们并不知道总体的真实情况，所以我们并不知道可能犯哪一类错误。我们首先分别给出犯两类错误的概率。第 I 类错误为拒真错误，即当 $H_0: \theta \in \Theta_0$ 成立时，拒绝 H_0，即 $\boldsymbol{x} \in \mathbb{C}$，所以犯第 I 类错误的概率为

$$\alpha(\theta) = P_\theta(\boldsymbol{X} \in \mathbb{C}), \qquad \theta \in \Theta_0.$$

第 II 类错误为取伪错误，即当 $H_1 : \theta \in \Theta_1$ 成立时，不拒绝 H_0，其概率为

$$\beta(\theta) = P_\theta(\boldsymbol{X} \notin \mathbb{C}), \qquad \theta \in \Theta_1. \tag{3.16}$$

例 3.31： 设 $X_1, \cdots, X_n$ 是来自 $N(\mu, 1)$ 的样本。考虑如下假设检验问题：

$$H_0 : \mu = 0 \quad \text{与} \quad H_1 : \mu = 3.$$

若检验的拒绝域为 $\mathbb{C} = \{\boldsymbol{X} : \bar{X} \geqslant c_\alpha\}$。其拒绝域和相应地犯两类错误的概率如图3.6所示。

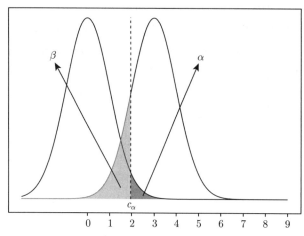

图 3.6：拒绝域及其犯两类错误的概率

从图中可以看出，当 c_α 增大，也就是拒绝域变小时，犯第 I 类错误的概率会减小，但同时，犯第 II 类错误的概率会随之增大。对于其他假设检验问题也类似，一般无法做到使得犯两类错误的概率同时减小。下面我们通过功效函数进一步揭示这一问题。从式(3.16)中不难看出，$\beta(\theta) = 1 - P_\theta(\boldsymbol{X} \in \mathbb{C})$，其中 $\theta \in \Theta_1$。由此可见，$P_\theta(\boldsymbol{X} \in \mathbb{C})$ 对于我们研究犯两类错误的概率至关重要，它作为 θ 的函数包含了拒绝域 $\mathbb{C}$ 对于假设检验的所有信息。因此，将这一函数定义为功效函数。

定义 3.14： 设假设检验问题

$$H_0 : \theta \in \Theta_0 \quad \text{与} \quad H_1 : \theta \in \Theta_1$$

的拒绝域为 $\mathbb{C}$, 则此检验的**功效函数** (或势函数，Power function) 在参数 θ 处取值定义为

$$\gamma(\theta) = P(\boldsymbol{X} \in \mathbb{C}).$$

功效函数就是一个检验拒绝原假设的概率，这一概率显然依赖参数 θ。从定义可以看出，当 $\theta \in \Theta_0$ 时，$\gamma(\theta)$ 即为犯第 I 类错误的概率 $\alpha(\theta)$，而当 $\theta \in \Theta_1$ 时，$1 - \gamma(\theta)$ 即为犯第 II 类错误的概率 $\beta(\theta)$，即

$$\gamma(\theta) = \begin{cases} \alpha(\theta), & \theta \in \Theta_0, \\ 1 - \beta(\theta), & \theta \in \Theta_1. \end{cases}$$

例 3.32： 设 $X_1, \cdots, X_n$ 是来自正态总体 $N(\mu, 1)$ 的样本。考虑如下假设检验问题：

$$H_0 : \mu \leqslant 10 \quad \text{与} \quad H_1 : \mu > 10.$$

若检验的拒绝域为 $\mathbb{C} = \{\boldsymbol{X} : \bar{X} - 10 \geqslant c\}$，我们可以求得其功效函数在 μ 处取值为

$$\gamma(\mu) = P(\bar{X} - 10 \geqslant c)$$

$$= P\left(\frac{\bar{X} - \mu}{1/\sqrt{n}} \geqslant \frac{c + 10 - \mu}{1/\sqrt{n}}\right)$$

$$= 1 - \Phi\left(\frac{c + 10 - \mu}{1/\sqrt{n}}\right),$$

其中 $\Phi(\cdot)$ 为标准正态分布函数。

图3.7给出了当样本量 $n = 9$, 拒绝域分别为 $\mathbb{C} = \{\boldsymbol{X} : \bar{X} - 10 \geqslant 0.1\}$ 和 $\mathbb{C} = \{\boldsymbol{X} : \bar{X} - 10 \geqslant 0.5\}$ 的功效函数。显然, 对于给定的 c 值, 功效函数是参数 μ 的增函数, 并且

$$\lim_{\mu \to -\infty} \gamma(\mu) = 0, \qquad \lim_{\mu \to \infty} \gamma(\mu) = 1.$$

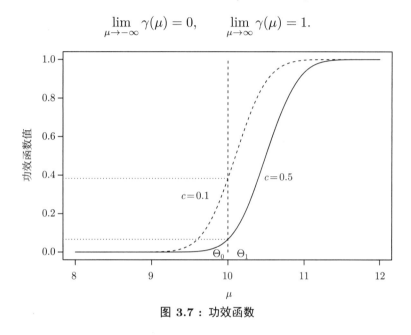

图 3.7：功效函数

另一方面, $\gamma(\mu)$ 又是临界值 c 的减函数。当我们增大临界值 c 从而降低犯第 I 类错误的概率的同时, 犯第 II 类错误的概率被增大。再一次说明我们无法同时控制犯两类错误的概率。因此, 我们通常在把犯第 I 类错误的概率控制在一个给定的水平条件之下, 选取犯第 II 类错误的概率尽可能地小的拒绝域。

定义 3.15： 设 $0 \leqslant \alpha \leqslant 1$, 对于检验问题 $H_0 : \theta \in \Theta_0$ 与 $H_1 : \theta \in \Theta_1$, 其拒绝域 $\mathbb{C}$ 的功效函数为 $\gamma(\theta)$。若 $\gamma(\theta)$ 满足

$$\sup_{\theta \in \Theta_0} \gamma(\theta) \leqslant \alpha,$$

则称该检验是**显著性水平 (简称水平) 为 α 的显著性检验**。其中 α 称为**显著性水平** (Level of significance), $\sup\limits_{\theta \in \Theta_0} \gamma(\theta)$ 称为**真实水平** (Size)。

常用的显著性水平是 $\alpha = 0.05$ 或 0.1, 有时也选择 $\alpha = 0.01$。

在例3.32中, 拒绝域 $\mathbb{C} = \{\boldsymbol{X} : \bar{X} - 10 \geqslant c\}$ 的水平为

$$\sup_{\mu \leqslant 10} \gamma(\mu) = \sup_{\mu \leqslant 10} \left[1 - \Phi\left(\frac{c + 10 - \mu}{1/\sqrt{n}}\right)\right] = 1 - \Phi\left(\frac{c}{1/\sqrt{n}}\right).$$

所以, 当 $n = 9$ 时, 对于每个给定的拒绝域, 我们可以求得其相应的水平。例如当 $c = 0.1$ 时, 可以求得其水平为 $\sup_{\mu \leqslant 10} \gamma(\mu) = 1 - \Phi(0.3) = 0.382$; 当 $c = 0.5$ 时, 可以求得其水平为 $\sup_{\mu \leqslant 10} \gamma(\mu) = 1 - \Phi(1.5) = 0.067$。另一方面, 当我们确定要控制的显著性水平, 我们就可以确定相应的拒绝域的临界值。

例 3.33： 在例3.32的检验问题中，分别给出显著性水平 $\alpha = 0.05$ 和 0.1 时的拒绝域。若 $X_1, \cdots, X_9$ 为来自此正态总体 $N(\mu, 1)$ 的样本，且样本均值 $\bar{X} = 10.5$，请问是否拒绝原假设。

解：

$$\sup_{\mu \leqslant 10} \gamma(\mu) = 1 - \Phi\left(\frac{c}{1/\sqrt{n}}\right) = \alpha \quad \Rightarrow \quad c_\alpha = \frac{1}{\sqrt{n}} z_{1-\alpha}.$$

当 $\alpha = 0.05$ 时，$z_{1-\alpha} = z_{0.95} = 1.645$，$c_\alpha = \frac{1}{\sqrt{9}} z_{0.95} = 0.548$。所以，拒绝域为 $\mathbb{C} = \{\boldsymbol{X} : \bar{X} - 10 \geqslant 0.548\}$。我们可以类似求得：当 $\alpha = 0.1$ 时，$z_{0.9} = 1.645$，拒绝域为 $\mathbb{C} = \{\boldsymbol{X} : \bar{X} - 10 \geqslant 0.427\}$。

样本均值 $\bar{X} = 10.5$，在显著性水平 $\alpha = 0.05$ 时，样本没有落在拒绝域内，所以我们不拒绝 $H_0 : \mu \leqslant 10$。但在显著性水平 $\alpha = 0.1$ 时，样本落在拒绝域内，所以我们拒绝 H_0，接受 $H_1 : \mu > 10$。

由此可见，对于同一个检验问题，在不同的显著性水平下，我们可能得到不同的结论。对于给定的 α，当我们由样本得到检验统计量的值时，我们即可做出决策是否拒绝原假设。在例3.33中，当 $\alpha = 0.1$ 时拒绝原假设，当 $\alpha = 0.05$ 时不拒绝原假设。但是另外一方面，我们没有确切地给出当我们拒绝原假设时理由有多充分。我们只知道它比 $\alpha = 0.1$ 时要强，但没有达到 $\alpha = 0.05$。为了解决这一问题，我们引入 p 值的概念。

定义 3.16： 设 $0 \leqslant \alpha \leqslant 1$，$\mathbb{C}_\alpha$ 为检验问题 $H_0 : \theta \in \Theta_0$ 与 $H_1 : \theta \in \Theta_1$ 中一系列不同显著性水平 α 的拒绝域。设 $\boldsymbol{X} = (X_1, \cdots, X_n)$ 为随机样本，使得 $\boldsymbol{X}$ 落入拒绝域的最小显著性水平称为检验的 p **值** (p–value)。

在例3.33中，拒绝域的形式为 $\mathbb{C} = \{\boldsymbol{X} : \bar{X} - 10 \geqslant c\}$，而样本均值 $\bar{X} = 10.5$，从而检验统计量的观测值为 $\bar{X} - 10 = 0.5$，所以检验的 p 值为

$$p\text{值} = P(\bar{X} - 10 > 0.5) = 1 - \Phi\left(\frac{0.5}{1/\sqrt{9}}\right) = 0.067.$$

p值是拒绝原假设的最小显著性水平，所以若显著性水平取 $\alpha = 0.05$，p 值 > 0.05，不拒绝原假设。而若 $\alpha = 0.1$，p 值 < 0.1，则拒绝原假设，接受备择假设。

3.6.2 正态总体下的参数检验

3.6.2.1 关于正态总体均值的检验

设 $X_1, \cdots, X_n$ 是来自正态总体 $N(\mu, \sigma^2)$ 的样本，其中 $\mu \in (-\infty, \infty)$ 未知，$\sigma^2 > 0$。关于 μ 的检验问题通常会有下面三种情况：

$$H_0 : \mu \leqslant \mu_0 \quad \text{与} \quad H_1 : \mu > \mu_0, \tag{3.17}$$

$$H_0 : \mu \geqslant \mu_0 \quad \text{与} \quad H_1 : \mu < \mu_0, \tag{3.18}$$

$$H_0 : \mu = \mu_0 \quad \text{与} \quad H_1 : \mu \neq \mu_0, \tag{3.19}$$

其中 μ_0 为一给定的常数。由正态总体下的抽样分布可知，σ 已知时和 σ 未知时我们采用的检验统计量及其分布均不一样，所以下面我们分情况讨论。

(一) 当 σ^2 已知时

当 σ^2 已知时，我们知道在正态总体下 $\frac{\bar{X} - \mu}{\sigma/\sqrt{n}}$ 服从标准正态分布。因此，我们考虑如下的 U 检验统计量：

$$U = \frac{\bar{X} - \mu_0}{\sigma/\sqrt{n}}. \tag{3.20}$$

我们首先讨论检验问题(3.17)。显然,对于这一检验,U 的值越大我们越有理由拒绝原假设。所以检验的拒绝域形式为

$$\mathbb{C} = \left\{ (X_1, \cdots, X_n) : \frac{\bar{X} - \mu_0}{\sigma/\sqrt{n}} \geqslant c \right\}, \tag{3.21}$$

其中 $c \in \mathbb{R}$ 为某个给定的常数。c 值的确定取决于显著性水平 α。为确定 c 值,我们首先给出拒绝域 $\mathbb{C}$ 的功效函数

$$\gamma(\mu) = P\left(\frac{\bar{X} - \mu_0}{\sigma/\sqrt{n}} \geqslant c \right) = P\left(\frac{\bar{X} - \mu}{\sigma/\sqrt{n}} \geqslant c + \frac{\mu_0 - \mu}{\sigma/\sqrt{n}} \right) = 1 - \Phi\left(c + \frac{\mu_0 - \mu}{\sigma/\sqrt{n}} \right).$$

图3.8中给出了犯两类错误的概率,其中 $\mu_0 = 0, \sigma = 1, n = 10$。显然,犯第 I 类错误的概率是 μ 的增函数,所以对于给定的显著性水平 α,

$$\alpha = \sup_{\mu \leqslant \mu_0} \alpha(\mu) = \sup_{\mu \leqslant \mu_0} \left[1 - \Phi\left(c + \frac{\mu_0 - \mu}{\sigma/\sqrt{n}} \right) \right] = 1 - \Phi(c) \quad \Rightarrow \quad c = z_{1-\alpha},$$

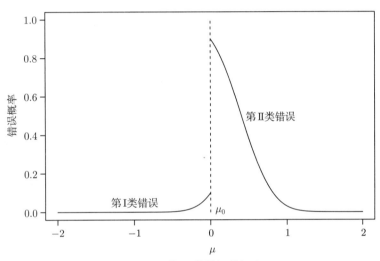

图 3.8:犯两类错误的概率

其中 $z_\alpha = \Phi^{-1}(\alpha)$,即标准正态分布的 α 分位数。所以,对于给定的显著性水平 α,假设检验问题(3.17)的拒绝域为

$$\mathbb{C} = \left\{ (X_1, \cdots, X_n) : U = \frac{\bar{X} - \mu_0}{\sigma/\sqrt{n}} \geqslant z_{1-\alpha} \right\}.$$

此外,我们还可以看出,犯第 II 类错误的概率是 μ 的减函数。当犯第 I 类错误的概率控制在 α 时,犯第 II 类错误的最大概率为

$$\sup_{\mu > \mu_0} \beta(\mu) = \sup_{\mu > \mu_0} \left[1 - \gamma(\mu) \right] = \sup_{\mu > \mu_0} \Phi\left(z_{1-\alpha} + \frac{\mu_0 - \mu}{\sigma/\sqrt{n}} \right) = \Phi(z_{1-\alpha}) = 1 - \alpha.$$

例 3.34: 对于假设检验问题(3.17)及其检验统计量(3.20),已知样本观测值为 $\bar{x}$,计算 p 值。

注意到当 $\mu = \mu_0$ 时,检验统计量 U 服从标准正态分布。其次,可以得到 U 的观测值为 $u_0 = \frac{\bar{x} - \mu_0}{\sigma/\sqrt{n}}$。注意到拒绝域的形式(3.21),所以 p 值为

$$p值 = P(U \geqslant u_0) = 1 - \Phi(u_0).$$

对于检验问题(3.18)，通过类似的讨论，我们可以得到对于给定的显著性水平 α，其拒绝域为

$$\mathbb{C} = \left\{ (X_1, \cdots, X_n) : U = \frac{\bar{X} - \mu_0}{\sigma/\sqrt{n}} \leqslant z_\alpha \right\}.$$

而检验的 p 值为

$$p值 = P(U \leqslant u_0) = \Phi(u_0).$$

而对于双侧检验问题(3.19)，依然选取检验统计量(3.20)。但是与单侧的检验问题不同，对于双侧检验问题，U 的值过大或者过小都有理由拒绝 H_0。因此其拒绝域的形式为

$$\mathbb{C} = \left\{ (X_1, \cdots, X_n) : |U| = \left| \frac{\bar{X} - \mu_0}{\sigma/\sqrt{n}} \right| \geqslant c \right\}.$$

当 H_0 成立时，$\mu = \mu_0$，所以 U 服从标准正态分布。对于给定的显著性水平 α，

$$\alpha = P(|U| \geqslant c) = 2[1 - \Phi(c)] \quad \Rightarrow \quad c = z_{1-\alpha/2}.$$

所以其拒绝域为

$$\mathbb{C} = \left\{ (X_1, \cdots, X_n) : |U| = \left| \frac{\bar{X} - \mu_0}{\sigma/\sqrt{n}} \right| \geqslant z_{1-\alpha/2} \right\}.$$

而检验的 p 值为

$$p值 = P(|U| \geqslant |u_0|) = 2[1 - \Phi(|u_0|)].$$

(二) 当 σ^2 未知时

当 σ^2 未知时，我们用样本标准差 S 替换未知的 σ。我们知道，在正态总体下 $\frac{\bar{X} - \mu}{S/\sqrt{n}}$ 服从自由度为 $n-1$ 的 t 分布。因此，我们考虑如下的 T 检验统计量：

$$T = \frac{\bar{X} - \mu_0}{S/\sqrt{n}}. \tag{3.22}$$

当 $\mu = \mu_0$ 时，T 服从自由度为 $n-1$ 的 t 分布。与 σ^2 已知时检验问题的讨论相同，我们可以分别得到检验问题(3.17)—(3.19)的拒绝域。

对于检验右侧检验问题(3.17)，其拒绝域为

$$\mathbb{C} = \{ (X_1, \cdots, X_n) : T \geqslant t_{1-\alpha}(n-1) \}.$$

若样本均值和样本标准差的观测值分别为 $\bar{x}$ 和 s，则 T 检验统计量的观测值为 $t_0 = \frac{\bar{x} - \mu_0}{s/\sqrt{n}}$。从而此检验的 p 值为

$$p值 = P(T \geqslant t_0), \qquad 其中 T \sim t(n-1).$$

对于检验左侧检验问题(3.18)，其拒绝域为

$$\mathbb{C} = \{ (X_1, \cdots, X_n) : T \leqslant t_\alpha(n-1) \}.$$

而此检验的 p 值为

$$p值 = P(T \leqslant t_0), \qquad 其中 T \sim t(n-1).$$

对于检验双侧检验问题(3.19)，其拒绝域为

$$\mathbb{C} = \left\{ (X_1, \cdots, X_n) : |T| \geqslant t_{1-\alpha/2}(n-1) \right\}.$$

而此检验的 p 值为

$$p值 = P(|T| \geqslant |t_0|) = 2P(T \geqslant |t_0|), \qquad 其中 T \sim t(n-1).$$

例 3.35： 某家装公司的会计人员想判断过去 5 年内平均每份销售单价的金额是否在 120 元。该会计随机抽取了 12 份单据数据 (单位：元) 如下：

108.98 152.22 111.45 110.59 127.46 107.26
93.32 91.97 111.56 75.71 128.58 135.11

根据数据是否可以认为销售单据金额的均值偏离了 120 元。

解： 根据题意，考虑双侧检验，设 $H_0 : \mu = 120$ 与 $H_1 : \mu \neq 120$, 设定显著性水平 $\alpha = 0.05$。我们采用 T 检验统计量，拒绝域为

$$\mathbb{C} = \left\{ |T| = \left| \frac{\bar{X} - 120}{S/\sqrt{n}} \right| \geqslant t_{1-\alpha/2}(n-1) \right\},$$

其中 $t_{1-\alpha/2}(n-1) = t_{0.975}(11) = 2.20$。

根据样本观测值，我们有 $\bar{x} = 112.85, s = 20.80$, 所以 T 的观测值为 $t_0 = \sqrt{12}(112.85-120)/20.80 = -1.19$。显然其不在拒绝域中，因此我们没有理由拒绝 H_0。根据数据我们认为销售单据金额的均值并没有偏离 120 元。

此外，我们还可以计算出此检验的 p 值为

$$p\text{值} = 2P(T \geqslant |t_0|) = 2[1 - P(T < 1.19)] = 2 \times (1 - 0.87) = 0.26.$$

如果数据被存在 R 软件的变量 invoice 之中，那么我们可以使用以下代码完成检验：

```
invoice=c(108.98, 152.22, 111.45, 110.59, 127.46, 107.26, 93.32,
+ 91.97, 111.56, 75.71, 128.58, 135.11)
t.test(invoice,alternative = "two.sided",mu=120,conf.level = 0.95)
```

```
##
##  One Sample t-test
##
## data:  invoice
## t = -1.2, df = 11, p-value = 0.3
## alternative hypothesis: true mean is not equal to 120
## 95 percent confidence interval:
##   99.64 126.07
## sample estimates:
## mean of x
##     112.9
```

在例3.35中，我们使用 T 检验，必须假设数据是一组来自正态总体的随机样本。检验数据是否服从正态分布的方法很多，我们在后面会详细学习。这里我们通过描述性分析进行简单的判断。图3.9给出了数据的箱线图。从箱线图中可以看出，中位数与样本均值接近，且中位数左右两边基本对称。所以我们没有理由怀疑数据是非正态分布的。此外，从数据的 Q-Q 图 3.10 也可以看出，数据与正态的理论分位数基本在一条直线上。这也证实了数据基本满足正态分布的假设。

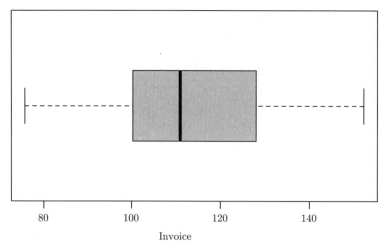

图 3.9：例3.35销售金额箱线图

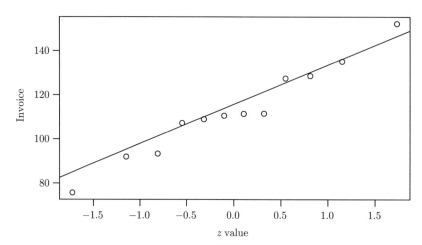

图 3.10：例 3.35 销售金额 **Q-Q** 图

3.6.2.2 关于正态总体方差的检验

设 $X_1, \cdots, X_n$ 是来自正态总体 $N(\mu, \sigma^2)$ 的样本，其中 $\mu \in (-\infty, \infty)$，$\sigma^2 > 0$ 均未知。考虑关于 σ^2 的如下检验问题：

$$H_0 : \sigma^2 \leqslant \sigma_0^2 \quad \text{与} \quad H_1 : \sigma^2 > \sigma_0^2, \tag{3.23}$$

其中 σ_0^2 为已知常数。由正态总体下关于样本方差 S^2 的抽样分布可知 $\frac{(n-1)S^2}{\sigma^2}$ 服从自由度为 $n-1$ 的卡方分布。因此，我们考虑卡方检验，其检验统计量为

$$\chi^2 = \frac{(n-1)S^2}{\sigma_0^2}, \tag{3.24}$$

拒绝域的形式为 $\{(X_1, \cdots, X_n) : \chi^2 \geqslant c\}$。显然，当 $\sigma^2 = \sigma_0^2$ 时，$\chi^2 \sim \chi^2(n-1)$。所以与样本均值类似的讨论，对于给定的显著性水平 α，拒绝域为

$$\{(X_1, \cdots, X_n) : \chi^2 \geqslant \chi_{1-\alpha}^2(n-1)\}.$$

令 χ_0^2 为检验统计量的观测值，则检验的 p 值为

$$p值 = P(\chi^2 \geqslant \chi_0^2), \quad \text{其中} \chi^2 \sim \chi^2(n-1).$$

类似，对于检验问题

$$H_0 : \sigma^2 \geqslant \sigma_0^2 \quad \text{与} \quad H_1 : \sigma^2 < \sigma_0^2,$$

依然采用检验统计量(3.24)，拒绝域为

$$\{(X_1, \cdots, X_n) : \chi^2 \leqslant \chi_\alpha^2(n-1)\}.$$

而检验的 p 值为

$$p\text{值} = P(\chi^2 \leqslant \chi_0^2), \qquad \text{其中} \chi^2 \sim \chi^2(n-1).$$

对于双侧检验问题

$$H_0 : \sigma^2 = \sigma_0^2 \quad \text{与} \quad H_1 : \sigma^2 \neq \sigma_0^2,$$

依然采用检验统计量(3.24)，拒绝域为

$$\{(X_1, \cdots, X_n) : \chi^2 \leqslant \chi_{\alpha/2}^2(n-1) \text{ 或 } \chi^2 \geqslant \chi_{1-\alpha/2}^2(n-1)\}.$$

而检验的 p 值为

$$p\text{值} = 2\min\{P(\chi^2 \geqslant \chi_0^2), P(\chi^2 \geqslant \chi_0^2)\}, \qquad \text{其中} \chi^2 \sim \chi^2(n-1).$$

例 3.36： 在教育统计学中，经常用成绩的平均分以及方差来分析评估出题是否恰当。例如如果成绩平均分数很高、方差很小，则说明考题偏容易。一般我们认为 $\sigma = 10$ 是一个合理的离散度。若 $\sigma < 5$ 则认为分数过于集中。以下是从某数理统计课程的期末考试成绩中随机抽取的 20 个分数。假定考试成绩服从正态分布，根据此数据来评估该考卷是否过于容易。

$$\begin{array}{cccccccccc} 100 & 92 & 93 & 90 & 96 & 100 & 94 & 99 & 97 & 88 \\ 89 & 91 & 91 & 94 & 93 & & 93 & 91 & 94 & 95 & 97 \end{array}$$

首先我们对成绩进行简单的描述性分析发现，样本均值 $\bar{x} = 93.85$，样本标准差为 $s = 3.48$。平均分数过高，而方差偏小。下面我们检验

$$H_0 : \sigma \geqslant 5 \quad \text{与} \quad H_1 : \sigma < 5.$$

采用检验统计量 $\chi^2 = (n-1)S^2/5^2$。令 $\alpha = 0.05$，$n-1 = 19$，查表得 $\chi_{0.05}^2(19) = 10.12$，所以拒绝域为

$$\mathbb{C} = \{(X_1, \cdots, X_n) : \chi^2 \leqslant 10.12\}.$$

而 χ^2 的观测值为

$$\chi_0^2 = \frac{19 \times 3.48^2}{5^2} = 9.20 < 10.12.$$

所以我们有理由认为该考试的分数过于集中。此外，结合考虑该考试的平均分数为 $\bar{x} = 93.85$，我们可以认为该考试的考题偏容易。

3.6.2.3 两正态总体中的参数检验

在实际应用问题中，我们经常会遇到两个总体的参数进行比较的问题。例如，新药的研发中比较新药与安慰剂或者新药与传统药品之间的效果差异等问题。

设两个正态总体分别为 $X \sim N(\mu_1, \sigma_1^2)$ 与 $Y \sim N(\mu_2, \sigma_2^2)$，其中 $-\infty < \mu_i < \infty$，$\sigma_i^2 > 0(i = 1, 2)$ 均为未知参数。设 $\boldsymbol{X} = (X_1, \cdots, X_{n_1})$ 是来自总体 X 的随机样本，其样本均值和方差分别为 $\bar{X}$ 和 S_1^2。$\boldsymbol{Y} = (Y_1, \cdots, Y_{n_2})$ 是来自总体 Y 的随机样本，其样本均值和方差分别为 $\bar{Y}$ 和 S_2^2，且两样本相互独立。

我们通常对两种比较感兴趣，其一是总体均值 μ_1 和 μ_2 的比较，其二是总体方差的比较。由于均值的比较需要方差的信息，我们首先讨论两总体方差的比较，相应的假设检验问题为

$$H_0: \sigma_1^2 = \sigma_2^2 \quad \text{与} \quad H_1: \sigma_1^2 \neq \sigma_2^2.$$

由抽样分布中的讨论我们知道 $\frac{S_1^2/\sigma_1^2}{S_2^2/\sigma_2^2} \sim F(n_1-1, n_2-1)$，因此我们考虑 F 检验统计量：

$$F = \frac{S_1^2}{S_2^2}.$$

当 H_0 成立时，$F \sim F(n_1-1, n_2-1)$。类似于单一正态总体下方差的双侧检验的讨论，对于显著性水平 α，拒绝域为

$$\mathbb{C} = \{(\boldsymbol{X}, \boldsymbol{Y}): F \geqslant F_{1-\alpha/2}(n_1-1, n_2-1) \text{ 或 } F \leqslant F_{\alpha/2}(n_1-1, n_2-1)\}.$$

若 F 的观测值为 F_0，则检验的 p 值为

$$p\text{值} = 2\min\{P(F \geqslant F_0), P(F \leqslant F_0)\}, \qquad \text{其中} F \sim F(n_1-1, n_2-1).$$

类似地，对于假设检验问题

$$H_0: \sigma_1^2 \leqslant \sigma_2^2 \quad \text{与} \quad H_1: \sigma_1^2 > \sigma_2^2.$$

依然采用 F 检验统计量，显著性水平为 α 的拒绝域为

$$\mathbb{C} = \{(\boldsymbol{X}, \boldsymbol{Y}): F \geqslant F_{1-\alpha}(n_1-1, n_2-1)\}.$$

而检验的 p 值为

$$p\text{值} = P(F \geqslant F_0), \qquad \text{其中} F \sim F(n_1-1, n_2-1).$$

对于假设检验问题

$$H_0: \sigma_1^2 \geqslant \sigma_2^2 \quad \text{与} \quad H_1: \sigma_1^2 < \sigma_2^2.$$

显著性水平为 α 的拒绝域为

$$\mathbb{C} = \{(\boldsymbol{X}, \boldsymbol{Y}): F \leqslant F_{\alpha}(n_1-1, n_2-1)\}.$$

而检验的 p 值为

$$p\text{值} = P(F \leqslant F_0), \qquad \text{其中} F \sim F(n_1-1, n_2-1).$$

下面考虑两总体均值的检验问题。在一些实际应用的场合，假设两个总体的方差相等是合理的。例如比较两个班的考试成绩，一般差异会体现在平均值上，而分数的分散程度一般不会有明显差异。因此，我们假设两个总体的方差相等，即 $\sigma_1^2 = \sigma_2^2 = \sigma^2$。当然我们可以通过上面关于方差的假设检验进行验证。现设 $\boldsymbol{X} = (X_1, \cdots, X_{n_1})$ 是来自总体 $N(\mu_1, \sigma^2)$ 的随机样本，而 $\boldsymbol{Y} = (Y_1, \cdots, Y_{n_2})$ 是来自总体 $N(\mu_2, \sigma^2)$ 的随机样本，且两样本相互独立。考虑检验问题：

$$H_0: \mu_1 = \mu_2 \quad \text{与} \quad H_1: \mu_1 \neq \mu_2.$$

为找到检验统计量，我们需要考虑两正态总体下的抽样分布。我们有

$$\bar{X} - \bar{Y} \sim N(\mu_1 - \mu_2, \sigma^2(n_1^{-1} + n_2^{-1})),$$

$$(n_1 - 1)S_1^2/\sigma^2 \sim \chi^2(n_1 - 1),$$
$$(n_2 - 1)S_2^2/\sigma^2 \sim \chi^2(n_2 - 1).$$

由两样本独立以及卡方的可加性有

$$\frac{(n_1 - 1)S_1^2 + (n_2 - 1)S_2^2}{\sigma^2} \sim \chi^2(n_1 + n_2 - 2).$$

又由 $\bar{X}, \bar{Y}, S_1^2, S_2^2$ 之间相互独立可得

$$\frac{\bar{X} - \bar{Y} - (\mu_1 - \mu_2)}{S_p\sqrt{\frac{1}{n_1} + \frac{1}{n_2}}} \sim t(n_1 + n_2 - 2),$$

其中 $S_p^2 = \frac{(n_1-1)S_1^2 + (n_2-1)S_2^2}{n_1 + n_2 - 2}$。因此我们考虑 T 检验统计量

$$T = \frac{\bar{X} - \bar{Y}}{S_p\sqrt{\frac{1}{n_1} + \frac{1}{n_2}}}. \tag{3.25}$$

当 H_0 成立，即 $\mu_1 = \mu_2$ 时，$T \sim t(n_1 + n_2 - 2)$。显著性水平为 α 的拒绝域为

$$\mathbb{C} = \{(\boldsymbol{X}, \boldsymbol{Y}) : |T| \geqslant t_{1-\alpha/2}(n_1 + n_2 - 2)\}.$$

例 3.37： 已知 A、B 两种生产材料的抗压强度均服从正态分布，且相互独立。从两种生产材料中分别随机抽取 10 个试件进行压力测试，记录的抗压强度如下。在显著性水平 0.1 下，是否有足够的证据表明甲种生产材料的平均抗压强度与乙种生产材料的平均抗压强度之间存在显著差异？两种材料的抗压强度的离散度是否有差异？

A：6.54　6.14　5.23　4.27　5.97　3.09　6.01　4.56　4.25　3.53

B：3.81　6.91　4.59　4.83　2.80　5.31　2.58　3.47　5.79　4.48

我们可以通过箱线图3.11对数据进行初步的了解。从图中可以看出，两种材料的强度数据分布基本对称，可以认为符合正态分布的假设。从中间 50% 的数据来看，两种材料的离散度基本相同，在上 25% 数据中，B 材料的离散度略高一点。而 A 材料强度的中位数略高于 B 材料，后续我们可以检验这一差异是否统计显著。

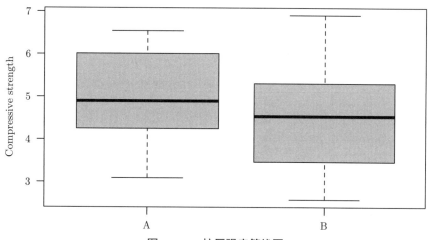

图 3.11：抗压强度箱线图

我们首先检验两种材料抗压强度的离散度是否有差异，考虑假设检验

$$H_0 : \sigma_1^2 = \sigma_2^2 \quad 与 \quad H_1 : \sigma_1^2 \neq \sigma_2^2.$$

$n_1 = n_2 = 10$，$\alpha = 0.1$，$F_{0.05}(9,9) = 0.31$，$F_{0.95}(9,9) = 3.18$，所以在显著性水平 0.1 下的拒绝域为

$$\mathbb{C} = \{(\boldsymbol{X}, \boldsymbol{Y}) : F \leqslant 0.31 \text{ 或 } F \geqslant 3.18\}.$$

计算可得 $s_1^2 = 1.42$，$s_2^2 = 1.82$，从而检验统计量的观测值为 $F_0 = s_1^2/s_2^2 = 0.78$，$F_0 \notin \mathbb{C}$，所以没有理由拒绝 H_0。我们可以认为两种材料的抗压强度的离散度没有差异。检验的 p 值为

$$p值 = 2\min\{P(F \geqslant 0.78), P(F \leqslant 0.78)\} = 2\min\{0.36, 0.64\} = 0.72.$$

将 A 和 B 的数据分别存为 R 软件的变量 a, b，两样本的 F 检验可以通过以下 R 软件中的 var.test 函数完成：

```
a=c(6.54, 6.14, 5.23, 4.27, 5.97, 3.09, 6.01, 4.56, 4.25, 3.53)
b=c(3.81, 6.91, 4.59, 4.83, 2.80, 5.31, 2.58, 3.47, 5.79, 4.48)
var.test(a,b,alternative = "two.sided",conf.level = 0.9)
```

```
##
##  F test to compare two variances
##
## data:  a and b
## F = 0.78, num df = 9, denom df = 9, p-value =
## 0.7
## alternative hypothesis: true ratio of variances is not equal to 1
## 90 percent confidence interval:
##  0.2458 2.4835
## sample estimates:
## ratio of variances
##              0.7813
```

基于方差检验的结果，我们可以在"两个正态总体方差相等"的假设下进行均值的检验。根据题意，我们考虑双侧检验：

$$H_0 : \mu_1 = \mu_2 \quad 与 \quad H_1 : \mu_1 \neq \mu_2.$$

采用两样本 t 检验(3.25)，$\alpha = 0.1$，$n_1 - n_2 - 2 = 18$，查表可得 $t_{0.95}(18) = 1.73$，所以拒绝域为

$$\mathbb{C} = \{(\boldsymbol{X}, \boldsymbol{Y}) : |T| \geqslant 1.73\}.$$

而样本均值 $\bar{X} = 4.96$，$\bar{Y} = 4.46$，$S_p^2 = 1.62$。所以 T 的观测值为 $t_0 = \dfrac{4.96 - 4.46}{\sqrt{1.62 \times (\frac{1}{10} + \frac{1}{10})}} = 0.88$，$t_0 \notin \mathbb{C}$，所以没有理由拒绝 H_0。我们认为两种生产材料的平均抗压强度没有显著性差异。而检验的 p 值为

$$p值 = 2P(T \geqslant 0.88) = 0.39.$$

同样，我们可以通过 R 软件实现这一检验。

```
library("BSDA")
t.test(a,b,alternative="two.sided",var.equal=T,conf.level=0.9)
```

```
##
##  Two Sample t-test
##
## data:  a and b
## t = 0.88, df = 18, p-value = 0.4
## alternative hypothesis: true difference in means is not equal to 0
## 90 percent confidence interval:
##  -0.4841  1.4881
## sample estimates:
## mean of x mean of y
##     4.959     4.457
```

3.6.3 其他分布下的参数检验

3.6.3.1 关于比例 p 的检验

在现实生活中我们经常会遇到关于比例 p 的统计推断，例如质检部门检测某批产品的合格率是否达到要求。比例 p 可以看作某事件发生的概率，例如在检验产品合格率的问题中，比例 p 其实就是任意一个产品是合格品的概率，对应总体可看作二点分布 $B(1,p)$。随机样本 $X_1, \cdots, X_n$ 可看作 n 次重复伯努利试验。以 A 记该事件发生的次数，则 $A = \sum_{i=1}^{n} X_i \sim B(n,p)$。我们可以根据 A 检验关于 p 的假设。我们首先考虑如下假设：

(I) $H_0 : p \leqslant p_0$ 与 $H_1 : p > p_0$,

对于此检验，直观上看事件发生的次数 A 越大，越有理由拒绝 H_0。因此拒绝域为 $\mathbb{C} = \{A \geqslant c\}$。对给定的 α，由于 A 只取整数值，因此不一定能正好取到一个正整数 c 使下式成立

$$P_{p_0}(A \geqslant c) = \sum_{i=c}^{n} \binom{n}{i} p_0^i (1-p_0)^{n-i} = \alpha.$$

这是在对离散总体作假设检验中普遍会遇到的问题。因此，我们取 c_0 满足

$$c_0 = \min\{c : P_{p_0}(A \geqslant c) \leqslant \alpha, c \in \mathbb{Z}_0^+\}.$$

得到拒绝域为：$\mathbb{C} = \{A \geqslant c_0\}$。

事实上，在离散场合使用 p 值作检验较为简便。这时可以不用找 c_0，只需根据样本观测值 $A = x_0$ 计算检验的 p 值：

$$p \text{ 值} = P_{p_0}(A \geqslant x_0),$$

并将之与显著性水平 α 比较大小即可。与此类似，对于检验：

(II) $H_0 : p \geqslant p_0$ 与 $H_1 : p < p_0$,

检验的拒绝域为：$\mathbb{C} = \{A \leqslant c_0\}$，其中 $c_0 = \max\{c : P_{p_0}(A \leqslant c) \leqslant \alpha, c \in \mathbb{Z}_0^+\}$。检验的 p 值为

$$p \text{ 值} = P_{p_0}(A \leqslant x_0).$$

对于双侧检验，有：

(III) $\quad H_0 : p = p_0 \quad$ 与 $\quad H_1 : p \neq p_0,$

其检验的拒绝域为：$\mathbb{C} = \{A \leqslant c_1 \text{或} A \geqslant c_2\}$，其中 c_1, c_2 满足：

$$c_1 = \max\{c : P_{p_0}(A \leqslant c) \leqslant \alpha/2, \, c \in \mathbb{Z}_0^+\}$$
$$c_2 = \min\{c : P_{p_0}(A \geqslant c) \leqslant \alpha/2, \, c \in \mathbb{Z}_0^+\}.$$

检验的 p 值为

$$p \text{ 值} = 2\min\{P_{p_0}(A \leqslant x_0), P_{p_0}(A \geqslant x_0)\}.$$

例 3.38： 工厂质检部门要求产品的合格率不低于 90%。对于某批产品，随机抽取 20 件，发现有三件不合格，问这批产品是否达到质检部门的要求？

解： 根据题意，考虑假设检验

$$H_0 : p \geqslant 0.9 \quad \text{与} \quad H_1 : p < 0.9.$$

检验统计量 X 为 20 次抽样中不合格的产品数量，则有 $X \sim B(20, p)$。设显著性水平为 0.05，其相应的拒绝域为 $\mathbb{C} = \{X \leqslant c_0\}$，其中 $c_0 = \max\{c : P_{0.95}(X \leqslant c) \leqslant 0.05, \, c \in \mathbb{Z}_0^+\}$。由于

$$P_{0.9}(X \leqslant 15) = 0.043 < P_{0.9}(X \leqslant 16) = 0.133,$$

故取 $c_0 = 15$，拒绝域为 $\mathbb{C} = \{X \leqslant 15\}$。$X$ 的观测值为 $x_0 = 17$，没有落在拒绝域中，所以没有理由拒绝 H_0。可以认为这批产品达到了质检部门的要求。此外，检验的 p 值为

$$p \text{ 值} = P(X \leqslant 17) = \sum_{i=0}^{17} \binom{20}{i} 0.9^i 0.1^{20-i} = 0.323.$$

p 值远大于显著性水平 0.05，所以没有理由拒绝 H_0。

3.6.3.2 大样本检验

假设我们要基于一组随机样本 $\boldsymbol{X} = (X_1, X_2, \cdots, X_n)$ 检验关于参数 θ 的某个假设。在这一小节中我们将讨论基于某个渐近服从正态分布的估计 $\hat{\theta} = \hat{\theta}(\boldsymbol{X})$ 建立关于 θ 的假设检验。记 $\sigma_{\hat{\theta}}^2$ 为 $\hat{\theta}$ 的方差。例如，我们可以根据中心极限定理或者极大似然估计的渐近正态性得到当 $n \to \infty$ 时，$(\hat{\theta} - \theta)/\sigma_{\hat{\theta}} \xrightarrow{L} N(0, 1)$。在很多场合，$\sigma_{\hat{\theta}}$ 是未知参数 θ 的函数。此时，我们可以替换成它的相合估计 $\hat{\sigma}_{\hat{\theta}}$。由 Slutsky's 定理可知，

$$\frac{\hat{\theta} - \theta}{\hat{\sigma}_{\hat{\theta}}} \xrightarrow{L} N(0, 1), \qquad n \to \infty.$$

由这一渐近分布我们即可构造关于 θ 的检验统计量。这其实就是"Wald 检验"。更多细节可以参考 Casella 和 Berger (2001)。

在前面我们讨论了比例 p 的检验问题，现在我们在大样本情况下进一步讨论其近似的检验。

(一) 单总体比例 p 的假设检验大样本方法

设 $\boldsymbol{X} = (X_1, X_2, \cdots, X_n)$ 为来自总体 $B(1, p)$ 的随机样本，欲检验

$$H_0 : p \leqslant p_0 \quad \text{与} \quad H_1 : p > p_0.$$

另外两种形式的假设检验问题类似，留给读者自己练习。

考虑 p 的估计 $\hat{p} = \frac{1}{n}\sum_{i=1}^{n} X_i$。我们知道 $\hat{p}$ 既是矩估计也是极大似然估计。由中心极限定理可知，在 H_0 下，

$$Z = \frac{\hat{p} - p_0}{\sqrt{p_0(1-p_0)/n}} \xrightarrow{L} N(0,1).$$

所以拒绝域为 $\left\{ \boldsymbol{X} : \frac{\hat{p}-p_0}{\sqrt{p_0(1-p_0)/n}} \geqslant z_{1-\alpha} \right\}$。

例 3.39： 投资公司为了更好地为年轻人提供退休基金咨询服务，现选择了 316 只可能适合年轻人的退休基金，其中包括 227 只成长型基金和 89 只价值型基金。在成长型基金中有 93 只年收益率大于等于 15%，而在价值型基金中有 46 只年收益率大于等于 15%。请问成长型基金中年收益率大于等于 15% 的基金占比是否低于 50%？价值型基金中年收益率大于等于 15% 的基金占比是否超过 50%？

解： 令 p_1 为价值型基金中年收益率大于等于 15% 的基金占比；p_2 为成长型基金中年收益率大于等于 15% 的基金占比。对于价值型基金考虑假设

$$H_0 : p_1 \leqslant p_0 \quad \text{与} \quad H_1 : p_1 > p_0,$$

其中 $p_0 = 0.5$。检验统计量为 $Z = \frac{\hat{p}_1 - p_0}{\sqrt{p_0(1-p_0)/n}}$，拒绝域为 $\{Z \geqslant z_{1-\alpha}\}$。取 $\alpha = 0.05$，则 $z_{0.95} = 1.645$。由题目可知，$n = 89$，$\hat{p}_1 = 46/89 = 0.5169$，由此可得 $Z = 0.3180 < 1.645$。所以没有理由拒绝 H_0，没有理由认为价值型基金中年收益率大于等于 15% 的基金占比超过 50%。

对于成长型基金考虑假设

$$H_0 : p_2 \geqslant p_0 \quad \text{与} \quad H_1 : p_2 < p_0,$$

其中 $p_0 = 0.5$。统计量为 $Z = \frac{\hat{p}_2 - p_0}{\sqrt{p_0(1-p_0)/n}}$，此时拒绝域为 $\{Z \leqslant z_\alpha\}$。取 $\alpha = 0.05$，则 $z_{0.05} = -1.645$。由题目可知，$n = 227$，$\hat{p}_2 = 93/227 = 0.4097$，由此可得 $Z = -2.72 < -1.645$。所以拒绝 H_0，有理由认为成长型基金中年收益率大于等于 15% 的基金占比低于 50%。

图3.12给出了成长型基金和价值型基金中年收益率大于等于 15% 的比率情况。从图中可以看出，两类基金年收益率大于等于 15% 的比率略有差异。其中价值型基金中的占比略高于 50%，而成长型基金中的占比明显低于 50%。

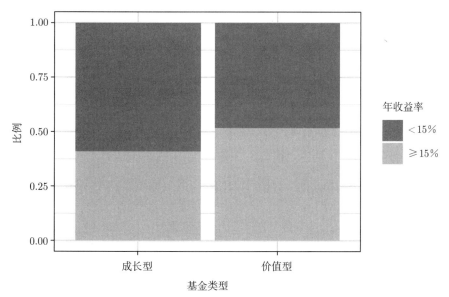

图 3.12：年收益率大于等于 15% 的比率

例 3.40：我们再次考虑例3.29中瑞德西韦 (Remdesivir) 治疗新型冠状病毒 (2019-nCoV) 重症患者的数据。相关随机双盲对照试验研究的数据如表3.4。在本例中我们考虑检验"使用 Remdesivir 治疗的重症患者存活率是否高于 85%？"

表 3.4: 瑞德西韦双盲对照试验

	死亡	存活	合计
Remdesivir	22	136	158
placebo	10	68	78
合计	32	204	236

设 p 为使用 Remdesivir 治疗的重症患者存活率，检验 $H_0 : p \leqslant 0.85$ 与 $H_1 : p > 0.85$。使用大样本近似检验，在显著性水平 0.05 下，拒绝域为

$$\left\{ \boldsymbol{X} : \frac{\hat{p} - 0.85}{\sqrt{(0.85 \times 0.15)/n}} \geqslant z_{0.95} \right\},$$

其中 $z_{0.95} = 1.645$。由题目可知，$\hat{p} = 136/158 = 0.8608$，经计算可得 $Z = (0.8608 - 0.85)/\sqrt{(0.85 \times 0.15)/158} = 0.3802 < 1.645$。因此，没有足够的理由拒绝 H_0，使用 Remdesivir 治疗的重症患者存活率没有显著高于 85%。

(二) 两个总体比例差异的假设检验大样本方法

设 $\boldsymbol{X} = (X_1, X_2, \cdots, X_{n_1})$ 为来自总体 $B(1, p_1)$ 的随机样本，$\boldsymbol{Y} = (Y_1, Y_2, \cdots, Y_{n_2})$ 为来自总体 $B(1, p_2)$ 的随机样本, 且 $\boldsymbol{X}$ 与 $\boldsymbol{Y}$ 相互独立。两个总体比例差异的假设检验问题的三种形式为

(I)　　$H_0 : p_1 \leqslant p_2$ 　与　 $H_1 : p_1 > p_2$；

(II)　　$H_0 : p_1 \geqslant p_2$ 　与　 $H_1 : p_1 < p_2$；

(III)　　$H_0 : p_1 = p_2$ 　与　 $H_1 : p_1 \neq p_2$。

由前面的讨论可知，当 $n_1, n_2 \to \infty$ 时，统计量

$$\frac{\hat{p}_1 - \hat{p}_2 - (p_1 - p_2)}{\sqrt{\frac{\hat{p}_1(1-\hat{p}_1)}{n_1} + \frac{\hat{p}_2(1-\hat{p}_2)}{n_2}}} \xrightarrow{L} N(0, 1).$$

对于假设检验 (I), 考虑检验统计量

$$Z = \frac{\hat{p}_1 - \hat{p}_2}{\sqrt{\frac{\hat{p}_1(1-\hat{p}_1)}{n_1} + \frac{\hat{p}_2(1-\hat{p}_2)}{n_2}}}. \tag{3.26}$$

对于给定的显著性水平 α, 拒绝域为 $\{(\boldsymbol{X}, \boldsymbol{Y}) : Z \geqslant z_{1-\alpha}\}$。

假设检验 (II) 与 (I) 类似，仍然使用检验统计量(3.26)，其拒绝域为 $\{(\boldsymbol{X}, \boldsymbol{Y}) : Z \leqslant z_{\alpha}\}$。

对于假设检验问题 (III)，在 $H_0 : p_1 = p_2$ 成立的条件下，考虑检验统计量

$$Z = \frac{\hat{p}_1 - \hat{p}_2}{\sqrt{\hat{p}(1-\hat{p})\left(\frac{1}{n_1} + \frac{1}{n_2}\right)}}, \tag{3.27}$$

其中 $\hat{p} = (n_1\hat{p}_1 + n_2\hat{p}_2)/(n_1 + n_2)$，是参数 $p_1 = p_2 = p$ 的两样本混合估计。对于给定的显著性水平 α, 拒绝域为 $\{(\boldsymbol{X}, \boldsymbol{Y}) : |Z| \geqslant z_{1-\alpha/2}\}$。

例 3.41：考虑例3.39中价值型基金年收益率大于等于 15% 的基金占比是否高于成长型基金中年收益率大于等于 15% 的基金占比。

解：令 p_1 为价值型基金中年收益率大于等于 15% 的基金占比；p_2 为成长型基金中年收益率大于等于 15% 的基金占比。考虑假设检验问题 (I)，采用检验统计量(3.26)，则对于给定的 $\alpha = 0.05$, 拒绝域为 $\{(\boldsymbol{X}, \boldsymbol{Y}) : Z \geqslant z_{1-\alpha}\}$，其中 $z_{1-\alpha} = z_{0.95} = 1.645$。由题目可知，$\hat{p}_1 = 46/89 = 0.5169$，$\hat{p}_2 = 93/227 = 0.4097$. 所以检验统计量计算可得，

$$Z = \frac{0.5169 - 0.4097}{\sqrt{\frac{0.5169 \times 0.4831}{89} + \frac{0.4097 \times 0.5903}{227}}} = 1.7230 > z_{0.95} = 1.645.$$

所以，拒绝 H_0，有理由认为价值型基金年收益率大于等于 15% 的基金占比显著高于成长型基金中年收益率大于等于 15% 的基金占比。

例 3.42：在例3.29中，我们想回答"使用 Remdesivir 与使用安慰剂治疗重症患者是否有显著差异？"这一问题。观察数据是在使用 Remdesivir 治疗的 158 个重症患者中有 136 个生存下来，在使用安慰剂治疗的 78 个重症患者中有 68 个生存下来。我们以存活率为指标，令 p_1 为 Remdesivir 治疗的重症患者存活率，p_2 为安慰剂治疗的重症患者存活率, 我们考虑假设检验问题 (III)，采用检验统计量(3.27)，则对于给定的 $\alpha = 0.05$, 拒绝域为 $\{(\boldsymbol{X}, \boldsymbol{Y}) : |Z| \geqslant z_{1-\alpha/2}\}$，其中 $z_{1-\alpha/2} = z_{0.975} = 1.96$。由题目可知，$\hat{p}_1 = 136/158 = 0.8608$，$\hat{p}_2 = 68/78 = 0.8718$，$\hat{p} = (68 + 136)/(158 + 78) = 0.8644$。所以检验统计量计算可得，

$$Z = \frac{0.8608 - 0.8718}{\sqrt{0.8644 \times 0.1356 \times \left(\frac{1}{158} + \frac{1}{78}\right)}} = -0.2322.$$

而 $|Z| = 0.2322 < z_{0.975} = 1.96$。所以，没有理由拒绝 H_0。实验数据表明，以存活率为指标，使用 Remdesivir 与使用安慰剂治疗重症患者并没有显著差异。

3.6.4 似然比检验

在本小节中我们将介绍一个被广泛应用的求解假设检验问题的方法——似然比检验。这一方法是基于样本的似然函数构建的。设 $\boldsymbol{X} = (X_1, \cdots, X_n)$ 为来自密度函数为 $f(\cdot; \theta)$ 的样本，$\theta = (\theta_1, \cdots, \theta_k) \in \Theta$ 为参数。相应的似然函数在给定 $\boldsymbol{X} = \boldsymbol{x}$ 时在 θ 处为 $L(\theta; \boldsymbol{x}) = \prod_{i=1}^{n} f(x_i; \theta)$。设 Θ_0 为 Θ 的真子集，$\Theta_1 = \Theta \setminus \Theta_0$。

定义 3.17：考虑假设检验问题

$$H_0 : \theta \in \Theta_0 \quad 与 \quad H_1 : \theta \in \Theta_1. \tag{3.28}$$

定义

$$\lambda(\boldsymbol{x}) = \frac{\sup_{\theta \in \Theta} L(\theta; \boldsymbol{x})}{\sup_{\theta \in \Theta_0} L(\theta; \boldsymbol{x})}, \tag{3.29}$$

称统计量 $\lambda(\boldsymbol{x})$ 为假设检验问题(3.28)的**似然比检验统计量** (Likelihood ratio test statistic)，而拒绝域为 $\{\boldsymbol{x} : \lambda(\boldsymbol{x}) \geqslant c\}$ 的检验称为**似然比检验** (Likelihood ratio test)。

似然比检验统计量与极大似然估计息息相关。事实上，若令 $\hat{\theta}$ 表示 θ 的极大似然估计，$\hat{\theta}_0$ 表示在限制条件 $\theta \in \Theta_0$ 下的 θ 的极大似然估计，那么 $\lambda(\boldsymbol{x})$ 还可以表示为

$$\lambda(\boldsymbol{x}) = \frac{\sup_{\theta \in \Theta} L(\theta; \boldsymbol{x})}{\sup_{\theta \in \Theta_0} L(\theta; \boldsymbol{x})} = \frac{L(\hat{\theta}; \boldsymbol{x})}{L(\hat{\theta}_0; \boldsymbol{x})}.$$

$\hat{\theta}$ 和 $\hat{\theta}_0$ 分别是整个参数空间 Θ 和它的一个子空间 Θ_0 上的极值，所以 $\lambda(\boldsymbol{x}) \geqslant 1$。如果 H_0 成立，那么 $\lambda(\boldsymbol{x})$ 的值应非常接近 1。换句话说，$\lambda(\boldsymbol{x})$ 的值越大越有理由拒绝 H_0，所以其拒绝域的形式为 $\{\boldsymbol{x} : \lambda(\boldsymbol{x}) \geqslant c\}$。

例 3.43： 设随机样本 $\boldsymbol{X} = (X_1, \cdots, X_n)$ 来自均匀分布总体 $U(0, \theta)$。试求假设检验问题

$$H_0 : \theta = \theta_0 \quad \text{与} \quad H_1 : \theta \neq \theta_0$$

的显著性水平为 α 的似然比检验。

解： 首先，给定 $\boldsymbol{x} = (x_1, \cdots, x_n)$ 的似然函数在 θ 处为

$$L(\theta; \boldsymbol{x}) = \theta^{-n}\mathbf{I}(x_{(n)} \leqslant \theta).$$

参数空间为 $\Theta = \{\theta : \theta > 0\}$，而 H_0 下的参数空间只有一个点 $\Theta_0 = \{\theta : \theta = \theta_0\}$。例3.17中我们求得 θ 的极大似然估计为 $\hat{\theta} = X_{(n)}$。由此我们可以得到似然比检验统计量

$$\lambda(\boldsymbol{x}) = \frac{L(\hat{\theta}; \boldsymbol{x})}{L(\hat{\theta}_0; \boldsymbol{x})} = \begin{cases} \left(\theta_0/x_{(n)}\right)^n, & x_{(n)} \leqslant \theta_0, \\ 0, & x_{(n)} > \theta_0. \end{cases}$$

拒绝域为

$$\{\lambda(\boldsymbol{x}) \geqslant c\} = \{x_{(n)} \geqslant \theta_0 \text{ 或 } \left(\theta_0/x_{(n)}\right)^n \geqslant c\} = \{x_{(n)} \geqslant \theta_0 \text{ 或 } x_{(n)} \leqslant \theta_0 c^{-1/n}\}.$$

而在 H_0 下，$x_{(n)}$ 的分布函数在 x 处为 $F_{(n)}(x) = (x/\theta_0)^n \mathbf{I}(x \leqslant \theta_0)$。由此，对于显著性水平 α，我们可以确定 $c = \alpha^{-1}$。从而拒绝域为

$$\{\boldsymbol{x} : x_{(n)} \geqslant \theta_0 \text{ 或 } x_{(n)} \leqslant \theta_0 \alpha^{1/n}\}.$$

例 3.44： 设 $X_1, \cdots, X_n$ 是来自正态总体 $N(\mu, \sigma^2)$ 的样本，μ, σ^2 均未知。试求检验问题

$$H_0 : \mu = \mu_0 \quad \text{与} \quad H_1 : \mu \neq \mu_0$$

的显著性水平为 α 的似然比检验。

解： 给定样本 $\boldsymbol{x} = (x_1, x_2, \cdots, x_n)$ 的似然函数在 θ 处为

$$L(\theta; \boldsymbol{x}) = \left(2\pi\sigma^2\right)^{-\frac{n}{2}} \exp\left\{-\frac{1}{2\sigma^2}\sum_{i=1}^{n}(x_i - \mu)^2\right\}.$$

两个参数空间分别为

$$\Theta_0 = \left\{\left(\mu_0, \sigma^2\right) : \sigma^2 > 0\right\}, \quad \Theta = \left\{\left(\mu, \sigma^2\right) : \mu \in \mathbb{R}, \sigma^2 > 0\right\}.$$

前面我们讨论过，μ 和 σ^2 的极大似然估计分别为 $\hat{\mu} = \bar{x}, \hat{\sigma}^2 = \frac{1}{n}\sum_{i=1}^{n}(x_i - \bar{x})^2$。在 Θ_0 上，期望已知为 μ_0，所以 σ^2 的极大似然估计为 $\hat{\sigma}_0^2 = \frac{1}{n}\sum_{i=1}^{n}(x_i - \mu_0)^2$。因此似然比检验统计量为

$$\lambda(\boldsymbol{x}) = \frac{L(\hat{\mu}, \hat{\sigma}^2; \boldsymbol{x})}{L(\mu_0, \hat{\sigma}_0^2; \boldsymbol{x})} = \left[\frac{\sum_{i=1}^{n}(x_i - \mu_0)^2}{\sum_{i=1}^{n}(x_i - \bar{x})^2}\right]^{n/2}$$

$$= \left[\frac{\sum_{i=1}^{n}(x_i - \bar{x})^2 + n(\bar{x} - \mu_0)^2}{\sum_{i=1}^{n}(x_i - \bar{x})^2}\right]^{n/2}$$

$$= \left(1 + \frac{T^2}{n-1}\right)^{n/2},$$

其中 $T = \frac{\sqrt{n}(\bar{X}-\mu_0)}{S}$ 即为第 3.3 节中的 T 检验统计量。从上式可知，此时的似然比检验统计量 $\lambda(\boldsymbol{x})$ 是传统的 T 统计量平方的严格递增函数，于是，两个检验统计量的拒绝域有如下等价关系：

$$\{\lambda(\boldsymbol{x}) \geqslant c\} \Leftrightarrow \{|T| \geqslant d\},$$

且由 T 的分位数可确定 $\lambda(\boldsymbol{x})$ 的分位数。当原假设成立时，$T \sim t(n-1)$，若我们取 $d = t_{1-\alpha/2}(n-1)$，则用 $c = \left(1 + \frac{d^2}{n-1}\right)^{n/2}$ 就可使 $\lambda(\boldsymbol{x})$ 犯第一类错误的概率不超过 α。由此可见，此时的似然比检验与我们前面讲过的双侧 T 检验完全等价。

事实上，第 3.3 节中的检验均可以通过似然比方法得到。在很多时候，似然比方法可以得到最优的检验，我们将在第 6 章中做深入的讨论。似然比方法不会总像例3.43和例3.44那样得到统计量的分布，在此情况下我们可以考虑其渐近分布。

定理 3.6： 假设 $\theta = (\theta_1, \cdots, \theta_r, \theta_{r+1}, \cdots, \theta_k) \in \Theta$ 为参数。令

$$\Theta_0 = \{\theta : (\theta_{r+1}, \cdots, \theta_k) = (\theta_{0,r+1}, \cdots, \theta_{0,k})\}.$$

考虑假设检验问题

$$H_0 : \theta \in \Theta_0 \quad \text{与} \quad H_1 : \theta \in \Theta_1,$$

令 $\lambda(\boldsymbol{x})$ 为似然比检验统计量(3.29)，则在 H_0 成立的条件下，

$$2\log\lambda(\boldsymbol{x}) \stackrel{L}{\longrightarrow} \chi^2(k-r).$$

使用定理3.6中定义的检验统计量，显著性水平为 α 的近似拒绝域为

$$\{\boldsymbol{x} : 2\log\lambda(\boldsymbol{x}) \geqslant \chi^2_{1-\alpha}(k-r)\}.$$

注：定理3.6是在一定正则条件 (见第 4.4 节，正则条件 (C1)—(C6)) 下成立的，在这里我们就不详细证明了。有兴趣的读者可以参考 Lehmann (1999)。

例 3.45 (孟德尔的豌豆实验)：在 19 世纪，孟德尔把饱满的黄色豌豆和皮皱的绿色豌豆杂交，它们的后代颜色和形状把豌豆分为四类：黄圆、绿圆、黄皱、绿皱。孟德尔根据遗传学原理判断这四类的比例应为 $9:3:3:1$。为做验证，孟德尔在一次豌豆实验中收获了 $n = 556$ 个豌豆，其中这四类豌豆的个数分别为 315,108,101,32。该数据是否与孟德尔提出的比例吻合？

解： 记四类豌豆的个数分别为：$n_1 = 315, n_2 = 108, n_3 = 101, n_4 = 32$。检验的假设为

$$H_0 : p_{10} = \frac{9}{16}, p_{20} = \frac{3}{16}, p_{30} = \frac{3}{16}, p_{40} = \frac{1}{16}.$$

考虑 (n_1, n_2, n_3, n_4) 服从多项分布 $Multinomial(n, p_1, p_2, p_3, p_4)$，容易建立似然函数并求得 MLE $\hat{p}_i = n_1/n$，$i = 1, 2, 3, 4$。从而

$$
\begin{aligned}
2\log\lambda(\boldsymbol{x}) &= 2\sum_{i=1}^{n} n_i \log\left(\frac{\hat{p}_i}{p_{i0}}\right) \\
&= 2\left[315\log\left(\frac{315/556}{9/16}\right) + 101\log\left(\frac{101/556}{3/16}\right)\right. \\
&\quad \left. + 108\log\left(\frac{108/556}{3/16}\right) + 32\log\left(\frac{32/556}{1/16}\right)\right] = 0.48.
\end{aligned}
$$

由于四个参数的和必为 1，所以参数空间 Θ 的维数 $k=3$，而在 H_0 下，所有参数均给定，所以 Θ_0 的维数 $r=0$。显著性水平为 0.05 的拒绝域为 $\{\boldsymbol{x}: 2\log\lambda(\boldsymbol{x}) \geqslant \chi^2_{1-\alpha}(k-r)\}$，其中 $\chi^2_{1-\alpha}(k-r) = \chi^2_{0.95}(3) = 7.815$。$2\log\lambda(\boldsymbol{x}) = 0.48$ 显然没有落在拒绝域中，所以没有理由拒绝 H_0。基于以上检验，我们认为数据与孟德尔提出的比例是吻合的。

3.6.5 拟合优度检验

前面讨论参数的假设检验问题时，我们总是要假定总体服从某一给定已知分布，在此基础上得到检验统计量的分布进而进行检验。在这一小节中我们要利用数据对总体服从某一分布进行假设检验，也就是验证数据与假定的分布是否拟合得很好。我们称这类问题为**拟合优度检验**问题 (Goodness-of-fit)。拟合优度检验最早是由 K. Pearson 在 1900 年提出的，其所用的检验通常称为皮尔森卡方检验 (Pearson Chi-square test)。

3.6.5.1 多项分布数据的卡方检验

我们首先讨论皮尔森卡方检验用于多项分布数据的拟合优度检验。

设 $(N_1, N_2, \cdots, N_k)$ 服从多项分布 Multinomial$(n, \boldsymbol{p})$，其中 $\boldsymbol{p} = (p_1, p_2, \cdots, p_k)$。记 $\boldsymbol{p}_0 = (p_{01}, p_{02}, \cdots, p_{0k})$ 为一给定的向量，且满足 $p_{0i} \geqslant 0, \sum_{i=1}^k p_{0i} = 1$。考虑检验问题：

$$H_0: \boldsymbol{p} = \boldsymbol{p}_0 \quad 与 \quad H_1: \boldsymbol{p} \neq \boldsymbol{p}_0.$$

1900 年 K. Pearson 提出卡方检验统计量为

$$\chi^2 = \sum_{i=1}^k \frac{(N_i - np_{i0})^2}{np_{i0}}. \tag{3.30}$$

表达式中的 np_{i0} 是当 H_0 成立时落在第 i 类的频数 N_i 的期望，即 $\mathrm{E}_{\boldsymbol{p}}(N_i) = np_{i0}$。所以从式(3.30)中可以看出，皮尔森卡方检验统计量是实际观测到的每类的频数 N_i 与其期望的离差平方除以理论频数的加和。显然如果 H_0 成立，N_i 与相对应类中发生个数的期望距离不会太远，卡方统计量 χ^2 的值不会太大。反之，χ^2 的值越大越有理由拒绝 H_0。

定理 3.7： 在 H_0 下，皮尔森卡方检验统计量有

$$\chi^2 \xrightarrow{L} \chi^2(k-1).$$

拒绝 H_0 的渐近显著性水平为 α 的拒绝域为 $\{\chi^2 \geqslant \chi^2_{1-\alpha}(k-1)\}$。

定理3.7的证明超出本书的范围，但是我们可以对 $k=2$ 的情形进行证明。若 $k=2$，则 $N_2 = n - N_1$，$p_1 + p_2 = 1$，从而有

$$\chi^2 = \frac{(N_1 - np_1)^2}{np_1} + \frac{(N_2 - np_2)^2}{np_2} = \frac{(N_1 - np_1)^2}{np_1} + \frac{[(n-N_1) - n(1-p_1)]^2}{n(1-p_1)}$$
$$= (N_1 - np_1)^2 \left[\frac{1}{np_1} + \frac{1}{n(1-p_1)}\right] = \frac{(N_1 - np_1)^2}{np_1(1-p_1)}.$$

由中心极限定理我们可知

$$\frac{N_1 - np_1}{\sqrt{np_1(1-p_1)}} \xrightarrow{L} N(0,1),$$

而标准正态随机变量的平方服从自由度为 1 的卡方分布。所以我们可知，当 $k=2$ 时，皮尔森卡方检验统计量服从自由度为 1 的卡方分布。

例 3.46 (孟德尔的豌豆实验)：在例3.45中我们采用了似然比的方法，检验了"孟德尔的豌豆实验"中的四类豌豆的数量比是否与孟德尔提出的 $9:3:3:1$ 比例吻合。在本例中，我们将采用皮尔森卡方检验。注意到此时 $k=4, n=556, n_1=315, n_2=108, n_3=101, n_4=32$。待检验的假设为

$$H_0: p_{10}=\frac{9}{16}, p_{20}=\frac{3}{16}, p_{30}=\frac{3}{16}, p_{40}=\frac{1}{16}.$$

检验统计量的取值为 $\chi^2=\sum_{i=1}^{k}\frac{(N_i-np_{i0})^2}{np_{i0}}$，拒绝域为 $\left\{\chi^2\geqslant\chi^2_{1-\alpha}(r-1)\right\}$。计算可得 $np_{10}=312.75$，$np_{20}=np_{30}=104.25$，$np_{40}=34.75$，所以检验统计量的值为

$$\chi_0^2=\frac{(315-312.75)^2}{312.75}+\frac{(108-104.25)^2}{104.25}+\frac{(101-104.25)^2}{104.25}+\frac{(32-34.75)^2}{34.75}=0.47.$$

若显著性水平 $\alpha=0.05$，则临界值 $\chi^2_{0.95}(3)=7.8147$。而 $0.47<7.8147$，故没有理由拒绝 H_0，即实验数据并不违背孟德尔的理论。

该检验的近似 p 值也是可以计算的，为

$$p值=P\left(\chi^2\geqslant 0.47\right)=0.9254,$$

其中 χ^2 表示服从 $\chi^2(3)$ 的随机变量。因此，我们不能拒绝原假设。实验数据并不违背孟德尔的理论。

以上讨论的是一个多项分布总体的数据拟合优度检验问题，卡方检验还可以用于多个多项分布总体数据的**齐性** (Homogeneity) 检验。我们以例 3.47 加以说明。

例 3.47：假设为了检验两种教学方法的教学效果，选取 200 名学生，他们具有相同的能力。将他们随机地分成两组，其中第一组使用第一种教学方法，第二组使用第二种教学方法。学期结束时，评估组对每位学生给出评定等级。此研究是盲态的，即参加研究的学生和评估组的专家并不知道到底是哪一种教学方法。评估结果见表 3.5。在显著性水平 0.05 下，可否认为两种教学方法是等效的？

表 3.5: 教学效果评估结果

组	成绩					总计
	A	B	C	D	F	
1	15	25	32	17	11	100
2	9	18	29	28	16	100

解：首先从图3.13可以看出，方法 2 的评估效果在水平"D"和"E"上略高于方法 1，但是差异是否显著我们还需要进一步检验。

在这个例子中，我们认为这些数据是相互独立的观测，两组数据分布来自两个 $k=5$ 的多项分布 $Multinomial(N_i, p_{i1}, \cdots, p_{ik}), i=1,2$。检验两种教学方法是否等效等价于检验

$$H_0: p_{1j}=p_{2j}, \qquad j=1,\ldots,5$$
$$H_1: 至少存在一个j使得 \quad p_{1j}=p_{2j}.$$

由于两组数据独立，而每组数据分别来自一个多项分布，所以类似于式(3.30)，我们可知当每组的样本量 N_1 与 N_2 很大时，随机变量

$$\sum_{i=1}^{2}\sum_{j=1}^{k}\frac{(N_{ij}-N_ip_{ij})^2}{N_ip_{ij}}$$

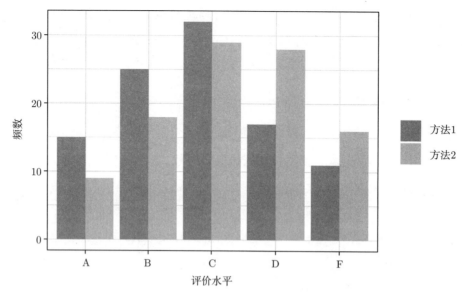

图 3.13：两种教学方法的评估效果比较

近似地服从自由度为 $2(k-1)$ 的卡方分布，其中 N_{ij} 表示第 i 组样本落在第 j 类中的数据个数。在公式中所有 p_{ij} 均未知，因此需要给出这些参数的估计。在 H_0 成立的条件下，两个分布落在第 j 类的概率相同，记 $p_{1j} = p_{2j} = p_j$。因此其极大似然估计为 $\hat{p}_j = (N_{1j} + N_{2j})/(N_1 + N_2), j = 1, \cdots, k$。因此可以得到：检验统计量

$$\chi^2 = \sum_{i=1}^{2} \sum_{j=1}^{k} \frac{[N_{ij} - N_i(N_{1j} + N_{2j})/(N_1 + N_2)]^2}{N_i(N_{1j} + N_{2j})/(N_1 + N_2)},$$

近似地服从自由度为 $2(k-1) - (k-1) = k-1$ 的卡方分布。

根据观测数据我们可以得到

$$\hat{p}_1 = 0.120, \hat{p}_2 = 0.215, \hat{p}_3 = 0.305, \hat{p}_4 = 0.225, \hat{p}_5 = 0.135.$$

代入公式可得统计量的值

$$\chi_0^2 = \frac{(15-12)^2 + \cdots + (11-13.5)^2}{100 \times (0.12 + \cdots + 0.135)} + \frac{(9-12)^2 + \cdots + (16-13.5)^2}{100 \times (0.12 + \cdots + 0.135)} = 6.402.$$

给定 $\alpha = 0.05$，可得 $\chi^2_{1-\alpha}(4) = 9.4877$。所以检验统计量的值没有落在拒绝域 $\{\chi^2 \geqslant \chi^2_{1-\alpha}(4)\}$ 中。所以没有理由拒绝 H_0，即可以认为两种教学方法效果没有差异。也可以得到：p 值 $= P(\chi^2(4) \geqslant 6.402) = 0.171$。

3.6.5.2 分布的拟合优度检验

对多项分布数据的卡方检验还可以拓展到对其他分布数据的拟合优度检验。设 $X_1, \cdots, X_n$ 为来自总体 F 的一个样本，F_0 为一已知的分布函数，考虑假设检验问题：

$$H_0 : F \equiv F_0 \quad \text{与} \quad H_1 : F \not\equiv F_1.$$

利用多项分布的卡方检验统计量的构造思想，将实数轴分为 k 个互不相交的区间 $I_1, \cdots, I_k$。因此样本落在区间 I_j 的概率为

$$p_j = \int_{I_j} dF(x), \qquad j = 1, \cdots, k.$$

令 N_j 为样本中落入区间 j 的个数,由此建立皮尔森卡方检验统计量:

$$\chi^2 = \sum_{j=1}^{k} \frac{(N_j - np_j)^2}{np_j}. \tag{3.31}$$

检验的拒绝域为 $\{\chi^2 \geqslant \chi^2_{1-\alpha}(k-1)\}$。

例 3.48: 下面是 50 个标准正态随机数。验证这组数据来自标准正态分布。

$0.9760, -0.0599, 0.5087, -0.5471, -0.0397, -0.9808, 0.0698, -0.6890, 0.8444, 0.5521, -0.2842, -0.2128,$
$1.3767, -0.2347, 2.4974, 1.3625, -0.3239, 0.1587, 0.0243, -0.5626, 0.8187, 1.8814, 0.1806, 0.0987,$
$0.3020, 0.9256, 0.6062, -1.1608, 0.0889, -0.2193, -0.5007, -0.3763, 0.2342, 1.0885, 0.8313, 0.4788,$
$-2.5149, 0.7108, -0.9903, 0.9368, -0.4109\ 1.8172, 0.1635, -1.5710, 0.3977, -0.1993, 1.0224, -0.9579,$
$1.5296, 0.0576.$

解: 根据题目要求,设假设检验问题为

$$H_0 : F \equiv N(0,1) \quad \text{与} \quad H_1 : F \not\equiv N(0,1).$$

我们首先确定分割点将数轴划分成互不相交的区间,我们选取分割点为 $-1.6, -0.8, 0, 0.8, 1.6$。由于落在区间 $(-\infty, -1.6]$ 上只有一个样本,为保证每个区间的样本点的个数不能过少,我们将 $(-\infty, -1.6]$ 与 $(-1.6, -0.8]$ 合并,最终划分为 $k = 5$ 个区间 $(-\infty, -0.8], (-0.8, 0], (0, 0.8], (0.8, 1.6], (1.6, \infty)$。其直方图与标准正态分布的密度曲线见图 3.14。根据公式(3.31)计算可得检验统计量的值 $\chi^2_0 = 4.42647$,其中相关值的计算详见表3.6。给定 $\alpha = 0.05$,可得 $\chi^2_{1-\alpha}(4) = 9.4877$。所以检验统计量的值没有落在拒绝域 $\{\chi^2 \geqslant \chi^2_{1-\alpha}(4)\}$ 中。因此我们没有充分的理由去拒绝 H_0,即可以认为这组数据非常有可能来自标准正态分布。从图 3.14 中也可以看出,这组数据与标准正态分布比较吻合。

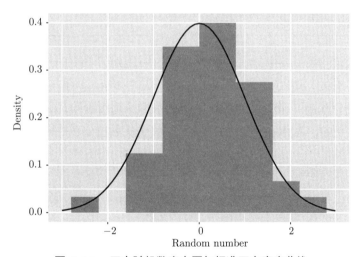

图 3.14: 正态随机数直方图与标准正态密度曲线

表 3.6: 卡方检验统计量相关计算

j	1	2	3	4	5
I_j	$(-\infty, -0.8]$	$(-0.8, 0]$	$(0, 0.8]$	$(0.8, 1.6]$	$(1.6, \infty)$
N_j	5	14	16	11	3
p_j	0.2119	0.2881	0.2881	0.1571	0.0548
np_j	10.595	14.405	14.405	7.855	2.740

上面讨论的拟合优度检验中 H_0 是一简单假设，即 H_0 完全确定了分布函数。但通常情况下，我们只需要检验数据是否来自某一个分布族。例如检验数据是否来自正态分布族而无需确定参数 (μ, σ^2) 的具体值。在这种情形下 H_0 为一复合假设。记分布函数族 $\mathcal{F}_0 = \{F(\cdot; \boldsymbol{\theta}) : \boldsymbol{\theta} = (\theta_1, \cdots, \theta_r) \in \Theta\}$ 为一参数模型，其中 $\boldsymbol{\theta} = (\theta_1, \cdots, \theta_r)$ 为模型的参数。设 $X_1, \cdots, X_n$ 来自总体 F。假设检验问题为

$$H_0 : F \in \mathcal{F}_0 \quad \text{与} \quad H_1 : F \notin \mathcal{F}_0,$$

其中 $\mathcal{F}_0$ 是某个分布族。对于这类检验问题，我们依然可以使用卡方检验，但是与式(3.31)不同之处在于，此时样本落在每个区间 I_j 的概率依赖未知的参数 θ，即

$$p_j(\boldsymbol{\theta}) = \int_{I_j} dF(x; \boldsymbol{\theta}), \qquad j = 1, \cdots, k. \tag{3.32}$$

因此我们首先需要给出 $\boldsymbol{\theta}$ 的估计，在这里我们考虑极大似然估计 $\hat{\boldsymbol{\theta}}$。此时检验统计量定义为

$$\chi^2 = \sum_{j=1}^{k} \frac{[N_j - np_j(\hat{\boldsymbol{\theta}})]^2}{np_j(\hat{\boldsymbol{\theta}})}.$$

当样本量足够大时，此统计量近似地服从自由度为 $k - r - 1$ 的 χ^2 分布。检验的近似显著性水平为 α 的拒绝域为 $\{\chi^2 \geq \chi^2_{1-\alpha}(k - r - 1)\}$。

例 3.49： 为调查在某一十字路口的交通状况，收集了此路口每周的交通事故数，调查结果如表3.7所示。请问调查结果是否显示此路口每周的交通事故数服从泊松分布。

表 3.7: 交通事故调查表

事故数 (i)	0	1	2	3	4	5	6	7	8
频数 (N_i)	19	32	24	18	5	1	0	0	1

解： 根据题意，检验假设

$$H_0 : \text{此路口每周的交通事故数服从泊松分布} P(\lambda),$$
$$H_1 : \text{此路口每周的交通事故数服从泊松分布} P(\lambda).$$

分布中有一个未知参数 λ，我们首先给出 λ 的估计，其极大似然估计为 $\hat{\lambda} = \bar{x}$。由此可以得到：

$$\hat{\lambda} = \frac{\sum_{i=0}^{8} i N_i}{\sum_{i=0}^{8} N_i} = \frac{0 \times 19 + 1 \times 32 + \cdots + 8 \times 1}{100} = 1.67,$$

再将 $\hat{\lambda}$ 代入可以估计出诸 $\hat{p}_i$，即 $\hat{p}_i = \frac{\hat{\lambda}^i}{i!} e^{-\hat{\lambda}}$, $i = 0, 1, 2, \cdots$。我们将观测得到的频率与计算得到的概率进行比较，见图3.15。由图中可以看出，用泊松分布拟合数据很好，但是我们还是要使用拟合优度检验进行验证。

由于泊松分布为离散型分布，我们很自然地将每个可能值作为一类。同时，为了满足每一类出现的样本观测次数不小于 5，我们把 $i \geq 4$ 作为一类，因此共 5 类。根据公式(3.32)计算可得检验统计量的具体取值：

$$\chi_0^2 = \frac{(19 - 18.82)^2 + (32 - 31.44)^2 + \cdots + (7 - 8.87)^2}{18.82 + 31.44 + \cdots + 8.87} = 1.385,$$

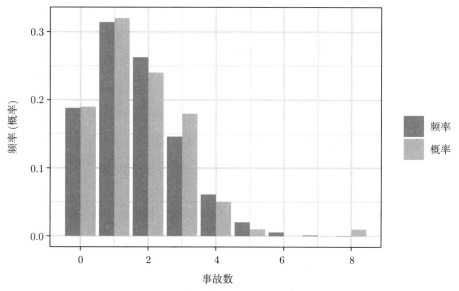

图 **3.15**：交通事故数的泊松分布拟合图

其中相关值的计算详见表3.8。给定 $\alpha = 0.05$, 可得 $\chi^2_{1-\alpha}(5 - 1 - 1) = 7.815$。所以检验统计量的值没有落在拒绝域 $\{\chi^2 \geqslant \chi^2_{1-\alpha}(3)\}$ 中，没有理由拒绝 H_0，即可以认为这组数据是来自泊松分布。

表 **3.8**：例 **3.49** 泊松分布拟合计算结果

事故数 (j)	0	1	2	3	$\geqslant 4$
频数 (N_j)	19	32	24	18	7
$\hat{p}_j$	0.1882	0.3144	0.2625	0.1461	0.0887
$n\hat{p}_j$	18.82	31.44	26.25	14.61	8.87

3.6.5.3 列联表的独立性检验

前面对单一属性变量的单样本分类数据以及两样本分类数据的比例分别进行了讨论。下面我们将对两个属性变量的分类数据进行讨论。

设容量 n 的随机样本来自同一总体 (X,Y), (X,Y) 具有二元离散联合概率分布，如表 3.9。其中联合概率 $p_{ij} = P(X = i, Y = j)$ 表示个体落入表中 (i,j) (X 的第 i 类，Y 的第 j 类) 的概率，且 $\sum_{i=1}^{I} \sum_{j=1}^{J} p_{ij} = 1$。边际概率 $p_{i\cdot} = P(X = i)$ 表示个体的 X 属性落入第 i 类的概率，$p_{\cdot j} = P(Y = j)$ 表示个体的 Y 属性落入第 j 类的概率。我们通常关心的问题是变量 X 和 Y 是否独立。X 与 Y 相互独立当且仅当对所有的 i, j, 有 $p_{ij} = p_{i\cdot} p_{\cdot j}$ 成立。

表 **3.9**：二维离散随机向量的概率分布

行变量 (X)	列变量 (Y)					合计
	1	$\cdots$	j	$\cdots$	J	
1	p_{11}	$\cdots$	p_{1j}	$\cdots$	p_{1J}	$p_{1\cdot}$
$\vdots$	$\vdots$	$\cdots$	$\vdots$	$\cdots$	$\vdots$	$\vdots$
i	p_{i1}	$\cdots$	p_{ij}	$\cdots$	p_{iJ}	$p_{i\cdot}$
$\vdots$	$\vdots$	$\cdots$	$\vdots$	$\cdots$	$\vdots$	$\vdots$
I	p_{I1}	$\cdots$	p_{Ij}	$\cdots$	p_{IJ}	$p_{I\cdot}$
合计	$p_{\cdot 1}$	$\cdots$	$p_{\cdot j}$	$\cdots$	$p_{\cdot J}$	1

假设现有容量 n 的随机样本来自如上所述的总体 (X,Y)。把样本按照两个属性变量 (X,Y) 交叉划分，将 IJ 种可能出现的计数结果用 I 行 J 列的表汇总出来，称其为 $I \times J$ 列联表，如表3.10。列联表分析方法是研究属性变量的一种非常古老但是至今依然被广泛应用的且行之有效的统计方法，尤其在社会科学和医学中应用广泛。

表 3.10: $I \times J$ 列联表

行变量 (X)	列变量 (Y)					合计
	1	$\cdots$	j	$\cdots$	J	
1	N_{11}	$\cdots$	N_{1j}	$\cdots$	N_{1J}	$N_{1\cdot}$
$\vdots$	$\vdots$	$\cdots$	$\vdots$	$\cdots$	$\vdots$	$\vdots$
i	N_{i1}	$\cdots$	N_{ij}	$\cdots$	N_{iJ}	$N_{i\cdot}$
$\vdots$	$\vdots$	$\cdots$	$\vdots$	$\cdots$	$\vdots$	$\vdots$
I	N_{I1}	$\cdots$	N_{Ij}	$\cdots$	N_{IJ}	$n_{I\cdot}$
合计	$N_{\cdot 1}$	$\cdots$	$N_{\cdot j}$	$\cdots$	$N_{\cdot J}$	n

在给定样本量 n 的条件下，列联表中的所有单元计数 $\{N_{ij}, i=1,\cdots,I;\ j=1,\cdots,J\}$ 服从多项分布：

$$\boldsymbol{N} \sim Multinomial(n, \boldsymbol{p}),$$

其中 $\boldsymbol{N} = (N_{11},\cdots,N_{1J},\cdots,N_{I1},\cdots,N_{IJ})^\top$，$\boldsymbol{p} = (p_{11},\cdots,p_{1J},\cdots,p_{I1},\cdots,p_{IJ})^\top$，且 $\sum_{i=1}^{I}\sum_{j=1}^{J} p_{ij} = 1$。

如前所述，在列联表分析中我们通常关心变量 X 和 Y 是否独立，可以表述为如下的假设检验问题：

$$H_0: p_{ij} = p_{i\cdot}p_{\cdot j}, \qquad i=1,\cdots,I;\ j=1,\cdots,J. \tag{3.33}$$

已知第 (i,j) 类的期望频数 μ_{ij} 为

$$\mu_{ij} = \mathrm{E}N_{ij} = np_{ij} \stackrel{H_0\text{ 成立}}{=\!=\!=} np_{i\cdot}p_{\cdot j}.$$

由此，在 H_0 成立时 μ_{ij} 的极大似然估计为

$$\hat{\mu}_{ij} = n\hat{p}_{ij} = n\hat{p}_{i\cdot}\hat{p}_{\cdot j} = n\left(\frac{N_{i\cdot}}{n}\right)\left(\frac{N_{\cdot j}}{n}\right),$$

其中 $\hat{p}_{ij} = \hat{p}_{i\cdot}\hat{p}_{\cdot j}$，$\hat{p}_{i\cdot} = N_{i\cdot}/n$，$\hat{p}_{\cdot j} = N_{\cdot j}/n$，称 $\hat{\mu}_{ij}$ 为**估计期望频数** (Estimated expected frequencies)。基于实际观测频数和估计期望频数的差异可以构造检验统计量。多项分布中共有 IJ 个未知参数 p_{ij}，同时有约束条件 $\sum_{i=1}^{I}\sum_{j=1}^{J} p_{ij} = 1$。在 H_0 条件下，分布则由 $I+J$ 个未知参数 $p_{i\cdot}, p_{\cdot j}$ 确定，同时含有两个约束条件 $\sum_{i=1}^{I} p_{i\cdot} = 1$ 和 $\sum_{j=1}^{J} p_{\cdot j} = 1$。所以，当样本量足够大时如下卡方检验统计量近似地服从自由度为 $df = IJ - 1 - (I+J-2) = (I-1)(J-1)$ 的卡方分布。

$$\chi^2 = \sum_{i=1}^{I}\sum_{j=1}^{J}\frac{(N_{ij} - n\hat{p}_{ij})^2}{n\hat{p}_{ij}} \quad \stackrel{L}{\longrightarrow} \quad \chi^2((I-1)(J-1)).$$

若 H_0 成立，各单元的观测频数 N_{ij} 与期望频数应比较接近，因此检验统计量 χ^2 越大越有理由拒绝 H_0。所以，给定显著性水平 α，检验(3.33)的拒绝域为 $\{\chi^2 \geqslant \chi^2_{1-\alpha}((I-1)(J-1))\}$。

例 3.50: 假设某集团公司对旗下的 3 家酒店进行顾客满意度调查,所有表述不愿再次入住的顾客都被追问了不愿再次入住的原因。调查结果见表3.11。请问不愿再次入住的主要原因是否与酒店无关。

表 3.11: 酒店顾客不愿再次入住因素调查结果

主要原因	酒店 A	B	C	合计
价格	23	7	37	67
地点	13	5	13	31
服务	39	13	8	60
其他	13	8	8	29
合计	88	33	66	187

解: 变量 X 表示不愿再次入住的主要原因,其相应的四个水平分别为:价格,地点,服务,其他。变量 Y 表示酒店,其相应的三个水平分别为:酒店 A,酒店 B,酒店 C。观测数据结果得到 4×3 列联表3.11。检验 H_0: 不愿再次入住的主要原因与酒店无关,即要检验 X 与 Y 相互独立。

$$H_0 : p_{ij} = p_{i.}p_{.j}, \qquad i = 1,2,3,4; j = 1,2,3.$$

我们可以得到边际概率的极大似然估计值:

$$\hat{p}_{1.} = 0.3583, \quad \hat{p}_{2.} = 0.1658, \quad \hat{p}_{3.} = 0.3209, \quad \hat{p}_{4.} = 0.1551,$$

$$\hat{p}_{.1} = 0.4706, \quad \hat{p}_{.2} = 0.1765, \quad \hat{p}_{.3} = 0.3529.$$

进而可以得到估计期望频数 $\hat{\mu}_{ij} = n\hat{p}_{i.}\hat{p}_{.j}$,结果见表3.12。由此计算可得检验统计量的取值:

$$\chi_0^2 = \frac{(23 - 31.5294)^2}{31.5294} + \cdots + \frac{(8 - 10.2353)^2}{10.2353} = 27.410.$$

给定显著性水平 $\alpha = 0.05$,可得 $\chi_{1-\alpha}^2(3 \times 2) = 12.592$。所以检验统计量的值落在拒绝域 $\{\chi^2 \geqslant \chi_{1-\alpha}^2(6)\}$ 中,拒绝 H_0,即可以认为不愿再次入住的主要原因与酒店有关。

表 3.12: 酒店顾客不愿再次入住因素调查结果与估计期望频数

主要原因	酒店 A N_{ij}	$\hat{\mu}_{ij}$	酒店 B N_{ij}	$\hat{\mu}_{ij}$	酒店 C N_{ij}	$\hat{\mu}_{ij}$	合计
价格	23	31.5294	7	11.8235	37	23.6471	67
地点	13	14.5882	5	5.4706	13	10.9412	31
服务	39	28.2353	13	10.5882	8	21.1765	60
其他	13	13.6471	8	5.1176	8	10.2353	29
合计	88		33		66		187

列联表的独立性卡方检验可以通过 R 中语句 chisq.test 函数实现。

```
h.df=expand.grid(Reason=c("价格","地点","服务","其他"),Hotel=c("A","B","C"))
h.df$Freq=c(23,13,39,13,7,5,13,8,37,13,8,8)
h.tab=xtabs(Freq~Reason+Hotel,data=h.df)
chisq.test(h.tab)
```

```
##
##   Pearson's Chi-squared test
##
## data:  h.tab
## X-squared = 27, df = 6, p-value = 1e-04
```

数据表明，顾客不愿再次入住的主要原因与酒店有关。我们可以进一步研究各酒店的主要因素。从表3.12中可以看出，酒店 A 的价格明显被低估了，而酒店 C 顾客不愿再次入住的主要原因是价格过高。同时，酒店 C 的服务满意度明显低估，而酒店 A 顾客不愿再次入住的主要原因是服务不满意。

练习题3

1. 设 $X_1, \cdots, X_n$ 是来自总体 F 的一个样本，总体的四阶矩存在 $\mathrm{E}|X|^4 < \infty$。记样本均值和样本方差分别为 $\bar{X}$ 和 S^2，试证：

   (a) $\mathrm{Var}(S^2) = \frac{n^2(\nu_4 - \sigma^4) - 2n(\nu_4 - 2\sigma^4) + (\nu_4 - 3\sigma^4)}{n(n-1)^2}$，其中 $\nu_4 = \mathrm{E}(X-\mu)^4$；
   (b) $\mathrm{Cov}(\bar{X}, S^2) = \frac{\nu_3}{n}$，其中 $\nu_3 = \mathrm{E}(X-\mu)^3$。

2. 某社会工作者调查买彩票人员得奖情况，其结果如表 3.13 所示。已知买彩票者的性别与是否中奖是相互独立的。记买彩票者为男性的概率为 p，中奖概率为 q。求 p 和 q 的极大似然估计。若随机抽查一购买彩票者，其为女性中奖者的概率是多少？

   表 3.13: 彩票中奖情况

	中奖	未中奖
男性	32	152
女性	20	100

3. 证明公式(3.12)。

4. 设从正态分布总体 $N(100,4)$ 中分别抽取容量为 15 和 20 的两个独立样本，样本均值分别为 $\bar{X}, \bar{Y}$，试求 $P(|\bar{X} - \bar{Y}| > 0.2)$。

5. 设从方差相等的两个独立正态总体中分别抽取容量为 15 和 20 的样本，其样本方差分别为 S_1^2, S_2^2，试求 $P(S_1^2/S_2^2 > 2)$。

6. 设 X_1, X_2, X_3 是来自 $N(0, \sigma^2)$ 的样本，试求 $Y = 2\left(\frac{X_1 + X_2 + X_3}{X_1 - 2X_2 + X_3}\right)^2$ 的分布。

7. 设总体是参数为 θ 的指数分布，密度函数为 $f(x) = \frac{1}{\theta} e^{-x/\theta}, \theta > 0$。

   (a) 求总体的中位数；
   (b) 设有容量为 21 的随机样本，求样本中位数的密度函数；
   (c) 设有容量为 n 的随机样本，求样本中位数的渐近分布。

8. 设 $X_1, X_2, \cdots, X_n$ 是来自某连续总体的一个样本。该总体的分布函数 F 是连续严增函数，证明：统计量 $T = -2\sum_{i=1}^{n} \log F(X_i)$ 服从 $\chi^2(2n)$。

9. 设分别从总体 $N(\mu_1, \sigma^2)$ 和 $N(\mu_2, \sigma^2)$ 中抽取容量 n_1 和 n_2 的两个独立样本 $X_1, \cdots, X_{n_1}$ 和 $Y_1, \cdots, Y_{n_2}$，其样本均值分别为 $\bar{X}$ 和 $\bar{Y}$，样本方差分别为 $S_1^2 = \frac{1}{n_1-1}\sum_{i=1}^{n_1}(X_i - \bar{X})^2$, $S_2^2 = $

$\frac{1}{n_2-1} \sum_{i=1}^{n_2} (Y_i - \bar{Y})^2$。试证明：对于任意常数 $a, b (a + b = 1)$，$Z = aS_1^2 + bS_2^2$ 都是 σ^2 的无偏估计，并确定常数 a, b 使得 $\mathrm{Var}(Z)$ 达到最小。

10. 设 $\hat{\theta}$ 是参数 θ 的无偏估计，且有 $\mathrm{Var}\left(\hat{\theta}\right) > 0$，试证 $\left(\hat{\theta}\right)^2$ 不是 θ^2 的无偏估计。

11. 设总体服从均匀分布 $U(0, k\theta)$，$X_1, \cdots, X_n$ 为来自总体的样本 $(n > 1)$，其中 $\theta > 0$ 为未知参数，$k > 0$ 且 k 为常数。

    (a) 证明 $\hat{\theta}_1 = \frac{2}{nk} \sum_{i=1}^n X_i$ 为 θ 的无偏估计；
    (b) $X_{(n)} = \max\{X_1, \cdots, X_n\}$，试确定常数 c，使得 $\hat{\theta}_2 = cX_{(n)}$ 为 θ 的无偏估计；
    (c) 判断 $\hat{\theta}_1$ 和 $\hat{\theta}_2$ 谁更有效。

12. 设总体概率函数如下，$X_1, \cdots, X_n$ 是独立同分布的样本，试求未知参数的矩估计。

    (a) $P(X = k) = \frac{1}{N}$，$k = 1, 2, \cdots, N$，其中 N (正整数) 是未知参数；
    (b) $f(x; \theta) = (\theta + 1) x^\theta$，$0 < x < 1$，其中 $\theta > 0$ 是未知参数。

13. 设总体 X 服从二项分布 $B(m, p)$，其中 m, p 为未知参数，$X_1, \cdots, X_n$ 为 X 的一个样本，求 m 与 p 的矩估计。

14. 设总体概率函数取值表达式如下，$X_1, \cdots, X_n$ 是样本，试求未知参数的极大似然估计。

    (a) $f(x; \theta) = c\theta^c x^{-(c+1)}$，$x > \theta$，$\theta > 0$，其中，$c > 0$ 已知，θ 是未知参数；
    (b) $f(x; \theta) = \theta^x (1 - \theta)^{1-x}$，$x = 0, 1$，$\theta \in [1/2, 3/4]$，其中 θ 是未知参数；
    (c) $f(x; \theta) = \frac{1}{\sqrt{2\pi}\theta} \exp\left\{\frac{(x-\theta)^2}{2\theta^2}\right\}$，$\theta \in \mathbb{R}$，$\theta \neq 0$，其中 θ 是未知参数。

15. 一个罐子中装有黑球和白球，有放回地抽取一个容量为 n 的样本，其中有 k 个白球，求罐子里黑球数和白球数之比 R 的极大似然估计。

16. 设总体 $X \sim U(\theta, 3\theta)$，其中 $\theta > 0$ 是未知参数，$X_1, \cdots, X_n$ 为取自该总体的样本，$\bar{X}$ 为样本均值。

    (a) 证明 $\hat{\theta} = \frac{1}{2}\bar{X}$ 是参数 θ 的无偏估计；
    (b) 求 θ 的极大似然估计，它是无偏估计吗？

17. 在遗传学研究中经常要从截尾二项分布中抽样，其总体概率为
    $$P(X = k; p) = \frac{\binom{m}{k} p^k (1-p)^{m-k}}{1 - (1-p)^m}, \qquad k = 1, 2, \cdots, m.$$
    若已知 $m = 2$，$X_1, \cdots, X_n$ 是样本，试求 p 的极大似然估计。

18. 设 $\bar{X}$ 是来自 $N(\theta, \sigma^2)$ 的容量为 n 的样本均值，假设 $\sigma^2(>0)$ 已知。证明 $\bar{X}^2 - \frac{\sigma^2}{n}$ 是 θ^2 的无偏估计，并求其效率。

19. 用枢轴化分布函数的方法证明：若 $X \sim B(n, p)$，则 p 的 $1 - \alpha$ 置信区间为
    $$\left[\frac{1}{1 + \frac{n-x+1}{x} F_{1-\alpha/2}(2(n-x+1), 2x)}, \frac{\frac{x+1}{n-x} F_{1-\alpha/2}(2(x+1), 2(n-x))}{1 + \frac{x+1}{n-x} F_{1-\alpha/2}(2(x+1), 2(n-x))}\right].$$

20. 以下的数据是一块九排马铃薯田地里每排的蚜虫数量：
    $$155 \quad 104 \quad 66 \quad 50 \quad 36 \quad 40 \quad 30 \quad 35 \quad 42$$
    假定数量服从泊松分布，请用分布函数枢轴化的方法构造每排平均蚜虫数量的 0.95 置信区间。

21. 现有一项关于人们观看明星综艺电视节目的行为研究。研究针对看电视低频人群 (每周 10~19 次电视节目)，以及看电视高频人群 (每周 40~49 次电视节目)。在每组人群中又根据年龄分为两组 (16~34 岁，35 岁及以上)。令 Y 表示每组中观看大量明星综艺内容的人数。研究结果见表 3.14。

表 3.14: 观看明星综艺电视节目的行为研究

看电视 频率	年龄			
	16~34 岁		35 岁及以上	
低频	$y_1 = 20$	$n_1 = 31$	$y_2 = 13$	$n_2 = 30$
高频	$y_3 = 18$	$n_3 = 26$	$y_4 = 7$	$n_4 = 28$

其中 n_i 表示每组中的样本量，Y_1, Y_2, Y_3, Y_4 相互独立且分别服从参数为 p_1, p_2, p_3, p_4 的二项分布，即 $Y_i \sim B(n_i, p_i)$。分别求 $p_3 - p_1$，$p_4 - p_2$ 以及 $(p_3 - p_1) - (p_4 - p_2)$ 的 0.95 置信区间。关于人们观看明星综艺电视节目的行为的研究，通过上述结果你可以得到什么样的结论？

22. 设总体服从参数为 λ 的泊松分布，$X \sim P(\lambda)$，$Y_1, Y_2, \cdots, Y_n$ 为来自此总体随机样本。定义

$$Z_n = \frac{\bar{Y} - \lambda}{\sqrt{\bar{Y}/n}}.$$

(a) 证明 Z_n 依分布收敛到标准正态；
(b) 根据 (a) 的结果构造 λ 的 0.95 置信区间。

23. 已知某种材料的抗压强度 $X \sim N(\mu, \sigma^2)$，现随机地抽取 10 个试件进行抗压试验，测得数据如下：

$$48.2 \quad 49.3 \quad 45.7 \quad 47.1 \quad 51.0 \quad 44.6 \quad 43.5 \quad 41.8 \quad 39.4 \quad 46.9$$

(a) 求平均抗压强度 μ 的 0.95 置信区间；
(b) 若已知 $\sigma = 3$, 求平均抗压强度 μ 的 0.95 置信区间；
(c) 求 σ 的 0.95 置信区间。

24. 在一批货物中随机抽取 100 件，发现有 15 件不合格品，试求这批货物的不合格品率的 0.9 置信区间。

25. 总体 $X \sim N(\mu, \sigma^2)$，σ^2 已知，问样本容量 n 取多大时才能保证 μ 的 0.95 置信区间的长度不大于 $\sigma/4$。

26. 你想通过在不同的地区 (代表性地区) 抽取最近的房屋销售情况来研究一个国家的房屋平均价格。你的研究目标是提出房屋平均价格的一个 0.95 置信区间。按以往的研究总体标准差大约是 7200 元。在下列不同误差幅度情况下，样本容量应该至少是多少？

(a) 误差幅度在 500 元以内？
(b) 误差幅度在 100 元以内？
(c) 比较前两问的结果，你能得出什么结论？

27. 假设人体身高服从正态分布，今抽测甲、乙两地区 18~25 岁男青年身高的数据如下：甲地区抽取 10 名，样本均值 1.66m, 样本标准差 0.2m；乙地区抽取 10 名，样本均值 1.64m, 样本标准差 0.4m。求：

(a) 两正态总体方差比的 0.95 置信区间；
(b) 两正态总体均值差的 0.95 置信区间。

28. 设总体 X 的密度函数在 x 处取值为

$$f(x, \theta) = e^{-(x-\theta)} \mathbf{I}(x > \theta), \quad -\infty < \theta < \infty.$$

$X_1, \cdots, X_n$ 为抽自此总体的简单随机样本。

(a) 证明：$X_{(1)} - \theta$ 的分布与 θ 无关，并求出此分布；

(b) 求 θ 的 $1 - \alpha$ 置信区间。

29. 总体分布为 $\Gamma\left(\alpha, \frac{1}{\beta}\right)$，密度函数在 x 处取值为

$$f(x; \alpha, \beta) = \frac{1}{\Gamma(\alpha)\beta^\alpha} x^{\alpha-1} e^{-x/\beta}, \qquad x > 0, \alpha > 0, \beta > 0.$$

记 $\bar{X}$ 是来自该总体的容量为 25 的样本均值，其中 $\alpha = 4$ 已知。利用中心极限定理求 β 的 0.95 近似置信区。

30. 设 $X_1, \cdots, X_{10}$ 是来自伯努利分布 $B(1, p)$ 的样本，考虑如下检验问题：

$$H_0 : p = 0.4 \quad \text{与} \quad H_1 : p = 0.2.$$

取拒绝域为 $\mathbb{C} = \{\bar{X} \leqslant 0.2\}$，求该检验犯两类错误的概率。

31. 设 $X_1, \cdots, X_{25}$ 是来自正态总体 $N(\mu, 9)$ 的样本，考虑以下检验问题：

$$H_0 : \mu = \mu_0 \quad \text{与} \quad H_1 : \mu \neq \mu_0$$

拒绝域取为 $\mathbb{C} = \{|\bar{X} - \mu_0| \geqslant c\}$。

(a) 试求 c，使得检验的显著性水平为 0.05；

(b) 求该检验在 $\mu = \mu_1 (\mu_0 \neq \mu_1)$ 处犯第二类错误的概率。

32. 某厂生产的化纤纤度服从正态分布 $N(1.40, 0.04^2)$。某天测得 25 根纤维的纤度的平均值为 1.39，若方差没有变化，可否认为当天生产的纤维的平均纤度仍为 1.40？$(\alpha = 0.05)$

33. 玉米单交种 105 的平均穗重 (单位：g) 为 300，喷药后随机抽取 9 个果穗，其穗重为：

$$308 \quad 305 \quad 311 \quad 298 \quad 315 \quad 300 \quad 321 \quad 294 \quad 320$$

设穗重服从正态分布 $N(\mu, \sigma^2)$，试检验假设 $H_0 : \mu \geqslant 300$ 与 $H_1 : \mu < 300$。$(\alpha = 0.1)$

34. 一个混杂的小麦品种株高 (单位：cm) 的标准差为 14，经提纯后随机抽取出 10 株的株高为：

$$90 \quad 105 \quad 101 \quad 95 \quad 100 \quad 100 \quad 101 \quad 105 \quad 93 \quad 97$$

试检验提纯后是否比原来的群体较为整齐？$(\alpha = 0.05)$

35. 为了比较用来做鞋子后跟的两种材料的质量，选取了 10 名成年男子，每人穿一双新鞋，其中一只以材料 A 做后跟，另一只以材料 B 做后跟，其厚度均为 10mm。过了一个月再测量厚度 (单位：mm)，得如下数据：

$$\text{材料 A:} \quad 6.6 \quad 7.0 \quad 8.3 \quad 8.2 \quad 5.2 \quad 9.3 \quad 7.9 \quad 8.5 \quad 7.8 \quad 7.5$$
$$\text{材料 B:} \quad 7.4 \quad 5.4 \quad 8.8 \quad 8.0 \quad 6.8 \quad 9.1 \quad 6.3 \quad 7.5 \quad 7.0 \quad 6.5$$

设每对数据的差 $d_i = X_i - Y_i \ (i = 1, 2, \cdots, 10)$ 来自正态总体，问两种材料是否一样耐穿？$(\alpha = 0.01)$

36. 冶炼某种金属有两种方法, 为了检验这两种方法生产的产品中所含杂质的波动是否有显著差异, 各取一个样本, 得数据如下:

甲: 29.6　22.8　25.7　23.0　22.3　24.2　26.1　26.4　27.2　30.2　24.5　29.5　25.1

乙: 22.6　22.5　20.6　23.5　24.3　21.9　20.6　23.2　23.4

假定产品的杂质含量服从正态分布, 问甲、乙两种方法生产的产品的杂质含量波动是否有明显差异? ($\alpha = 0.05$)

37. 随机从甲乙两个电影制片公司抽取若干部影片, 其放映时长 (单位: 分钟) 为:

甲: 102　86　98　109　92

乙: 81　105　97　124　92　87　114

设甲、乙的放映时长分别服从正态 $N(\mu_1, \sigma_1^2)$ 和 $N(\mu_2, \sigma_2^2)$, 且两样本独立。

(a) 试检验两个总体的方差是否相等; ($\alpha = 0.05$)

(b) 试检验两个总体的均值是否相等。($\alpha = 0.05$)

38. 设总体 $X \sim N(\mu_1, \sigma_1^2)$, 总体 $Y \sim N(\mu_2, \sigma_2^2)$, 其中 σ_1^2, σ_2^2 已知。从总体 X 中抽取样本 $X_1, \cdots, X_n$, 从总体 Y 中抽取样本 $Y_1, \cdots, Y_m$, 两样本独立。考虑如下的假设检验问题:

$$H_0: c\mu_1 + d\mu_2 = \delta \quad \text{与} \quad H_1: c\mu_1 + d\mu_2 \neq \delta,$$

其中 $c \neq 0, d \neq 0, c, d, \delta$ 都是已知常数, 试给出上述假设检验问题的检验统计量及拒绝域。

39. 某家石油公司声明没用过他家汽油的汽车拥有者不到所有汽车拥有者的 20%。随机抽取 200 个汽车拥有者, 其中 22 个人没有用过该家石油公司的汽油。请通过大样本检验法检验该家公司的声明的真伪。($\alpha = 0.01$)

40. 两工厂甲和乙生产同一种产品, 现随机从甲厂抽取 300 个, 发现有 14 个废品; 从乙厂抽取 400 个, 发现有 25 个废品。请问两厂的废品率是否有显著差异? ($\alpha = 0.05$)

41. 一种原料来自三个不同的地区, 原料质量被分成三个不同等级。从这批原料中随机抽取 500 件进行检验, 抽样结果如表 3.15 所示。

表 3.15: 原料质量等级

	一级	二级	三级	合计
甲地区	52	64	24	140
乙地区	60	59	52	171
丙地区	50	65	74	189
合计	162	188	150	500

请检验各个地区和原料质量之间是否存在依赖关系。($\alpha = 0.05$)

42. 在一批灯泡中抽取 300 只作寿命试验, 其结果如表 3.16 所示。

表 3.16: 灯泡寿命试验结果

寿命 (h)	< 100	$[100, 200)$	$[200, 300)$	≥ 300
灯泡数	121	78	43	58

能否认为灯泡寿命服从指数分布 $\exp(0.005)$? ($\alpha = 0.05$)

43. 设按有无特性 A 与 B 将 n 个样品分成四类,组成 2×2 列联表,如表 3.17 所示,其中 $n = a+b+c+d$。

表 3.17: 2 × 2 列联表

	B	$\bar{B}$	合计
A	a	b	$a+b$
$\bar{A}$	c	d	$c+d$
合计	$a+c$	$b+d$	n

试证明此时列联表独立性检验的卡方统计量可以表示成

$$\chi^2 = \frac{n\,(ad - bc)^2}{(a+b)\,(c+d)\,(a+c)\,(b+d)}.$$

44. 一农场 10 年前在一鱼塘里按比例 20：15：40：25 投放了四种鱼：鲑鱼、鲈鱼、竹夹鱼和鲇鱼的鱼苗。现在在鱼塘里捕获到 500 条鱼。其中鲑鱼 132 条,鲈鱼 100 条,竹夹鱼 200 条,鲇鱼 168 条。请问现各类鱼数量的比率较 10 年前是否有显著变化。($\alpha = 0.05$)

45. 设样本 $X_1, X_2, \cdots, X_m$ 来自总体 $N(\mu_1, \sigma^2)$,样本 $Y_1, Y_2, \cdots, Y_n$ 来自总体 $N(\mu_2, \sigma^2)$,且两个样本相互独立。记 $\bar{X} = n^{-1} \sum_{i=1}^m X_i$ 和 $\bar{Y} = n^{-1} \sum_{i=1}^n Y_i$ 分别为两个样本的均值,$S_X^2 = (m-1)^{-1} \sum_{i=1}^m (X_i - \bar{X})^2$ 和 $S_Y^2 = (n-1)^{-1} \sum_{i=1}^n (Y_i - \bar{Y})^2$ 分别为两个样本的方差。

(a) 当 σ^2 未知时,求假设检验 $H_0 : \mu_1 = \mu_2$ 与 $H_1 : \mu_1 \neq \mu_2$ 的似然比检验统计量,并在显著性水平 α 下确定其拒绝域;

(b) 当 μ_1, μ_2 已知时,求假设检验 $H_0 : \sigma^2 = \sigma_0^2$ 与 $H_1 : \sigma^2 > \sigma_0^2$ 的似然比检验统计量,并在显著性水平 α 下确定其拒绝域。

第 4 章 渐近性质

我们在第 3 章中所讨论的估计的无偏性、有效性等均是在有限样本条件下的性质。在本章中，我们考虑当样本量趋于无穷时的性质，我们称之为渐近性质。而这些性质的理论基础就是随机变量序列的收敛性、大数定律和中心极限定理。此外，Slutsky 定理拓展了中心极限定理的应用，而 Δ-方法更进一步将渐近分布拓展到渐近正态随机变量的函数。

4.1 估计的相合性

直观来说，一个合理的点估计 $\hat{\theta}(X_1, \cdots, X_n)$，其估计误差应随着样本量 n 的增加而减小，并且当 n 趋于无穷时误差趋于零。这就是相合性的思想。相合性可以说是估计最基本的性质。一般来说，我们在找点估计时，不具有相合性的估计是不予考虑的。

定义 4.1： 设 $\boldsymbol{X} = (X_1, \cdots, X_n)$ 为来自总体 $F(\cdot; \theta)$ 的一个随机样本，$\theta \in \Theta$ 为未知参数，$\hat{\theta}_n(\boldsymbol{X})$ 是 θ 的一个估计，n 为样本容量。若对任何一个 $\varepsilon > 0$，

$$\lim_{n \to \infty} P\left(\left|\hat{\theta}_n(\boldsymbol{X}) - \theta\right| \geqslant \varepsilon\right) = 0,$$

则称估计 $\hat{\theta}_n(\boldsymbol{X})$ 为参数 θ 的**相合估计** (Consistent estimator)，记作 $\hat{\theta}_n(\boldsymbol{X}) \stackrel{P}{\longrightarrow} \theta$。

由定义可以看出，估计量的相合性就是我们在概率论中所说的依概率收敛。

例 4.1： 设 $X_1, \cdots, X_n$ 为来自均匀总体 $U(0, \theta)$ 的一个随机样本，θ 的极大似然估计是样本的最大次序统计量 $X_{(n)}$。可以证明 $X_{(n)}$ 是 θ 的相合估计。事实上，我们可以求得 $X_{(n)}$ 的密度函数在 x 处表达式是

$$f_{(n)}(x) = \frac{nx^{n-1}}{\theta^n}, \qquad 0 < x < \theta.$$

故有，$\forall \varepsilon > 0$,

$$\begin{aligned} P(|X_{(n)} - \theta| \geqslant \varepsilon) = P(X_{(n)} \leqslant \theta - \varepsilon) &= \int_0^{\theta - \varepsilon} \frac{nt^{n-1}}{\theta^n} dt \\ &= \left(\frac{\theta - \varepsilon}{\theta}\right)^n \to 0, \qquad n \to \infty. \end{aligned}$$

定理 4.1： 设 $\hat{\theta}_n(\boldsymbol{X})$ 是 θ 的一个估计量，若

$$\lim_{n \to \infty} \mathrm{E}\hat{\theta}_n = \theta, \quad \lim_{n \to \infty} \mathrm{Var}\left(\hat{\theta}_n\right) = 0,$$

则 $\hat{\theta}_n$ 是 θ 的相合估计。

例 4.2： 在例4.1中，我们通过定义证明了 $X_{(n)}$ 为均匀分布 $U(0, \theta)$ 中 θ 的相合估计。事实上，通过计算我们可以得到

$$\mathrm{E}X_{(n)} = \int_0^\theta x f_{(n)}(x) dx = \int_0^\theta x \frac{nx^{n-1}}{\theta^n} dx = \frac{n}{n+1}\theta \to \theta, \qquad n \to \infty,$$

以及

$$\mathrm{Var}(X_{(n)}) = \mathrm{E}X_{(n)}^2 - (\mathrm{E}X_{(n)})^2 = \frac{n\theta^2}{n+2} - \frac{n^2\theta^2}{(n+1)^2} = \frac{n\theta^2}{(n+1)(n+2)} \to 0, \qquad n \to \infty.$$

所以，由定理4.1也知，$X_{(n)}$ 为 θ 的相合估计。

由大数定律我们可以直接得到"样本均值是总体期望的相合估计"这一结论。事实上，推论4.1告诉我们，对于任意的矩估计，我们均可以推知其相合性。为此，我们先给出定理4.2和4.3。

定理 4.2： 设 $\boldsymbol{X} = (X_1, \cdots, X_n)$ 为来自总体 $X \sim F(\cdot; \theta)$ 的一个随机样本，$\theta \in \Theta$ 为未知参数。若总体的 k 阶原点矩 $\alpha_k = \mathrm{E}X^k$ 存在，则样本的 k 阶原点矩 $a_k = \frac{1}{n}\sum_{i=1}^n x_i^k$ 是 α_k 的相合估计。

证明： 由事实 $\mathrm{E}(\hat{\theta}_n - \theta)^2 = (\mathrm{E}\hat{\theta}_n - \theta)^2 + \mathrm{Var}(\theta)$, 以及定理 2.37 即可得证。　　□

定理 4.3： 若 $\hat{\theta}_{n1}, \cdots, \hat{\theta}_{nk}$ 分别是 $\theta_1, \cdots, \theta_k$ 的相合估计，$\eta = g(\theta_1, \cdots, \theta_k)$ 是 $\theta_1, \cdots, \theta_k$ 的连续函数，则 $\hat{\eta}_n = g\left(\hat{\theta}_{n1}, \cdots, \hat{\theta}_{nk}\right)$ 是 η 的相合估计。

证明： 对于任意 $\varepsilon > 0$, 由函数的连续性可知，必存在一个 $\delta > 0$, 使得只要 $|\hat{\theta}_{nj} - \theta_j| < \delta, j = 1, \cdots, k$ 成立，就有

$$\left| g\left(\hat{\theta}_{n1}, \cdots, \hat{\theta}_{nk}\right) - g\left(\theta_{n1}, \cdots, \theta_{nk}\right) \right| < \varepsilon.$$

从而有如下事件包含关系

$$\bigcap_{j=1}^n \{|\hat{\theta}_{nj} - \theta_j| < \delta\} \subset \{|g\left(\hat{\theta}_{n1}, \cdots, \hat{\theta}_{nk}\right) - g\left(\theta_{n1}, \cdots, \theta_{nk}\right)| < \varepsilon\}.$$

因此，

$$P(|\hat{\theta}_{n1} - \theta_1| < \delta, \cdots, |\hat{\theta}_{nk} - \theta_k| < \delta) \leqslant P(|g\left(\hat{\theta}_{n1}, \cdots, \hat{\theta}_{nk}\right) - g\left(\theta_{n1}, \cdots, \theta_{nk}\right)| < \varepsilon).$$

再由 $\hat{\theta}_{nj}, j = 1, \cdots, k$ 的相合性可知，当 $n \to \infty$ 时，

$$P(|\hat{\theta}_{n1} - \theta_1| < \delta, \cdots, |\hat{\theta}_{nk} - \theta_k| < \delta) \to 1.$$

由此得证。　　□

例 4.3： 设 $X_1, \cdots, X_n$ 为来自同一总体的随机样本，总体的期望 μ 和方差 σ^2 均未知。样本均值 $\bar{X}$ 和样本方差 S^2 作为 μ 和 σ^2 的矩估计，由定理4.1和定理4.3，我们可以得到如下结论：

(1) 样本均值 $\bar{X}$ 是 μ 的相合估计，且是无偏估计；
(2) 样本方差 $S^2 = \frac{1}{n-1}\sum_{i=1}^n (X_i - \bar{X})^2$ 是 σ^2 的相合估计，且是无偏估计；
(3) 样本方差 $S_n^2 = \frac{1}{n}\sum_{i=1}^n (X_i - \bar{X})^2$ 是 σ^2 的相合估计，但是不是无偏估计，而是渐近无偏的；
(4) S 和 S_n 均是总体标准差 S 的相合估计。

推论 4.1 (矩估计的相合性)：设 $\boldsymbol{X} = (X_1, \cdots, X_n)$ 为来自总体 $F(\cdot; \theta)$ 的一个随机样本，$\theta \in \Theta$ 为未知参数，若 θ 的矩估计 $\hat{\theta}_n(\boldsymbol{X})$ 存在，则 $\hat{\theta}_n(\boldsymbol{X})$ 必为 θ 的相合估计。

证明： 由定理4.2和定理4.3即可得证。　　□

例 4.4 (Hardy-Weinberg 模型)：在例 3.12 中我们给出了 Hardy-Weinberg 模型中参数 θ 的三个不同的矩估计：

$$\hat{\theta}_1 = \sqrt{n_1/n}, \quad \hat{\theta}_2 = 1 - \sqrt{n_3/n}, \quad \hat{\theta}_3 = (2n_1 + n_2)/2n.$$

其中 $\hat{\theta}_3$ 也是极大似然估计。根据推论4.1我们可知这三个估计均是相合估计。事实上，我们可以通过大数定律直接得到结论。回忆在例 3.12 中，我们以 $i = 1,2,3$ 分别表示 AA、Aa、aa 三种基因型。设随机变量 $X_i, i = 1,2,3$ 分别表示第 i 种基因是否出现，即

$$X_i = \begin{cases} 1, & \text{第}i\text{种基因出现}, \\ 0, & \text{第}i\text{种基因没有出现}, \end{cases} \qquad i = 1,2,3.$$

并且可得：

$$n_1 = \sum_{i=1}^{n} x_{i1}, \quad n_2 = \sum_{i=1}^{n} x_{i2}, \quad n_3 = \sum_{i=1}^{n} x_{i3}.$$
$$\mathrm{E}X_1 = \theta^2, \quad \mathrm{E}X_2 = 2\theta(1-\theta), \quad \mathrm{E}X_3 = (1-\theta)^2.$$

所以由大数定律可得，当 $n \to \infty$ 时，

$$\frac{n_1}{n} \xrightarrow{P} \theta^2, \quad \frac{n_2}{n} \xrightarrow{P} 2\theta(1-\theta), \quad \frac{n_3}{n} \xrightarrow{P} (1-\theta)^2.$$

再由 Slutsky 定理可得，当 $n \to \infty$ 时，

$$\hat{\theta}_1 = \sqrt{n_1/n} \xrightarrow{P} \sqrt{\theta^2} = \theta,$$
$$\hat{\theta}_2 = 1 - \sqrt{n_3/n} \xrightarrow{P} 1 - \sqrt{(1-\theta)^2} = \theta,$$
$$\hat{\theta}_3 = \frac{2n_1 + n_2}{2n} \xrightarrow{P} \theta^2 + \theta(1-\theta) = \theta.$$

4.2 估计的渐近分布

在第 3.1 节统计量及其分布中，我们在正态总体下得到了样本均值、样本方差等统计量的精确分布，这些统计量的分布是我们进行统计推断的基础。但是能得到精确分布的统计量并不多，很多时候统计量的精确分布很难得到。这就迫使我们不得不去寻找近似分布。在本节中我们将介绍通过渐近理论寻找近似分布。

定义 4.2：设 $\hat{\theta}_n = \hat{\theta}_n(X_1, \cdots, X_n)$ 是 θ 的估计，若存在 $\sigma_n^2(\theta)$，满足

$$(\hat{\theta}_n - \theta)/\sigma_n(\theta) \xrightarrow{L} N(0, 1), \qquad n \to \infty,$$

则称 $\hat{\theta}_n$ 是 θ 的**渐近正态估计**，并称 $\sigma_n^2(\theta)$ 为估计 $\hat{\theta}_n$ 的**渐近方差** (Asymptotic variance)。

一般而言，渐近方差 $\sigma_n^2(\theta)$ 依赖未知参数 θ，若 $\hat{\sigma}_n^2$ 是渐近方差 $\sigma_n^2(\theta)$ 的相合估计，即

$$\hat{\sigma}_n^2 \xrightarrow{P} \sigma_n^2(\theta), \qquad n \to \infty,$$

则由 Slutsky 定理可得：

$$(\hat{\theta}_n - \theta)/\hat{\sigma}_n \xrightarrow{L} N(0, 1), \qquad n \to \infty.$$

例 4.5 (总体期望的大样本推断)：设 $X_1, \cdots, X_n$ 为来自总体 F 的随机样本，总体期望为 μ，方差为 σ^2，样本均值为 $\bar{X}$，方差为 S^2，则由中心极限定理有

$$\frac{\sqrt{n}(\bar{X} - \mu)}{\sigma} \xrightarrow{L} N(0, 1), \qquad n \to \infty.$$

所以,$\bar{X}$ 是 μ 的渐近正态估计,其渐近方差为 σ^2/n。而在例4.3中我们已经证明 $S \xrightarrow{P} \sigma$,所以 $\sigma/S \xrightarrow{P} 1$。由 Slutsky 定理可得:

$$\frac{\sqrt{n}(\bar{X} - \mu)}{S} \xrightarrow{L} N(0, 1).$$

在第 3 章中我们讨论了正态总体下样本方差的抽样分布为自由度为 $n-1$ 的卡方分布,但在其他总体下样本方差的抽样分布并未涉及。事实上,一般总体下样本方差的抽样分布较难推导,但是我们可以考虑其大样本情况下的近似抽样分布。

例 4.6 (样本方差的大样本抽样分布): 设 $X_1, \cdots, X_n$ 为来自总体 F 的随机样本,总体期望为 μ,方差为 σ^2,四阶中心矩 $\beta_4 = \mathrm{E}(X_i - \mu)^4$ 有限。记样本均值为 $\bar{X}$,样本方差为 S^2,则有

$$\frac{S^2 - \sigma^2}{(\beta_4 - \sigma^4)/\sqrt{n}} \xrightarrow{L} N(0, 1), \qquad n \to \infty.$$

事实上,记 $\gamma^2 = \beta_4 - \sigma^4 = \mathrm{Var}[(X_i - \mu)^2]$,并有

$$S^2 - \sigma^2 = \frac{1}{n-1}\left[\sum_{i=1}^{n}(X_i - \bar{X}^2) - (n-1)\sigma^2\right] = \frac{1}{n-1}[T_n - (n-1)\sigma^2 + R_n],$$

其中,

$$T_n = \sum_{i=1}^{n}[(X_i - \mu)^2 - \sigma^2/n], \qquad R_n = -n(\bar{X} - \mu)^2 + \sigma^2.$$

首先,$X_1, \cdots, X_n$ 独立同分布,并且 $\mathrm{E}[(X_i - \mu)^2 - \sigma^2/n] = (n-1)\sigma^2/n$,$\mathrm{Var}[(X_i - \mu)^2 - \sigma^2/n] = \gamma^2 < \infty$,所以由中心极限定理可知:

$$\frac{T_n - (n-1)\sigma^2}{\sqrt{n}\gamma} \xrightarrow{L} N(0, 1).$$

其次,我们可以证明:

$$P\left(\left|\frac{R_n}{\sqrt{n}}\right| \geqslant \varepsilon\right) \leqslant \frac{\mathrm{E}|R_n/\sqrt{n}|}{\varepsilon} \leqslant \sqrt{n}\mathrm{E}(\bar{X} - \mu)^2 + \sigma^2/\sqrt{n}$$
$$= 2\sigma^2/\sqrt{n} \to 0, \qquad n \to \infty,$$

也就是 $R_n/(\gamma\sqrt{n}) \xrightarrow{P} 0$。由 Slutsky 定理有

$$\frac{T_n - (n-1)\sigma^2 + R_n}{\sqrt{n}\gamma} \xrightarrow{L} N(0, 1).$$

从而,

$$\frac{S^2 - \sigma^2}{\gamma/\sqrt{n}} \xrightarrow{L} N(0, 1).$$

例 4.7 (总体比例的大样本推断): 设在 n 重伯努利试验中,事件 $\mathbb{A}$ 在每次试验中出现的概率为 p,$0 < p < 1$,在 n 次试验中事件 $\mathbb{A}$ 出现的次数为 S_n,出现的频率为 $\hat{p} = S_n/n$。由棣莫弗-拉普拉斯中心极限定理,有

$$\frac{\hat{p} - p}{\sqrt{pq/n}} \xrightarrow{L} N(0, 1).$$

由矩估计的相合性我们知道 $\hat{p} \xrightarrow{P} p$,进而 $\sqrt{\hat{p}(1-\hat{p})/n} \xrightarrow{P} \sqrt{pq/n}$。所以

$$\frac{\hat{p} - p}{\sqrt{\hat{p}(1-\hat{p})/n}} \xrightarrow{L} N(0, 1).$$

由此我们进行关于比例 p 的统计推断,例如关于 p 构造置信区间,见式 (3.15)。

4.3 Δ-方法

前面我们讨论了统计量的渐近分布，但是有些时候，我们对统计量的函数感兴趣。此时，我们可以通过 Δ-方法来求得它们的近似分布。

定理 4.4 (Δ-方法)：设 $\hat{\theta}_n$ 是 θ 的估计，且

$$\sqrt{n}(\hat{\theta}_n - \theta) \xrightarrow{L} N(0, \tau^2), \qquad n \to \infty.$$

若对于函数 $g(\theta)$，g 可微且 $g'(\theta) \neq 0$，则

$$\sqrt{n}[g(\hat{\theta}_n) - g(\theta)] \xrightarrow{L} N(0, \tau^2[g'(\theta)]^2), \qquad n \to \infty.$$

证明：由 Taylor 展开可得：

$$g(\hat{\theta}_n) = g(\theta) + (\hat{\theta}_n - \theta)[g'(\theta) + R_n],$$

其中，余项 R_n 是 $\hat{\theta}_n - \theta$ 的函数，并且当 $\hat{\theta}_n \xrightarrow{P} \theta$ 时，$R_n \xrightarrow{P} 0$。由于 $\hat{\theta}_n \xrightarrow{P} \theta$，所以有 $R_n \xrightarrow{P} 0$，从而 $g'(\theta) + R_n \xrightarrow{P} g'(\theta)$。由 Slutsky 定理，

$$\sqrt{n}[g(\hat{\theta}_n) - g(\theta)] = \sqrt{n}(\hat{\theta}_n - \theta)[g'(\theta) + R_n] \xrightarrow{L} N(0, \tau^2[g'(\theta)]^2), \qquad n \to \infty.$$

$\square$

在例4.7中我们讨论了总体比例 p 的大样本统计推断。除此之外，另一个我们感兴趣的参数是**优势** (Odds)：$\frac{p}{1-p}$，即成功与失败概率的比。

例 4.8 (优势估计的大样本抽样分布)：设在 n 重伯努利试验中，事件 A 在每次试验中出现的概率为 p，$0 < p < 1$，优势为 $p/(1-p)$。在 n 次试验中事件 A 出现的次数为 S_n，出现的频率为 $\hat{p} = S_n/n$，则 $\hat{p}/(1-\hat{p})$ 是 $p/(1-p)$ 的估计。我们知道 $\hat{p}$ 是 p 的相合估计，所以 $\hat{p}/(1-\hat{p})$ 是 $p/(1-p)$ 的相合估计。

此外，在例4.7中我们有

$$\frac{\hat{p} - p}{\sqrt{p(1-p)/n}} \xrightarrow{L} N(0, 1).$$

记 $g(p) = \frac{p}{1-p}$，则 $g'(p) = \frac{1}{(1-p)^2}$，由 Δ-方法可得

$$\sqrt{n}\left(\frac{\hat{p}}{1-\hat{p}} - \frac{p}{1-p}\right) \xrightarrow{L} N\left(0, \frac{p}{(1-p)^3}\right), \qquad n \to \infty.$$

例 4.9 (Hardy-Weinberg 模型)：在例4.4中我们讨论了 Hardy-Weinberg 模型中参数 θ 的三个不同的估计：

$$\hat{\theta}_1 = \sqrt{n_1/n}, \quad \hat{\theta}_2 = 1 - \sqrt{n_3/n}, \quad \hat{\theta}_3 = (2n_1 + n_2)/2n$$

的相合性，得出结论这三个估计均是相合估计。在本例中我们利用中心极限定理和 Δ-方法讨论它们的渐近正态性。在例 3.12 中，我们以 $i = 1, 2, 3$ 分别表示 AA,Aa,aa 三种基因型。设随机变量 $X_i, i = 1, 2, 3$ 分别表示第 i 种基因是否出现，即

$$X_i = \begin{cases} 1, & \text{第} i \text{种基因出现}, \\ 0, & \text{第} i \text{种基因没有出现}, \end{cases} \qquad i = 1, 2, 3.$$

我们可以求得:

$$EX_1 = \theta^2, \quad EX_3 = (1-\theta)^2, \quad E\left(\frac{2X_1 + X_2}{2}\right) = \theta.$$

$$\mathrm{Var}(X_1) = \theta^2(1-\theta^2), \quad \mathrm{Var}(X_3) = (1-\theta)^2[1-(1-\theta)^2], \quad \mathrm{Var}\left(\frac{2X_1+X_2}{2}\right) = \frac{\theta(1-\theta)}{2}.$$

所以由中心极限定理可得:

$$\sqrt{n}(\hat{\theta}_3 - \theta) = \sqrt{n}\left[\frac{1}{n}\sum_{i=1}^{n}\left(\frac{2X_{i1}+X_{i2}}{2}\right) - \theta\right] \xrightarrow{L} N\left(0, \frac{\theta(1-\theta)}{2}\right).$$

类似地,

$$\sqrt{n}(n_1/n - \theta^2) = \sqrt{n}\left(\frac{1}{n}\sum_{i=1}^{n}X_{i1} - \theta^2\right) \xrightarrow{L} N\left(0, \theta^2(1-\theta^2)\right),$$

$$\sqrt{n}[n_3/n - (1-\theta)^2] = \sqrt{n}\left[\frac{1}{n}\sum_{i=1}^{n}X_{i3} - (1-\theta)^2\right] \xrightarrow{L} N\left(0, (1-\theta)^2[1-(1-\theta)^2]\right).$$

令 $g_1(\theta^2) = \sqrt{\theta^2} = \theta$, $g_2[(1-\theta)^2] = 1 - \sqrt{(1-\theta)^2} = \theta$。作为 θ^2 的函数, $g_1'(\theta^2) = 1/(2\sqrt{\theta^2})$。作为 $(1-\theta)^2$ 的函数, $g_2'[(1-\theta)^2] = -1/[2\sqrt{(1-\theta)^2}]$。所以由 Δ-方法,

$$\sqrt{n}(\hat{\theta}_1 - \theta) = \sqrt{n}\left(\sqrt{n_1/n} - \theta\right) \xrightarrow{L} N\left(0, \theta^2(1-\theta^2)[g_1'(\theta^2)]^2\right),$$

$$\sqrt{n}(\hat{\theta}_2 - \theta) = \sqrt{n}\left(1 - \sqrt{n_3/n} - \theta\right) \xrightarrow{L} N\left(0, \theta^2(1-\theta^2)\{g_2'[(1-\theta)^2]\}^2\right),$$

其中 $\theta^2(1-\theta^2)[g_1'(\theta^2)]^2 = \frac{1-\theta^2}{4}$, $\theta^2(1-\theta^2)\{g_2'[(1-\theta)^2]\}^2 = \frac{1-(1-\theta)^2}{4}$。所以, 三个估计都是 θ 的相合估计, 且均服从渐近正态分布。但是, 它们的渐近方差却不相同。$\hat{\theta}_1$, $\hat{\theta}_2$, $\hat{\theta}_3$ 的渐近方差分别为

$$\sigma_1^2 = \frac{1-\theta^2}{4n}, \quad \sigma_2^2 = \frac{1-(1-\theta)^2}{4n}, \quad \sigma_3^2 = \frac{\theta(1-\theta)}{2n}.$$

4.4 极大似然估计的大样本性质

作为经典的参数估计方法, 极大似然估计在一定条件下具有很多好的性质, 这些性质主要体现在大样本场合。在本节中我们将讨论 MLE 主要的大样本性质。

为了保证 MLE 的相合性和渐近正态性, 我们首先对概率函数 $f(\cdot; \theta)$ 给出下面的正则条件:

(C1) 参数 θ 是可识别的, 即若 $\theta \neq \theta'$, 则 $f(\cdot; \theta) \neq f(\cdot, \theta')$;

(C2) 参数空间 Θ 为开集且真实参数 θ_0 是其内点;

(C3) 概率函数 $f(\cdot; \theta)$ 的支撑 $\mathbb{S} = \{x : f(x; \theta) > 0\}$ 与 θ 无关;

(C4) 对任意 $x \in \mathbb{S}$, $f(x; \theta)$ 关于任意 $\theta \in \Theta$ 可导, 导数为 $f'(\theta)$;

(C5) 对任意 $x \in \mathbb{S}$, $f(x; \theta)$ 关于任意 $\theta \in \Theta$ 三次可导; 作为 θ 的函数, 积分 $\int f(x; \theta)dx$ 在积分符号下二次可导;

(C6) 存在常数 $c(\theta_0)$ 以及函数 M_{θ_0} 满足

$$\left|\frac{\partial^3}{\partial\theta^3}\log f(x; \theta)\right| \leqslant M_{\theta_0}(x), \quad \forall x \in \mathbb{S}, \forall \theta \in \{\theta \in \Theta : |\theta - \theta_0| < c(\theta_0)\},$$

以及 $E_{\theta_0}[M_{\theta_0}(X)] < \infty$。

注：以上条件只是一组用于确立极大似然估计渐近性质的充分条件，并非必要条件。条件 (C1) 中的概率函数不相等的要求是指：在给定真实参数 θ_0 的条件下，函数 $f(\cdot|\theta)$ 与 $f(\cdot|\theta')$ 在一个非零概率集合上的取值全部不一样。

定理 4.5 (MLE 的相合性)：设 $X_1, \cdots, X_n$ 为来自同一总体的随机样本，总体的概率函数 $f(\cdot, \theta), \theta \in \Theta$，满足正则条件 (C1)—(C4)。令 θ_0 表示参数的真值，那么似然方程

$$\frac{\partial L(\theta)}{\partial \theta} = \frac{\partial}{\partial \theta} \prod_{i=1}^{n} f(x_i; \theta) = 0,$$

或等价地，对数似然方程

$$\frac{\partial l(\theta)}{\partial \theta} = \sum_{i=1}^{n} \left[\frac{1}{f(x_i; \theta)} \frac{\partial f(x_i; \theta)}{\partial \theta} \right] = 0$$

具有解 $\hat{\theta}$，使得 $\hat{\theta} \xrightarrow{P} \theta_0$。

证明：$\forall \theta \neq \theta_0$，由 (C1) 以及 Jensen 不等式，

$$\mathrm{E}_{\theta_0} \left[\log \frac{f(x; \theta)}{f(x; \theta_0)} \right] < \log \left\{ \mathrm{E}_{\theta_0} \left[\frac{f(x; \theta)}{f(x; \theta_0)} \right] \right\} = 0.$$

由 (C2) 可知，对充分小 $\delta > 0$，使得 $(\theta_0 - \delta, \theta_0 + \delta) \subset \Theta$，且满足

$$\mathrm{E}_{\theta_0} \left[\log \frac{f(x; \theta_0 - \delta)}{f(x; \theta_0)} \right] < 0,$$

$$\mathrm{E}_{\theta_0} \left[\log \frac{f(x; \theta_0 + \delta)}{f(x; \theta_0)} \right] < 0.$$

所以由大数定律，当 $n \to \infty$，

$$\frac{1}{n} [l(\theta_0 - \delta) - l(\theta_0)] \xrightarrow{P} \mathrm{E}_{\theta_0} \left[\log \frac{f(x; \theta_0 - \delta)}{f(x; \theta_0)} \right] < 0,$$

$$\frac{1}{n} [l(\theta_0 + \delta) - l(\theta_0)] \xrightarrow{P} \mathrm{E}_{\theta_0} \left[\log \frac{f(x; \theta_0 + \delta)}{f(x; \theta_0)} \right] < 0.$$

又因为 $l(\theta)$ 在 $[\theta_0 - \delta, \theta_0 + \delta]$ 上连续，因此，此时必存在一局部极大值点，不妨记为 $\hat{\theta}$。同时，$\left. \frac{\partial l(\theta)}{\partial \theta} \right|_{\hat{\theta}} = 0$ 成立。

因此，若记 $\mathbb{S}_n = \{ l(\theta_0 - \delta) < l(\theta_0) \} \cap \{ l(\theta_0 + \delta) < l(\theta_0) \}$ 与 $\mathbb{A}_n = \{ |\hat{\theta} - \theta_0| < \delta \} \cap \left\{ \left. \frac{\partial l(\theta)}{\partial \theta} \right|_{\hat{\theta}} = 0 \right\}$，从而有 $\lim_{n \to \infty} P(\mathbb{S}_n) = 1$ 且 $\mathbb{S}_n \subset \mathbb{A}_n$。所以我们可以得到 $P(\mathbb{A}_n) \to 1$。因此，

$$P(|\hat{\theta} - \theta_0| < \delta) \to 1, \qquad n \to \infty. \qquad \square$$

定理 4.5 并没有保证似然方程的解一定存在 (见例 3.18)，而是说当 $n \to \infty$ 时，似然方程有解是 θ 的相合估计的概率趋于 1。

定理 4.6 (MLE 的渐近正态性)：设 $X_1, \cdots, X_n$ 为来自同一总体的随机样本，总体的概率函数 $f(\cdot, \theta_0)$，$\theta_0 \in \Theta$，满足正则条件 (C1)—(C6)，且费雪尔信息量满足 $0 < I(\theta_0) < \infty$，那么似然方程的相合解 $\hat{\theta}$ 具有渐近正态分布：

$$\sqrt{n}(\hat{\theta} - \theta_0) \xrightarrow{L} N\left(0, \frac{1}{I(\theta_0)}\right), \qquad n \to \infty.$$

证明：对于给定的 x, 将 $l'(\hat{\theta})$ 在 θ 邻域内进行泰勒展开

$$l'(\hat{\theta}) = l'(\theta_0) + (\hat{\theta} - \theta_0)l''(\theta_0) + \frac{1}{2}(\hat{\theta} - \theta_0)^2 l'''(\theta^*),$$

其中 θ^* 位于 θ_0 和 $\hat{\theta}$ 之间。由于 $l'(\hat{\theta}) = 0$, 由上式可得：

$$\sqrt{n}(\hat{\theta} - \theta_0) = \frac{l'(\theta_0)/\sqrt{n}}{-(1/n)l''(\theta_0) - (1/2n)(\hat{\theta} - \theta_0)l'''(\theta^*)}.$$

首先，由于

$$\frac{1}{\sqrt{n}}l'(\theta_0) = \sqrt{n}\frac{1}{n}\sum_{i=1}^{n}\frac{f'(x_i;\theta_0)}{f(x_i;\theta_0)} = \sqrt{n}\frac{1}{n}\sum_{i=1}^{n}\left[\left.\frac{\partial \log f(x_i;\theta)}{\partial \theta}\right|_{\theta=\theta_0}\right],$$

且 $\mathrm{E}\left[\frac{\partial}{\partial \theta}\log f(x_i;\theta)\right] = 0$, $\mathrm{Var}\left[\frac{\partial}{\partial \theta}\log f(x_i;\theta)\right] = I(\theta)$, 由中心极限定理可知：

$$\frac{1}{\sqrt{n}}l'(\theta_0) \overset{L}{\longrightarrow} N(0, I(\theta_0)), \qquad n \to \infty.$$

其次，由大数定律以及 $\mathrm{E}\left[-\frac{\partial^2 \log f(x_i;\theta)}{\partial \theta^2}\right] = I(\theta)$, 有

$$-\frac{1}{n}l''(\theta_0) = \frac{1}{n}\sum_{i=1}^{n}\left[\left.-\frac{\partial^2 \log f(x_i;\theta)}{\partial \theta^2}\right|_{\theta=\theta_0}\right] \overset{P}{\longrightarrow} I(\theta_0), \qquad n \to \infty.$$

最后，由极大似然估计的相合性可得 $\hat{\theta} \overset{P}{\longrightarrow} \theta$。令 $c(\theta_0)$ 为正则条件 (C6) 中的常数，当 $|\hat{\theta}-\theta| < c(\theta_0)$ 时，有

$$\frac{1}{n}l'''(\theta^*) = \frac{1}{n}\sum_{i=1}^{n}\sum_{i=1}^{n}\left[\left.\frac{\partial^3 \log f(x_i;\theta)}{\partial \theta^3}\right|_{\theta=\theta^*}\right] \leqslant \frac{1}{n}\sum_{i=1}^{n}\sum_{i=1}^{n}M_{\theta_0}(x_i).$$

因为 $\mathrm{E}_{\theta_0}[M_{\theta_0}(x_i)] < \infty$, 所以由大数定律 $\frac{1}{n}\sum_{i=1}^{n}\sum_{i=1}^{n}M_{\theta_0}(x_i) \overset{P}{\longrightarrow} \mathrm{E}_{\theta_0}(M_{\theta_0}(X))$, 从而 $\frac{1}{n}l'''(\theta^*)$ 是概率有界的。由定理 2.39,

$$-\frac{\hat{\theta} - \theta_0}{2n}l'''(\theta^*) \overset{P}{\longrightarrow} 0, \qquad n \to \infty.$$

最后由 Slutsky 定理得证。 $\qquad \square$

例 4.10： 在例 3.16 中我们讨论了 Hardy-Weinberg 分布中参数的 MLE。三种基因型 AA,Aa,aa 出现的概率分别为 $p_1 = \theta^2$, $p_2 = 2\theta(1-\theta)$ 以及 $p_3 = (1-\theta)^2$, 其中 $0 < \theta < 1$ 是未知参数。在随机选取的 n 个个体的基因中有 AA 型 n_1 个, Aa 型 n_2 个, aa 型 n_3 个。例 3.16 得到了 θ 的 MLE 为 $\hat{\theta} = \frac{2n_1 + n_2}{2n}$。下面我们进一步讨论 $\hat{\theta}$ 的大样本性质。

显然，n_1/n 是基因 AA 在 n 个个体中的出现的频率，所以由大数定律可知 $n_1/n \overset{P}{\longrightarrow} \theta^2$。类似地，$n_2/n \overset{P}{\longrightarrow} 2\theta(1-\theta)$。所以

$$\hat{\theta} = \frac{2n_1 + n_2}{2n} \overset{P}{\longrightarrow} \theta^2 + \theta(1-\theta) = \theta,$$

即 $\hat{\theta}$ 是 θ 的相合估计。

此外，我们可以验证分布满足正则条件 (C1)—(C6), 由定理 4.6 可知 $\hat{\theta}$ 渐近服从正态分布。例中得到似然函数的二阶导数为

$$l''(\theta) = -(2n_1 + n_2)/\theta^2 - (n_2 + 2n_3)/(1-\theta)^2 < 0.$$

由此，样本关于 θ 的费希尔信息量为

$$nI(\theta) = -\mathrm{E}[l''(\theta)] = \frac{1}{\theta^2}\mathrm{E}(2n_1 + n_2) + \frac{1}{(1-\theta)^2}\mathrm{E}(n_2 + 2n_3)$$

$$= \frac{2n}{\theta} + \frac{n}{(1-\theta)^2}[2\theta(1-\theta) + 2(1-\theta)^2] = \frac{2n}{\theta} + \frac{2n}{1-\theta} = \frac{2n}{\theta(1-\theta)}.$$

从而有

$$\sqrt{n}(\hat{\theta} - \theta) \xrightarrow{L} N\left(0, 1/I(\theta)\right), \qquad n \to \infty.$$

其中 $1/I(\theta) = \theta(1-\theta)/2$。

4.5 渐近有效性

在第 3.2.3 小节中，我们讨论了无偏估计的 Cramér-Rao 下界以及估计的有效性问题。这一概念也可以推广到大样本的渐近情形。

定义 4.3： 设 $\hat{\theta}_n = \hat{\theta}_n(X_1, \cdots, X_n)$ 是 θ 的估计，且具有渐近正态性，即

$$(\hat{\theta}_n - \theta)/\sigma_n(\theta) \xrightarrow{L} N(0, 1), \qquad n \to \infty,$$

则称 θ 的 C-R 下界与 $\hat{\theta}_n$ 的渐近方差之比为 $\hat{\theta}_n$ 的**渐近效率** (Asymptotic efficiency)，即

$$\mathrm{AEff}(\hat{\theta}_n) = \frac{1/[nI(\theta)]}{\sigma_n^2(\theta)}.$$

当渐近效率等于 1，即 $\hat{\theta}_n$ 的渐近方差达到 C-R 下界 $[nI(\theta)]^{-1}$，则称 $\hat{\theta}_n$ **渐近有效** (Asymptotically efficient)。

定义 4.4： 设 $\hat{\theta}_{in} = \hat{\theta}_{in}(X_1, \cdots, X_n)$, $i = 1, 2$, 是 θ 的两个估计，且均具有渐近正态性，即

$$(\hat{\theta}_{in} - \theta)/\sigma_{in}(\theta) \xrightarrow{L} N(0, 1), \qquad i = 1, 2; \quad n \to \infty,$$

则 $\hat{\theta}_{1n}$ 相对于 $\hat{\theta}_{2n}$ 的**渐近相对效率** (Asymptotic relative efficiency) 是

$$\mathrm{ARE}(\hat{\theta}_{1n}, \hat{\theta}_{2n}) = \frac{\mathrm{AEff}(\hat{\theta}_{1n})}{\mathrm{AEff}(\hat{\theta}_{2n})} = \frac{\sigma_{2n}^2(\theta)}{\sigma_{1n}^2(\theta)}.$$

从定理4.6中可以知道，极大似然估计是有效的或渐近有效的。

例 4.11 (Hardy-Weinberg 模型)：在例4.9中我们讨论了 Hardy-Weinberg 模型中参数 θ 的三个不同的估计量

$$\hat{\theta}_1 = \sqrt{n_1/n}, \quad \hat{\theta}_2 = 1 - \sqrt{n_3/n}, \quad \hat{\theta}_3 = (2n_1 + n_2)/2n$$

的渐近正态性, 即

$$\frac{\hat{\theta}_i - \theta}{\sigma_i} \xrightarrow{L} N(0, 1), \qquad i = 1, 2, 3; \quad n \to \infty,$$

其中渐近方差分别为

$$\sigma_1^2 = \frac{1 - \theta^2}{4n}, \quad \sigma_2^2 = \frac{1 - (1-\theta)^2}{4n}, \quad \sigma_3^2 = \frac{\theta(1-\theta)}{2n}.$$

不难发现在这三个估计中，$\hat{\theta}_3$ 比另外两个估计的渐近效率更高。由 $0 \leqslant \theta \leqslant 1$ 计算可得：

$$\mathrm{ARE}(\hat{\theta}_3, \hat{\theta}_1) = \frac{(1-\theta^2)/4n}{\theta(1-\theta)/2n} = \frac{1}{2\theta} + \frac{1}{2} \geqslant 1,$$

$$\mathrm{ARE}(\hat{\theta}_3, \hat{\theta}_2) = \frac{[1-(1-\theta)^2]/4n}{\theta(1-\theta)/2n} = \frac{1}{2(1-\theta)} + \frac{1}{2} \geqslant 1.$$

由于 $\hat{\theta}_3$ 是极大似然估计，根据定理4.6可知，$\hat{\theta}_3$ 是渐近有效的。不仅如此，事实上 $\hat{\theta}_3$ 的方差达到 C-R 下界，即 $\hat{\theta}_3$ 是 θ 的有效估计。

练习题 4

1. 设 $X_1, \cdots, X_n$ 是独立同分布的样本，总体的密度函数在 x 处为 $f(x) = \theta x^{\theta-1}$, $0 \leqslant x \leqslant 1$, $0 < \theta < 1$。

   (a) 求 θ 的极大似然估计 $\hat{\theta}$；

   (b) 证明当 $n \to \infty$ 时，$\mathrm{Var}(\theta) \to 0$ (提示：利用 $-\log X_i$ 的分布，指数分布和伽玛分布的关系)；

   (c) $\hat{\theta}^2$ 是 θ^2 的相合估计吗？

2. 设总体 $X \sim U(\theta, 3\theta)$，其中 $\theta > 0$ 是未知参数，$X_1, \cdots, X_n$ 为取自该总体的样本，$\bar{X}$ 为样本均值。

   (a) 证明 $\hat{\theta} = \frac{1}{2}\bar{X}$ 是参数 θ 的相合估计；

   (b) 请问 θ 的极大似然估计是相合估计吗？

3. 设随机样本 $X_1, \cdots, X_n$ 来自正态总体 $N(\theta, 1)$。定义

$$Y_i = \begin{cases} 1, & X_i > 0, \\ 0 & X_i \leqslant 0. \end{cases}$$

   令 $\pi = P(Y_1 = 1)$。

   (a) 求 π 的极大似然估计 $\hat{\pi}$；

   (b) 由 $\hat{\pi}$ 构造 π 的 $1-\alpha$ 渐近置信区间；

   (c) 定义 $\tilde{\pi} = \frac{1}{n}\sum_{i=1}^{n} Y_i$。证明 $\tilde{\pi}$ 是 π 的相合估计；

   (d) 计算 $\hat{\pi}$ 与 $\tilde{\pi}$ 的渐近相对效率。

4. 设 Z_n 服从自由度为 n 的卡方分布，令 $Y_n = (Z_n - n)/\sqrt{2n}$。应用中心极限定理证明 Y_n 的极限分布为标准正态分布。

5. 设随机变量 $X \sim \chi^2(30)$，近似计算 $P(25 < X < 35)$。

6. 设随机样本 $X_1, \cdots, X_n$ 来自均匀分布 $U(0, \theta)$。

   (a) 求统计量 T_{n1} 和 T_{n2} 的标准化极限分布，其中

$$T_{n1} = \frac{n+1}{n}X_{(n)}, \qquad T_{n2} = \frac{n}{n-1}X_{(n)};$$

   (b) 当样本容量 n 很大时，你会选择哪一个统计量作为 θ 的估计？T_{n1}, T_{n2} 还是 $X_{(n)}$？

7. 设随机样本 $X_1, \cdots, X_n$ 来自正态总体 $N(\mu, \sigma^2)$，其中 σ 已知。令 $p = P(X_1 > a)$，求 p 的极大似然估计 $\hat{p}$，并求 $\hat{p}$ 的标准化极限分布。

8. 设随机样本 $X_1, \cdots, X_n$ 来自正态分布 $N(0, \sigma^2)$。令 $Y_i = X_i^2$，$\bar{Y} = \sum_{i=1}^{n} Y_i/n$。证明：

$$\sqrt{\frac{n}{2}} \log\left(\frac{\bar{Y}}{\sigma^2}\right) \xrightarrow{L} N(0, 1).$$

并由此构造关于 σ^2 的 $1 - \alpha$ 渐近置信区间。

9. 设随机样本 $X_1, \cdots, X_n$ 来自指数分布 $\exp(\lambda)$，在 x 处密度函数取值为

$$f(x) = \lambda e^{-\lambda x}, \qquad x > 0,$$

其中 $\lambda > 0$ 为未知参数。

   (a) 求 λ 的极大似然估计 $\hat{\lambda}$；
   (b) 将 $\hat{\lambda}$ 修偏得到无偏估计 $\tilde{\lambda}$，求 $\tilde{\lambda}$ 的方差；
   (c) 求 $\tilde{\lambda}$ 标准化渐近分布。

10. 设总体 $X \sim \exp(1)$，则密度函数在 x 处为 $f(x) = e^{-x}$，$x > 0$，设 $X_{(1)} \leqslant \cdots \leqslant X_{(n)}$ 为来自此总体的随机样本的次序统计量。令 $Y_n = X_{(n)} - \log n$，求 Y_n 的极限分布。

11. 假设 $X_1, X_2, \cdots, X_n$ 独立同分布地产生于伯努利分布

$$P(X = k) = \begin{cases} p, & k = 1, \\ 1 - p, & k = 0. \end{cases}$$

考虑参数 p 的函数 $h(p) = p^2$。请问 $h(p)$ 的极大似然估计是什么？这个估计量是否渐近有效？给出理由。

12. 设随机样本 $X_1, X_2, \cdots, X_n$ 来自泊松分布，即 $P(X = k) = \frac{\lambda^k e^{-\lambda}}{k!}$。那么 $\mathrm{E}X = \mathrm{Var}(X) = \lambda$。

   (a) 证明 $\bar{X} \xrightarrow{P} \lambda$ 以及 $\sqrt{n}(\bar{X} - \lambda) \xrightarrow{P} N(0, \lambda)$；
   (b) 已知泊松分布的四阶矩存在，即 $\mathrm{E}X^4 < \infty$。令 $T^2 = \sum_{i=1}^{n} X_i^2/n - \bar{X}^2$，证明：

$$\frac{\sqrt{n}(\bar{X} - \lambda)}{T} \xrightarrow{L} (0, 1).$$

13. 某超市正在重新设计超市里面的结账流程系统。我们在该超市中收集了顾客采用新系统所需要的结账时间。假设每小时结账人数 X 服从泊松分布，即 $P(X = k) = \frac{\lambda^k e^{-\lambda}}{k!}$。现随机选取了 30 个时间段 (每段一小时)，记录每个时间段的结账人数。30 个时间段的平均结账人数为 10 人。

   (a) 试求采用新系统每小时结账人数的置信水平为 0.95 的近似置信区间；
   (b) 已知旧系统每小时结账人数为 8 人，请问新系统的效率是否有所提升？($\alpha = 0.05$)

14. 设随机样本 $X_1, X_2, \cdots, X_n$ 来自伯努利分布 $B(1, p)$，其中 $0 < p < 1$。设 $\bar{X}$ 为样本均值，求 $g(\bar{X}) = \bar{X}(1 - \bar{X})$ 的渐近分布。

15. 设 $X_1, \cdots, X_{2n-1}$ 是来自同一总体 X 的随机样本，X 的分布函数为

$$P(X \leqslant x) = F(x - \theta), \qquad -\infty < x < \infty.$$

令 $F(0) = 1/2$，并设 F 有密度函数 f 且 $f(0) > 0$。令 $X_{(1)} \leqslant \cdots \leqslant X_{(2n-1)}$ 为样本的次序统计量。求样本中位数 $X_{(n)}$ 的渐近分布。

16. 风险值 (Value at Risk, VaR)，简记为 τ，是用于风险管理的重要度量。它被定义为损失分布的百分位数。例如，一个资产组合的收益被视为一个正态分布的随机变量，这个正态分布的 α 分位数就是这个组合在 $1-\alpha$ 水平上的 VaR。假设该投资组合的收益 (设为 $X_1, \cdots, X_n$) 独立产生于均值为 μ 和方差为 σ^2 的正态分布，那么根据 VaR 的定义，它是 $\tau = -\mu - \sigma Z_\alpha$，其中 Z_α 是标准正态分布的 α 分位数。

(a) τ 的极大似然估计是什么？写出表达式。该估计是否相合？

(b) 设 $V_n \sim \chi^2(n)$。试证：

$$\frac{V_n/n - 1}{\sqrt{2/n}} \xrightarrow{L} N(0,1);$$

(c) 试证：

$$\sqrt{2(n-1)}\left(\frac{S}{\sigma} - 1\right) \xrightarrow{L} N(0,1);$$

(d) 如果 $Y_n \xrightarrow{L} N(\mu_1, \sigma_1^2)$，$Z_n \xrightarrow{L} N(\mu_2, \sigma_2^2)$，且 Y_n 和 Z_n 是独立的，试证：

$$a_n Y_n + b_n Z_n \xrightarrow{L} N(a\mu_1 + b\mu_2,\ a^2\sigma_1^2 + b^2\sigma_2^2),$$

其中 $\lim_{n\to\infty} a_n = a$ 且 $\lim_{n\to\infty} b_n = b$，$a, b$ 是常数；

(e) 使用正态近似得到 τ 的 $1-\alpha$ 置信区间。

第 5 章 充分性和完备性

5.1 估计量的评价指标

在第 3 章我们介绍了矩估计和极大似然估计这两种常用的点估计量构造方法。可以看到，对于特定的待估参数 θ，我们可以考虑不同的方法来为其构造不同的点估计量。那么我们很自然就会提出一个问题：在众多的备选估计量中，我们该如何比较它们的优劣，从而选择一个更优的估计量呢？这自然需要我们先给出评价点估计量优劣的标准，从而在一定的标准体系下做出最优选择。为此，我们下面介绍几种常用的点估计量评价指标。

5.1.1 损失函数与风险函数

设 $X_1, X_2, \cdots, X_n$ 是来自总体 X 的简单随机样本，总体 X 的概率函数为 $f(x;\theta)$，其中，$\theta \in \Theta$ 是未知参数，Θ 是参数空间。记统计量 $T = T(X_1, X_2, \cdots, X_n)$，并记 t 为其样本实现值。我们将基于 T 构造 θ 的点估计量。令函数 $\delta(\cdot)$ 表示 θ 的点估计值，则函数 δ 决定了 θ 的点估计值，我们称函数 δ 为**决策函数** (Decision function) 或**决策规则** (Decision rule)。决策函数的一个取值称为**决策** (Decision)，因此，θ 的一个点估计值即为一个决策。

一个决策可能正确也可能错误，我们有必要度量真值 θ 与决策 $\delta(t)$ 之间的差异，为此，我们引入一个非负函数 $\mathcal{L}(\cdot, \cdot)$，用来度量这两者之间差异的大小。我们称 $\mathcal{L}$ 为**损失函数** (Loss function)，损失函数的期望则称为**风险函数** (Risk function)。记统计量 T 的概率密度函数为 $f_T(\cdot; \theta)$，如果 T 为实数域上的连续型随机变量，则风险函数 $R(\cdot, \cdot)$ 定义为

$$\mathrm{R}(\theta, \delta) = \mathrm{E}[\mathcal{L}(\theta, \delta(T))] = \int_{-\infty}^{\infty} \mathcal{L}(\theta, \delta(t)) f_T(t; \theta) dt.$$

理想的情况是，我们可以选择一个最优决策函数使得风险函数 $\mathrm{R}(\theta, \delta)$ 对任意的 $\theta \in \Theta$ 都达到最小，但这种理想情况在实际中通常不太可能发生。因此，我们可以考虑设定风险函数的具体形式或者将决策函数限定在特定的类型中。我们下面将考察三种不同类型的决策函数。

5.1.2 最小均方误差估计

给定参数 θ 和决策 δ，风险 $\mathrm{R}(\theta, \delta) = \mathrm{E}\{[\delta(T) - \theta]^2\}$ 度量了参数真值 θ 与其估计量 $\hat{\theta} = \delta(T)$ 之间平方距离的期望，我们称其为估计量 $\hat{\theta}$ 的**均方误差** (Mean square error，简记为 MSE)。注意到均方误差可以作如下分解：

$$\mathrm{MSE}(\hat{\theta}) = \mathrm{E}[(\hat{\theta} - \mathrm{E}\hat{\theta}) + (\mathrm{E}\hat{\theta} - \theta)]^2 = \mathrm{Var}(\hat{\theta}) + (\mathrm{E}\hat{\theta} - \theta)^2,$$

其中，第二个等号成立是由于 $\mathrm{E}[(\hat{\theta} - \mathrm{E}\hat{\theta})(\mathrm{E}\hat{\theta} - \theta)] = 0$。上述分解式表明，均方误差可以分解为点估计量的方差和偏差 $\mathrm{E}\hat{\theta} - \theta$ 的平方这两个部分。因此，当 $\hat{\theta}$ 是 θ 的无偏估计时，其均方误差即为点估计量的方差，此时用方差考察无偏估计量的有效性是合理的。

我们希望均方误差越小越好，为此我们可以在特定估计类中寻找估计量使其均方误差在该估计类中达到最小。对参数 θ，考虑一个估计类，在该估计类中考察估计量 $\hat{\theta}$，如果对于该估计类中另外任意一个 θ 的估计 $\breve{\theta}$ 都满足：

$$\mathrm{MSE}(\hat{\theta}) \leqslant \mathrm{MSE}(\breve{\theta}),$$

我们则称估计量 $\hat{\theta}$ 为**最小均方误差估计** (Minimum mean-square-error estimator)。需要强调的是，最小均方误差估计通常是限定在一个特定的估计类中讨论的，即决策函数满足一定的条件，例如在参数 θ 的极大似然估计的倍数类中寻求该估计类中的最小均方误差估计。如果对决策函数不施加任何约束条件，则最小均方误差估计是不存在的。因此，我们可以对决策函数施加一些合理性条件，使得估计量满足一些合理性要求，并在此基础上寻找最优估计量。下面介绍的最小方差无偏估计即是在无偏估计类中寻找使均方误差达到最小的最优估计量。

5.1.3 一致最小方差无偏估计

我们考虑风险函数为 $\mathrm{R}(\theta, \delta) = \mathrm{E}\{[\delta(T) - \theta]^2\}$，且决策函数满足无偏性 $\mathrm{E}[\delta(T)] = \mathrm{E}\hat{\theta} = \theta$。根据均方误差的分解式可知，此时在无偏估计类中寻找使风险函数 $\mathrm{R}(\theta, \delta)$ 达到最小的决策函数即等价于在无偏估计类中寻找方差最小的估计量。对参数 θ，考察其无偏估计量 $\hat{\theta}$，如果对另外任意一个 θ 的无偏估计 $\breve{\theta}$ 都满足：

$$\mathrm{Var}(\hat{\theta}) \leqslant \mathrm{Var}(\breve{\theta}),$$

则无偏估计量 $\hat{\theta}$ 即为 UMVUE，参见定义 3.6。下面给出判断估计量是 UMVUE 的充要条件。

定理 5.1： 设 $X = (X_1, X_2, \cdots, X_n)$ 是来自某总体的简单随机样本，$\hat{\theta} = \delta[T(X)]$ 是 θ 的一个无偏估计，且 $\mathrm{Var}(\hat{\theta}) < \infty$，则 $\hat{\theta}$ 是 θ 的 UMVUE 的充要条件是对任意一个 0 的无偏估计 $\psi(X)$，即 $\mathrm{E}[\psi(X)] = 0$，若 $\mathrm{Var}[\psi(X)] < \infty$，则 $\mathrm{Cov}(\psi(X), \hat{\theta}) = 0$。

运用该充要条件可以寻找参数的 UMVUE，我们通过下面的例子说明这点。

例 5.1： 设 $X = (X_1, X_2, \cdots, X_n)$ 是来自指数分布 $\exp(1/\theta)$ 的简单随机样本，$\bar{X}$ 是 θ 的无偏估计，且 $\mathrm{Var}(\bar{X}) < \infty$，我们下面验证 $\bar{X}$ 是 θ 的 UMVUE。记 $\psi(X)$ 为 0 的任意一个无偏估计且 $\mathrm{Var}[\psi(X)] < \infty$，则有：

$$\mathrm{E}[\psi(X)] = \int_0^\infty \cdots \int_0^\infty \psi(x_1, x_2, \cdots, x_n) \frac{1}{\theta^n} e^{-\frac{\sum_{i=1}^n x_i}{\theta}} dx_1 dx_2 \cdots dx_n = 0,$$

即 $\int_0^\infty \cdots \int_0^\infty \psi(x_1, x_2, \cdots, x_n) e^{-n\bar{X}/\theta} dx_1 dx_2 \cdots dx_n = 0$，等式两边对 θ 求导并化简得：

$$n\theta^{n-2} \int_0^\infty \cdots \int_0^\infty \bar{X} \psi(x_1, x_2, \cdots, x_n) \frac{1}{\theta^n} e^{-\frac{n\bar{X}}{\theta}} dx_1 dx_2 \cdots dx_n = 0.$$

上式说明 $\mathrm{E}[\bar{X}\psi(X)] = 0$ 对任意 0 的无偏估计 $\psi(X)$ 成立，从而可以验证 $\bar{X}$ 是 θ 的 UMVUE。

需要强调的是，运用充要条件寻找参数的 UMVUE 时，难点在于验证任意 0 的无偏估计 $\psi(X)$ 与参数的 UMVUE 不相关。后续小节引入充分统计量之后，我们将会介绍用于寻找 UMVUE 的其他方法。

5.1.4 极小化最大决策函数

我们考虑一种**极小化最大准则** (Minimax criterion)，在该准则下可以定义如下最优决策函数：

定义 5.1： 记 $\delta_0(\cdot)$ 为一个决策函数，如果对于另外任意一个决策函数 $\delta(\cdot)$，对任意的 $\theta \in \Theta$ 都满足：

$$\max_\theta \mathrm{R}\{\theta, \delta_0(t)\} \leqslant \max_\theta \mathrm{R}\{\theta, \delta(t)\},$$

则称 $\delta_0(\cdot)$ 为**极小化最大决策函数** (Minimax decision function)。

给定风险函数的具体形式，即可在该准则下确定最优决策函数。

上面我们介绍了在平方误差损失 (Squared-error loss)$\mathcal{L}(\theta, \delta(t)) = [\delta(t) - \theta]^2$ 及特定决策函数类下定义的几种最优估计量，值得注意的是，损失函数不局限于上述选择，绝对值误差损失函数 (Absolute-error loss)$\mathcal{L}(\theta, \delta(t)) = |\delta(t) - \theta|$ 也很常见。此外，决策函数 δ 不仅可以定义在统计量 T 上，还可以直接定义在简单随机样本 $X_1, \cdots, X_n$ 上，即 $\delta(X_1, \cdots, X_n)$。

5.2   充分统计量及其性质

为了便于对总体进行统计推断，我们在第 3 章引入了统计量，并介绍了点估计量、区间估计量和检验统计量等不同形式的统计量，作为对总体未知参数进行统计推断的中介，它们承载了有关总体未知参数的信息。统计量作为样本的函数，即是对样本数据信息的加工和压缩。为了对总体未知参数进行准确地推断，我们自然希望对样本进行数据压缩 (Data reduction) 的过程中可以不损失有关总体未知参数的任何有用信息。

例 5.2： 在当前的大数据时代，随着信息技术的发展，我们很容易获取到海量数据，也经常会面临海量数据的存储与传输等现实问题。例如，大型电子商务平台日均可以获取数百亿乃至千亿条交易记录数据，由于这些海量数据的量级较大，公司一般会将其存储在不同的服务器上，后期再根据分析需求传输一些数据到总控制台进行整合分析。如果我们想了解某种产品对不同性别客户群体的吸引度，可以通过该产品在男性和女性客户中的销售分布情况作大致判断，但是从每台服务器上将涉及该产品的消费记录全部传输至总控制台的处理方式会造成不必要的数据传输压力。那么现在我们需要思考的问题是，有没有可能通过对各个服务器的数据进行压缩处理，将这些压缩后的数据信息传输至总控制台，从而实现既能减小数据传输的压力又能保证数据信息不受损呢？

为满足上述分析需求，实现对样本数据压缩过程中不损失有关总体未知参数的有用信息，我们下面介绍充分统计量。

5.2.1   充分统计量

定义 5.2： 设 $X_1, X_2, \cdots, X_n$ 是来自某个总体的样本，总体的概率密度函数或概率质量函数为 $f(\cdot; \theta)$。如果在给定统计量 $T = T(X_1, X_2, \cdots, X_n)$ 的取值 t 后，$X_1, X_2, \cdots, X_n$ 的条件分布与 θ 无关，则统计量 T 称为 θ 的**充分统计量** (Sufficient statistic)。

我们下面考虑离散总体和连续总体两种场景下如何根据定义确定充分统计量。

例 5.3 (二项分布总体)：设 $X_1, X_2, \cdots, X_n$ 是独立产生于伯努利分布 $B(1, p)$ 的随机样本，我们下面通过定义证明统计量 $T = X_1 + \cdots + X_n$ 为 p 的充分统计量。根据二项分布的定义可知，$T \sim B(n, p)$，因此

$$
\begin{aligned}
P(X_1 = x_1, \cdots, X_n = x_n | T = t) &= \frac{P(X_1 = x_1, \cdots, X_n = x_n, T = t)}{P(T = t)} \\
&= \frac{P\left(X_1 = x_1, \cdots, X_{n-1} = x_{n-1}, X_n = t - \sum_{i=1}^{n-1} x_i\right)}{P(T = t)} \\
&= \frac{p^t (1-p)^{n-t}}{C_n^t p^t (1-p)^{n-t}} = 1/C_n^t.
\end{aligned}
$$

上述条件分布与 p 无关，因此，$T = X_1 + \cdots + X_n$ 为 p 的充分统计量。

例 5.4 (正态分布总体)：设 $X_1, X_2, \cdots, X_n$ 是来自总体 $N(\mu, \sigma^2)$ 的样本，其中，σ^2 已知。我们下面通过定义证明样本均值 $T = \bar{X}$ 是 μ 的充分统计量。首先，通过变量变换法作变换 $X_1 = X_1, X_2 = X_2, \cdots, X_{n-1} = X_{n-1}, T = \sum_{i=1}^{n} X_i/n$，该变换的雅可比行列式为 n，因此。$X_1, X_2, \cdots, X_{n-1}, T$ 的联合密度为

$$f(x_1, x_2, \cdots, x_{n-1}, t; \mu) = n(2\pi\sigma^2)^{-n/2} \exp\left\{-\frac{1}{2\sigma^2}\left[\sum_{i=1}^{n-1}(x_i-\mu)^2 + \left(nt - \sum_{i=1}^{n-1}x_i - \mu\right)^2\right]\right\}$$

$$= n(2\pi\sigma^2)^{-n/2} \exp\left\{-\frac{1}{2\sigma^2}\left[n(t-\mu)^2 + \sum_{i=1}^{n-1}x_i^2 + \left(\sum_{i=1}^{n-1}x_i - nt\right)^2 - nt^2\right]\right\}.$$

因为 $T = \bar{X} \sim N(\mu, \sigma^2/n)$，则 T 在 t 处的密度为 $f(t) = (2\pi\sigma^2/n)^{-1/2}\exp\left\{-\frac{n(t-\mu)^2}{2\sigma^2}\right\}$。因此，

$$f(x_1, x_2, \cdots, x_{n-1}|T=t) = \frac{f(x_1, x_2, \cdots, x_{n-1}, t; \mu)}{f(t)}$$

$$= \sqrt{n}(2\pi\sigma^2)^{-(n-1)/2}\exp\left\{-\frac{1}{2\sigma^2}\left[\sum_{i=1}^{n-1}x_i^2 + \left(\sum_{i=1}^{n-1}x_i - nt\right)^2 - nt^2\right]\right\}.$$

可见，上述条件分布与 μ 无关，因此，$\bar{X}$ 是 μ 的充分统计量。

通过上述两个例子我们可以发现，通过定义验证充分统计量的关键在于确定条件分布，而条件分布在很多情况下不容易计算，因此，直接运用定义验证充分统计量的方式通常比较困难。下面我们介绍**因子分解定理** (Factorization theorem)，运用该定理可以解决上述困难，从而简单方便地判断一个统计量是否是充分统计量。

5.2.2　因子分解定理

定义 5.3 (因子分解定理 (Factorization theorem))：设总体的概率密度函数或概率质量函数为 $f(\cdot; \theta)$，$X_1, X_2, \cdots, X_n$ 为样本，则 $T = T(X_1, X_2, \cdots, X_n)$ 为充分统计量的充分必要条件是存在两个非负函数 $g(\cdot; \theta)$ 和 h，使得对任意的 θ 和任一组观测值 $x_1, x_2, \cdots, x_n$，有

$$f(x_1, x_2, \cdots, x_n; \theta) = g(T(x_1, x_2, \cdots, x_n); \theta) h(x_1, x_2, \cdots, x_n),$$

其中，$g(\cdot; \theta)$ 是样本的函数，它通过统计量 T 的取值 $t = T(x_1, x_2, \cdots, x_n)$ 依赖样本。

证明：该定理的一般证明请参考高惠璇 (1995)，以下证明仅考虑离散总体情形，此时 $f(x_1, x_2, \cdots, x_n; \theta) = P(X_1 = x_1, X_2 = x_2, \cdots, X_n = x_n; \theta)$。记 $\boldsymbol{X} = (X_1, X_2, \cdots, X_n)$ 且 $\boldsymbol{x} = (x_1, x_2, \cdots, x_n)$。

必要性：假设 $T = T(\boldsymbol{X})$ 为充分统计量，其实现值记为 $t = T(\boldsymbol{x})$，其概率函数记为 $g(t; \theta) = P(T = t; \theta)$。根据定义可知，给定 $T = t$ 时的条件概率 $P(\boldsymbol{X} = \boldsymbol{x}|T = t)$ 与 θ 无关，记该条件概率为 h。令 $\mathbb{A}(t) = \{\boldsymbol{x} : T(\boldsymbol{x}) = t\}$，对给定的 t 及 $\boldsymbol{x} \in \mathbb{A}(t)$，则有

$$P(\boldsymbol{X} = \boldsymbol{x}; \theta) = P(\boldsymbol{X} = \boldsymbol{x}, T = t; \theta)$$

$$= P(\boldsymbol{X} = \boldsymbol{x}|T = t)P(T = t; \theta)$$

$$= h(\boldsymbol{x})g(t; \theta).$$

上式即为因子分解式，必要性得证。

充分性：假设因子分解式成立，要证明条件概率 $P(\boldsymbol{X} = \boldsymbol{x}|T = t)$ 与 θ 无关，只需要对满足 $P(T = t; \theta) > 0$ 的 t 证明即可。下面分 $\boldsymbol{x} \in \mathbb{A}(t)$ 和 $\boldsymbol{x} \notin \mathbb{A}(t)$ 两种情况考虑。对 $\boldsymbol{x} \in \mathbb{A}(t)$，则有

$$P(\boldsymbol{X} = \boldsymbol{x}|T = t) = \frac{P(\boldsymbol{X} = \boldsymbol{x}, T = t; \theta)}{P(T = t; \theta)} = \frac{P(\boldsymbol{X} = \boldsymbol{x}; \theta)}{P(T = t; \theta)} = \frac{h(\boldsymbol{x})g(t; \theta)}{\sum_{\boldsymbol{y} \in \mathbb{A}(t)} h(\boldsymbol{y})g(t; \theta)} = \frac{h(\boldsymbol{x})}{\sum_{\boldsymbol{y} \in \mathbb{A}(t)} h(\boldsymbol{y})}.$$

上式与 θ 无关。其次，当 $\boldsymbol{x} \notin \mathbb{A}(t)$ 时，$T(\boldsymbol{x}) \neq t$，因此事件"$\boldsymbol{X} = \boldsymbol{x}$"与"$T(\boldsymbol{x}) = t$"不可能同时发生，此时 $P(\boldsymbol{X} = \boldsymbol{x}, T = t; \theta) = 0$，从而 $P(\boldsymbol{X} = \boldsymbol{x}|T = t) = 0$，也与 θ 无关。综合上述两种情况，充分性得证，证毕。 □

例 5.5： 设 $X_1, X_2, \cdots, X_n$ 是取自总体 $U(0, \theta)$ 的样本，总体的密度函数为

$$f(x; \theta) = \begin{cases} \dfrac{1}{\theta}, & 0 < x < \theta, \\ 0, & \text{其他}. \end{cases}$$

则样本的联合密度为

$$f(x_1; \theta) \cdots f(x_n; \theta) = \begin{cases} \dfrac{1}{\theta^n}, & 0 < \min\{x_i\} \leqslant \max\{x_i\} < \theta, \\ 0, & \text{其他}. \end{cases}$$

由于 $x_i > 0 \ (i = 1, \cdots, n)$，上式可改写为

$$f(x_1; \theta) \cdots f(x_n; \theta) = (1/\theta)^n \mathbf{I}(x_{(n)} < \theta).$$

取 $T = X_{(n)}$，并令 $g(t; \theta) = (1/\theta)^n \mathbf{I}(t < \theta), h(x_1, x_2, \cdots, x_n) = 1$，由因子分解定理知 $T = X_{(n)}$ 是 θ 的充分统计量。

例 5.6： 设 $X_1, X_2, \cdots, X_n$ 是取自总体 $N(\mu, \sigma^2)$ 的样本，$\theta = (\mu, \sigma^2)$ 是未知参数，则样本联合密度为

$$\begin{aligned} f(x_1, x_2, \cdots, x_n; \theta) &= (2\pi\sigma^2)^{-n/2} \exp\left\{ -\frac{1}{2\sigma^2} \sum_{i=1}^{n} (x_i - \mu)^2 \right\} \\ &= (2\pi\sigma^2)^{-n/2} \exp\left\{ -\frac{n\mu^2}{2\sigma^2} \right\} \exp\left\{ -\frac{1}{2\sigma^2} \left[\sum_{i=1}^{n} x_i^2 - 2\mu \sum_{i=1}^{n} x_i \right] \right\}. \end{aligned}$$

记 $t_1 = \sum x_i, t_2 = \sum x_i^2$，令

$$g(t_1, t_2, \theta) = (2\pi\sigma^2)^{-n/2} \exp\left\{ -\frac{n\mu^2}{2\sigma^2} \right\} \exp\left\{ -\frac{t_2 - 2\mu t_1}{2\sigma^2} \right\}, \quad h(x_1, x_2, \cdots, x_n) = 1.$$

则由因子分解定理可知，$T = \left(\sum_{i=1}^{n} X_i, \sum_{i=1}^{n} X_i^2 \right)$ 是 θ 的充分统计量。

值得注意的是，如果 T 是充分统计量，且统计量 $S = g(T)$，其中 $g(\cdot)$ 是一对一函数，则 S 也是充分统计量。因此，充分统计量不唯一。以上述正态分布的充分统计量为例，由于 $\left(\sum_{i=1}^{n} X_i, \sum_{i=1}^{n} X_i^2 \right)$ 与 $(\bar{X}, S^2)$ 是一一对应的，因此，$(\bar{X}, S^2)$ 也是 θ 的充分统计量。

视角与观点： 数据是信息的载体。打个比方，数据好比是金矿石，而对于某个参数而言，有助于相关统计推断的信息就好比是矿石中的黄金。我们通过不同的统计方法来"挖掘"数据中的信息，就好比采用不同的冶炼技术从金矿石中提炼出黄金。从这个类比中可以看出：

> (i) 矿石品质有高低，类似地，数据量的大小并不代表有用的信息多少，数据的质量 (即对于分析相应参数所蕴含的有用信息量) 也很关键；(ii) 冶炼手段有高低，类似地，不同统计方法也有优劣之分。这里定义的充分统计量对于它所对应的参数而言就是金矿石中所有毫无杂质的纯金，其余的都是无用的"矿渣"，如果我们能拥有直接提取出充分统计量的方法，那么我们的这个方法对于估计其对应的参数而言就没有造成损失和浪费。正所谓"人无完人，金无足赤"，获取"毫无杂质的纯金"在实际数据分析中极其困难。

我们通过下面的一个例子展示充分统计量在实际中的应用。

例 5.7： 客户流失是企业在经营活动中经常面临的一个问题，对于银行业其客户流失是指客户由于某些原因不再使用该银行的产品或服务。本案例使用的数据集来自 Kaggle 数据竞赛网站 (https://www.kaggle.com/shubh0799/churn-modelling)，该数据集包含某跨国银行的客户信息数据，所包含的用户画像变量如下：

- RowNumber: 行号 (1~10000, 共 10000 个数据)
- CustomerId: 客户唯一 ID(整数型变量)
- Surname: 客户姓氏 (字符型变量)
- CreditScore: 信用评分 (整数型变量)
- Geography: 公司位置 (France: 法国, Spain: 西班牙, Germany: 德国)
- Gender: 性别 (Female: 女, Male: 男)
- Age: 年龄 (整数型变量)
- Tenure: 与银行的联系时间 (整数型变量)
- Balance: 在银行内剩余金额 (连续型变量)
- NumOfProducts: 客户拥有的产品数量 (整数型变量)
- HasCrCard: 是否拥有信用卡 (0: 未拥有, 1: 拥有)
- IsActiveMember: 是否活跃 (0: 不活跃, 1: 活跃)
- EstimatedSalary: 预估薪水 (连续型变量)
- Exited: 是否流失 (0: 未流失, 1: 已流失)

该跨国银行包含了法国、西班牙和德国三个国家的业务和客户数据，每个国家分别存储了部分客户数据，我们感兴趣的是该跨国银行的客户总体流失率 p。假设客户之间是否流失是独立同分布的，且可以认为单个客户是否流失可以通过变量 $X_i \sim B(1, p)$ 来刻画，其中 $i = 1, 2, \cdots, n$，n 表示客户总量，则 p 的估计量为 $\bar{X} = n^{-1} \sum_{i=1}^{n} X_i$。因此，我们可以基于全部的客户数据直接计算 p 的估计，这就需要将分布在法国、西班牙和德国三个国家的数据全部传输到银行总部再进行汇总计算。但当客户数据量很大时，若将每个用户数据全部传输到银行总部再进行汇总计算，信息传输及总部信息存储方面都会有比较大的压力。此时，我们这里学习的充分统计量就可以发挥其作用，在不损失样本中关于参数 p 的有用信息这个前提下实现数据压缩的功能。我们下面看一下充分统计量在这个实际问题中的具体应用过程。

我们前面已经通过因子分解定理得知 $\sum_{i=1}^{n} X_i$ 是 p 的充分统计量，因此，我们可以分两步实现对 p 的估计。第一步，针对法国、西班牙和德国三个国家的数据分别计算流失客户总量 $C_j = \sum_{i=1}^{n_j} x_{i,j}$ ($j = 1, 2, 3$)，其中，n_j 为第 j 个国家的客户总量，$x_{i,j}$ 为第 j 个国家、第 i 个客户是否流失的变量实现值 (取值为 0 表示未流失，取值为 1 表示已流失)；第二步，将各国银行的汇总信息 C_j ($j = 1, 2, 3$) 传输到总部，进而可以计算 p 的估计值为 $\sum_{j=1}^{3} C_j / n$。这个两步过程避免了大数据集的传输以及汇总存储，但可以无信息损失地实现参数估计，为大数据的分析带来很大的便利。这里呈现的两步计算过程，可以看作是 MapReduce 的实现思路，简单来说，Map 就是把问题划分成独立的组成部分，每一个 Map (计算过程) 处理独立的一部分数据，分而治之，逐个击破；Reduce 就是对 Map 的结果做一个聚合。在本案例中，Map 过程为上述第一步，Reduce 过程则为第二步。我们可以借助 R 软件中的 purrr 包实现上述两步计算，通过下面的代码演示可以发现，直接计算方法与基于充分统计量的 MapReduce 方法得到的 p 的估计值相同。

```
Bank <- read.csv(file = "data/Churn_Modelling.csv") # 总数据
Bank_1 <- Bank[Bank$Geography=="France",] # 将总数据分为三个属地的数据
Bank_2 <- Bank[Bank$Geography=="Spain",]
Bank_3 <- Bank[Bank$Geography=="Germany",]
head(Bank_1)
```

##	RowNumber	CustomerId	Surname	CreditScore	Geography
## 1	1	15634602	Hargrave	619	France
## 3	3	15619304	Onio	502	France
## 4	4	15701354	Boni	699	France
## 7	7	15592531	Bartlett	822	France
## 9	9	15792365	He	501	France
## 10	10	15592389	H?	684	France

##	Gender	Age	Tenure	Balance	NumOfProducts	HasCrCard
## 1	Female	42	2	0	1	1
## 3	Female	42	8	159661	3	1
## 4	Female	39	1	0	2	0
## 7	Male	50	7	0	2	1
## 9	Male	44	4	142051	2	0
## 10	Male	27	2	134604	1	1

##	IsActiveMember	EstimatedSalary	Exited
## 1	1	101349	1
## 3	0	113932	1
## 4	0	93827	0
## 7	1	10063	0
## 9	1	74941	0
## 10	1	71726	0

```
# 方法一：基于所有数据直接计算
Bank <- rbind(Bank_1,Bank_2,Bank_3) # 将三个银行的数据发送至总部并整合
hat_p_1 <- mean(Bank$Exited) # 基于所有数据求hat_p

# 方法二：基于充分统计量的MapReduce方法
Bank_List <- list(Bank_1,Bank_2,Bank_3) # 将三地数据放至同一对象
```

```
N <- dim(Bank_1)[1]+dim(Bank_2)[1]+dim(Bank_3)[1]

library(purrr)
# 使用Map函数，求各个银行的总流失客户数
sum_x_different <- map_dbl(Bank_List,function(x) sum(x$Exited))
# 使用Reduce函数聚合各个银行的结果
hat_p_2 <- Reduce(sum,sum_x_different)/N

# 比较两种方法的计算结果
print(paste("第一种方法得到的员工流失概率的估计为",hat_p_1))
```

```
## [1] "第一种方法得到的员工流失概率的估计为 0.2037"
```

```
print(paste("第二种方法得到的员工流失概率的估计为",hat_p_2))
```

```
## [1] "第二种方法得到的员工流失概率的估计为 0.2037"
```

```
hat_p_1==hat_p_2
```

```
## [1] TRUE
```

从上面的例子中可以看出，充分统计量扮演着重要的角色，用它代替原始样本对总体进行推断时不会损失总体未知参数的有关信息。因此，当充分统计量存在时，对总体未知参数的任何统计推断都可以基于充分统计量进行，这就是充分性原则。我们先从估计量入手，考察充分统计量如何提高无偏估计量的效率。

5.2.3 Rao-Blackwell 定理

定理 5.2 (Rao-Blackwell 定理)：设总体的概率密度函数或概率质量函数为 $f(\cdot;\theta)$，$X_1,\cdots,X_n$ 是其样本，$T=T(X_1,\cdots,X_n)$ 是 θ 的充分统计量，则对 θ 的任一无偏估计 $\hat{\theta}=\hat{\theta}(X_1,\cdots,X_n)$，令 $\tilde{\theta}=\mathrm{E}(\hat{\theta}|T)$，则 $\tilde{\theta}$ 也是 θ 的无偏估计，且

$$\mathrm{Var}(\tilde{\theta}) \leqslant \mathrm{Var}(\hat{\theta}).$$

证明：因为 T 是 θ 的充分统计量，根据定义可知 $\tilde{\theta}=\mathrm{E}(\hat{\theta}|T)$ 与 θ 无关，故 $\tilde{\theta}$ 是 θ 的统计量，且满足：

$$\mathrm{E}\tilde{\theta} = \mathrm{E}[\mathrm{E}(\hat{\theta}|T)] = \mathrm{E}\hat{\theta} = \theta.$$

因此，$\tilde{\theta}$ 是 θ 的无偏估计。下面考虑方差。

$$\mathrm{Var}(\hat{\theta}) = \mathrm{E}[(\hat{\theta}-\tilde{\theta}) + (\tilde{\theta}-\theta)]^2 = \mathrm{E}(\hat{\theta}-\tilde{\theta})^2 + \mathrm{E}(\tilde{\theta}-\theta)^2 + 2\mathrm{E}[(\hat{\theta}-\tilde{\theta})(\tilde{\theta}-\theta)].$$

注意到

$$\mathrm{E}[(\hat{\theta}-\tilde{\theta})(\tilde{\theta}-\theta)] = \mathrm{E}\{\mathrm{E}[(\hat{\theta}-\tilde{\theta})(\tilde{\theta}-\theta)|T]\} = \mathrm{E}\{(\tilde{\theta}-\theta)\mathrm{E}[(\hat{\theta}-\tilde{\theta})|T]\} = 0.$$

此外，$\mathrm{E}[(\hat{\theta} - \tilde{\theta})^2] \geqslant 0$。因此，

$$\mathrm{Var}(\hat{\theta}) = \mathrm{E}(\hat{\theta} - \tilde{\theta})^2 + \mathrm{Var}(\tilde{\theta}) \geqslant \mathrm{Var}(\tilde{\theta}).$$

证毕。 □

上述定理表明，当参数的无偏估计不是充分统计量的函数时，此时可以通过将该无偏估计对充分统计量取条件期望构造一个新的无偏估计，且新的无偏估计比原有无偏估计的方差更小，从而可以改进无偏估计的效率。这个定理同样告诉我们，如果充分统计量和 UMVUE 存在，那么 UMVUE 一定可以表示为充分统计量的函数。因此，当 UMVUE 存在时，寻找 UMVUE 可以在充分统计量的函数中进行。此外，充分统计量与极大似然估计量也有密切的联系，下面的定理将给出这两者之间的关系。

定理 5.3： 设总体的概率密度函数或概率质量函数为 $f(\cdot; \theta)$，$X_1, \cdots, X_n$ 是其样本。如果 θ 的充分统计量 $T = T(X_1, \cdots, X_n)$ 存在，且 θ 的极大似然估计量 $\hat{\theta}$ 存在且唯一，则 $\hat{\theta}$ 是充分统计量 T 的函数。

证明： 记 $t = T(x_1, \cdots, x_n)$。根据因子分解定理，我们有如下分解：

$$L(\theta; x_1, \cdots, x_n) = \Pi_{i=1}^n f(x_i; \theta) = g(t; \theta) h(x_1, \cdots, x_n),$$

其中，非负函数 $h(x_1, x_2, \cdots, x_n)$ 不依赖 θ。故针对 θ 最大化似然函数 $L(\cdot; x_1, \cdots, x_n)$ 将同时最大化函数 $g(t; \cdot)$。因为极大似然估计量 $\hat{\theta}$ 存在且唯一，所以对 θ 最大化函数 $g(t; \cdot)$ 即可得到 $\hat{\theta}$ 的值，该值唯一且必定是 t 的函数。因此，极大似然估计量 $\hat{\theta}$ 是充分统计量 T 的函数。 □

5.3 完备性与唯一性

我们先看一个例子。设 $X_1, X_2, \cdots, X_n$ 为来自泊松总体的样本，总体的概率质量函数为

$$f(x; \theta) = \frac{\theta^x e^{-\theta}}{x!}, \quad x = 0, 1, 2, \cdots; \theta > 0.$$

根据因子分解定理，可以证明 $T = \sum_{i=1}^n X_i$ 是 θ 的充分统计量 (参见本章练习第 9 题)，且 T 的概率质量函数为

$$g(t; \theta) = \frac{(n\theta)^t e^{-n\theta}}{t!}, \quad t = 0, 1, 2, \cdots; \theta > 0.$$

考虑统计量 T 的概率质量函数所构成的分布族 $\{g(\cdot; \theta) : \theta > 0\}$。假设函数 h 对任意的 $\theta > 0$ 都满足 $\mathrm{E}[h(T)] = 0$。我们下面证明 $\mathrm{E}[h(T)] = 0$ 对任意的 $\theta > 0$ 都成立所需要的条件是 $h(t) = 0$ 对 $t = 0, 1, 2, \cdots$ 都成立。对任意的 $\theta > 0$，我们有

$$\mathrm{E}[h(T)] = \sum_{t=0}^{\infty} h(t) \frac{(n\theta)^t e^{-n\theta}}{t!} = e^{-n\theta} \left[h(0) + h(1) \frac{n\theta}{1!} + h(2) \frac{(n\theta)^2}{2!} + \cdots \right].$$

注意到 $e^{-n\theta} \neq 0$，$\mathrm{E}[h(T)] = 0$ 即要求以下等式成立：

$$0 = h(0) + [nh(1)]\theta + \left[\frac{n^2 h(2)}{2} \right] \theta^2 + \cdots.$$

上述无穷序列对所有的 $\theta > 0$ 都收敛到 0，因此系数必然为 0，即有

$$0 = h(0) = nh(1) = \frac{n^2 h(2)}{2} = \cdots.$$

这即要求 $h(t) = 0$ 对 $t = 0, 1, 2, \cdots$ 都成立。从上述例子可以看出，$\mathrm{E}[h(T)] = 0$ 对任意的 $\theta > 0$ 都成立则要求每个概率质量函数 $g(t; \theta), \theta > 0$ 所决定的概率为 0 的点除外都有 $h(t) = 0$ 成立，这即说明分布族 $\{g(\cdot; \theta) : \theta > 0\}$ 是完备的 (Complete)。下面给出正式定义。

定义 5.4：令 $\{g(\cdot; \theta)\}$ 为统计量 T 的概率密度函数或概率质量函数构成的分布族。如果 $\mathrm{E}[h(T)] = 0$ 对任意的 θ 都成立意味着 $P(h(T) = 0) = 1$ 对任意的 θ 成立，那么概率分布族 $\{g(\cdot; \theta)\}$ 是完备的，并称统计量 T 为**完备统计量** (Complete statistic)。

例 5.8 (二项分布族)：考察二项分布族 $\{f(\cdot; p) : 0 < p < 1\}$，其中 $f(x; p) = C_n^x p^x (1-p)^{n-x}, x = 0, 1, 2, \cdots, n$。假设函数 h 满足：

$$\mathrm{E}[h(X)] = \sum_{x=0}^{n} h(x) C_n^x p^x (1-p)^{n-x} = 0.$$

上式右边等式两边除以 $(1-p)^n$ 得：

$$\sum_{x=0}^{n} h(x) C_n^x \left(\frac{p}{1-p} \right)^x = 0.$$

记 $\theta = \frac{p}{1-p}$ 得：

$$\sum_{x=0}^{n} h(x) C_n^x \theta^x = 0.$$

上式是 θ 的多项式，只有当 θ 的系数几乎处处为 0 时才能使得上述等式对任意的 $\theta \in \mathbb{R}$ 都成立，即对 $X \sim f(\cdot; p)$ 有 $h(X) = 0$ 几乎处处成立。因此，二项分布族是完备的。

设总体的概率密度函数或概率质量函数为 $f(\cdot; \theta)$, $\theta \in \Theta$, $X_1, \cdots, X_n$ 是来自该总体的样本。θ 的充分统计量存在，且记为 $T = T(X_1, \cdots, X_n)$, T 的概率密度函数或概率质量函数记为 $g(\cdot; \theta)$, $\theta \in \Theta$。Rao–Blackwell 定理表明，如果存在 θ 的一个无偏估计 $\hat{\theta}$ 且 $\hat{\theta}$ 不是 T 的函数，那么至少存在一个 T 的函数是 θ 的无偏估计 (例如 $\mathrm{E}(\hat{\theta}|T)$)，那么 θ 的 UMVUE 可以在 T 的函数中寻找。假设函数 ϕ 不是 θ 的函数，且满足 $\mathrm{E}[\phi(T)] = \theta$ 对任意的 $\theta \in \Theta$ 都成立。令函数 $\psi(T)$ 为 T 的另外一个函数并且也满足 $\mathrm{E}[\psi(T)] = \theta$ 对任意的 $\theta \in \Theta$ 都成立。因此，

$$\mathrm{E}[\phi(T) - \psi(T)] = 0, \quad \theta \in \Theta.$$

如果分布族 $\{g(\cdot; \theta) : \theta \in \Theta\}$ 是完备的，那么除了概率为 0 的点之外 $\phi(t) - \psi(t) = 0$ 都成立，即对其他任意一个 θ 的无偏估计 $\psi(T)$，除了概率为 0 的点之外，我们有下式成立：

$$\phi(t) = \psi(t).$$

上述分析表明，函数 ϕ 是使得 $\mathrm{E}[\phi(T)] = \theta$ 成立的唯一函数。根据 Rao–Blackwell 定理可知，$\phi(T)$ 的方差比 θ 的其他任意无偏估计量的方差都小，从而统计量 $\phi(T)$ 是 θ 的 UMVUE。下面的定理将阐述这个结论。

定理 5.4(Lehmann-Scheffé 定理)：设总体的概率密度函数或概率质量函数为 $f(\cdot; \theta), \theta \in \Theta, X_1, \cdots, X_n$ 是来自该总体的样本。记 $T = T(X_1, \cdots, X_n)$ 为 θ 的充分统计量，T 的概率密度函数或概率质量函数记为 $g(\cdot; \theta)$, $\theta \in \Theta$, 构成的分布族 $\{g(\cdot; \theta) : \theta \in \Theta\}$ 是完备的。如果存在 T 的一个函数是 θ 的无偏估计，那么 T 的这个函数是 θ 唯一的 UMVUE。

例 5.9 (均匀分布的 UMVUE)：设 $X_1, \cdots, X_n$ 是来自均匀分布 $U(0, \theta)$ 的样本，总体在 x 的概率密度为 $f(x; \theta) = 1/\theta, 0 < x < \theta, \theta > 0$。我们前面已经证明了 $T = X_{(n)} = \max\{X_1, \cdots, X_n\}$ 是 θ 的充分统计量，且可以推导得 T 的概率密度函数在 t 处取值为

$$
g(t; \theta) = \begin{cases} \dfrac{nt^{n-1}}{\theta^n}, & 0 < t < \theta, \\ 0, & \text{其他}. \end{cases}
$$

下面证明分布族 $\{g(\cdot; \theta) : \theta > 0\}$ 是完备的。假设对任意的函数 h 和任意的 $\theta > 0$ 满足 $\mathrm{E}[h(T)] = 0$，即

$$
0 = \int_0^\theta h(t) \frac{nt^{n-1}}{\theta^n} dt \quad \Leftrightarrow \quad 0 = \int_0^\theta h(t) t^{n-1} dt.
$$

对第二个等式的两边关于 θ 求偏导，可得 $h(\theta)\theta^{n-1} = 0$。因为 $\theta > 0$，则有 $h(\theta) = 0$ 对任意的 $\theta > 0$ 成立。因此，分布族 $\{g(\cdot; \theta) : \theta > 0\}$ 是完备的。又因为

$$
\mathrm{E}T = \int_0^\theta t \frac{nt^{n-1}}{\theta^n} dt = \frac{n}{n+1}\theta.
$$

根据定理可知，θ 的 UMVUE 是 $[(n+1)/n]T = [(n+1)/n]X_{(n)}$。

上述定理中，T 是 θ 的充分统计量且其概率密度函数或概率质量函数构成的分布族 $\{g(\cdot; \theta) : \theta \in \Theta\}$ 是完备的，此时的统计量 T 称为 θ 的**完备充分统计量** (Complete sufficient statistic)。在均匀分布的例子中，$X_{(n)}$ 即为 θ 的完备充分统计量。下面我们将介绍一类分布族，并讨论其完备充分统计量。

5.4　指数分布族

本节我们主要介绍指数类分布族，该分布族中参数的完备充分统计量可以通过观察其分布形式来确定，这为寻找 UMVUE 提供了便利的工具。

考虑由概率密度函数或概率质量函数构成的分布族 $\{f(\cdot; \theta) : \theta \in \Theta\}$，$\Theta = \{\theta : a < \theta < b\}$，其中，$a$ 和 b 是已知常数 (可以是 $\pm\infty$)。该分布族的概率密度函数或概率质量函数具体取值具有如下形式：

$$
f(x; \theta) = \begin{cases} \exp\{p(\theta)K(x) + H(x) + q(\theta)\}, & x \in \mathbb{S} \\ 0, & \text{其他}, \end{cases}
$$

其中，$\mathbb{S}$ 为 X 的支撑。

定义 5.5 (正则指数类)：假设随机变量 X 的概率密度函数或概率质量函数具有上述形式，并且满足如下条件：

(1) 支撑 $\mathbb{S}$ 不依赖 θ；

(2) p 是 $\theta \in \Theta$ 的非平凡函数；

(3) (a) 如果 X 是连续型随机变量，那么 $K' \not\equiv 0$ 且 H 是 $x \in \mathbb{S}$ 的连续函数；

　　(b) 如果 X 是离散型随机变量，那么 K 是 $x \in \mathbb{S}$ 的非平凡函数，

则随机变量 X 的概率密度函数或概率质量函数属于**正则指数类** (Regular exponential class) 元素。

例 5.10 (正态分布族)：考察正态分布族 $N(0, \theta) : 0 < \theta < \infty$，其概率密度函数取值形式可以表示为

$$
f(x; \theta) = \frac{1}{\sqrt{2\pi\theta}} \exp\left\{-\frac{x^2}{2\theta}\right\} = \exp\left\{-\frac{x^2}{2\theta} - \frac{\log(2\pi\theta)}{2}\right\}, \quad -\infty < x < \infty.
$$

取 $p(\theta) = -1/(2\theta)$, $K(x) = x^2$, $H(x) = 0$, $q(\theta) = -\log(2\pi\theta)/2$, 可见, 正态分布族 $N(0, \theta) : 0 < \theta < \infty$ 是正则指数类。

例 5.11 (均匀分布族): 考察均匀分布族 $U(0, \theta) : 0 < \theta < \infty$, 因为其支撑 $\mathbb{S} = \{x : f(x; \theta) > 0\} = (0, \theta)$ 依赖 θ, 因此它不是正则指数类。

设随机样本 $X_1, \cdots, X_n$ 来自概率密度函数或概率质量函数为 $f(\cdot; \theta)$ 的总体, 且该总体属于正则指数类。样本的联合概率密度函数或概率质量函数在样本点取值可表示为

$$f(x_1, \cdots, x_n; \theta) = \exp\left\{ p(\theta) \sum_{i=1}^{n} K(x_i) + \sum_{i=1}^{n} H(x_i) + nq(\theta) \right\}, \quad x_i \in \mathbb{S}.$$

上述联合概率密度或概率质量可以分解为如下两个非负函数在对应点取值的乘积:

$$f(x_1, \cdots, x_n; \theta) = \exp\left\{ p(\theta) \sum_{i=1}^{n} K(x_i) + nq(\theta) \right\} \exp\left\{ \sum_{i=1}^{n} H(x_i) \right\}, \quad x_i \in \mathbb{S}.$$

根据因子分解定理, 可知 $T = \sum_{i=1}^{n} K(x_i)$ 是 θ 的充分统计量。此外, 正如下面的定理所述, 我们还可以得到这个充分统计量 T 的一般分布形式及其期望和方差。

定理 5.5: 设随机样本 $X_1, \cdots, X_n$ 来自概率密度函数或概率质量函数为 $f(\cdot; \theta)$ 的总体, 且该总体属于正则指数类。考察统计量 $T = \sum_{i=1}^{n} K(x_i)$, 则有

(1) T 的概率密度函数或概率质量函数的取值具有如下一般形式:

$$g(t; \theta) = R(t) \exp\{p(\theta)t + nq(\theta)\},$$

其中, $t \in \mathbb{S}_T$, R 为某个函数, 且支撑 $\mathbb{S}_T$ 与函数 R 都不依赖 θ。

(2) T 的期望和方差形式如下:

$$\mathrm{E}T = -\frac{nq'(\theta)}{p'(\theta)}, \quad \mathrm{Var}(T) = \frac{n}{[p'(\theta)]^3}[p''(\theta)q'(\theta) - q''(\theta)p'(\theta)].$$

下面基于上述定理中 T 的概率密度函数或概率质量函数一般形式来建立其分布族的完备性。

定理 5.6: 设随机样本 $X_1, \cdots, X_n$ 来自概率密度函数或概率质量函数为 $f(\cdot; \theta)$ 的总体, $a < \theta < b$, 其中, 常数 a 和 b 已知 (可以是 $\pm\infty$)。如果该总体属于正则指数类, 则统计量 $T = \sum_{i=1}^{n} K(x_i)$ 是 θ 的充分统计量, 且 T 的概率密度函数或概率质量函数所属分布族 $\{g(\cdot; \theta) : a < \theta < b\}$ 是完备的, 即 T 是 θ 的完备充分统计量。

证明: 我们前面已经证明了 T 是 θ 的充分统计量, 下面证明其完备性。假设 $\mathrm{E}[h(T)] = 0$, 以连续型 T 为例, 代入 T 的概率密度函数一般形式, 对任意的 $\theta \in \Theta$, 由于 $\exp\{nq(\theta)\} \neq 0$, 可得:

$$\int_{\mathbb{S}_T} h(t)R(t)\exp\{p(\theta)t + nq(\theta)\}dt = 0 \quad \Leftrightarrow \quad \int_{\mathbb{S}_Y} h(t)R(t)\exp\{p(\theta)t\}dy = 0.$$

由于 $p(\theta)$ 是 $\theta \in \Theta$ 的非平凡函数, 因此上述第二个积分是 $h(t)R(t)$ 的拉普拉斯变换, 使得 t 变换到 0 的函数只能是 0 函数, 即

$$h(t)R(t) \equiv 0.$$

又因为对于 $t \in \mathbb{S}_T$ 有 $R(t) \neq 0$ 成立, 因此, $h(t) \equiv 0$, 完备性得证, 从而有 T 是 θ 的完备充分统计量。 □

数学中有很多实用而神奇的变换，如傅里叶变换、**拉普拉斯变换**等。这里我们给出拉普拉斯变换的一个简单定义以供大家参考。考虑一个在实数域上定义的函数 $g(\cdot)$，其拉普拉斯变换可以定义为

$$f(s) = \int_{-\infty}^{\infty} g(t) \exp\{-st\}dt,$$

其中，s 是一个复数。那么我们可以通过**逆拉普拉斯变换**将函数 $g(\cdot)$ 恢复出来：

$$g(t) = \frac{1}{2\pi i} \int_{c-i\infty}^{c+i\infty} f(s) \exp\{st\}ds,$$

其中实数 c 可以让复数 $c + iw$ 完全落在函数 $f(\cdot)$ 的收敛域之中，w 则是任意一个可能的虚部取值。

结合充分统计量与 UMVUE 之间的关系，上述定理为我们提供了一种寻找 UMVUE 的方便途径。具体地，我们可以先通过上述定理为正则指数类中特定分布确定其参数 θ 的完备充分统计量 $T = \sum_{i=1}^{n} K(X_i)$，然后再构造 T 的函数 ϕ 使得 $\mathrm{E}[\phi(T)] = \theta$ 成立，那么则有 $\phi(T)$ 唯一且是 θ 的 UMVUE。

例 5.12： 设随机样本 $X_1, \cdots, X_n$ 来自正态分布总体 $N(\theta, \sigma^2)$，其中，$\theta \in \mathbb{R}$ 为未知参数，σ^2 已知。总体的概率密度函数在 x 处取值为

$$f(x; \theta) = \frac{1}{\sqrt{2\pi\sigma^2}} \exp\left\{-\frac{(x-\theta)^2}{2\sigma^2}\right\} = \exp\left\{\frac{\theta}{\sigma^2}x - \frac{x^2}{2\sigma^2} - \frac{\theta^2}{2\sigma^2} - \log(\sqrt{2\pi\sigma^2})\right\}.$$

取 $p(\theta) = \theta/\sigma^2$，$K(x) = x$，$H(x) = -x^2/(2\sigma^2) - \log(\sqrt{2\pi\sigma^2})$，$q(\theta) = -\theta^2/(2\sigma^2)$，可见，该正态分布是正则指数类元素。因此，$T = \sum_{i=1}^{n} X_i = n\bar{X}$ 是 θ 的完备充分统计量。因为 $\mathrm{E}T = n\theta$，所以 $\phi(T) = T/n = \bar{X}$ 是 T 的函数中唯一一个是 θ 的无偏估计，且作为充分统计量 T 的函数，$\phi(T)$ 具有最小方差。因此，$\bar{X}$ 是 θ 唯一的 UMVUE。

前面我们重点讨论的是参数为一维的情形，但很多时候我们感兴趣的是总体中的两个甚至更多个未知参数，我们前面介绍的充分性和完备性对多维参数情形依然适用，我们下面将指数分布族的定义拓展到参数为多维的情形。

定义 5.6： 假设随机变量 X 的概率密度函数或概率质量函数为 $f(\cdot; \boldsymbol{\theta})$，其中，$\boldsymbol{\theta} \in \Theta \subset \mathbb{R}^m$，$X$ 的支撑为 $\mathbb{S}$。假设 $f(x; \boldsymbol{\theta})$ 具有如下形式：

$$f(x; \boldsymbol{\theta}) = \begin{cases} \exp\left\{\sum_{j=1}^{m} p_j(\boldsymbol{\theta})K_j(x) + H(x) + q(\boldsymbol{\theta})\right\}, & x \in \mathbb{S} \\ 0, & \text{其他}. \end{cases}$$

此时我们称 X 的概率密度函数或概率质量函数为**指数类** (Exponential class) 元素。如果 X 的概率密度函数或概率质量函数同时满足如下条件：

(1) 支撑 $\mathbb{S}$ 不依赖 $\boldsymbol{\theta}$；

(2) 参数空间 Θ 包含一个非空的 k 维开矩形；

(3) p_j，$j = 1, \cdots, m$ 是 $\boldsymbol{\theta}$ 的非平凡的、函数形式上独立的连续函数；

(4) (a) 如果 X 是连续型随机变量，那么导函数 K_j'，$j = 1, \cdots, m$ 是 $x \in \mathbb{S}$ 的连续函数且每个导函数都不是其他导函数的齐次线性函数，同时 H 是 $x \in \mathbb{S}$ 的连续函数；

    (b) 如果 X 是离散型随机变量，那么 K_j，$j = 1, \cdots, m$ 是 $x \in \mathbb{S}$ 的非平凡函数且每个函数都不是其他函数的齐次线性函数，

则随机变量 X 的概率密度函数或概率质量函数属于正则指数类。

设随机样本 $X_1, \cdots, X_n$ 来自概率密度函数或概率质量函数为 $f(\cdot; \boldsymbol{\theta})$ 的总体，且该总体属于正则指数类。样本的联合概率密度函数或概率质量函数可以分解为如下两个非负函数的乘积：

$$f(x_1, \cdots, x_n; \theta) = \exp\left\{\sum_{j=1}^m p_j(\boldsymbol{\theta}) \sum_{i=1}^n K_j(x_i) + nq(\boldsymbol{\theta})\right\} \exp\left\{\sum_{i=1}^n H(x_i)\right\}, \quad x_i \in \mathbb{S}.$$

根据因子分解定理，可知 $T = \left(\sum_{i=1}^n K_1(X_i), \sum_{i=1}^n K_2(X_i), \cdots, \sum_{i=1}^n K_m(X_i)\right)$ 是 $\boldsymbol{\theta}$ 的充分统计量。我们也可以验证该统计量是完备的，因此，对于正则指数族元素 $f(x; \boldsymbol{\theta})$，$T$ 是 $\boldsymbol{\theta}$ 的完备充分统计量。

考察正态分布族 $N(\mu, \sigma^2): \boldsymbol{\theta} = (\mu, \sigma^2), \mu \in \mathbb{R}, 0 < \sigma^2 < \infty$，其概率密度函数在 x 处取值可以表示为

$$f(x; \boldsymbol{\theta}) = \frac{1}{\sqrt{2\pi\sigma^2}} \exp\left\{-\frac{(x-\mu)^2}{2\sigma^2}\right\} = \exp\left\{\frac{\mu}{\sigma^2}x - \frac{x^2}{2\sigma^2} - \frac{\mu^2}{2\sigma^2} - \frac{1}{2}\log(2\pi\sigma^2)\right\}.$$

取 $p_1(\boldsymbol{\theta}) = \mu/\sigma^2$，$p_2(\boldsymbol{\theta}) = -1/(2\sigma^2)$，$K_1(x) = x$，$K_2(x) = x^2$，$H(x) = 0$，$q(\boldsymbol{\theta}) = -\mu^2/(2\sigma^2) - \log(2\pi\sigma^2)/2$，可见，该正态分布族是正则指数类。因此，$T = (T_1, T_2) = \left(\sum_{i=1}^n X_i, \sum_{i=1}^n X_i^2\right)$ 是 $\boldsymbol{\theta} = (\mu, \sigma^2)$ 的完备充分统计量。注意到：

$$\bar{X} = \frac{T_1}{n}, \quad S^2 = \frac{\sum_{i=1}^n (X_i - \bar{X})^2}{n-1} = \frac{T_2 - T_1^2/n}{n-1},$$

即 $\left(\sum_{i=1}^n X_i, \sum_{i=1}^n X_i^2\right)$ 与 $(\bar{X}, S^2)$ 是一一对应的，因此，$(\bar{X}, S^2)$ 也是 $\boldsymbol{\theta} = (\mu, \sigma^2)$ 的完备充分统计量。又因为 $\mathrm{E}\bar{X} = \mu$，$\mathrm{E}S^2 = \sigma^2$，根据完备性可知 $(\bar{X}, S^2)$ 是使得无偏性成立的 (T_1, T_2) 的唯一函数，因此，$(\bar{X}, S^2)$ 是 $\boldsymbol{\theta} = (\mu, \sigma^2)$ 的 UMVUE。

如上例子所示，正态分布属于指数分布族，其实还有很多其他常用分布也属于指数分布族，如指数分布、二项式分布、伽马分布等。感兴趣的读者不妨自己将书中前文提及的一些分布逐一加以验证。

在本章中，我们介绍了充分统计量和完备统计量的概念。在实际问题中，总体分布的确定往往并不容易，因此充分性也是非常罕见的事情。换句话说，我们不太容易找到这么一个充分统计量，即能够包含数据中有关参数所有信息的统计量。因此，统计学家会孜孜不倦地提出各种新的方法来更好地利用数据中蕴含的信息，进而做出更优的统计推断。

练习题5

1. 设简单随机样本 $X_1, X_2, \cdots, X_n$ 来自正态总体 $N(0, \sigma^2)$，$S_1^2 = n^{-1}\sum_{i=1}^n (X_i - \bar{X})^2$ 和 $S_2^2 = n^{-1}\sum_{i=1}^n X_i^2$ 都是 σ^2 的估计量，请在最小化均方误差的标准下评估这两个估计量。

2. 假设 $X_1, X_2, \cdots, X_n$ 独立产生于正态分布 $N(\mu, \sigma^2)$。考虑两个有关方差 σ^2 的估计量：$S^2 = \frac{1}{n-1}\sum_{i=1}^n (X_i - \bar{X})^2$ 和 $\hat{\sigma}^2 = \frac{1}{n}\sum_{i=1}^n (X_i - \bar{X})^2$，请回答以下两个问题：

   (a) 这两个估计量的均方误差哪一个更小一些？
   (b) 如果考虑 $\rho\sum_{i=1}^n (X_i - \bar{X})^2$，那么 ρ 取什么数值时，这一类估计量的均方误差达到最小？

3. 设 $\hat{\theta}_1$ 和 $\hat{\theta}_2$ 分别是 θ_1 和 θ_2 的 UMVUE。证明对任意的非零常数 a, b，$a\hat{\theta}_1 + b\hat{\theta}_2$ 是 $a\theta_1 + b\theta_2$ 的 UMVUE。

4. 设总体分布为均匀分布 $U(0, \theta)$，X_1, X_2, X_3 为来自该分布的简单随机样本。$4X_{(1)}$ 和 $4X_{(3)}/3$ 都是 θ 的无偏估计，请说明哪个估计量更有效？

5. 设简单随机样本 $X_1, X_2, \cdots, X_n$ 来自二点分布总体 $B(1, p)$，请给出 p 的一个充分统计量，并确定其 UMVUE。

6. 设简单随机样本 $X_1, X_2, \cdots, X_n$ 来自总体 X，X 的概率密度函数在 x 处取值为

$$f(x; \theta) = \theta x^{\theta-1}, \quad 0 < x < 1, \quad \theta > 0.$$

证明样本的几何均值 $(X_1 X_2 \cdots X_n)^{1/n}$ 是 θ 的完备充分统计量。

7. 设简单随机样本 $X_1, X_2, \cdots, X_n$ 来自均匀分布总体 $U(\theta_1, \theta_2)$，请给出 (θ_1, θ_2) 的充分统计量，并说明该充分统计量是否是完备的。

8. 设简单随机样本 $X_1, X_2, \cdots, X_n$ 来自均匀分布总体 $U(\theta, 2\theta)$，求 θ 的极大似然估计 $\hat{\theta}$，并说明 $\hat{\theta}$ 是否是 θ 的充分统计量。

9. 设 $X_1, X_2, \cdots, X_n$ 为来自泊松总体的样本，总体的概率质量函数为

$$f(x; \theta) = \frac{\theta^x e^{-\theta}}{x!}, \quad x = 0, 1, 2, \cdots; \ \theta > 0.$$

证明 $T = \sum_{i=1}^{n} X_i$ 是 θ 的充分统计量，并说明该泊松总体分布族 $\{f(x; \theta); \theta > 0\}$ 是否属于正则指数类？

10. 设简单随机样本 $X_1, X_2, \cdots, X_n$ 来自总体 X，X 的概率密度函数在 x 处为

$$f_{X_i}(x; \theta) = \begin{cases} e^{i\theta - x}, & x \geqslant i\theta, \\ 0, & x < i\theta. \end{cases}$$

证明 $T = \min_i\{X_i/i\}$ 是 θ 的充分统计量。

11. 设简单随机样本 $X_1, X_2, \cdots, X_n$ 来自总体 X，X 的概率密度函数在 x 处为

$$f(x; \mu, \sigma) = \frac{1}{\sigma} e^{-(x-\mu)/\sigma}, \ \mu < x < \infty, \ 0 < \sigma < \infty.$$

请给出 $\boldsymbol{\theta} = (\mu, \sigma)$ 的一个二维充分统计量。

12. 考察伽马分布族 $\{\Gamma(\alpha, \beta); \alpha > 0, \beta > 0\}$，其概率密度函数在 x 处取值表达式为

$$f(x; \alpha, \beta) = \frac{1}{\Gamma(\alpha)\beta^\alpha} x^{\alpha-1} e^{-x/\beta}, \quad x > 0, \alpha > 0, \beta > 0.$$

请说明该分布族是否是完备的？并给出 $\boldsymbol{\theta} = (\alpha, \beta)$ 的一个二维充分统计量。

13. 设简单随机样本 $X_1, X_2, \cdots, X_n$ 来自总体 X，考虑 X 的概率密度函数 $f(\cdot; \theta)$ 为以下四种取值情形：

(a) $f(x; \theta) = \frac{2x}{\theta^2}, 0 < x < \theta, \theta > 0$；

(b) $f(x; \theta) = \dfrac{\theta}{(1+x)^{1+\theta}}, 0 < x < \infty, \theta > 0$；

(c) $f(x; \theta) = \dfrac{\theta^x \ln \theta}{\theta - 1}, 0 < x < 1, \theta > 1$；

(d) $f(x; \theta) = C_2^x \theta^x (1-\theta)^{2-x}, x = 0, 1, 2, \ 0 \leqslant \theta \leqslant 1$。

请针对上述每个概率密度函数，证明是否存在 θ 的完备充分统计量，如果存在请给出其具体形式。

14. 设总体 X 服从指数分布 $\exp(\theta)$，其概率密度函数在 x 处取值的表达式为

$$f(x;\theta) = \theta e^{-\theta x}, \quad \theta > 0.$$

分布族 $\{f(\cdot;\theta); \theta > 0\}$ 是否属于正则指数类？假设 $X_1, X_2, \cdots, X_n$ 为来自该总体分布的简单随机样本，请给出 θ 的充分统计量和 UMVUE，并说明该充分统计量是否是完备充分统计量。

15. 请验证下列分布类是否是正则指数类？

   (a) 二项分布族 $B(n, \theta); 0 < \theta < 1$，其中，$n$ 已知，θ 未知；
   (b) 伽马分布族 $\{\Gamma(\alpha, \beta); \alpha > 0, \beta > 0\}$，其中，$\boldsymbol{\theta} = (\alpha, \beta)$ 未知；
   (c) 贝塔分布族 $\{\beta(a, b); a > 0, b > 0\}$，其中，$\boldsymbol{\theta} = (a, b)$ 未知。

16. 假设 $X_1, X_2, \cdots, X_n$ 独立产生于伯努利分布 $Bernoulli(p)(P(X = 1) = p, \ P(X = 0) = 1 - p)$。考虑 p 的一个函数 $h(p) = p^2$。

   (a) 找到 $h(p)$ 的一个相合估计，该估计是否渐近有效？为什么？
   (b) 找到 $h(p)$ 的一致最小方差无偏估计，并给出整个推导过程。

17. 请运用 R 软件生成容量为 $N = 10^9$ 的标准正态分布随机数构成一个样本，并将该样本随机划分为容量相同的 5 个子样本。

   (a) 请对该样本直接计算其样本均值，并记录计算样本均值所需时间；
   (b) 请分别计算子样本的样本总和，并基于这 5 个子样本总和计算 N 个样品的样本均值，且记录通过这种方式获取样本均值所需的时间。这个计算过程对应的是 MapReduce 实现思路，但实际中这 5 个子样本是存储在 5 个不同单机上的数据集，每台单机可以将汇总的样本总和传输给主机，在主机完成全部数据集样本均值的计算过程，感兴趣的同学可以查阅更多有关 MapReduce 的介绍；
   (c) 试从充分统计量的角度比较上述两种方法获取的样本均值是否相同，并对比两种方式花费的计算时间；
   (d) 尝试不断增加样本容量为 $N = 10^7$ 和 $N = 10^8$ 后重新完成 (a)—(c) 的计算，你会有什么发现？

第 6 章　最优假设检验

我们在第 3 章介绍了假设检验的基本思想和概念，并讨论了一些常用的假设检验问题。假设检验是统计学研究的一个核心问题，我们知道假设检验实际上是一种决策，那么决策自然就有可能犯错误，那么我们如何控制好错误，减少错误自然也就成为统计学家需要思考的重要问题。正如我们会借助一些评估标准对参数估计评估其好坏，本章通过引入一些检验的评价标准来围绕假设检验的评估及最优假设检验的确定加以一定的讨论。

6.1　最大功效检验

假设随机变量 X 的概率密度函数或概率质量函数为 $f(\cdot;\theta)$，其中，$\theta \in \Theta$，$\boldsymbol{X} = (X_1, X_2, \cdots, X_n)$ 为来自该总体分布的简单随机样本。考虑如下假设问题：

$$H_0 : \theta \in \Theta_0 \quad \text{与} \quad H_1 : \theta \in \Theta_0^c.$$

记 $\mathbb{C}$ 为上述假设问题的拒绝域，假设检验中我们可能会犯两类错误，即第 I 类错误和第 II 类错误，这两类错误发生的概率分别为

$$\alpha(\theta) = P_\theta(\boldsymbol{X} \in \mathbb{C}), \theta \in \Theta_0 \quad \text{和} \quad \beta(\theta) = 1 - P_\theta(\boldsymbol{X} \in \mathbb{C}) = 1 - G(\theta), \theta \in \Theta_0^c,$$

其中，$G(\theta) = P_\theta(\boldsymbol{X} \in \mathbb{C})$ 为功效函数。我们希望构造的检验当 $\theta \in \Theta_0^c$ 时比 $\theta \in \Theta_0$ 时更倾向于拒绝 H_0，满足这个性质的检验是无偏的。下面给出无偏性检验的定义。

定义 6.1 (无偏性检验)：假设随机变量 X 的概率密度函数或概率质量函数为 $f(x;\theta)$，$\theta \in \Theta$，$\boldsymbol{X} = (X_1, X_2, \cdots, X_n)$ 为来自该总体分布的简单随机样本。考虑如下假设问题：

$$H_0 : \theta \in \Theta_0 \quad \text{与} \quad H_1 : \theta \in \Theta_0^c.$$

记该检验的拒绝域为 $\mathbb{C}$，其功效函数在 θ 处为 $G(\theta) = P_\theta(\boldsymbol{X} \in \mathbb{C})$。如果 $G(\theta_1) \geqslant G(\theta_0)$ 对任意的 $\theta_0 \in \Theta_0$ 和 $\theta_1 \in \Theta_0^c$ 都成立，则称该检验是**无偏检验** (Unbiased test)。

在简单原假设 H_0 与简单备择假设 H_1 场景下，$\Theta_0 = \{\theta_0\}$ 且 $\Theta_0^c = \{\theta_1\}$，则当 $G(\theta_1) \geqslant G(\theta_0)$ 成立时检验即为无偏的。

在第 3 章的学习中我们知道，当样本量给定时通常不能同时使得两类错误发生的概率都任意小，我们一般会将犯第 I 类错误的概率控制在一个给定的水平。我们自然希望在控制住犯第 I 类错误的概率的前提下犯第 II 类错误的概率尽可能小，或等价地使功效 $G(\theta)$，$\theta \in \Theta_0^c$ 尽可能大。根据上述讨论，本节将讨论简单原假设对简单备择假设场景下的最大功效检验，下面给出最大功效检验的定义。

定义 6.2 (最大功效检验)：考虑如下简单原假设对简单备择假设问题：

$$H_0 : \theta = \theta_0 \quad \text{与} \quad H_1 : \theta = \theta_1 \ (\theta_1 \neq \theta_0).$$

当拒绝域 $\mathbb{C}$ 满足如下条件：

(1) $P_{\theta_0}(\boldsymbol{X} \in \mathbb{C}) = \alpha$;

(2) 对样本空间中的任意一个满足 $P_{\theta_0}(\boldsymbol{X} \in \mathbb{A}) = \alpha$ 的子集 $\mathbb{A}$,

$$P_{\theta_1}(\boldsymbol{X} \in \mathbb{C}) \geqslant P_{\theta_1}(\boldsymbol{X} \in \mathbb{A}),$$

则称拒绝域 $\mathbb{C}$ 为**水平为 α 的最大功效拒绝域** (Most powerful critical region),由 $\mathbb{C}$ 定义的检验称为**水平为 α 的最大功效检验** (Most powerful α level test),简记为 MPT。

上述最大功效检验的定义表明,一般会存在多个样本空间的子集 $\mathbb{A}$ 满足 $P_{\theta_0}(\boldsymbol{X} \in \mathbb{A}) = \alpha$,假设这些子集中存在一个子集 $\mathbb{C}$,且以 $\mathbb{C}$ 为拒绝域的检验的功效至少和其他子集 $\mathbb{A}$ 定义的检验的功效一样大,则 $\mathbb{C}$ 即为水平为 α 的最大功效拒绝域。关于上述定义,作以下两点说明。首先,注意到最大功效检验是限定在犯第 I 类错误的概率被控制在特定水平的检验类中,否则单纯通过最大化检验的功效而去定义最大功效检验是没有意义的,例如以概率 1 拒绝 H_0 的检验虽然不会犯第 II 类错误,但考虑这个检验没有实际意义。其次,上述定义的条件很强导致很多实际问题中不存在最大功效检验,但对于存在最大功效检验的问题中,我们一般考虑选用最大功效检验,那么就很有必要在其存在的情况下将其识别出来。下面介绍的 Neyman-Pearson 引理提供了简单原假设对简单备择假设场景下满足什么条件的检验是最大功效检验。

定理 6.1 (Neyman-Pearson 引理):考虑如下简单原假设对简单备择假设问题:

$$H_0 : \theta = \theta_0 \quad \text{与} \quad H_1 : \theta = \theta_1 \ (\theta_1 \neq \theta_0).$$

记 $L(\theta; \boldsymbol{x}) = \prod_{i=1}^n f(x_i; \theta)$ 为样本的似然函数在 θ 处的表达式,记 k 为一个正数。令 $\mathbb{C}$ 为样本空间中的子集且满足如下条件:

(1) $\dfrac{L(\theta_0; \boldsymbol{x})}{L(\theta_1; \boldsymbol{x})} \leqslant k, \ \forall \boldsymbol{x} \in \mathbb{C}$ 且 $\dfrac{L(\theta_0; \boldsymbol{x})}{L(\theta_1; \boldsymbol{x})} \geqslant k, \ \forall \boldsymbol{x} \in \mathbb{C}^c$;

(2) $\alpha = P_{\theta_0}(\boldsymbol{X} \in \mathbb{C})$,

则拒绝域 $\mathbb{C}$ 即为水平为 α 的最大功效拒绝域,且该检验即为水平为 α 的最大功效检验。

证明: 下面给出连续型随机变量情形的证明,对于离散型随机变量只需要将证明中的积分替换为求和即可。如果 $\mathbb{C}$ 是唯一的水平为 α 的拒绝域,则定理成立。如果存在另外一个水平为 α 的拒绝域,记为 $\mathbb{A}$。方便起见,我们记 $\int_{R^n} L(\theta) := \int_{\boldsymbol{x} \in R^n} L(\theta; \boldsymbol{x}) d\boldsymbol{x}$。我们下面需要证明

$$\int_{\mathbb{C}} L(\theta_1) - \int_{\mathbb{A}} L(\theta_1) \geqslant 0.$$

注意到 $\mathbb{C} = (\mathbb{C} \cap \mathbb{A}) \cup (\mathbb{C} \cap \mathbb{A}^c)$ 且 $\mathbb{A} = (\mathbb{A} \cap \mathbb{C}) \cup (\mathbb{A} \cap \mathbb{C}^c)$,则有

$$\int_{\mathbb{C}} L(\theta_1) - \int_{\mathbb{A}} L(\theta_1)$$
$$= \int_{\mathbb{C} \cap \mathbb{A}} L(\theta_1) + \int_{\mathbb{C} \cap \mathbb{A}^c} L(\theta_1) - \int_{\mathbb{A} \cap \mathbb{C}} L(\theta_1) - \int_{\mathbb{A} \cap \mathbb{C}^c} L(\theta_1)$$
$$= \int_{\mathbb{C} \cap \mathbb{A}^c} L(\theta_1) - \int_{\mathbb{A} \cap \mathbb{C}^c} L(\theta_1).$$

由于 $\mathbb{C}$ 中的每个点都满足 $L(\theta_1) \geqslant (1/k)L(\theta_0)$,因此,我们有

$$\int_{\mathbb{C} \cap \mathbb{A}^c} L(\theta_1) \geqslant \frac{1}{k} \int_{\mathbb{C} \cap \mathbb{A}^c} L(\theta_0).$$

类似地,因为 $\mathbb{C}^c$ 中的每个点都满足 $L(\theta_1) \leqslant (1/k)L(\theta_0)$,我们有

$$\int_{\mathbb{A} \cap \mathbb{C}^c} L(\theta_1) \leqslant \frac{1}{k} \int_{\mathbb{A} \cap \mathbb{C}^c} L(\theta_0).$$

因此，

$$\int_{\mathbb{C}\cap\mathbb{A}^c} L(\theta_1) - \int_{\mathbb{A}\cap\mathbb{C}^c} L(\theta_1) \geqslant \frac{1}{k} \int_{\mathbb{C}\cap\mathbb{A}^c} L(\theta_0) - \frac{1}{k} \int_{\mathbb{A}\cap\mathbb{C}^c} L(\theta_0),$$

进而我们有下式成立

$$\int_{\mathbb{C}} L(\theta_1) - \int_{\mathbb{A}} L(\theta_1) \geqslant \frac{1}{k} \int_{\mathbb{C}\cap\mathbb{A}^c} L(\theta_0) - \frac{1}{k} \int_{\mathbb{A}\cap\mathbb{C}^c} L(\theta_0).$$

但是注意到

$$\int_{\mathbb{C}\cap\mathbb{A}^c} L(\theta_0) - \int_{\mathbb{A}\cap\mathbb{C}^c} L(\theta_0)$$
$$= \int_{\mathbb{C}\cap\mathbb{A}^c} L(\theta_0) + \int_{\mathbb{C}\cap\mathbb{A}} L(\theta_0) - \int_{\mathbb{A}\cap\mathbb{C}} L(\theta_0) - \int_{\mathbb{A}\cap\mathbb{C}^c} L(\theta_0)$$
$$= \int_{\mathbb{C}} L(\theta_0) - \int_{\mathbb{A}} L(\theta_0)$$
$$= \alpha - \alpha = 0.$$

因此，我们有

$$\int_{\mathbb{C}} L(\theta_1) - \int_{\mathbb{A}} L(\theta_1) \geqslant 0.$$

定理证毕。　　　　　　　　　　　　　　　　　　　　　　　　　　　　　　　□

关于 Neyman-Pearson 引理，我们作如下两点说明：首先，该定理提供了 $\mathbb{C}$ 是水平为 α 的最大功效拒绝域的充分条件，事实上该充分条件也是必要条件，对此我们作简单探讨。假设存在一个样本空间的子集 $\mathbb{A}$ 满足条件 (2)，即 $\alpha = P_{\theta_0}(\boldsymbol{x} \in \mathbb{C})$，但不满足条件 (1)，不过由 $\mathbb{A}$ 定义的检验在点 θ_1 处与 $\mathbb{C}$ 的功效相同 (即在点 θ_1 处满足条件 (1) 和条件 (2))，则有 $\int_{\mathbb{C}} L(\theta_1) - \int_{\mathbb{A}} L(\theta_1) = 0$ 成立，注意到要使得该等式成立，则 $\mathbb{A}$ 与 $\mathbb{C}$ 应有相同的形式，即连续总体情况下则两者仅在零概率集合上不同。虽然离散总体情况下如果 $P_{H_0}(L(\theta_0) = kL(\theta_1))$ 为正，则 $\mathbb{A}$ 与 $\mathbb{C}$ 可以是不同的集合，但两者都满足条件 (1) 和条件 (2)，因而都是水平为 α 的最大功效拒绝域。其次，由 Neyman-Pearson 引理确定的最大功效检验是无偏的，即 $\alpha = P_{\theta_0}(\boldsymbol{X} \in \mathbb{C}) \leqslant G(\theta_1)$。最后，定理中的正数 k 取决于检验的水平 α，即 k 满足 $P_{\theta_0}(\boldsymbol{X} \in \mathbb{C}) = \alpha$，我们通过下面的例子来理解这一点。

例 6.1： 设 X 为来自以下总体的样本

$$f(x;\theta) = \theta x^{\theta-1}\mathbf{I}(0 < x < 1).$$

给定 $\alpha = 0.05$，给出假设问题 $H_0 : \theta = 2$ 与 $H_1 : \theta = 1$ 的最大功效检验。

解： 由题意可知，对任意的 $0 < x < 1$，

$$\frac{L(\theta_0; x)}{L(\theta_1; x)} = \frac{f(x;\theta_0)}{f(x;\theta_1)} = \frac{2 \cdot x^{2-1}}{1 \cdot x^{1-1}} = 2x.$$

根据 Neyman-Pearson 引理可知，拒绝域的形式为

$$W = \{2x \leqslant k\} = \left\{x \leqslant \frac{k}{2}\right\}.$$

又因为 $P_{\theta_0}(X \in \mathbb{C}) = \alpha$ 成立，因此，当 $\theta_0 = 2$ 时，

$$0.05 = \int_0^{k/2} 2x\,dx = \frac{k^2}{4} \Rightarrow k = 2\sqrt{0.05}.$$

因此，最大功效检验的拒绝域为

$$\mathbb{W} = \{x \leqslant \sqrt{0.05}\} = \{x \leqslant 0.2236\}.$$

在第5章学习的充分性原则告诉我们，当充分统计量存在时，对总体未知参数的任何统计推断都可以基于充分统计量进行。那么本节介绍的最大功效检验与充分统计量之间是否有关系呢？下面的推论将 Neyman-Pearson 引理和充分性之间建立了联系。

引理 6.1 (Neyman-Pearson 引理与充分统计量)：考虑 Neyman-Pearson 引理中的假设检验问题，记 $T(\boldsymbol{X})$ 为 θ 的充分统计量且记 $T(\boldsymbol{X})$ 对应 θ_i $(i=0,1)$ 的概率密度函数或概率质量函数为 $f_T(\cdot;\theta_i)$。对任意基于 $T(\boldsymbol{X})$ 构造的以 $\mathbb{S}$ 为拒绝域的检验，当且仅当如下条件成立时：

(1) $\dfrac{f_T(t;\theta_0)}{f_T(t;\theta_1)} \leqslant k, \ \forall t \in \mathbb{S}$ 且 $\dfrac{f_T(t;\theta_0)}{f_T(t;\theta_1)} \geqslant k, \ \forall t \in \mathbb{S}^c$;

(2) $\alpha = P_{\theta_0}(T \in \mathbb{S})$,

则该检验是水平为 α 的最大功效检验。

证明：基于充分统计量 T 构造的检验其拒绝域按照原始样本可以表示为 $\mathbb{W} = \{\boldsymbol{X} : T(\boldsymbol{X}) \in \mathbb{S}\}$。根据因子分解定理，$\boldsymbol{X}$ 的概率密度函数或概率质量函数可以分解为 $f(\boldsymbol{x};\theta_i) = f(T(\boldsymbol{x});\theta_i)h(\boldsymbol{x}), i=0,1$，其中，$h$ 是一个非负函数。因此，我们有

$$\frac{f(\boldsymbol{x};\theta_0)}{f(\boldsymbol{x};\theta_1)} = \frac{f_T(t;\theta_0)h(\boldsymbol{x})}{f_T(t;\theta_1)h(\boldsymbol{x})} = \frac{f_T(t;\theta_0)}{f_T(t;\theta_1)} \leqslant k, \ \forall t \in \mathbb{S}$$

且

$$\frac{f(\boldsymbol{x};\theta_0)}{f(\boldsymbol{x};\theta_1)} = \frac{f_T(t;\theta_0)h(\boldsymbol{x})}{f_T(t;\theta_1)h(\boldsymbol{x})} = \frac{f_T(t;\theta_0)}{f_T(t;\theta_1)} \geqslant k, \ \forall t \in \mathbb{S}^c.$$

此外，$P_{\theta_0}(\boldsymbol{X} \in \mathbb{W}) = P_{\theta_0}(T \in \mathbb{S}) = \alpha$ 成立。根据 Neyman-Pearson 引理可知，基于 $T(\boldsymbol{X})$ 构造的上述检验是水平为 α 的最大功效检验。 $\square$

例 6.2： 记 $\boldsymbol{X} = (X_1, X_2, \cdots, X_n)$ 为来自总体 $N(\theta, \sigma^2)$ 的简单随机样本，其中 σ^2 已知。考虑假设检验问题 $H_0 : \theta = \theta_0$ 与 $H_1 : \theta = \theta_1$ $(\theta_1 < \theta_0)$。我们知道 $\bar{X}$ 是 θ 的充分统计量，请基于 $\bar{X}$ 构造水平为 α 的最大功效检验。

解：已知 $\bar{X} \sim N(\theta, \sigma^2/n)$，则

$$\frac{f_{\bar{X}}(\bar{x};\theta_0)}{f_{\bar{X}}(\bar{x};\theta_1)} = \exp\left\{-\frac{-2n\bar{x}(\theta_0 - \theta_1) + n(\theta_0^2 - \theta_1^2)}{2\sigma^2}\right\} \leqslant k, \ \bar{x} \in \mathbb{S}$$

等价于

$$\bar{x} \leqslant \frac{-(2\sigma^2 \log k)/n - \theta_0^2 + \theta_1^2}{2(\theta_1 - \theta_0)} := c.$$

注意到上述不等式右边随着 k 的增加而增大，因此，以 $\bar{X} \leqslant c$ 为拒绝域的检验是水平为 α 的最大功效检验，其中 $\alpha = P_{\theta_0}(\bar{X} < c)$。给定 α，则当 $\bar{X} \leqslant c = \theta_0 + z_\alpha \sigma/\sqrt{n}$ 时该 MPT 拒绝 H_0，其中 z_α 为标准正态分布的下尾 α 分位数。

6.2 一致最大功效检验

针对简单原假设 H_0 与简单备择假设 H_1，在上一节的学习中我们讲解了什么是最大功效检验，并提供 Neyman-Pearson 引理用于寻找最大功效检验。在很多实际问题中我们感兴趣的备择假设为样本提供了多种可能的分布从而构成了复合假设，一个很自然的问题是，如果备择假设是复合假设，是否有类似的结论成立呢？为此，本节将讨论简单原假设 H_0 与复合备择假设 H_1 的检验问题。

记参数 θ 的参数空间 Θ 满足 $\Theta = \Theta_0 \cup \Theta_1$，其中，$\Theta_0 = \{\theta_0\}$ 且 $\Theta_1 = \Theta_0^c$。考虑如下简单原假设对复合备择假设问题：

$$H_0 : \theta = \theta_0 \quad 与 \quad H_1 : \theta \in \Theta_1.$$

根据上一节对最大功效检验的讨论，很自然的一个想法是把复合备择假设视为一系列简单备择假设的集合，当最大功效拒绝域存在时，通过 Neyman-Pearson 引理可以确定简单原假设对简单备择假设的最大功效拒绝域，如果存在这样一个拒绝域，它是简单原假设对每个简单备择假设的最大功效拒绝域，那么可以将该拒绝域定义为上述简单原假设对复合备择假设的一致最大功效拒绝域，下面给出正式的定义。

定义 6.3： 考虑如下简单原假设对复合备择假设问题：

$$H_0 : \theta = \theta_0 \quad 与 \quad H_1 : \theta \in \Theta_1.$$

当拒绝域 $\mathbb{C}$ 是如下简单原假设对每个简单备择假设问题：

$$H_0 : \theta = \theta_0 \quad 与 \quad H_1 : \theta = \theta_1, \ \forall \theta_1 \in \Theta_1$$

水平为 α 的最大功效拒绝域时，则称拒绝域 $\mathbb{C}$ 为**一致最大功效拒绝域** (Uniformly most powerful critical region)。由 $\mathbb{C}$ 定义的检验称为检验简单原假设对复合备择假设的**水平为 α 的一致最大功效检验** (Uniformly most powerful α level test)，简记为 UMPT。

例 6.3： 设 $X_1, \cdots, X_n$ 是来自 $N(\mu, \sigma^2)$ 的样本，其中，μ 未知，σ^2 已知。考虑如下简单原假设对复合备择假设问题：

$$H_0 : \mu = \mu_0 \quad 与 \quad H_1 : \mu > \mu_0.$$

为上述检验问题寻找水平为 α 的一致最大功效检验。

解： 似然函数的具体形式为

$$L(\mu; \boldsymbol{x}) = \prod_{i=1}^{n} f(x_i; \mu) = \left(\frac{1}{\sqrt{2\pi}\sigma} \right)^n \exp\left\{ -\sum_{i=1}^{n} \frac{(x_i - \mu)^2}{2\sigma^2} \right\}.$$

根据 Neyman-Pearson 引理可知，检验 $H_0 : \mu = \mu_0$ 与 $H_1 : \mu = \mu_1 (\mu_1 > \mu_0)$ 的拒绝域 $\mathbb{C}$ 形式如下：

$$\frac{L(\mu_0; \boldsymbol{x})}{L(\mu_1; \boldsymbol{x})} = \exp\left\{ -\frac{1}{2\sigma^2} \left[\sum_{i=1}^{n} (x_i - \mu_0)^2 - \sum_{i=1}^{n} (x_i - \mu_1)^2 \right] \right\} \leqslant k.$$

化简得 $2n(\mu_1 - \mu_0)\bar{x} + n(\mu_0^2 - \mu_1^2) \geqslant -2\sigma^2 \log(k)$。因为 $\mu_1 > \mu_0$，则

$$\bar{x} \geqslant \frac{-2\sigma^2 \log(k) + n(\mu_1^2 - \mu_0^2)}{2n(\mu_1 - \mu_0)} \triangleq k^*.$$

可见 $H_0 : \mu = \mu_0$ 与 $H_1 : \mu = \mu_1 (\mu_1 > \mu_0)$ 的最大功效检验的拒绝域为 $\mathbb{C} = \{\bar{X} \geqslant k^*\}$，其中，$k^*$ 取决于给定的显著性水平 α。

$$\alpha = P_{\mu_0}(\bar{X} \in \mathbb{C}) = P_{\mu_0}(\bar{X} \geqslant k^*) = P_{\mu_0}\left(\frac{\bar{X} - \mu_0}{\sigma/\sqrt{n}} \geqslant \frac{k^* - \mu_0}{\sigma/\sqrt{n}} \right).$$

当 H_0 成立时，$\sqrt{n}(\bar{X} - \mu_0)/\sigma \sim N(0, 1)$。因此，$k^*$ 满足

$$\frac{\sqrt{n}(k^* - \mu_0)}{\sigma} = z_{1-\alpha}, \quad i.e. \ k^* = \mu_0 + z_{1-\alpha}\sigma/\sqrt{n}.$$

注意到上述 k^* 不依赖 μ_1, 因此, 拒绝域为 $\mathbb{C} = \left\{ \bar{X} \geqslant \mu_0 + z_{1-\alpha}\sigma/\sqrt{n} \right\}$ 的检验即为 $H_0 : \mu = \mu_0$ 与 $H_1 : \mu > \mu_0$ 的水平为 α 的 UMPT。

上述例题中, 如果将复合备择假设修改为 $H_1 : \mu < \mu_0$, 采用相同的方法我们也可以得到检验 $H_0 : \mu = \mu_0$ 与 $H_1 : \mu < \mu_0$ 的一致最大功效拒绝域为 $\mathbb{C} = \left\{ \bar{X} \leqslant \mu_0 + z_{\alpha}\sigma/\sqrt{n} \right\}$。注意到这两种备择假设对应的都是单边检验问题, 且它们的一致最大功效拒绝域均通过参数 θ 的充分统计量 $\bar{X}$ 来定义。但我们知道最大功效检验不总是存在的, 一致最大功效检验同样如此 (后文将给出一个例子加以说明)。这促使我们思考, 总体分布满足怎样的条件时一致最大功效检验会存在呢? 记总体 X 的概率密度函数或概率质量函数为 $f(x;\theta)$, $\boldsymbol{X} = (X_1, X_2, \cdots, X_n)$ 为来自该总体分布的简单随机样本, 其似然函数为 $L(\theta; \boldsymbol{x}) = \prod_{i=1}^{n} f(x_i;\theta)$。下面我们将介绍分布族的单调似然比性质, 该性质与 UMPT 有密切的关联。

定义 6.4 (单调似然比): 对于 $\theta_0 < \theta_1$, 如果似然比

$$\frac{L(\theta_0; \boldsymbol{x})}{L(\theta_1; \boldsymbol{x})}$$

是统计量 $T = T(\boldsymbol{X})$ 的单调函数, 则称似然函数 L 具有关于统计量 $T = T(\boldsymbol{X})$ 的单调似然比 (简记为 MLR)。

单调似然比是对分布族定义的性质, 很多分布族具有单调似然比, 例如方差已知但均值未知的正态分布、泊松分布及二项分布 (参见本章练习第 8 题)。显然这几个分布都属于正则指数类, 请思考满足什么条件的正则指数类具有单调似然比。

假设 $T = T(\boldsymbol{X})$ 是 θ 的充分统计量, 根据因子分解定理我们有 $L(\theta; \boldsymbol{x}) = g(T(\boldsymbol{x}); \theta)h(\boldsymbol{x})$, 其中, $h(\boldsymbol{x})$ 是一个非负函数。因此, $\frac{L(\theta_0; \boldsymbol{x})}{L(\theta_1; \boldsymbol{x})} = \frac{g(T(\boldsymbol{x}); \theta_0)}{g(T(\boldsymbol{x}); \theta_1)}$, 即总体的似然比可以进一步简化为充分统计量的概率密度函数或概率质量函数之比, 从而称该充分统计量的概率密度函数或概率质量函数族关于参数 θ 具有单调似然比。如果充分统计量存在, 根据充分性原则, 则 UMPT 的构造可以基于充分统计量进行。针对实际生活中常见的单边假设检验问题, 下面的定理说明了如何基于分布族满足单调似然比的充分统计量构造 UMPT。

定理 6.2 (Karlin-Rubin 定理): 考虑如下单边假设检验:

$$H_0 : \theta \leqslant \theta_0 \quad \text{与} \quad H_1 : \theta > \theta_0.$$

假设 $T = T(\boldsymbol{X})$ 是 θ 的充分统计量且其概率密度函数或概率质量函数定义的分布族 $\{g(\cdot; \theta) : \theta \in \Theta\}$ 具有单调似然比, 则对于任意的 t_0, 当且仅当 $T > t_0$ 时拒绝 H_0 的检验是一个水平为 α 的 UMPT, 其中, $\alpha = P_{\theta_0}(T > t_0)$。

证明: 记该检验的功效函数为 $G(\theta) = P_\theta(T > t_0)$, 给定 $\theta_1 > \theta_0$, 考虑检验 $H_0' : \theta = \theta_0$ 与 $H_1' : \theta = \theta_1$。由于 T 的分布族具有 MLR, 可以证明 $G(\theta)$ 是非降函数 (思考如何验证), 因此, 我们有

(i) $\sup_{\theta \leqslant \theta_0} G(\theta) = G(\theta_0) = \alpha$, 即该检验的水平为 α;

(ii) 定义

$$k' = \inf_{t \in \mathbb{T}} \frac{g(t; \theta_1)}{g(t; \theta_0)},$$

其中, $\mathbb{T} = \{t : t > t_0 \text{ 且 } g(t; \theta_0) > 0 \text{或} g(t; \theta_1) > 0\}$, 则有

$$T > t_0 \iff \frac{g(t; \theta_1)}{g(t; \theta_0)} > k'.$$

根据引理6.1, (i) 和 (ii) 表明 $G(\theta') \geqslant G^*(\theta')$ 对 H_0' 的其他任意一个水平为 α 的检验功效函数 G^* (即满足 $G^*(\theta_0) \leqslant \alpha$) 成立。但是, H_0 的水平为 α 的检验满足 $G^*(\theta_0) \leqslant \sup_{\theta \in \Theta_0} G^*(\theta) \leqslant \alpha$。因此,

$G(\theta') \geqslant G^*(\theta')$ 对 H_0 的任意一个水平为 α 的检验都成立。由于 θ' 是任意的，因此，当且仅当 $T > t_0$ 时拒绝 H_0 的检验是一个水平为 α 的 UMPT。 $\qquad \square$

基于 Karlin-Rubin 定理，我们可以类似得到，对于任意的 t_0，当且仅当 $T < t_0$ 时拒绝 H_0 的检验是单边假设检验 $H_0: \theta \geqslant \theta_0$ 与 $H_1: \theta < \theta_0$ 的一个水平为 α 的 UMPT，其中，$\alpha = P_{\theta_0}(T < t_0)$。例如，针对方差 σ^2 已知、均值 μ 未知的正态总体，均值 μ 的充分统计量为样本均值 $\bar{X}$ 且该统计量的分布族具有 MLR，考虑检验 $H_0: \mu \geqslant \mu_0$ 与 $H_1: \mu < \mu_0$，运用 Karlin-Rubin 定理，我们可以很方便地确定其一致最大功效拒绝域为 $\mathbb{C} = \{\bar{X} \leqslant \mu_0 + z_\alpha \sigma/\sqrt{n}\}$。

Karlin-Rubin 定理告诉我们，如果一元参数的充分统计量存在且充分统计量的分布族具有单调似然比，则可以通过其充分统计量构造针对该参数的单边假设检验的水平为 α 的 UMPT。针对假设检验问题，当水平为 α 的 UMPT 存在时，鉴于其功效的优良性质我们通常会选择使用 UMPT 实施检验。但遗憾的是实际中很多检验问题并不存在水平为 α 的 UMPT，下面的例子即列举了水平为 α 的 UMPT 不存在的一个情形。

例 6.4 (一致最大功效检验不存在): 设 $X_1, \cdots, X_n$ 是来自 $N(\mu, \sigma^2)$ 的样本，其中，μ 未知，σ^2 已知。考虑双边假设检验 $H_0: \mu = \mu_0$ 与 $H_1: \mu \neq \mu_0$。给定 α，则水平为 α 的检验满足

$$P_{\mu_0}(拒绝\ H_0) \leqslant \alpha.$$

考虑备择参数空间中的一个参数 $\mu_1 < \mu_0$，在前面的例子中我们证明了 $\mathbb{C}_1 = \{\bar{X} \leqslant \mu_0 + z_\alpha \sigma/\sqrt{n}\}$ 是 $H_0: \mu = \mu_0$ 与 $H_1: \mu < \mu_0$ 的水平为 α 的最大功效拒绝域，因此，以 $\mathbb{C}_1$ 为拒绝域的检验在 μ_1 处取得最大功效且是水平为 α 的检验。可见，如果双边假设检验的水平为 α 的 UMPT 存在，由于在 μ_1 处没有其他检验的功效超过以 $\mathbb{C}_1$ 为拒绝域的检验，则以 $\mathbb{C}_1$ 为拒绝域的检验即为该双边检验水平为 α 的 UMPT。

我们另外考虑以 $\mathbb{C}_2 = \{\bar{X} \geqslant \mu_0 + z_{1-\alpha} \sigma/\sqrt{n}\}$ 为拒绝域的检验，该检验也是水平为 α 的检验。记以 $\mathbb{C}_1$ 和 $\mathbb{C}_2$ 为拒绝域的两个检验的功效函数分别为 $G_1(\mu)$ 和 $G_2(\mu)$，记 $Z \sim N(0,1)$，对任意的 $\mu_2 > \mu_0$，

$$
\begin{aligned}
G_2(\mu_2) &= P_{\mu_2}\left(\bar{X} \geqslant \mu_0 + z_{1-\alpha}\frac{\sigma}{\sqrt{n}}\right) \\
&= P_{\mu_2}\left(\frac{\bar{X} - \mu_2}{\sigma/\sqrt{n}} > \frac{\mu_0 - \mu_2}{\sigma/\sqrt{n}} + z_{1-\alpha}\right) \\
&> P(Z > z_{1-\alpha}) = P(Z < z_\alpha) \\
&> P_{\mu_2}\left(\frac{\bar{X} - \mu_2}{\sigma/\sqrt{n}} < \frac{\mu_0 - \mu_2}{\sigma/\sqrt{n}} + z_\alpha\right) \\
&= P_{\mu_2}\left(\bar{X} \leqslant \mu_0 + z_\alpha\frac{\sigma}{\sqrt{n}}\right) \\
&= G_1(\mu_2).
\end{aligned}
$$

可见，在 μ_2 处以 $\mathbb{C}_1$ 为拒绝域的检验功效比以 $\mathbb{C}_2$ 为拒绝域的检验功效小，这与前面证明的以 $\mathbb{C}_1$ 为拒绝域的检验是双边检验水平为 α 的 UMPT 相矛盾。因此，该双边检验不存在水平为 α 的 UMPT。

通过上面的例子，我们发现水平为 α 的检验类范畴很大，以至于在这个检验类中很难找到一个检验可以实现在功效层面一致优于其他所有水平为 α 的检验，从而使得水平为 α 的 UMPT 不存在。这正如我们在寻找最优估计量时面临的处境类似，由于在所有估计类中寻找均方误差最小的估计量是十分困难的，这使得最小均方误差估计量通常不存在，为此我们将估计量的优良性质限定在无偏估计类中进行研究，从而定义了最小方差无偏估计量。类似地，对假设检验问题探究检验的优良性质时，当水平

为 α 的 UMPT 不存在时，我们可以在水平为 α 的检验类的子集中寻找 UMPT，例如，在无偏类检验中寻找水平为 α 的 UMPT。下面我们将从这个方面寻找上述双边假设检验问题的最优检验。定义如下拒绝域：

$$\mathbb{C}_3 = \left\{ \bar{X} \leqslant \mu_0 + z_{\alpha/2}\sigma/\sqrt{n} \ \text{或} \ \bar{X} \geqslant \mu_0 + z_{1-\alpha/2}\sigma/\sqrt{n} \right\}.$$

可以验证以 $\mathbb{C}_3$ 为拒绝域的检验是水平为 α 的检验。为了直观比较以 $\mathbb{C}_i$ $(i = 1, 2, 3)$ 为拒绝域的三个检验，绘制这三个检验的功效函数如图6.1所示。

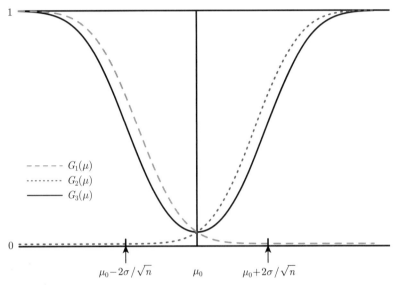

图 6.1：三种检验的功效函数

通过图6.1可以发现：首先，以 $\mathbb{C}_3$ 为拒绝域的检验是水平为 α 的无偏检验，而以 $\mathbb{C}_1$ 和 $\mathbb{C}_2$ 为拒绝域的两个检验不是无偏检验；其次，当 $\mu < \mu_0$ 时，以 $\mathbb{C}_3$ 为拒绝域的检验功效略小于以 $\mathbb{C}_1$ 为拒绝域的检验功效，但当 $\mu > \mu_0$ 时，前者的功效远大于后者；最后，当 $\mu > \mu_0$ 时，以 $\mathbb{C}_3$ 为拒绝域的检验功效略小于以 $\mathbb{C}_2$ 为拒绝域的检验功效，但当 $\mu < \mu_0$ 时，前者的功效远大于后者。可见，以 $\mathbb{C}_3$ 为拒绝域的检验在整体上优于以 $\mathbb{C}_1$ 或 $\mathbb{C}_2$ 为拒绝域的两个检验。事实上，以 $\mathbb{C}_3$ 为拒绝域的检验是水平为 α 的一致最大功效无偏检验，即无偏检验类中水平为 α 的 UMPT，参见 Lehmann (1986)。

我们在第 3 章学习的似然比检验可以为一般情况下的假设检验构造统计量，虽然我们没有理论保证似然比检验一定是最优的，但与 Neyman-Pearson 引理中建立的检验类似，似然比统计量的构造也是建立在似然函数比值的基础上，在很多情况下似然比检验统计量是最优的。针对上面例子中的双边假设检验 $H_0 : \mu = \mu_0$ 与 $H_1 : \mu \neq \mu_0$，我们进一步探讨其似然比检验与以 $\mathbb{C}_3$ 为拒绝域的检验 (即一致最大功效无偏检验) 之间的关系。该双边检验的似然比是

$$\begin{aligned}
\Lambda(\boldsymbol{X}) &= \frac{\sup_{\mu=\mu_0} L(\mu; \boldsymbol{X})}{\sup_{\mu \neq \mu_0} L(\mu; \boldsymbol{X})} \\
&= \exp\left\{ -\sum_{i=1}^{n} \frac{(X_i - \mu_0)^2 - (X_i - \bar{X})^2}{2\sigma^2} \right\} \\
&= \exp\left\{ -\frac{n(\bar{X} - \mu_0)^2}{2\sigma^2} \right\}.
\end{aligned}$$

似然比检验的拒绝域由 $\Lambda(\boldsymbol{X}) \leqslant C$ 确定，因此，我们可以选择临界值 C_α 使得

$$\frac{(\bar{X} - \mu_0)^2}{\sigma^2/n} \geqslant C_\alpha,$$

数理统计

其中，临界值 C_α 满足 $P(\chi^2(1) \geqslant C_\alpha) = \alpha$，即 $C_\alpha = \chi^2_{1-\alpha}(1)$ 是自由度为 1 的卡方分布的下尾 $1 - \alpha$ 分位数。注意到上述拒绝域等价于 $\mathbb{C}_3 = \{\bar{X} \leqslant \mu_0 + z_{\alpha/2}\sigma/\sqrt{n}$ 或 $\bar{X} \geqslant \mu_0 + z_{1-\alpha/2}\sigma/\sqrt{n}\}$，因此，该似然比检验和以 $\mathbb{C}_3$ 为拒绝域的检验是等价的。

上面的分析表明，当正态总体的方差已知时，对其均值参数构造的似然比检验与一致最大功效无偏检验是等价的。而当正态总体的方差未知时，对其均值参数构造的似然比检验与单样本的 t 检验等价，此时最优检验的理论则建立在条件检验的基础上，我们在这不作更多介绍，感兴趣的读者请参考 Lehmann (1986)。

练习题6

1. 设 $X_1, \cdots, X_n$ 是来自二点分布 $B(1, \theta)$ 的简单随机样本。证明拒绝域 $\mathbb{C} = \{(x_1, \cdots, x_n) : \sum_{i=1}^{n} x_i \leqslant c\}$ 是检验 $H_0 : \theta = 1/2$ 与 $H_1 : \theta = 1/3$ 的最大功效拒绝域。并通过中心极限定理确定 n 和 c 的取值使得 $P_{H_0}(\sum_{i=1}^{n} X_i \leqslant c) = 0.1$ 且 $P_{H_1}(\sum_{i=1}^{n} X_i \leqslant c) = 0.9$ 近似成立。

2. 设 $X_1, X_2, \cdots, X_{10}$ 是来自泊松分布 $P(\theta)$ 的简单随机样本。证明拒绝域 $\mathbb{C} = \{(x_1, \cdots, x_{10}) : \sum_{i=1}^{10} x_i \geqslant 3\}$ 是检验 $H_0 : \theta = 0.1$ 与 $H_1 : \theta = 0.5$ 的最大功效拒绝域，并计算这个检验的显著性水平及 $\theta = 0.5$ 的功效。

3. 设 $X_1, X_2, \cdots, X_{16}$ 是来自正态分布 $N(\theta_1, \theta_2)$ 的简单随机样本。请给出 $H_0 : \theta_1 = 0, \theta_2 = 1$ 与 $H_1 : \theta_1 = 1, \theta_2 = 4$ 的最大功效检验。

4. 设 $X_1, \cdots, X_n$ 是来自 $N(\mu, \sigma^2)$ 的简单随机样本，其中，μ 未知，σ^2 已知。记 z_α 为标准正态分布的下尾 α 分位数。考虑如下简单原假设对复合备择假设问题：

$$H_0 : \mu = \mu_0 \quad 与 \quad H_1 : \mu < \mu_0.$$

(a) 证明当 $\bar{X} < \mu_0 + z_\alpha\sigma/\sqrt{n}$ 时拒绝 H_0 的检验是一个水平为 α 的检验；

(b) 证明 (a) 中的检验是一个 UMPT；

(c) 证明当 $x_1 < \mu_0 + z_\alpha\sigma$ 就拒绝 H_0 的检验是一个水平为 α 的检验，且当 $\mu < \mu_0$ 时该检验功效函数一致小于 (a) 中的检验。

5. 随机变量 X 的概率密度函数在 x 处取值为 $f(x; \lambda) = \lambda^{-1}e^{-x/\lambda}\mathbf{I}(x > 0)$，其中 $\lambda > 0$ 为未知参数，记 $X_1, X_2, \cdots, X_n$ 为来自该总体的简单随机样本。

(a) 请给出 $H_0 : \lambda = \lambda_0$ 与 $H_1 : \lambda = \lambda_1$ ($\lambda_0 \neq \lambda_1$) 的水平为 α 的 MPT；

(b) 请给出 $H_0 : \lambda = \lambda_0$ 与 $H_1 : \lambda > \lambda_0$ 的水平为 α 的 UMPT。

6. 设 $X_1, \cdots, X_n$ 是来自 $B(1, p)$ 的简单随机样本。

(a) 求 $H_0 : p = 1/2$ 与 $H_1 : p = 1/4$ 的真实水平为 $\alpha = 0.0547$ 的最大功效检验，并计算这个检验的功效；

(b) 关于检验 $H_0 : p \leqslant 1/2$ 与 $H_1 : p > 1/2$，求："若 $\sum_{i=1}^{10} X_i \geqslant 6$，就拒绝 H_0" 的检验的真实水平，并刻画这个检验的功效函数略图；

(c) 水平 α 应满足什么条件，才能使得 (a) 中假设 $H_0 : p = 1/2$ 与 $H_1 : p = 1/4$ 的 UMPT 一定存在？

7. 设 X 是来自贝塔分布总体 $\beta(\theta, 1)$ 的一个观测。

· 184 ·

(a) 关于 $H_0 : \theta \leqslant 1$ 与 $H_1 : \theta > 1$，请计算"若 $X > 1/2$，就拒绝 H_0"的检验的真实水平；

(b) 请计算 $H_0 : \theta = 1$ 与 $H_1 : \theta = 2$ 的水平为 α 的 MPT；

(c) 存在关于 $H_0 : \theta = 1$ 与 $H_1 : \theta > 1$ 的 UMPT 吗？如果存在，请给出 UMPT。如果不存在，请证明其不存在。

8. 证明下列各分布族具有单调似然比。

(a) 正态分布族 $N(\theta, \sigma^2)$，其中 σ^2 已知；

(b) 泊松分布族 $P(\lambda)$；

(c) 二项分布族 $B(n, \theta)$, n 已知。

9. 设 $X_1, \cdots, X_n$ 是来自总体概率密度函数在 x 处取值表达式为 $f(x; \theta) = \theta(1-x)^{\theta-1} \mathbf{I}(0 < x < 1)$ 的简单随机样本，其中，$\theta > 0$。

(a) 请给出假设检验 $H_0 : \theta = 1$ 与 $H_1 : \theta > 1$ 的 UMPT；

(b) 请给出假设检验 $H_0 : \theta = 1$ 与 $H_1 : \theta \neq 1$ 的似然比。

10. 设 $X_1, \cdots, X_n$ 和 $Y_1, \cdots, Y_n$ 是分别来自 $N(\mu_1, \sigma^2)$ 和 $N(\mu_2, \sigma^2)$ 的简单随机样本且这两个样本相互独立，其中，μ_1, μ_2 和 σ^2 是未知参数。

(a) 请给出原假设为 $H_0 : \mu_1 = \mu_2 = 0$ 的似然比 Λ；

(b) 将 (a) 中的 Λ 表示为统计量 Z 的函数，其中 Z 的分布形式已知；

(c) 给出统计量 Z 在原假设和备择假设下的分布。

11. 设简单随机样本 $X_1, \cdots, X_n$ 来自的总体分布为

$$H_0 : f(x; \theta) = \frac{1}{\theta} \mathbf{I}(0 < x < \theta),$$

或者

$$H_1 : f(x; \theta) = \frac{1}{\theta} \exp\left\{-\frac{x}{\theta}\right\} \mathbf{I}(x > 0).$$

请给出假设检验 H_0 与 H_1 的似然比。

12. 某超市正在重新设计超市里面的结账流程系统。我们在该超市中收集了顾客采用新系统所需要的结账时间。假设结账时间 X 服从指数分布，即

$$f(x; \lambda) = \lambda^{-1} \exp\left\{-\lambda^{-1} x\right\}, \quad x > 0。$$

那么 $\mathrm{E}X = \lambda, \mathrm{Var}(X) = \lambda^2, \mathrm{median}(X) = \lambda \log 2$。设 $X_1, X_2, \cdots, X_n$ 是随机样本。

(a) 考虑假设 $H_0 : \lambda = \lambda_0$ 和 $H_1 : \lambda < \lambda_0$。那么相应的一致最优功效检验是什么？

(b) 给出参数 λ 的一个相合且不太容易受异常值 (Outliers) 影响的估计量，然后基于该估计量的渐近分布来构造一个针对 (a) 中假设的检验方法 (给出相关的拒绝域)；

(c) 假设旧的结账系统结账时间的总体均值是 $\lambda = 4.1$ 分钟。采用新系统之后，我们采集了样本量为 $n = 100$ 的一组数据，如果我们只被告知该组数据的样本中位数为 $\hat{\lambda}_{L_1} = 2.4$ 分钟。请写出合适的假设并回答：你是否觉得新系统带来了更少的结账时间变化？如果我们仅被告知该随机样本的均值为 $\bar{x} = 3.4$ 分钟，那么在同样的显著性水平下考虑同样的问题，结论又如何呢？($\alpha = 0.05$)

第 7 章　方差分析

我们在第 3 章主要介绍了针对单个总体或两个总体的统计推断，实际问题中我们还经常会面临多个总体相关参数的统计分析需求。例如，园林工作者会感兴趣不同强度的光照对特定品种植物生长高度的影响，我们可以通过合理设计试验方案，记录该品种植物在不同光照强度下的生长高度，那么不同光照强度下该植物生长高度是否相等？哪种光照强度更适合该植物的生长？再例如，某超市在实施产品促销活动之前通常需要了解多种产品促销方案的促销效果是否存在明显的差异，为此该超市分别在地理位置及经营状况十分相似的多家连锁超市对同一产品实施不同的促销方案，并记录该产品在每种促销方案实施期间的日销售利润，超市感兴趣的是不同促销方案带来的日销售利润是否有差异？如果存在差异那么哪种促销方案可以带来更大的利润？在光照案例中，每个光照水平下该品种植物的生长高度对应一个总体，试验记录的生长高度数据对应来自这些总体的样本信息；在促销案例中，每种促销方案带来的日销售利润可以视为一个总体，促销活动带来的日销售利润数据可以视为这些总体的观测样本信息；这两个例子中我们都可以借助样本信息对比多个总体的均值参数来实现上述分析需求。本章给大家介绍的方差分析即可以实现对两个或多个总体均值的比较，下面将介绍该方法中的基本概念。

方差分析 (Analysis of variance, 简记为 ANOVA) 是应用最广泛的统计方法之一，其分析过程主要是针对数据的方差进行分解，但其主要分析目标是用来检验不同总体的均值水平是否有差异。我们下面通过一个例子介绍方差分析中的基本概念。

例 7.1： 为研究不同施肥方式对花吊丝竹新竹平均胸径是否有显著影响，采用完全随机区组设计试验，共设计 5 个区组，4 种处理 (即不同施肥方式，分别记为 A、B、C、D)，在区组内随机布设共 20 个小区，每小区有 2 行 3 列共 6 丛绿竹，小区间隔 1 行 (列) 隔离带。实验得到最终数据如表 7.1 所示。

表 7.1：不同施肥方式下的花吊丝竹新竹平均胸径

处理	小区新竹平均胸径 (cm)				
A	5.20	5.70	5.50	5.33	5.32
B	4.90	5.20	4.88	5.06	4.56
C	4.50	5.05	4.90	4.10	4.70
D	3.90	3.70	3.10	3.50	4.30

注：本数据源自潘礼文. 闽西山地花吊丝竹栽植试验研究 [J]. 河南农业, 2021(02): 24–25, 51.

在例7.1中，我们需要研究不同施肥方式对花吊丝竹新竹平均胸径是否有显著影响，每种施肥方式下花吊丝竹新竹平均胸径可以视为一个总体，4 种施肥方式得到的平均胸径对应 4 个总体，每种施肥方式下观测得到的 5 个区组数据则是对应总体的样本观测数据。本例的研究可以转化为比较不同施肥方式所对应的 4 个总体的均值是否相同，进而采用方差分析这个统计方法实现多个总体均值的比较。在方差分析中，对定量观测变量可能产生影响的属性变量称为**因子** (Factor)，每个因子有不同的水平，因子的不同表现状态称为**水平** (Level)，因子的每一个水平下考察的观测变量都可以看作一个总体，每个因子水平下得到样本数据称为观测值。在本例中观测变量是平均胸径，对平均胸径可能产生影响的控制变量是施肥方式，因此，本例中称施肥方式为因子，该因子有 4 个水平。我们感兴趣的因子可以是一个也可以是多个，当仅考察一个因子对观测变量的影响时，我们采用**单向方差分析** (One-way ANOVA)，当同时考察两个因子对观测变量的影响时,我们采用**双向方差分析** (Two-way ANOVA),当方差分析中考察的因子个数超过 2 时,我们称为**多向方差分析** (Multi-way ANOVA),本章重点介绍单向方差分析和双向方差分析。本例只考察施肥方式这一个因子的影响,因此可以采用单向方差分析,我们首先对单向方差分析进行详细的介绍。

7.1 单向方差分析

7.1.1 统计模型

在单向方差分析中,记我们考察的因子有 m 个水平,因子在第 k $(k = 1, \cdots, m)$ 个水平下的样本观测有 n_k 个,分别记为 $Y_{1k}, \cdots, Y_{n_k k}$。假设观测变量 Y_{ik} 满足如下统计模型:

$$Y_{ik} = \mu_k + \varepsilon_{ik}, \quad i = 1, \cdots, n_k; \ k = 1, \cdots, m, \tag{7.1}$$

其中,$\varepsilon_{ik} \sim N(0, \sigma^2)$ 且相互独立,μ_k $(k = 1, \cdots, m)$ 和 σ^2 是未知参数,因此,Y_{ik} 服从正态分布 $N(\mu_k, \sigma^2)$ 且相互独立。上述模型称为单向 ANOVA 模型,该模型有如下假设条件: (1) (**正态性**) 每个因子水平对应的总体都服从正态分布; (2) (**方差齐性**)m 个总体的方差相等; (3) (**独立性**) 每个总体的观测样本相互独立。上述假设都是 ANOVA 的经典假设条件,当数据不满足正态分布时,我们仅能在给定估计类中确定未知参数的点估计量,但区间估计及假设检验等统计推断则会较为复杂,上述正态性假定则可以方便我们对未知参数做区间估计及假设检验;方差齐性假定也很重要,且其重要程度与正态性假定有关,即 ANOVA 对正态性假定的稳健性会受到方差齐性假定是否满足的影响,当数据不满足正态分布但方差相等时,则非正态性对 ANOVA 的影响会相比方差不等时更小 (更多相关介绍参见 Casella 和 Berger (2001));独立性假定是否满足通常取决于数据的产生及获取过程,经过严格设计的随机试验可以保证不同水平之间及相同水平内部观测数据的独立性。

在实际数据分析中,关于数据是否满足正态性假定的诊断,我们可以通过直方图或 Q-Q 图对数据是否满足正态分布作初步判断,再结合正态性检验作出最终判断;关于数据是否满足方差齐性假定的诊断,我们可以通过箱线图对多组数据的方差是否相等作初步判断,再结合方差齐性检验作出最终判断。这里提到的正态性检验和方差齐性检验在后文将会作进一步的介绍。如果数据不满足正态分布,但数据的分布偏斜情况不严重且样本量足够大时,我们也可以运用中心极限定理进行大样本近似推断;当实际数据同时违背正态性和方差齐性假定时,我们可以运用 Box-Cox 变换使得数据近似满足这两个假设条件,或者采用 Kruskal-Wallis 检验这类不要求数据满足正态性和方差齐性的非参数检验,关于 Box-Cox 变换和 Kruskal-Wallis 检验的详细介绍请查阅相关文献,本书不再赘述。

下面我们介绍关于单向 ANOVA 模型(7.1)的假设检验。

7.1.2 似然比检验与 F 检验

基于模型(7.1),对两个及多个总体均值的比较可以通过建立如下假设检验来实现:

$$H_0 : \mu_1 = \mu_2 = \cdots = \mu_m \quad \text{与} \quad H_1 : \mu_1, \mu_2, \cdots, \mu_m \text{ 不全相等}. \tag{7.2}$$

当 H_0 成立时,因子的 m 个水平均值都相等,表明因子的不同水平之间没有显著差异,此时称该因子不显著;而当 H_0 不成立时,因子的 m 个水平均值不全相等,此时称该因子显著。注意到 H_0 是复合假设,我们可以基于上述模型构造似然比检验以检验因子是否显著。

记模型(7.1)的参数向量为 $\boldsymbol{\theta} = (\mu_1, \mu_2, \cdots, \mu_m, \sigma^2)$，针对假设检验(7.2)，完全参数空间 Θ 和原假设对应的参数空间 Θ_0 分别为

$$\Theta = \{\boldsymbol{\theta} : -\infty < \mu_1, \mu_2, \cdots, \mu_m < \infty, 0 < \sigma^2 < \infty\}$$

和

$$\Theta_0 = \{\boldsymbol{\theta} : -\infty < \mu_1 = \mu_2 = \cdots = \mu_m = \mu < \infty, 0 < \sigma^2 < \infty\}.$$

记 $\boldsymbol{Y} = (Y_{11}, \cdots, Y_{n_1 1}, \cdots, Y_{1m}, \cdots, Y_{n_m m})$ 为随机样本，$\boldsymbol{y} = (y_{11}, \cdots, y_{n_1 1}, \cdots, y_{1m}, \cdots, y_{n_m m})$ 为样本实现值，$N = \sum_{k=1}^{m} n_k$ 为总样本量，则完全参数空间下的似然为

$$L(\boldsymbol{\theta}; \boldsymbol{y}) = \left(\frac{1}{2\pi\sigma^2}\right)^{\frac{N}{2}} \exp\left\{-\frac{1}{2\sigma^2} \sum_{k=1}^{m} \sum_{i=1}^{n_k} (y_{ik} - \mu_k)^2\right\},$$

原假设参数空间下的似然为

$$L_0(\boldsymbol{\theta}; \boldsymbol{y}) = \left(\frac{1}{2\pi\sigma^2}\right)^{\frac{N}{2}} \exp\left\{-\frac{1}{2\sigma^2} \sum_{k=1}^{m} \sum_{i=1}^{n_k} (y_{ik} - \mu)^2\right\}.$$

下面分别计算使 $L(\cdot; \boldsymbol{y})$ 和 $L_0(\cdot; \boldsymbol{y})$ 取得最大值的参数估计。通过求导，我们有

$$\begin{cases} \dfrac{\partial \log L(\boldsymbol{\theta}; \boldsymbol{y})}{\partial \mu_k} = \dfrac{1}{\sigma^2} \sum_{i=1}^{n_k} (y_{ik} - \mu_k), \ k = 1, \cdots, m, \\[2mm] \dfrac{\partial \log L(\boldsymbol{\theta}; \boldsymbol{y})}{\partial \sigma^2} = -\dfrac{N}{2\sigma^2} + \dfrac{1}{2\sigma^4} \sum_{k=1}^{m} \sum_{i=1}^{n_k} (y_{ik} - \mu_k)^2, \end{cases}$$

且

$$\begin{cases} \dfrac{\partial \log L_0(\boldsymbol{\theta}; \boldsymbol{y})}{\partial \mu} = \dfrac{1}{\sigma^2} \sum_{k=1}^{m} \sum_{i=1}^{n_k} (y_{ik} - \mu), \\[2mm] \dfrac{\partial \log L_0(\boldsymbol{\theta}; \boldsymbol{y})}{\partial \sigma^2} = -\dfrac{N}{2\sigma^2} + \dfrac{1}{2\sigma^4} \sum_{k=1}^{m} \sum_{i=1}^{n_k} (y_{ik} - \mu)^2. \end{cases}$$

令上述导函数为 0，则完全参数空间下 $\boldsymbol{\theta}$ 的估计量为 $\hat{\boldsymbol{\theta}} = (\hat{\mu}_1, \hat{\mu}_2, \cdots, \hat{\mu}_m, \hat{\sigma}^2)$，其中，

$$\hat{\mu}_k = \frac{1}{n_k} \sum_{i=1}^{n_k} Y_{ik} =: \bar{Y}_{\cdot k}, \quad \hat{\sigma}^2 = \frac{1}{N} \sum_{k=1}^{m} \sum_{i=1}^{n_k} (Y_{ik} - \bar{Y}_{\cdot k})^2.$$

原假设参数空间下 $\boldsymbol{\theta}$ 的估计量为 $\hat{\boldsymbol{\theta}}_0 = (\hat{\mu}, \hat{\mu}, \cdots, \hat{\mu}, \hat{\sigma}_0^2)$，其中，

$$\hat{\mu} = \frac{1}{N} \sum_{k=1}^{m} \sum_{i=1}^{n_k} Y_{ik} =: \bar{Y}_{\cdot\cdot}, \quad \hat{\sigma}_0^2 = \frac{1}{N} \sum_{k=1}^{m} \sum_{i=1}^{n_k} (Y_{ik} - \bar{Y}_{\cdot\cdot})^2.$$

因此，似然比检验统计量为

$$\Lambda(\boldsymbol{Y}) = \frac{\sup\limits_{\boldsymbol{\theta} \in \Theta_0} L(\boldsymbol{\theta}; \boldsymbol{Y})}{\sup\limits_{\boldsymbol{\theta} \in \Theta} L(\boldsymbol{\theta}; \boldsymbol{Y})} = \frac{L_0(\hat{\boldsymbol{\theta}}_0; \boldsymbol{Y})}{L(\hat{\boldsymbol{\theta}}; \boldsymbol{Y})} = \left\{\frac{\sum\limits_{k=1}^{m} \sum\limits_{i=1}^{n_k} (Y_{ik} - \bar{Y}_{\cdot k})^2}{\sum\limits_{k=1}^{m} \sum\limits_{i=1}^{n_k} (Y_{ik} - \bar{Y}_{\cdot\cdot})^2}\right\}^{\frac{N}{2}}.$$

从而，给定显著性水平 α，假设检验(7.2)的水平为 α 的拒绝域为 $\Lambda(\boldsymbol{y}) \leqslant \lambda_0$，其中，临界值 λ_0 使得 $P_{H_0}(\Lambda(\boldsymbol{Y}) \leqslant \lambda_0) = \alpha$ 成立。注意到 $\Lambda^{2/N}(\boldsymbol{Y}) = \hat{\sigma}^2 / \hat{\sigma}_0^2$ 是相互独立且服从正态分布的随机变量二次型的比值，为了确定 λ_0，我们下面介绍关于独立正态随机变量二次型的定理。

定理7.1： 记 $X_1, \cdots, X_n$ 是 n 个独立同分布于 $N(\mu, \sigma^2)$ 的随机变量，令 $Q = Q_1 + Q_2 + \cdots + Q_{k-1} + Q_k$，其中，$Q, Q_1, \cdots, Q_k$ 是由 $X_1, \cdots, X_n$ 的实二次型定义的 $k+1$ 个随机变量。假设 $Q/\sigma^2, Q_1/\sigma^2, \cdots, Q_{k-1}/\sigma^2$ 分别服从自由度为 $r, r_1, \cdots, r_{k-1}$ 的卡方分布，且 Q_k 是非负的，则 $Q_1, \cdots, Q_k$ 相互独立，且 Q_k/σ^2 服从自由度为 $r_k = r - (r_1 + \cdots + r_{k-1})$ 的卡方分布。

注意到

$$\sum_{k=1}^{m}\sum_{i=1}^{n_k}(Y_{ik} - \bar{Y}_{\cdot k})(\bar{Y}_{\cdot k} - \bar{Y}_{\cdot\cdot}) = \sum_{k=1}^{m}(\bar{Y}_{\cdot k} - \bar{Y}_{\cdot\cdot})\sum_{i=1}^{n_k}(Y_{ik} - \bar{Y}_{\cdot k}) = \sum_{k=1}^{m}n_k(\bar{Y}_{\cdot k} - \bar{Y}_{\cdot\cdot})(\bar{Y}_{\cdot k} - \bar{Y}_{\cdot k}) = 0.$$

因此，

$$\begin{aligned}
Q &= \sum_{k=1}^{m}\sum_{i=1}^{n_k}(Y_{ik} - \bar{Y}_{\cdot\cdot})^2 = \sum_{k=1}^{m}\sum_{i=1}^{n_k}(Y_{ik} - \bar{Y}_{\cdot k})^2 + \sum_{k=1}^{m}\sum_{i=1}^{n_k}(\bar{Y}_{\cdot k} - \bar{Y}_{\cdot\cdot})^2 \\
&\quad + 2\sum_{k=1}^{m}\sum_{i=1}^{n_k}(Y_{ik} - \bar{Y}_{\cdot k})(\bar{Y}_{\cdot k} - \bar{Y}_{\cdot\cdot}) \\
&= \sum_{k=1}^{m}\sum_{i=1}^{n_k}(Y_{ik} - \bar{Y}_{\cdot k})^2 + \sum_{k=1}^{m}n_k(\bar{Y}_{\cdot k} - \bar{Y}_{\cdot\cdot})^2 \\
&=: Q_1 + Q_2.
\end{aligned}$$

根据模型假设，我们有 $\varepsilon_{ik} \overset{iid}{\sim} N(0, \sigma^2)$，$\forall i, k$。记 $\bar{\varepsilon}_{\cdot k} = n_k^{-1}\sum_{i=1}^{n_k}\varepsilon_{ik}$，$\bar{\varepsilon}_{\cdot\cdot} = N^{-1}\sum_{k=1}^{m}\sum_{i=1}^{n_k}\varepsilon_{ik}$，由于 $Y_{ik} - \bar{Y}_{\cdot k} = \varepsilon_{ik} - \bar{\varepsilon}_{\cdot k}$，因此，$\sum_{i=1}^{n_k}(Y_{ik} - \bar{Y}_{\cdot k})^2/\sigma^2 \sim \chi^2(n_k - 1)$，从而有 $Q_1/\sigma^2 \sim \chi^2(N - m)$。当 H_0 成立时，我们有 $Y_{ik} - \bar{Y}_{\cdot\cdot} \overset{H_0}{=} \varepsilon_{ik} - \bar{\varepsilon}_{\cdot\cdot}$，因此，$N\hat{\sigma}^2/\sigma^2 = Q/\sigma^2 \sim \chi^2(N - 1)$。又因为 $Q_2 \geqslant 0$，根据定理7.1，可以证明，当 H_0 成立时 Q_1 与 Q_2 相互独立且 $Q_2/\sigma^2 \sim \chi^2(m - 1)$。注意到

$$\Lambda(\boldsymbol{Y})^{2/N} = \frac{Q_1}{Q} = \frac{Q_1}{Q_1 + Q_2} = \frac{1}{1 + Q_2/Q_1},$$

且当 H_0 成立时，$\frac{(N-m)Q_2}{(m-1)Q_1} = \frac{\sigma^{-2}Q_2/(m-1)}{\sigma^{-2}Q_1/(N-m)} \sim F(m-1, N-m)$，因此拒绝域 $\Lambda(\boldsymbol{y}) \leqslant \lambda_0$ 等价于

$$F = \frac{Q_2/(m-1)}{Q_1/(N-m)} = \frac{\sum_{k=1}^{m}n_k(\bar{Y}_{\cdot k} - \bar{Y}_{\cdot\cdot})^2/(m-1)}{\sum_{k=1}^{m}\sum_{i=1}^{n}(Y_{ik} - \bar{Y}_{\cdot k})^2/(N-m)} \geqslant c_0,$$

其中，$c_0 = F_{1-\alpha}(m-1, N-m)$ 为 $F(m-1, N-m)$ 分布的下尾 $1-\alpha$ 分位数。此外，根据上述等价变换，可以确定 $\lambda_0 = [1 + c_0(m-1)/(N-m)]^{-N/2}$。根据上面的推导过程可知，假设(7.2)的似然比检验等价于 F 检验。因此，我们可以直接基于 F 检验作决策，从而无需计算临界值 λ_0 后再根据 $\Lambda(\boldsymbol{Y})$ 作决策。

需要强调的是，$Q = Q_1 + Q_2$ 称为平方和分解式，其中，$Q = \sum_{k=1}^{m}\sum_{i=1}^{n_k}(Y_{ik} - \bar{Y}_{\cdot\cdot})^2$ 反映样本数据 $\boldsymbol{y}$ 之间的总差异，称为**总偏差平方和**；注意到 $Y_{ik} - \bar{Y}_{\cdot k} = \varepsilon_{ik} - \bar{\varepsilon}_{\cdot k}$，因此，$Q_1 = \sum_{k=1}^{m}\sum_{i=1}^{n_k}(Y_{ik} - \bar{Y}_{\cdot k})^2$ 反映因随机误差引起的数据之间的差异，称为**组内偏差平方和**或**误差偏差平方和**；$Q_2 = \sum_{k=1}^{m}n_k(\bar{Y}_{\cdot k} - \bar{Y}_{\cdot\cdot})^2$ 则反映由于因子水平不同引起的数据之间的差异，称为**组间偏差平方和**或**因子偏差平方和**。从上述对分解式的解读中可以看出，对多个总体均值的比较本质上是借助平方和分解实现对均值水平变异情况的分析，从这个角度来看，我们可以理解为何本节介绍的方法称为方差分析，但应当注意这里的方差反映的是均值水平的变异。基于三种平方和的分解式和自由度之间的关系，下面将基于 F 检验进行单向方差分析的过程总结为如下单向方差分析表7.2。

表 7.2: 单向方差分析表

误差来源	自由度	平方和	均方和	F 值	p 值
组间 (因子)	$m-1$	Q_2	$\mathrm{MSA} = Q_2/(m-1)$	$F = \dfrac{\mathrm{MSA}}{\mathrm{MSE}}$	p
组内 (误差)	$N-m$	Q_1	$\mathrm{MSE} = Q_1/(N-m)$		
总和	$N-1$	Q			

注：上述表格中，$p = P_{H_0}(F(m-1, N-m) \geqslant F)$。

本节介绍的 ANOVA，在 R 中可以通过 aov 函数实现。下面通过例7.1演示代码实现过程和具体分析过程。

```
# 输入原始数据
diam <- c(5.2,5.7,5.5,5.33,5.32,
4.9,5.2,4.88,5.06,4.56,
4.5,5.05,4.9,4.1,4.7,
3.9,3.7,3.1,3.5,4.3)
# 定义施肥方式
fertilizer <- factor(c(rep(1,5),rep(2,5),rep(3,5),rep(4,5)))
# 定义数据框
bamboo <- data.frame(diam,fertilizer)
# 通过箱线图初步判断不同施肥方式的平均胸径水平是否有差异
boxplot(diam~fertilizer, xlab='施肥方式',ylab='平均胸径')
```

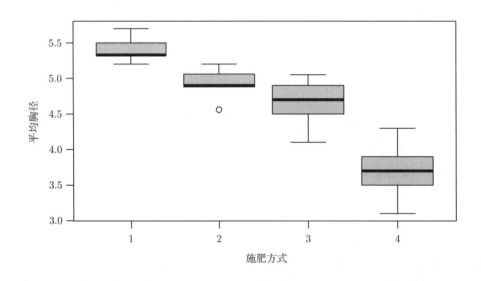

```
# 进行单向方差分析
bamboo.aov <- aov(diam~fertilizer, data=bamboo)
summary(bamboo.aov)
```

```
##            Df Sum Sq Mean Sq F value  Pr(>F)
```

```
## fertilizer   3    7.76    2.586     23.9 3.7e-06 ***
## Residuals   16    1.73    0.108
## ---
## Signif. codes:
## 0 '***' 0.001 '**' 0.01 '*' 0.05 '.' 0.1 ' ' 1
```

针对例7.1的数据，从 R 输出的分组箱线图中可以看出，不同施肥方式下的平均胸径水平存在显著差异，我们可以进一步通过方差分析检验不同施肥方式对花吊丝竹新竹的平均胸径是否有显著影响。为此，我们建立如下假设检验：

$$H_0: \mu_1 = \mu_2 = \mu_3 = \mu_4 \quad \text{与} \quad H_1: \mu_1, \mu_2, \mu_3, \mu_4 \text{ 不全相等,}$$

其中，μ_i $(i = 1, \cdots, 4)$ 表示 4 种不同施肥方式下花吊丝竹新竹的平均胸径。在本例中，$m = 4$, $n_1 = n_2 = n_3 = n_4 = 5$, $N = 20$，代入数据可以计算汇总得到方差分析表 7.3。

表 7.3: 不同施肥方式对花吊丝竹新竹平均胸径影响的单向方差分析结果

误差来源	自由度	平方和	均方和	F 值	p 值
组间	3	7.757	2.586	23.908	0.000
组内	16	1.730	0.108		
总和	19	9.487			

从表 7.3 中可以看出，给定显著性水平 0.05，p 值远远小于 0.05，因此拒绝原假设，表明 $\mu_1, \mu_2, \mu_3, \mu_4$ 不全相等，四种不同施肥方式下花吊丝竹新竹平均胸径有显著差异，即不同施肥方式对花吊丝竹新竹平均胸径的影响是显著的。

对例7.1采用方差分析的过程中，我们没有对数据的正态性和方差齐性进行验证，但从分组箱线图中可以大致看出，前两种施肥方式对应的数据分布呈现一定的偏斜，数据在不同施肥组的离散程度也略有差异，从而可以初步判断数据可能不满足正态性和方差齐性假定。下面我们将介绍常用的正态性检验及方差齐性检验方法，进一步通过假设检验验证数据是否满足正态性和方差齐性假定，从而判断上述方差分析的结论是否可靠。

7.1.3 正态性检验

正态性假定是方差分析中的重要假设之一，判断数据是否满足正态性假定，除了通过 Q-Q 图和箱线图等较为直观的图示方法之外，我们还可以从假设检验的角度对数据的正态性进行检验。常用的正态性检验有 Shapiro-Wilk 检验 (Shapiro, Wilk, 1965)、Shapiro-Francia 检验 (Shapiro, Francia, 1972) 和 Jarque-Barre 检验 (Jarque, Bera, 1980) 等，本小节仅对广泛使用的 Shapiro-Wilk 检验作简单介绍，其他几个检验请参阅相关文献。

记 $Y_1, Y_2, \cdots, Y_n$ 是容量为 n 的随机观测样本，正态性检验是要检验数据 $Y_1, \cdots, Y_n$ 是否来自某个总体均值和方差未知的正态分布，即检验数据是否满足正态分布。正态性检验的假设如下：

$$H_0: \text{数据来自正态分布} \quad \text{与} \quad H_1: \text{数据不是来自正态分布。}$$

记 $X_1, X_2, \cdots, X_n$ 为来自标准正态分布的随机样本，其次序统计量为 $X_{(1)} \leqslant X_{(2)} \leqslant \cdots \leqslant X_{(n)}$。令 $\mathbf{m} = (m_1, \cdots, m_n)^\top$ 和 $\mathbf{V} = (v_{ij})$ 分别表示次序统计量的期望向量和 $n \times n$ 的协方差矩阵，即

$$m_i = \mathrm{E}X_{(i)}, \ i = 1, \cdots, n, \quad v_{ij} = \mathrm{Cov}(X_{(i)}, X_{(j)}), \ i, j = 1, \cdots, n.$$

注意到当数据满足正态分布时,数据的次序统计量与标准正态随机变量的次序统计量之间会存在较大的相关性,在正态概率图中即考虑将排序后的数据对标准正态随机变量对应次序统计量的期望进行回归,当 H_0 成立即数据满足正态分布时,回归趋势线则趋近于线性。针对上述正态性假设,Shapiro-Wilk 检验将回归斜率的平方与样本离差平方和作对比,构造如下检验统计量:

$$W = \frac{\left(\sum_{i=1}^n a_i Y_{(i)}\right)^2}{\sum_{i=1}^n (Y_i - \bar{Y})^2},$$

其中,$Y_{(1)} \leqslant Y_{(2)} \leqslant \cdots \leqslant Y_{(n)}$ 为随机观测样本的次序统计量,$(a_1, \cdots, a_n) = (\mathbf{m}^\top \mathbf{V}^{-1} \mathbf{V}^{-1} \mathbf{m})^{-1/2} \mathbf{m}^\top \mathbf{V}^{-1}$ 是基于标准正态次序统计量的期望向量 $\mathbf{m}$ 与协方差 $\mathbf{V}$ 定义的系数,Shapiro 和 Wilk (1965) 在其表 5 中给出 $2 \leqslant n \leqslant 50$ 时 a_i 的取值。上述检验统计量的详细构造思路及计算过程请参阅 Shapiro 和 Wilk (1965)。

注意到 $0 < W \leqslant 1$,且 W 的取值越小越倾向于拒绝原假设。我们需要确定 W 在 H_0 成立时的分布,才能进一步确定给定显著性水平下的临界值或计算检验的 p 值,从而作出判断。但是 W 在 H_0 成立时的分布较为复杂,Shapiro 和 Wilk (1965) 通过经验抽样方法近似该分布,并在其表 6 中给出 $3 \leqslant n \leqslant 50$ 时 W 在 $\tau = 1\%, 2\%, 5\%, 10\%, 50\%$ 及对应上述 $1 - \tau$ 的近似分位数。

基于 Shapiro 和 Wilk (1965) 中表 5 和表 6 计算 W 并确定临界值的方法在实际应用中不是特别方便,很多软件例如 R 中已经编写了 Shapiro-Wilk 检验的实现函数,我们可以使用软件计算 W 及检验的 p 值。此外,值得注意的是,当每组样本量足够大且组数不多时,可以对原始数据的分组数据分别进行正态性检验;但当每组样本量不够大或组数较多时,则建议对模型的残差进行正态性检验。以例7.1的数据为例,考虑按照施肥方式分组后每组数据仅有 5 个观测值,可以基于方差分析的残差序列进行正态性检验。对方差分析的残差序列绘制 Q-Q 图及实现正态性检验的 R 代码如下:

```
# 提取方差分析的残差
resid_diam <- residuals(aov(diam~fertilizer, data=bamboo))
# 绘制Q-Q图
qqnorm(resid_diam); qqline(resid_diam)
```

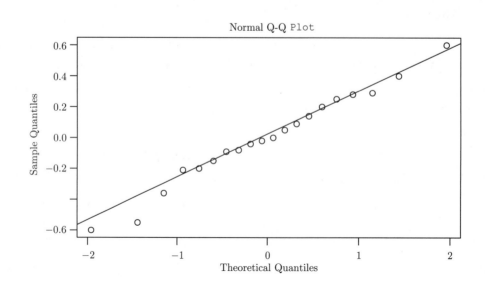

```
# 对残差进行正态性检验
# Shapiro-Wilk检验
shapiro.test(resid_diam)
```

```
##
##   Shapiro-Wilk normality test
##
## data:  resid_diam
## W = 0.983, p-value = 0.97
```

```
# Shapiro-Francia检验
library(DescTools)
ShapiroFranciaTest(resid_diam)
```

```
##
##   Shapiro-Francia normality test
##
## data:  resid_diam
## W = 0.982, p-value = 0.91
```

```
# Jarque-Barre检验
library(DescTools)
JarqueBeraTest(resid_diam)
```

```
##
##   Robust Jarque Bera Test
##
## data:  resid_diam
## X-squared = 0.138, df = 2, p-value = 0.93
```

从残差序列的 Q-Q 图可以初步看出数据近似满足正态分布，从三种正态性检验的输出结果可知三种检验的 p 值都超过 0.9，在显著性水平 0.05 下不能拒绝数据满足正态分布的原假设，因此，例7.1的花吊丝竹新竹的平均胸径数据有较大可能满足正态性假定。

7.1.4　方差齐性检验

方差齐性假定是方差分析中的重要假设之一，判断数据是否满足方差齐性假定，除了通过箱线图这类直观的图示方法之外，我们还可以从假设检验的角度对数据的方差齐性进行检验。常用的方差齐性检验有 Bartlett 检验 (Bartlett, 1937)、Levene's 检验 (Levene, 1960) 和 Fligner-Killeen 检验 (Conover 等, 1981) 等，本小节仅对普遍使用的 Bartlett 检验作简单介绍，其他几个检验请参阅相关文献。

Bartlett 检验用于检验两个或多个正态分布总体的方差是否相等，适用于各个总体的样本量相等或不等的场合。记 m 个总体的方差分别为 σ_k^2 $(k = 1, \cdots, m)$，则 Bartlett 检验的假设如下：

$$H_0 : \sigma_1^2 = \sigma_2^2 = \cdots = \sigma_m^2 \quad 与 \quad H_1 : \sigma_k^2 \ (k = 1, \cdots, m) 不全相等.$$

记 $Y_{1k}, \cdots, Y_{n_k,k}$ 为来自第 k $(k = 1, \cdots, m)$ 个总体的容量为 n_k 的样本观测，记 $s_k^2 = (n_k - 1)^{-1} \sum_{i=1}^{n_k} (Y_{ik} - \bar{Y}_{\cdot k})^2$ $(k = 1, \cdots, m)$ 为每组样本的样本方差，记 $\nu_k = n_k - 1$ 为各组样本离差平方和的自由度。针对上述假设，Bartlett 检验构造的检验统计量如下：

$$M = \nu \log s^2 - \sum_{k=1}^{m} \nu_k \log s_k^2,$$

其中，$\nu = \sum_{k=1}^{m} \nu_k = \sum_{k=1}^{m} n_k - m$，$s^2 = \sum_{k=1}^{m} \frac{\nu_k}{\nu} s_k^2$ 是合并的样本方差即各组样本方差的加权平均。上述检验统计量的详细构造过程，请参阅 Bartlett (1937)。Bartlett (1937) 构造了如下**比例因子** (Scale factor)：

$$C = 1 + \frac{1}{3(m-1)} \left(\sum_{k=1}^{m} \frac{1}{\nu_k} - \frac{1}{\nu} \right),$$

并证明当样本量足够大时，M/C 在 H_0 成立时的分布可以通过 $\chi^2(m-1)$ 分布来近似，为了保证近似效果，一般要求 $n_k \geqslant 5$, $k = 1, \cdots, m$。因此，我们可以基于修正后的检验统计量 M/C 和其近似分布 $\chi^2(m-1)$ 计算给定显著性水平下的临界值或计算 p 值，从而对 Bartlett 检验作出决策。

对于实际数据，我们不仅可以自己计算修正后的检验统计量 M/C 并结合其临界值得到检验结论，还可以使用软件计算 M/C 及检验的 p 值作出决策。以例7.1的数据为例，实现方差齐性检验的 R 代码如下：

```
# 检验数据diam的方差齐性
# Bartlett检验
bartlett.test(diam~fertilizer, data=bamboo)
```

```
##
##  Bartlett test of homogeneity of variances
##
## data:  diam by fertilizer
## Bartlett's K-squared = 3.02, df = 3, p-value =
## 0.39
```

```
# Levene's检验
library(DescTools)
LeveneTest(diam~fertilizer, data=bamboo)
```

```
## Levene's Test for Homogeneity of Variance (center = median)
##        Df F value Pr(>F)
## group  3     0.9    0.46
##        16
```

```
# Fligner-Killeen检验
fligner.test(diam~fertilizer, data=bamboo)
```

```
##
## Fligner-Killeen test of homogeneity of
## variances
##
## data:  diam by fertilizer
## Fligner-Killeen:med chi-squared = 2.53, df = 3,
## p-value = 0.47
```

从上述三种方差齐性检验的输出结果可知三种检验的 p 值都超过 0.3，在显著性水平 0.05 下不能拒绝数据满足方差齐性的原假设，因此，例7.1的花吊丝竹新竹的平均胸径数据满足方差齐性假定。

通过对例7.1的数据进行正态性检验和方差齐性检验，我们可以发现数据满足正态性假定和方差齐性假定，因此，方差分析的结论可靠，表明不同施肥方式对花吊丝竹新竹平均胸径的影响是显著的。在得知施肥方式对花吊丝竹新竹平均胸径具有影响后，我们会进一步想了解哪两种特定的施肥方式对应的平均胸径之间存在显著差异或不存在差异，为此我们需要借助下一小节介绍的多重比较方法进行分析。

7.1.5 多重比较分析

对实际数据进行单向方差分析时，当 F 检验表明因子显著时，说明因子中至少存在两个水平均值之间存在显著的差异，我们会进一步想了解哪些水平均值之间存在显著的差异或者没有显著的差异，从而得到更细致的结论和发现。当我们同时在 m $(m \geqslant 2)$ 个水平均值中比较任意两个水平均值之间是否有显著差异，这即为**多重比较分析** (Multiple comparison analysis)。多重比较分析的假设如下：

$$H_0^{ij} : \mu_i = \mu_j \quad \text{与} \quad H_1^{ij} : \mu_i \neq \mu_j,\ 1 \leqslant i < j \leqslant m.$$

常用的多重比较分析方法有 **Fisher's least significant difference** (LSD) 方法 (Fisher, 1935)、**Bonferroni** 校正方法 (Bonferroni, 1936)、**Tukey's honest significant difference** (HSD) 方法 (Tukey, 1953) 和 **Scheffé** 方法 (Scheffe, 1953) 等，本小节主要介绍 Fisher's LSD 方法、Bonferroni 方法和 Tukey's HSD 方法。

Fisher's LSD 方法通过构造任意两个水平总体均值之差 $\mu_i - \mu_j$ $(i, j = 1, \cdots, m,\ i \neq j)$ 的区间估计进行多重比较分析。基于模型(7.1)和方差分析的似然比检验构造过程，我们有

$$\bar{Y}_{\cdot i} - \bar{Y}_{\cdot j} \sim N\left(\mu_i - \mu_j, \left(\frac{1}{n_i} + \frac{1}{n_j}\right)\sigma^2\right),$$

且 $Q_1/\sigma^2 \sim \chi^2(N-m)$ 成立，再根据 Q_1 与 Q_2 的独立性可知 Q_1 与 $\bar{Y}_{\cdot i} - \bar{Y}_{\cdot j}$ 独立，从而我们有下式成立：

$$\frac{\bar{Y}_{\cdot i} - \bar{Y}_{\cdot j} - (\mu_i - \mu_j)}{\sqrt{\left(\dfrac{1}{n_i} + \dfrac{1}{n_j}\right)\dfrac{Q_1}{N-m}}} \sim t(N-m).$$

因此，基于 Fisher's LSD 方法可以得到 $\mu_i - \mu_j$ 的 $1-\alpha$ 置信区间：

$$\left[\bar{Y}_{\cdot i} - \bar{Y}_{\cdot j} - t_{1-\alpha/2}(N-m) \cdot \hat{s}\sqrt{\left(\frac{1}{n_i}+\frac{1}{n_j}\right)}, \bar{Y}_{\cdot i} - \bar{Y}_{\cdot j} + t_{1-\alpha/2}(N-m) \cdot \hat{s}\sqrt{\left(\frac{1}{n_i}+\frac{1}{n_j}\right)} \right], \quad (7.3)$$

其中，$\hat{s}^2 = Q_1/(N-m)$ 是 σ^2 的无偏估计，$Q_1 = \sum_{k=1}^{m}\sum_{i=1}^{n_k}(Y_{ik}-\bar{Y}_{\cdot k})^2$ 是误差偏差平方和。上述置信区间的半径通常记为 $\text{LSD}_{i,j}$，即

$$\text{LSD}_{i,j} = t_{1-\alpha/2}(N-m) \cdot \hat{s}\sqrt{\left(\frac{1}{n_i}+\frac{1}{n_j}\right)}.$$

值得注意的是，上述置信区间与两个独立正态总体均值差的 t 置信区间形式一致，但置信区间(7.3)中 σ^2 的无偏估计运用了全部样本信息而不仅是两个进行对比水平的样本信息，从而对应临界值的自由度也有所差异。

基于置信区间(7.3)与双边假设检验 $H_0: \mu_i = \mu_j$ 与 $H_1: \mu_i \neq \mu_j$ 之间的对应关系，可知当上述 $1-\alpha$ 置信区间中不包含 0 时 (等价于 $|\bar{Y}_{\cdot i} - \bar{Y}_{\cdot j}| \geqslant \text{LSD}_{i,j}$)，则在显著性水平 α 下可以认为因子的这两个水平均值之间存在显著差异；反之，当上述 $1-\alpha$ 置信区间中包含 0 时 (等价于 $|\bar{Y}_{\cdot i} - \bar{Y}_{\cdot j}| < \text{LSD}_{i,j}$)，则在显著性水平 α 下可以认为因子的这两个水平均值之间无显著差异。

对于实际数据，我们可以运用公式(7.3)构造任意两组均值之差的 $1-\alpha$ 置信区间，也可以通过软件实现基于 Fisher's LSD 方法的多重比较分析。以例7.1的数据为例，从数据的分组箱线图中初步判断前两种施肥方式对应的平均胸径之间有一定的差异，后两种施肥方式对应的平均胸径之间也有一定的差异，而第二种和第三种施肥方式对应平均胸径之间的差异不是很明显。为进一步验证上述直观判断的合理性，我们通过 Fisher's LSD 方法对该数据进行比较分析，Fisher's LSD 方法在 R 中实现的代码如下：

```
# 单向ANOVA
bamboo.aov <- aov(diam~fertilizer, data=bamboo)
# Fisher's LSD方法，不校正p值
library(agricolae)
```

```
##
## 载入程辑包: 'agricolae'

## The following objects are masked from 'package:moments':
##
##     kurtosis, skewness
```

```
LSDoutput <- LSD.test(bamboo.aov, "fertilizer", alpha = 0.05,
p.adj = "none") # p.adj = "none"表示不校正p值
LSDoutput
```

```
## $statistics
##    MSerror Df Mean  CV t.value    LSD
```

```
##    0.10815 16 4.67 7.042   2.1199 0.44092
##
## $parameters
##          test p.ajusted      name.t ntr alpha
##    Fisher-LSD       none fertilizer   4  0.05
##
## $means
##    diam     std r    LCL    UCL  Min  Max  Q25  Q50
## 1 5.41 0.19416 5 5.0982 5.7218 5.20 5.70 5.32 5.33
## 2 4.92 0.23958 5 4.6082 5.2318 4.56 5.20 4.88 4.90
## 3 4.65 0.37081 5 4.3382 4.9618 4.10 5.05 4.50 4.70
## 4 3.70 0.44721 5 3.3882 4.0118 3.10 4.30 3.50 3.70
##    Q75
## 1 5.50
## 2 5.06
## 3 4.90
## 4 3.90
##
## $comparison
## NULL
##
## $groups
##    diam groups
## 1 5.41      a
## 2 4.92      b
## 3 4.65      b
## 4 3.70      c
##
## attr(,"class")
## [1] "group"
```

plot(LSDoutput)

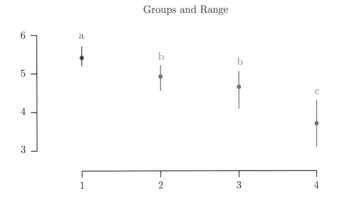

上述分析结果表明，给定显著性水平 0.05，第二种和第三种施肥方式对应的平均胸径之间无显著差异，而第一种和第四种施肥方式对应的平均胸径明显区别于第二、三种施肥方式的平均胸径，这与从箱线图中得到的初步结论一致。但是值得注意的是，如果我们同时对因子的四个水平 $(m=4)$ 即四种施肥方式进行两两比较，则需要同时考虑构造 $C_m^2 = m(m-1)/2 = 6$ 个均值之差的 $1-\alpha$ 置信区间，此时联合置信水平就不再是 $1-\alpha$ 了。例如，考察 K 个随机事件 $E_1,\cdots,E_K$，每个事件发生的概率均为 $1-\alpha$ 即 $P(E_i)=1-\alpha$, $i=1,\cdots,K$，则这 K 个事件同时发生的概率为

$$P(\cap_{i=1}^K E_i) = 1 - P(\cup_{i=1}^K \overline{E_i}) \geqslant 1 - \sum_{i=1}^K P(\overline{E_i}) = 1 - K\alpha.$$

上式表明，当 K 越大，则联合置信水平相比 $1-\alpha$ 越小。为了保证联合置信水平不小于 $1-\alpha$，可以考虑将每组均值比较的置信水平调整为 $1-\alpha/K$，这即为 **Bonferroni 校正**方法，将 Fisher's LSD 方法经过 Bonferroni 校正后的置信区间则修正如下：

$$\left[\bar{Y}_{\cdot i} - \bar{Y}_{\cdot j} - t_{1-\alpha/(2C_m^2)}(N-m)\cdot \hat{s}\sqrt{\left(\frac{1}{n_i}+\frac{1}{n_j}\right)}, \bar{Y}_{\cdot i} - \bar{Y}_{\cdot j} + t_{1-\alpha/(2C_m^2)}(N-m)\cdot \hat{s}\sqrt{\left(\frac{1}{n_i}+\frac{1}{n_j}\right)}\right].$$

以例7.1的数据为例，Bonferroni 校正方法在 R 中实现的代码如下：

```
# Fisher's LSD方法，使用Bonferroni方法校正p值
LSDoutput.bonferroni <- LSD.test(bamboo.aov, "fertilizer", alpha = 0.05,
p.adj = "bonferroni")
LSDoutput.bonferroni
```

```
## $statistics
##    MSerror Df Mean   CV t.value    MSD
##    0.10815 16 4.67 7.042  3.0083 0.6257
##
## $parameters
##          test p.ajusted    name.t ntr alpha
##    Fisher-LSD bonferroni fertilizer   4  0.05
##
## $means
##    diam    std r    LCL    UCL  Min  Max  Q25  Q50
## 1 5.41 0.19416 5 5.0982 5.7218 5.20 5.70 5.32 5.33
## 2 4.92 0.23958 5 4.6082 5.2318 4.56 5.20 4.88 4.90
## 3 4.65 0.37081 5 4.3382 4.9618 4.10 5.05 4.50 4.70
## 4 3.70 0.44721 5 3.3882 4.0118 3.10 4.30 3.50 3.70
##    Q75
## 1 5.50
## 2 5.06
## 3 4.90
## 4 3.90
```

```
##
## $comparison
## NULL
##
## $groups
##    diam groups
## 1 5.41      a
## 2 4.92      ab
## 3 4.65      b
## 4 3.70      c
##
## attr(,"class")
## [1] "group"
```

```
plot(LSDoutput.bonferroni)
```

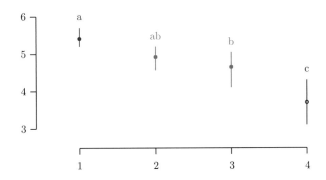

Groups and Range

　　根据上面的输出结果可知，经过 Bonferroni 校正后多重比较分析得到的结论与校正之前 Fisher's LSD 方法得到的结论一致。但是值得注意的是，当联合检验的数量 C_m^2 较大时，Bonferroni 校正会使得每个置信区间长度过长，导致联合置信区间的精度较差，从而降低联合检验的功效。我们下面介绍 Tukey's HSD 方法，相比 Bonferroni 校正方法，该多重比较方法在实际中的应用更为广泛。

　　对任意一对假设 H_0^{ij} 和 H_1^{ij}，当 $|\bar{Y}_{\cdot i} - \bar{Y}_{\cdot j}|$ 超出一定范围则会拒绝 H_0^{ij}。而对于多重比较分析，当存在一对 i, j 使得对应组的均值比较会拒绝 H_0^{ij} 时，则联合检验会拒绝原假设 H_0，因此，联合检验的拒绝域具有如下形式：

$$\mathbb{C} = \cup_{1 \leqslant i < j \leqslant m} \{|\bar{Y}_{\cdot i} - \bar{Y}_{\cdot j}| \geqslant c_{ij}\},$$

其中，各个临界值 c_{ij} 应满足 $P_{H_0}(\boldsymbol{Y} \in \mathbb{C}) = \alpha$。当各组样本量相等即 $n_1 = \cdots = n_m = n$ 时，根据对称性可以令各个 c_{ij} 都相等且等于 c。下面我们通过推导得到 Tukey's HSD 方法的检验统计量及拒绝域。记 $\hat{s}^2 = Q_1/(N-m) = \sum_{k=1}^m \sum_{i=1}^n (Y_{ik} - \bar{Y}_{\cdot k})^2/(mn-m)$ 为 σ^2 的无偏估计，根据模型(7.1)的假设，则有 $(N-m)\hat{s}^2/\sigma^2 \sim t(N-m)$ 且 $\hat{s}^2$ 与 $\bar{Y}_{\cdot k}$ 独立，从而有

$$\frac{\bar{Y}_{\cdot k} - \mu_k}{\hat{s}/\sqrt{n}} \sim t(mn-m).$$

当联合检验的原假设 H_0 成立时，则有 $\mu_1 = \cdots = \mu_m = \mu$ 成立，因此，我们有

$$
\begin{aligned}
P_{H_0}(\boldsymbol{Y} \in \mathbb{C}) &= P(\cup_{1 \leqslant i < j \leqslant m}\{|\bar{Y}_{\cdot i} - \bar{Y}_{\cdot j}| \geqslant c\}) \\
&= 1 - P(\cap_{1 \leqslant i < j \leqslant m}\{|\bar{Y}_{\cdot i} - \bar{Y}_{\cdot j}| < c\}) \\
&= 1 - P(\max_{1 \leqslant i < j \leqslant m}\{|\bar{Y}_{\cdot i} - \bar{Y}_{\cdot j}|\} < c) \\
&= P(\max_{1 \leqslant i < j \leqslant m}\{|\bar{Y}_{\cdot i} - \bar{Y}_{\cdot j}|\} \geqslant c) \\
&= P\left(\max_{1 \leqslant i < j \leqslant m}\left\{\left|\frac{\bar{Y}_{\cdot i} - \mu}{\hat{s}/\sqrt{n}} - \frac{\bar{Y}_{\cdot j} - \mu}{\hat{s}/\sqrt{n}}\right|\right\} \geqslant \frac{c}{\hat{s}/\sqrt{n}}\right) \\
&= P\left(\max_{1 \leqslant i \leqslant m}\left\{\frac{\bar{Y}_{\cdot i} - \mu}{\hat{s}/\sqrt{n}}\right\} - \min_{1 \leqslant j \leqslant m}\left\{\frac{\bar{Y}_{\cdot j} - \mu}{\hat{s}/\sqrt{n}}\right\} \geqslant \frac{c}{\hat{s}/\sqrt{n}}\right).
\end{aligned}
$$

记 $q(m, \nu) = \max\limits_{1 \leqslant i \leqslant m}\left\{\frac{\bar{Y}_{\cdot i} - \mu}{\hat{s}/\sqrt{n}}\right\} - \min\limits_{1 \leqslant j \leqslant m}\left\{\frac{\bar{Y}_{\cdot j} - \mu}{\hat{s}/\sqrt{n}}\right\}$ 为检验统计量，其中，m 为组数，ν 为联合方差的自由度，即 $\nu = m(n-1)$。该统计量在形式上类似于 t 统计量的极差，一般称其为学生化极差统计量。注意到检验统计量 $q(m, \nu)$ 的分布仅依赖水平数 m 和自由度 ν，但其分布形式不好推导，我们可以借助软件通过模拟方法确定该分布的分位数 (Copenhaver, Holland, 1988)。记 $q_\alpha(m, \nu)$ 为 $q(m, \nu)$ 的 α 分位数，则临界值 $c = q_{1-\alpha}(m, mn-m)\hat{s}/\sqrt{n}$，对应联合检验的拒绝域为

$$
\mathbb{C} = \cup_{1 \leqslant i < j \leqslant m}\{|\bar{Y}_{\cdot i} - \bar{Y}_{\cdot j}| \geqslant q_{1-\alpha}(m, mn-m)\hat{s}/\sqrt{n}\}.
$$

类比 Fisher's LSD 方法，我们通常记上述临界值 c 为 HSD (Honest significant difference)。因此，给定显著性水平 α，当 $|\bar{Y}_{\cdot i} - \bar{Y}_{\cdot j}| \geqslant$ HSD 时，拒绝 H_0^{ij}，认为第 i 个水平和第 j 个水平的均值之间存在显著的差异；反之则不拒绝 H_0^{ij}，认为第 i 个水平和第 j 个水平的均值之间没有显著的差异。

以例7.1的数据为例，基于 Tukey's HSD 方法实现多重比较分析以及计算分位数 $q_\alpha(m, \nu)$ 的 R 代码如下：

```
# Tukey's HSD方法
output.Tukey <- TukeyHSD(bamboo.aov, conf.level = 0.95)
output.Tukey
```

```
##    Tukey multiple comparisons of means
##      95% family-wise confidence level
##
## Fit: aov(formula = diam ~ fertilizer, data = bamboo)
##
## $fertilizer
##       diff      lwr       upr   p adj
## 2-1 -0.49 -1.08506  0.10506 0.12668
## 3-1 -0.76 -1.35506 -0.16494 0.01036
## 4-1 -1.71 -2.30506 -1.11494 0.00000
## 3-2 -0.27 -0.86506  0.32506 0.57711
## 4-2 -1.22 -1.81506 -0.62494 0.00013
## 4-3 -0.95 -1.54506 -0.35494 0.00162
```

```
plot(output.Tukey)
```

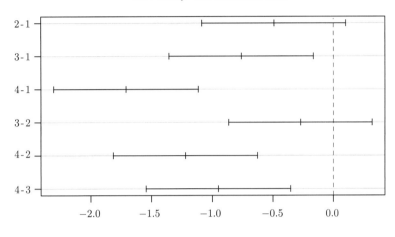

95% family-wise confidence level

Differences in mean levels of fertilizer

```
# qα(m, ν) 的计算
qtukey(p=0.95, nmeans=5, df=16) # alpha=0.95, m=4, n=5
```

```
## [1] 4.3327
```

根据上面的输出结果可知，基于 Tukey's HSD 方法的多重比较得到的结论与 Fisher's LSD 方法得到的结论一致。另外需要强调的是，Tukey's HSD 方法要求各组样本量相等，当各组样本量不等但相差不大时也可以使用该方法作近似计算，但各组样本量相差较大时则建议使用允许各组样本量不等的 **Tukey-Kramer** 方法 (Kramer, 1956) 和 **Scheffé** 方法 (Scheffe, 1953)，对这两种方法感兴趣的请查阅相关文献，本节不再作详细介绍。

7.2 双向方差分析

在单向方差分析中，我们考察了单个因子的不同水平对观测数据可能产生的影响。在实际问题中，我们感兴趣的观测数据可能会受到两个因子的影响，我们自然想了解两个因子是否均对观测数据产生显著的影响，以及两个因子是否对观测数据产生一些交互影响。我们通过下面的数据场景展示实际问题中的这类分析需求。

例 7.2： 为研究橡胶粉细度和橡胶集料的掺量对混凝土抗压强度是否有显著影响，进行如下试验：利用橡胶集料取代部分砂子，参考砂子的细度模数，选取细度模数分别为 Mx=2.00，2.75，3.00 三个水平。橡胶取代砂子的比例分别为 20%，30%，40%，具体抗压强度数据见表 7.4。取显著性水平为 0.05，试分析：橡胶粉的细度与橡胶粉取代砂子的比例对混凝土抗压强度是否有影响？这两者之间的交互作用对混凝土抗压强度是否有影响？

例7.2中的观测变量是混凝土抗压强度，对混凝土抗压强度可能产生影响的两个因子分别是橡胶粉细度和橡胶集料的掺量，按照数据呈现的方式，我们称橡胶集料的掺量为**行因子**，称橡胶粉细度为**列因**

表 7.4: 混凝土抗压强度数据

取代比例	橡胶粉的细度		
	2.00	2.75	3.00
	31.58	33.39	33.01
20%	30.92	33.54	33.59
	31.62	34.42	33.44
	31.37	31.63	28.27
30%	30.75	28.71	25.08
	29.52	30.39	24.53
	23.59	23.81	20.70
40%	22.99	23.79	22.75
	21.11	26.48	22.52

注：本数据源自薛忠泉. 橡胶集料的掺量和级配对混凝土抗压强度影响研究 [J]. 民营科技,2017(03):116.

子，这两个因子都各有 3 个水平。本例的分析目标是考察这两个因子对混凝土抗压强度的影响，本节将结合该分析需求，将上一节的单向方差分析拓展到本节的双向方差分析，下面我们将从统计模型和假设检验两个方面介绍无交互效应的双向方差分析及含交互效应的双向方差分析。

7.2.1 统计模型

在双向方差分析中，记我们考察的行因子 A 有 m 个水平、列因子 B 有 n 个水平，记 Y_{ij} $(i = 1, \cdots, m; j = 1, \cdots, n)$ 为行因子 A 在第 i 个水平、列因子 B 在第 j 个水平的响应变量。假设响应变量 Y_{ij} 满足如下可加模型：

$$Y_{ij} = \mu + \alpha_i + \beta_j + \varepsilon_{ij}, \quad i = 1, \cdots, m; j = 1, \cdots, n, \tag{7.4}$$

其中 $\varepsilon_{ij} \sim N(0, \sigma^2)$ 且相互独立，μ, α_i $(i = 1, \cdots, m)$, β_j $(j = 1, \cdots, n)$ 和 σ^2 是未知参数，且满足约束 $\sum_{i=1}^m \alpha_i = 0$ 和 $\sum_{j=1}^n \beta_j = 0$。因此，$Y_{ij} \sim N(\mu_{ij}, \sigma^2)$ 且相互独立，其中，

$$\mu_{ij} = \mu + \alpha_i + \beta_j.$$

由此可见，响应变量的均值是在均值 μ 的基础上叠加行因子 A 在水平 i 以及列因子 B 在水平 j 的可加效应，我们通常称 α_i $(i = 1, \cdots, m)$ 为行因子 A 的主效应，β_j $(j = 1, \cdots, n)$ 为列因子 B 的主效应。在上述可加模型中，两个因子各自水平变化对响应变量的影响都不会依赖另一个因子的水平变化，即两个因子之间不存在交互影响，上述模型即为无交互效应的双向 ANOVA 模型。该模型与单向 ANOVA 模型有相同的假设，即要求数据满足 (1) 正态性假设；(2) 方差齐性假设；(3) 独立性假设。

如果每个因子对响应变量的影响会随着另外一个因子水平的变化而变化，则说明这两个因子对响应变量的影响存在交互效应，此时我们需要考虑建立含交互效应的双向 ANOVA 模型，交互模型定义如下：

$$Y_{ijk} = \mu + \alpha_i + \beta_j + \gamma_{ij} + \varepsilon_{ijk}, \quad i = 1, \cdots, m; j = 1, \cdots, n; k = 1, \cdots, \ell, \tag{7.5}$$

其中，$\varepsilon_{ijk} \sim N(0, \sigma^2)$ 且相互独立，γ_{ij} 为行因子 A 和列因子 B 的交互效应且满足约束 $\sum_{i=1}^m \gamma_{ij} = 0$ 和 $\sum_{j=1}^n \gamma_{ij} = 0$，其他符号的定义、主效应 α_i 和 β_j 满足的约束条件以及对观测数据的三个假设与模型(7.4)中一致，这里不再赘述。

我们下面主要讲解关于无交互效应模型(7.4)的假设检验，针对含交互效应模型(7.5)的假设检验我们只作简单介绍。

7.2.2 似然比检验与 F 检验

对于无交互效应模型(7.4)，我们感兴趣的是两个因子的主效应是否显著，为此建立如下主效应假设检验：

$$
\begin{aligned}
&H_{0A}: \alpha_1 = \cdots = \alpha_m = 0 \quad 与 \quad H_{1A}: \exists\, i, \alpha_i \neq 0; \\
&H_{0B}: \beta_1 = \cdots = \beta_n = 0 \quad 与 \quad H_{1B}: \exists\, j, \beta_j \neq 0.
\end{aligned}
\tag{7.6}
$$

当 $H_{0A}(H_{0B})$ 成立时，表明行因子 A(列因子 B) 的不同水平之间没有显著差异，此时称行因子 A(列因子 B) 的主效应不显著；反之，如果 $H_{0A}(H_{0B})$ 不成立，则称行因子 A(列因子 B) 的主效应显著。注意到 H_{0A} 和 H_{0B} 是复合假设，我们可以基于上述模型构造似然比检验以检验两个因子的主效应是否显著。

记模型(7.4)的参数向量为 $\boldsymbol{\theta} = (\mu, \alpha_1, \cdots, \alpha_m, \beta_1, \cdots, \beta_n, \sigma^2)$，针对假设检验(7.6)，完全参数空间 Θ、两个原假设对应的参数空间 Θ_{0A} 和 Θ_{0B} 分别为

$$
\begin{aligned}
\Theta &= \{\boldsymbol{\theta}: -\infty < \mu, \alpha_1, \cdots, \alpha_m, \beta_1, \cdots, \beta_n < \infty, 0 < \sigma^2 < \infty\}, \\
\Theta_{0A} &= \{\boldsymbol{\theta}: -\infty < \mu, \beta_1, \cdots, \beta_n < \infty, \alpha_1 = \cdots = \alpha_m = 0, 0 < \sigma^2 < \infty\}, \\
\Theta_{0B} &= \{\boldsymbol{\theta}: -\infty < \mu, \alpha_1, \cdots, \alpha_m < \infty, \beta_1 = \cdots = \beta_n = 0, 0 < \sigma^2 < \infty\}.
\end{aligned}
$$

记 $\boldsymbol{Y} = (Y_{11}, \cdots, Y_{mn})$ 为随机样本，$\boldsymbol{y} = (y_{11}, \cdots, y_{mn})$ 为样本实现值，$N = mn$ 为总样本量，则完全参数空间下的似然为

$$
L(\boldsymbol{\theta}; \boldsymbol{y}) = \left(\frac{1}{2\pi\sigma^2}\right)^{\frac{N}{2}} \exp\left\{-\frac{1}{2\sigma^2} \sum_{i=1}^{m} \sum_{j=1}^{n} (y_{ij} - \mu - \alpha_i - \beta_j)^2\right\}.
$$

原假设 Θ_{0A} 对应参数空间下的似然为

$$
L_{0A}(\boldsymbol{\theta}; \boldsymbol{y}) = \left(\frac{1}{2\pi\sigma^2}\right)^{\frac{N}{2}} \exp\left\{-\frac{1}{2\sigma^2} \sum_{i=1}^{m} \sum_{j=1}^{n} (y_{ij} - \mu - \beta_j)^2\right\}.
$$

原假设 Θ_{0B} 对应参数空间下的似然为

$$
L_{0B}(\boldsymbol{\theta}; \boldsymbol{y}) = \left(\frac{1}{2\pi\sigma^2}\right)^{\frac{N}{2}} \exp\left\{-\frac{1}{2\sigma^2} \sum_{i=1}^{m} \sum_{j=1}^{n} (y_{ij} - \mu - \alpha_i)^2\right\}.
$$

下面分别计算使 $L(\cdot; \boldsymbol{y})$, $L_{0A}(\cdot; \boldsymbol{y})$ 和 $L_{0B}(\cdot; \boldsymbol{y})$ 取得最大值的参数估计。通过求导，我们可以得到：

$$
\begin{cases}
\dfrac{\partial \log L(\boldsymbol{\theta}; \boldsymbol{y})}{\partial \mu} = \dfrac{1}{\sigma^2} \sum_{i=1}^{m} \sum_{j=1}^{n} (y_{ij} - \mu - \alpha_i - \beta_j), \\[2mm]
\dfrac{\partial \log L(\boldsymbol{\theta}; \boldsymbol{y})}{\partial \alpha_i} = \dfrac{1}{\sigma^2} \sum_{j=1}^{n} (y_{ij} - \mu - \alpha_i - \beta_j),\ i = 1, \cdots, m, \\[2mm]
\dfrac{\partial \log L(\boldsymbol{\theta}; \boldsymbol{y})}{\partial \beta_j} = \dfrac{1}{\sigma^2} \sum_{i=1}^{m} (y_{ij} - \mu - \alpha_i - \beta_j),\ j = 1, \cdots, n, \\[2mm]
\dfrac{\partial \log L(\boldsymbol{\theta}; \boldsymbol{y})}{\partial \sigma^2} = -\dfrac{N}{2\sigma^2} + \dfrac{1}{2\sigma^4} \sum_{i=1}^{m} \sum_{j=1}^{n} (y_{ij} - \mu - \alpha_i - \beta_j)^2,
\end{cases}
$$

$$\begin{cases} \dfrac{\partial \log L_{0A}(\boldsymbol{\theta}; \boldsymbol{y})}{\partial \mu} = \dfrac{1}{\sigma^2} \sum_{i=1}^{m} \sum_{j=1}^{n} (y_{ij} - \mu - \beta_j), \\[3mm] \dfrac{\partial \log L_{0A}(\boldsymbol{\theta}; \boldsymbol{y})}{\partial \beta_j} = \dfrac{1}{\sigma^2} \sum_{i=1}^{m} (y_{ij} - \mu - \beta_j), \ j = 1, \cdots, n, \\[3mm] \dfrac{\partial \log L_{0A}(\boldsymbol{\theta}; \boldsymbol{y})}{\partial \sigma^2} = -\dfrac{N}{2\sigma^2} + \dfrac{1}{2\sigma^4} \sum_{i=1}^{m} \sum_{j=1}^{n} (y_{ij} - \mu - \beta_j)^2, \end{cases}$$

$$\begin{cases} \dfrac{\partial \log L_{0B}(\boldsymbol{\theta}; \boldsymbol{y})}{\partial \mu} = \dfrac{1}{\sigma^2} \sum_{i=1}^{m} \sum_{j=1}^{n} (y_{ij} - \mu - \alpha_i), \\[3mm] \dfrac{\partial \log L_{0B}(\boldsymbol{\theta}; \boldsymbol{y})}{\partial \alpha_i} = \dfrac{1}{\sigma^2} \sum_{j=1}^{n} (y_{ij} - \mu - \alpha_i), \ i = 1, \cdots, m, \\[3mm] \dfrac{\partial \log L_{0B}(\boldsymbol{\theta}; \boldsymbol{y})}{\partial \sigma^2} = -\dfrac{N}{2\sigma^2} + \dfrac{1}{2\sigma^4} \sum_{i=1}^{m} \sum_{j=1}^{n} (y_{ij} - \mu - \alpha_i)^2. \end{cases}$$

令上述导函数为 0，代入约束 $\sum_{i=1}^{m} \alpha_i = 0$ 和 $\sum_{j=1}^{n} \beta_j = 0$，经计算可得完全参数空间下 $\boldsymbol{\theta}$ 的估计量为 $\hat{\boldsymbol{\theta}} = (\hat{\mu}, \hat{\alpha}_1, \cdots, \hat{\alpha}_m, \hat{\beta}_1, \cdots, \hat{\beta}_n, \hat{\sigma}^2)$，其中，

$$\hat{\mu} = \frac{1}{N} \sum_{i=1}^{m} \sum_{j=1}^{n} Y_{ij} =: \bar{Y}_{..}, \ \hat{\alpha}_i = \frac{1}{n} \sum_{j=1}^{n} Y_{ij} - \hat{\mu} =: \bar{Y}_{i.} - \bar{Y}_{..}, \ i = 1, \cdots, m,$$

$$\hat{\beta}_j = \frac{1}{m} \sum_{i=1}^{m} Y_{ij} - \hat{\mu} =: \bar{Y}_{.j} - \bar{Y}_{..}, \ j = 1, \cdots, n, \ \hat{\sigma}^2 = \frac{1}{N} \sum_{i=1}^{m} \sum_{j=1}^{n} (Y_{ij} - \bar{Y}_{i.} - \bar{Y}_{.j} + \bar{Y}_{..})^2.$$

代入约束 $\sum_{j=1}^{n} \beta_j = 0$，经计算可得原假设 Θ_{0A} 对应参数空间下 $\boldsymbol{\theta}$ 的估计量为 $\hat{\boldsymbol{\theta}}_A = (\hat{\mu}_A, \hat{\beta}_{1A}, \cdots, \hat{\beta}_{nA}, \hat{\sigma}_A^2)$，其中，

$$\hat{\mu}_A = \bar{Y}_{..}, \ \hat{\beta}_{jA} = \bar{Y}_{.j} - \bar{Y}_{..}, \ j = 1, \cdots, n, \hat{\sigma}_A^2 = \frac{1}{N} \sum_{i=1}^{m} \sum_{j=1}^{n} (Y_{ij} - \bar{Y}_{.j})^2.$$

代入约束 $\sum_{i=1}^{m} \alpha_i = 0$，经计算可得原假设 Θ_{0B} 对应参数空间下 $\boldsymbol{\theta}$ 的估计量为 $\hat{\boldsymbol{\theta}}_B = (\hat{\mu}_B, \hat{\alpha}_{1B}, \cdots, \hat{\alpha}_{mB}, \hat{\sigma}_B^2)$，其中，

$$\hat{\mu}_B = \bar{Y}_{..}, \ \hat{\alpha}_{iB} = \bar{Y}_{i.} - \bar{Y}_{..}, \ i = 1, \cdots, m, \hat{\sigma}_B^2 = \frac{1}{N} \sum_{i=1}^{m} \sum_{j=1}^{n} (Y_{ij} - \bar{Y}_{i.})^2.$$

因此，针对假设检验(7.6)构造的两个似然比检验统计量分别为

$$\Lambda_A(\boldsymbol{Y}) = \frac{\sup\limits_{\boldsymbol{\theta} \in \Theta_{0A}} L(\boldsymbol{\theta}; \boldsymbol{Y})}{\sup\limits_{\boldsymbol{\theta} \in \Theta} L(\boldsymbol{\theta}; \boldsymbol{Y})} = \frac{L_{0A}(\hat{\boldsymbol{\theta}}_A; \boldsymbol{Y})}{L(\hat{\boldsymbol{\theta}}; \boldsymbol{Y})} = \left(\frac{\hat{\sigma}_A^2}{\hat{\sigma}^2} \right)^{-\frac{N}{2}} = \left[\frac{\sum\limits_{i=1}^{m} \sum\limits_{j=1}^{n} (Y_{ij} - \bar{Y}_{.j})^2}{\sum\limits_{i=1}^{m} \sum\limits_{j=1}^{n} (Y_{ij} - \bar{Y}_{i.} - \bar{Y}_{.j} + \bar{Y}_{..})^2} \right]^{-\frac{N}{2}}$$

和

$$\Lambda_B(\boldsymbol{Y}) = \frac{\sup\limits_{\boldsymbol{\theta} \in \Theta_{0B}} L(\boldsymbol{\theta}; \boldsymbol{Y})}{\sup\limits_{\boldsymbol{\theta} \in \Theta} L(\boldsymbol{\theta}; \boldsymbol{Y})} = \frac{L_{0B}(\hat{\boldsymbol{\theta}}_B; \boldsymbol{Y})}{L(\hat{\boldsymbol{\theta}}; \boldsymbol{Y})} = \left(\frac{\hat{\sigma}_B^2}{\hat{\sigma}^2} \right)^{-\frac{N}{2}} = \left[\frac{\sum\limits_{i=1}^{m} \sum\limits_{j=1}^{n} (Y_{ij} - \bar{Y}_{i.})^2}{\sum\limits_{i=1}^{m} \sum\limits_{j=1}^{n} (Y_{ij} - \bar{Y}_{i.} - \bar{Y}_{.j} + \bar{Y}_{..})^2} \right]^{-\frac{N}{2}}.$$

给定显著性水平 α，假设检验 H_{0A} 与 H_{1A} 的水平为 α 的拒绝域为 $\Lambda_A(\boldsymbol{y}) \leqslant \lambda_{0A}$，其中，$\lambda_{0A}$ 使得 $P_{H_{0A}}(\Lambda_A(\boldsymbol{Y}) \leqslant \lambda_{0A}) = \alpha$ 成立；假设检验 H_{0B} 与 H_{1B} 的水平为 α 的拒绝域为 $\Lambda_B(\boldsymbol{y}) \leqslant \lambda_{0B}$，其中，$\lambda_{0B}$ 使得 $P_{H_{0B}}(\Lambda_B(\boldsymbol{Y}) \leqslant \lambda_{0B}) = \alpha$ 成立。直接推导检验统计量 $\Lambda_A(\boldsymbol{Y})$ 和 $\Lambda_B(\boldsymbol{Y})$ 在原假设下的分布会较为复杂，但我们可以找到与之等价的检验统计量，使得在原假设下检验统计量的分布及检验的临界值更容易确定，我们下面讨论如何找到与上述两个检验统计量等价的版本。

注意到 $Q_1 = N\hat{\sigma}_A^2$ 和 $Q_2 = N\hat{\sigma}_B^2$ 可以作如下分解：

$$Q_1 =: \sum_{i=1}^{m}\sum_{j=1}^{n}(Y_{ij} - \bar{Y}_{\cdot j})^2 = \sum_{i=1}^{m}\sum_{j=1}^{n}(\bar{Y}_{i\cdot} - \bar{Y}_{\cdot\cdot})^2 + \sum_{i=1}^{m}\sum_{j=1}^{n}(Y_{ij} - \bar{Y}_{i\cdot} - \bar{Y}_{\cdot j} + \bar{Y}_{\cdot\cdot})^2 =: Q_1^* + Q_3^*,$$

$$Q_2 =: \sum_{i=1}^{m}\sum_{j=1}^{n}(Y_{ij} - \bar{Y}_{i\cdot})^2 = \sum_{i=1}^{m}\sum_{j=1}^{n}(\bar{Y}_{\cdot j} - \bar{Y}_{\cdot\cdot})^2 + \sum_{i=1}^{m}\sum_{j=1}^{n}(Y_{ij} - \bar{Y}_{i\cdot} - \bar{Y}_{\cdot j} + \bar{Y}_{\cdot\cdot})^2 =: Q_2^* + Q_3^*.$$

可见，$\Lambda_A(\boldsymbol{Y}) = (1 + Q_1^*/Q_3^*)^{-N/2}$，从而 $\Lambda_A(\boldsymbol{Y})$ 是

$$F_A = \frac{Q_1^*/(m-1)}{Q_3^*/[(m-1)(n-1)]}$$

的单调减函数。同时，$\Lambda_B(\boldsymbol{Y}) = (1 + Q_2^*/Q_3^*)^{-N/2}$，从而 $\Lambda_B(\boldsymbol{Y})$ 是

$$F_B = \frac{Q_2^*/(n-1)}{Q_3^*/[(m-1)(n-1)]}$$

的单调减函数。因此，基于 $\Lambda_A(\boldsymbol{Y})$ 的似然比检验等价于基于 F_A 的检验，而基于 $\Lambda_B(\boldsymbol{Y})$ 的似然比检验等价于基于 F_B 的检验。我们下面探讨 F_A 及 F_B 分别在 H_{0A} 和 H_{0B} 成立时的分布。

记 $\bar{\varepsilon}_{i\cdot} = n^{-1}\sum_{j=1}^{n}\varepsilon_{ij}$，$\bar{\varepsilon}_{\cdot j} = m^{-1}\sum_{i=1}^{m}\varepsilon_{ij}$ 和 $\bar{\varepsilon}_{\cdot\cdot} = (mn)^{-1}\sum_{i=1}^{m}\sum_{j=1}^{n}\varepsilon_{ij}$。基于模型(7.4)及其参数约束 $\sum_{i=1}^{m}\alpha_i = 0$ 和 $\sum_{j=1}^{n}\beta_j = 0$，我们有

$$Q_1 = \sum_{i=1}^{m}\sum_{j=1}^{n}(\alpha_i + \varepsilon_{ij} - \bar{\varepsilon}_{\cdot j})^2 \overset{H_{0A}}{=\!=} \sum_{i=1}^{m}\sum_{j=1}^{n}(\varepsilon_{ij} - \bar{\varepsilon}_{\cdot j})^2,$$

$$Q_1^* = \sum_{i=1}^{m}\sum_{j=1}^{n}(\alpha_i + \bar{\varepsilon}_{i\cdot} - \bar{\varepsilon}_{\cdot\cdot})^2 \overset{H_{0A}}{=\!=} \sum_{i=1}^{m}n(\bar{\varepsilon}_{i\cdot} - \bar{\varepsilon}_{\cdot\cdot})^2,$$

$$Q_2 = \sum_{i=1}^{m}\sum_{j=1}^{n}(\beta_j + \varepsilon_{ij} - \bar{\varepsilon}_{i\cdot})^2 \overset{H_{0B}}{=\!=} \sum_{i=1}^{m}\sum_{j=1}^{n}(\varepsilon_{ij} - \bar{\varepsilon}_{i\cdot})^2,$$

$$Q_2^* = \sum_{i=1}^{m}\sum_{j=1}^{n}(\beta_j + \bar{\varepsilon}_{\cdot j} - \bar{\varepsilon}_{\cdot\cdot})^2 \overset{H_{0B}}{=\!=} \sum_{j=1}^{n}m(\bar{\varepsilon}_{\cdot j} - \bar{\varepsilon}_{\cdot\cdot})^2.$$

由于 $\varepsilon_{ij} \overset{iid}{\sim} N(0, \sigma^2)$，$\forall i, j$，当 H_{0A} 成立时，根据卡方分布的可加性可知 $Q_1/\sigma^2 \sim \chi^2(n(m-1))$ 和 $Q_1^*/\sigma^2 \sim \chi^2(m-1)$，又因为 $Q_3^* \geqslant 0$，根据定理7.1和 $Q_1 = Q_1^* + Q_3^*$，可以证明 Q_1^* 与 Q_3^* 相互独立且 $Q_3^*/\sigma^2 \sim \chi^2((m-1)(n-1))$，从而 $F_A \overset{H_{0A}}{\sim} F(m-1, (m-1)(n-1))$，因此，给定显著性水平 α，当 $F_A \geqslant F_{1-\alpha}(m-1, (m-1)(n-1))$ 时则在 α 水平下拒绝 H_{0A}。同理，当 H_{0B} 成立时，根据卡方分布的可加性可知 $Q_2/\sigma^2 \sim \chi^2(m(n-1))$ 和 $Q_2^*/\sigma^2 \sim \chi^2(n-1)$，根据定理7.1和 $Q_2 = Q_2^* + Q_3^*$，可以证明 Q_2^* 与 Q_3^* 相互独立且 $Q_3^*/\sigma^2 \sim \chi^2((m-1)(n-1))$，从而 $F_B \overset{H_{0B}}{\sim} F(n-1, (m-1)(n-1))$，因此，给定显著性水平 α，当 $F_B \geqslant F_{1-\alpha}(n-1, (m-1)(n-1))$ 时则在 α 水平下拒绝 H_{0B}。

记 $Q = \sum_{i=1}^{m} \sum_{j=1}^{n} (Y_{ij} - \bar{Y}_{..})^2$，结合前面的讨论，我们可以基于无交互效应的双向 ANOVA 模型对数据的总偏差平方和进行如下平方和分解：

$$Q = \sum_{i=1}^{m} \sum_{j=1}^{n} (\bar{Y}_{i\cdot} - \bar{Y}_{..})^2 + \sum_{i=1}^{m} \sum_{j=1}^{n} (\bar{Y}_{\cdot j} - \bar{Y}_{..})^2 + \sum_{i=1}^{m} \sum_{j=1}^{n} (\bar{Y}_{ij} - \bar{Y}_{i\cdot} - \bar{Y}_{\cdot j} + \bar{Y}_{..})^2$$
$$=: Q_1^* + Q_2^* + Q_3^*.$$

下面对上述平方和分解进行解读。Q 反映样本数据 $\boldsymbol{y}$ 之间的总差异，称为**总偏差平方和**；Q_1^* 反映由于行因子 A 水平不同引起的数据之间的差异，称为**行因子偏差平方和**；Q_2^* 反映由于列因子 B 水平不同引起的数据之间的差异，称为**列因子偏差平方和**；Q_3^* 则反映因随机误差引起的数据之间的差异，称为**误差偏差平方和**。因此，数据的总偏差平方和可以分解为由行因子 A、列因子 B 和随机因素带来的偏差平方和，相应地，总偏差平方和的自由度可以分解为三个偏差平方和对应自由度之和。基于可加模型(7.4)的平方和及自由度的分解关系，下面将无交互效应的双向方差分析过程总结如表7.5所示。

表 7.5：无交互效应的双向方差分析表

误差来源	自由度	平方和	均方和	F 值	p 值
行因子 A	$m-1$	Q_1^*	$\text{MSA} = Q_1^*/(m-1)$	$F_A = \dfrac{\text{MSA}}{\text{MSE}}$	p_A
列因子 B	$n-1$	Q_2^*	$\text{MSB} = Q_2^*/(n-1)$	$F_B = \dfrac{\text{MSB}}{\text{MSE}}$	p_B
误差	$(m-1)(n-1)$	Q_3^*	$\text{MSE} = Q_3^*/[(m-1)(n-1)]$		
总和	$mn-1$	Q			

注：上述表格中，$p_A = P_{H_{0A}}(F(m-1, (m-1)(n-1)) \geqslant F_A)$，$p_B = P_{H_{0B}}(F(n-1, (m-1)(n-1)) \geqslant F_B)$。

对于含交互效应的双向 ANOVA 模型(7.5)，我们重点感兴趣的假设检验如下：

$$H_{0AB} : \forall\, i, j, \gamma_{ij} = 0 \quad \text{与} \quad H_{1AB} : \exists\, i, j, \gamma_{ij} \neq 0. \tag{7.7}$$

当 H_{0AB} 成立时，表明行因子 A 和列因子 B 之间的交互效应对响应变量的影响不显著，反之则说明交互效应显著。当我们不能拒绝 H_{0AB} 时，可以进一步检验行因子 A 或列因子 B 的主效应是否显著。

记观测总样本量为 $N = mn\ell$，定义如下均值符号：

$$\bar{Y}_{...} = N^{-1} \sum_{i=1}^{m} \sum_{j=1}^{n} \sum_{k=1}^{\ell} Y_{ijk}, \; \bar{Y}_{i..} = (n\ell)^{-1} \sum_{j=1}^{n} \sum_{k=1}^{\ell} Y_{ijk}, \; \bar{Y}_{\cdot j \cdot} = (m\ell)^{-1} \sum_{i=1}^{m} \sum_{k=1}^{\ell} Y_{ijk}, \; \bar{Y}_{ij\cdot} = \ell^{-1} \sum_{k=1}^{\ell} Y_{ijk},$$

其中，$\bar{Y}_{...}$ 表示数据的总样本均值，$\bar{Y}_{i..}$ 和 $\bar{Y}_{\cdot j \cdot}$ 分别表示行因子 A 和列因子 B 在单个水平上的样本均值，$\bar{Y}_{ij\cdot}$ 则表示行因子 A 和列因子 B 组合下的样本均值。通过极大似然估计方法，我们可以得到模型(7.5)在完全参数空间下的参数估计量如下：

$$\hat{\mu} = \bar{Y}_{...}, \; \hat{\alpha}_i = \bar{Y}_{i..} - \bar{Y}_{...}, \; \hat{\beta}_j = \bar{Y}_{\cdot j \cdot} - \bar{Y}_{...}, \; \hat{\gamma}_{ij} = \bar{Y}_{ij\cdot} - \bar{Y}_{i..} - \bar{Y}_{\cdot j \cdot} + \bar{Y}_{...}.$$

基于含交互效应的双向 ANOVA 模型(7.5)，可以对数据的总偏差平方和 $Q = \sum_{i=1}^{m} \sum_{j=1}^{n} \sum_{k=1}^{\ell}$

$(Y_{ijk} - \bar{Y}...)^2$ 进行如下平方和分解：

$$Q = n\ell \sum_{i=1}^{m}(\bar{Y}_{i\cdot\cdot} - \bar{Y}...)^2 + m\ell \sum_{j=1}^{n}(\bar{Y}_{\cdot j\cdot} - \bar{Y}...)^2$$

$$+ \ell \sum_{i=1}^{m}\sum_{j=1}^{n}(\bar{Y}_{ij\cdot} - \bar{Y}_{i\cdot\cdot} - \bar{Y}_{\cdot j\cdot} + \bar{Y}...)^2 + \sum_{i=1}^{m}\sum_{j=1}^{n}\sum_{k=1}^{\ell}(Y_{ijk} - \bar{Y}_{ij\cdot})^2$$

$$=: Q_1^* + Q_2^* + Q_3^* + Q_4^*.$$

在上述分解式中，Q_1^* 表示行因子 **A** 的主效应偏差平方和，Q_2^* 表示列因子 **B** 的主效应偏差平方和，Q_3^* 表示**交互效应偏差平方和**，Q_4^* 则表示**误差偏差平方和**。因此，数据的总偏差平方和可以分解为由行因子 A、列因子 B、行列两个因子交互效应和随机因素带来的偏差平方和，相应地，总偏差平方和的自由度可以分解为四个偏差平方和对应自由度之和。基于含交互效应的双向 ANOVA 模型(7.5)的平方和及自由度的分解关系，下面将含交互效应的双向方差分析过程总结如表7.6所示。

表 7.6: 含交互效应的双向方差分析表

误差来源	自由度	平方和	均方和	F 值	p 值
行因子 A	$m-1$	Q_1^*	$\text{MSA} = Q_1^*/(m-1)$	$F_A = \frac{\text{MSA}}{\text{MSE}}$	p_A
列因子 B	$n-1$	Q_2^*	$\text{MSB} = Q_2^*/(n-1)$	$F_B = \frac{\text{MSB}}{\text{MSE}}$	p_B
交互效应	$(m-1)(n-1)$	Q_3^*	$\text{MSAB} = Q_3^*/[(m-1)(n-1)]$	$F_{AB} = \frac{\text{MSAB}}{\text{MSE}}$	p_{AB}
误差	$mn(\ell-1)$	Q_4^*	$\text{MSE} = Q_4^*/[mn(\ell-1)]$		
总和	$mn\ell-1$	Q			

注：上述表格中，$p_A = P_{H_{0A}}(F(m-1, mn(\ell-1)) \geqslant F_A)$，$p_B = P_{H_{0B}}(F(n-1, mn(\ell-1)) \geqslant F_B)$，$p_{AB} = P_{H_{0AB}}(F((m-1)(n-1), mn(\ell-1)) \geqslant F_{AB})$。

以例7.2的数据为例，双向方差分析的代码实现过程和具体分析过程如下：

```
# 输入数据
stre <- c(31.58,30.92,31.62,33.39,33.54,34.42,33.01,33.59,33.44,
31.37,30.75,29.52,31.63,28.71,30.39,28.27,25.08,24.53,
23.59,22.99,21.11,23.81,23.79,26.48,20.7,22.75,22.52)
# 定义比例因素
ratio <- gl(3,9,labels=c("R1","R2","R3"))
# 定义细度因素
fineness <- gl(3,3,labels=c("F1","F2","F3"))
# 定义数据框
rubber <- data.frame(stre,ratio,fineness)
# 数据可视化
ggplot(rubber, aes(fineness, stre, fill = ratio)) +
geom_boxplot()  + scale_fill_brewer(palette ="Greys")
```

```
# 进行方差分析
rubber.aov <- aov(stre~ratio*fineness, data=rubber)
# 输出方差分析表
summary(rubber.aov)
```

```
##                 Df Sum Sq Mean Sq F value  Pr(>F)
## ratio            2    433   216.7  150.09 5.9e-12 ***
## fineness         2     28    13.9    9.60  0.0015 **
## ratio:fineness   4     34     8.5    5.85  0.0034 **
## Residuals       18     26     1.4
## ---
## Signif. codes:
## 0 '***' 0.001 '**' 0.01 '*' 0.05 '.' 0.1 ' ' 1
```

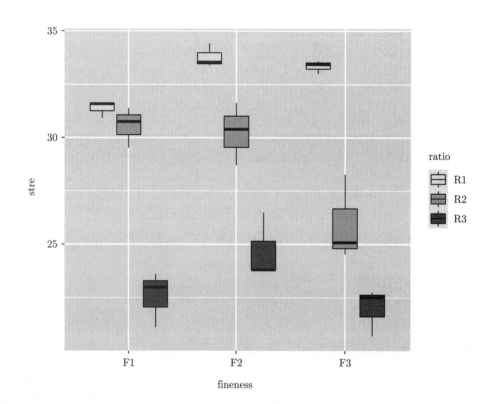

针对例7.2的数据,从 R 输出的分组箱线图中可以看出,不同橡胶粉的细度和橡胶粉取代砂子的比例下混凝土抗压强度存在差异,为此我们通过含交互项的双向方差分析检验不同橡胶粉的细度和取代比例下混凝土抗压强度是否存在显著差异。记橡胶粉取代砂子的比例为行因素、橡胶粉的细度为列因素,建立含交互效应的双向 ANOVA 模型(7.5),其中,行因素和列因素各有 3 个不同水平即 $m = n = 3$,每个行列组合有 3 个重复观测值即 $\ell = 3$。我们首先检验行列因素的交互效应是否显著,为此建立如下假设:

$$H_{0AB} : \forall\, i, j, \gamma_{ij} = 0 \quad \text{与} \quad H_{1AB} : \exists\, i, j, \gamma_{ij} \neq 0.$$

通过 R 得到的方差分析结果汇总如表7.7所示。

表 7.7：橡胶粉细度和橡胶集料的掺量对混凝土抗压强度影响的双因素方差分析结果

误差来源	自由度	平方和	均方和	F 值	p 值
行因素	2	433.487	216.743	150.093	0.000
列因素	2	27.737	13.868	9.604	0.001
交互	4	33.806	8.452	5.853	0.003
误差	18	26.993	1.444		
总和	26	521.00			

由表7.7可知，对交互作用构造的 F 检验对应 p 值为 0.003，远远小于显著性水平 0.05，因此拒绝原假设 H_{0AB}，认为橡胶粉的细度与橡胶粉取代砂子的比例的交互作用对膨胀土抗剪强度有非常显著影响。

考虑到交互效应显著，下面在含交互效应的双向 ANOVA 模型(7.5)下分别对行因素 (橡胶粉取代砂子的比例) 和列因素 (橡胶粉的细度) 提出如下假设：

$$H_{0A}: \alpha_1 = \alpha_2 = \alpha_3 = 0 \quad \text{与} \quad H_{1A}: \exists\, i, \alpha_i \neq 0;$$
$$H_{0B}: \beta_1 = \beta_2 = \beta_3 = 0 \quad \text{与} \quad H_{1B}: \exists\, j, \beta_j \neq 0.$$

表7.7中针对行因素和列因素的 F 检验对应 p 值远远小于给定的显著性水平 0.05，因此可以拒绝原假设 H_{0A} 和 H_{0B}，认为橡胶粉的细度与橡胶粉取代砂子的比例对混凝土的抗压强度有显著影响。

7.3 案例分析

7.3.1 案例一：青少年心理状况分析

7.3.1.1 案例背景

青少年是国家的未来和希望，我们应该从社会、学校、家庭各个角度来保护他们的身心健康。在此背景下，本案例从青少年心理健康角度出发，聚焦青少年的认知需要，利用方差分析方法探究青少年的认知需要在不同生命教育情况下是否存在显著的差异。

7.3.1.2 数据介绍

本案例的数据集选自 2016 年"认证杯"数学中国数学建模网络挑战赛，该数据集是针对不同年龄段青少年的心理状况进行问卷调查的结果。为了使得方差分析过程简单直观，结合我们探究青少年的认知需要在不同年龄阶段和不同生命教育情况下是否存在显著差异的分析需求，本案例仅关注青少年的认知需要、年龄阶段和生命教育情况这三个维度，感兴趣的同学可以考虑更多维度的变量进行分析。

数据集中共有 1400 位青少年参与了调查，观测变量为青少年的认知需要，该变量是基于青少年对问卷中相应 18 个题目的答案计算得到的综合得分。生命教育情况包括正向和负向两个框架，每个框架都为一种二选一式的评价变量，使用 A 或 B 来表示，因此有 AA、BB、BA、AB 四组，分别代表生命正向与生命负向均为 A 的同学、生命正向与生命负向均为 B 的同学、生命正向为 B 生命负向为 A 的同学以及生命正向为 A 生命负向为 B 的同学。

7.3.1.3 不同生命教育情况组之间的认知需要是否有显著差异

为了探究生命教育对青少年认知需求的影响，我们将采用单向方差分析方法。本小节先基于 R 软件展示分析过程，再根据代码运行结果给出详细的分析。本小节单向方差分析在 R 中的具体实现过程如下：

```
# 加载R包
library(ggplot2)   # 调用ggplot函数作图
library(agricolae) # 调用lsd函数用于多重比较分析

# 导入数据
data1 = read.table('./data/心理状况.txt',sep = ",",header = T)
```

```
# 对生命教育进行分组
data1$生命组别 = NA
data1$生命组别[data1$生命正向 == 'A' & data1$生命负向 == 'A'] = "AA"
data1$生命组别[data1$生命正向 == 'B' & data1$生命负向 == 'A'] = "BA"
data1$生命组别[data1$生命正向 == 'A' & data1$生命负向 == 'B'] = "AB"
data1$生命组别[data1$生命正向 == 'B' & data1$生命负向 == 'B'] = "BB"
table(data1$生命组别)
```

```
##
##  AA  AB  BA  BB
## 403 298 153 546
```

```
# 按生命组别计算认知需要的描述性统计量
aggregate(data1$认知需要, by=list(data1$生命组别), FUN=length) # 分组样本量
```

```
##    Group.1   x
## 1      AA 403
## 2      AB 298
## 3      BA 153
## 4      BB 546
```

```
aggregate(data1$认知需要, by=list(data1$生命组别), FUN=mean)    # 分组均值
```

```
##    Group.1          x
## 1      AA 83.7344913
## 2      AB 84.1140940
## 3      BA 82.2679739
## 4      BB 84.9322344
```

```
aggregate(data1$认知需要, by=list(data1$生命组别), FUN=sd)      # 分组标准差
```

```
##    Group.1          x
## 1      AA 10.16243578
## 2      AB  9.84118345
## 3      BA  9.04084775
## 4      BB 10.10227449
```

```
# 通过箱线图初步判断不同生命教育组的认知需要是否有差异
boxplot(data1$认知需要~data1$生命组别，xlab='生命教育',ylab='认知需要')
# 按生命组别分组
```

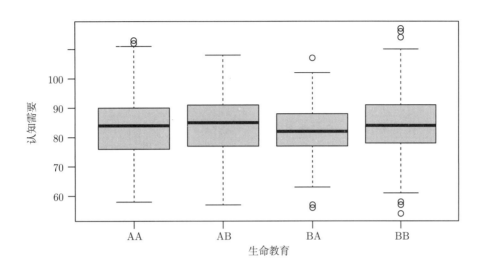

由于每个生命组别中的样本量均远远大于 30，既可以对原始数据分组进行正态性检验，也可以在方差分析结束后提取残差进行正态性检验。下面展示对原始数据进行分组正态性检验。

```
# Shapiro-Wilk's正态性检验
shapiro.test(data1$认知需要[data1$生命组别=='AA'])
```

```
##
##   Shapiro-Wilk normality test
##
## data:  data1$认知需要[data1$生命组别 == "AA"]
## W = 0.9945688, p-value = 0.165172
```

```
shapiro.test(data1$认知需要[data1$生命组别=='BB'])
```

```
##
##   Shapiro-Wilk normality test
##
## data:  data1$认知需要[data1$生命组别 == "BB"]
## W = 0.9950731, p-value = 0.0791434
```

```
shapiro.test(data1$认知需要[data1$生命组别=='BA'])
```

```
##
```

```
##   Shapiro-Wilk normality test
##
## data:   data1$认知需要[data1$生命组别 == "BA"]
## W = 0.9922845, p-value = 0.581714
```

```
shapiro.test(data1$认知需要[data1$生命组别=='AB'])
```

```
##
##   Shapiro-Wilk normality test
##
## data:   data1$认知需要[data1$生命组别 == "AB"]
## W = 0.9951608, p-value = 0.476996
```

```
# 使用bartlett.test函数进行方差齐性检验
bartlett.test(data1$认知需要,data1$生命组别,center=mean) # 按生命组别分组
```

```
##
##   Bartlett test of homogeneity of variances
##
## data:   data1$认知需要 and data1$生命组别
## Bartlett's K-squared = 3.304823, df = 3, p-value
## = 0.346972
```

```
# 进行单因素方差分析
# 检验不同生命教育的认知需要是否有显著差异
fit.life <- aov(data1$认知需要 ~ data1$生命组别)
summary(fit.life)
```

```
##                   Df    Sum Sq   Mean Sq F value   Pr(>F)
## data1$生命组别      3     944.9  314.9655 3.17868 0.023257
## Residuals       1396 138325.2   99.0868
##
## data1$生命组别 *
## Residuals
## ---
## Signif. codes:
## 0 '***' 0.001 '**' 0.01 '*' 0.05 '.' 0.1 ' ' 1
```

```
# 多重比较分析
# 基于Fisher's LSD方法进行多重比较，不矫正p值
out.lsd <- LSD.test(fit.life, "data1$生命组别", p.adj = "none")
out.lsd
```

```
## $statistics
##        MSerror   Df        Mean           CV
##    99.0868317  1396  84.1221429  11.8330757
##
## $parameters
##            test  p.ajusted          name.t  ntr  alpha
##    Fisher-LSD     none  data1$生命组别     4   0.05
##
## $means
##     data1$认知需要        std    r         LCL
## AA     83.7344913  10.16243578  403  82.7617883
## AB     84.1140940   9.84118345  298  82.9829324
## BA     82.2679739   9.04084775  153  80.6893195
## BB     84.9322344  10.10227449  546  84.0965613
##            UCL  Min  Max    Q25  Q50  Q75
## AA  84.7071943   58  113  76.00   84   90
## AB  85.2452555   57  108  77.25   85   91
## BA  83.8466282   56  107  77.00   82   88
## BB  85.7679076   54  117  78.00   84   91
##
## $comparison
## NULL
##
## $groups
##     data1$认知需要  groups
## BB     84.9322344       a
## AB     84.1140940      ab
## AA     83.7344913      ab
## BA     82.2679739       b
##
## attr(,"class")
## [1] "group"
```

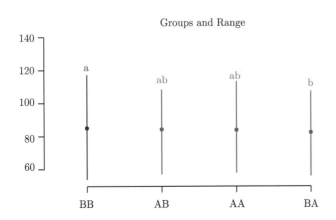

Groups and Range

```
plot(out.lsd)  # 可视化展示
```

```
# 基于Fisher's LSD方法进行多重比较，使用Bonferroni方法矫正p值
out.lsd.bonferroni <- LSD.test(fit.life, "data1$生命组别", p.adj = "bonferroni")
out.lsd.bonferroni
```

```
## $statistics
##      MSerror    Df       Mean          CV
##   99.0868317  1396  84.1221429  11.8330757
##
## $parameters
##           test   p.ajusted       name.t  ntr  alpha
##     Fisher-LSD  bonferroni  data1$生命组别    4   0.05
##
## $means
##    data1$认知需要             std    r          LCL
## AA     83.7344913  10.16243578  403  82.7617883
## AB     84.1140940   9.84118345  298  82.9829324
## BA     82.2679739   9.04084775  153  80.6893195
## BB     84.9322344  10.10227449  546  84.0965613
##          UCL  Min  Max    Q25  Q50  Q75
## AA 84.7071943   58  113  76.00   84   90
## AB 85.2452555   57  108  77.25   85   91
## BA 83.8466282   56  107  77.00   82   88
## BB 85.7679076   54  117  78.00   84   91
##
## $comparison
## NULL
##
## $groups
##    data1$认知需要 groups
## BB     84.9322344      a
## AB     84.1140940     ab
## AA     83.7344913     ab
## BA     82.2679739      b
##
## attr(,"class")
## [1] "group"
```

```
# 基于Tukey方法进行多重比较
out.tukey <- TukeyHSD(fit.life)
out.tukey
```

```
##    Tukey multiple comparisons of means
##      95% family-wise confidence level
##
## Fit: aov(formula = data1$认知需要 ~ data1$生命组别)
##
## $`data1$生命组别`
##               diff          lwr          upr
## AB-AA   0.379602645 -1.576533025  2.335738314
## BA-AA  -1.466517459 -3.897824321  0.964789403
## BB-AA   1.197743117 -0.483710455  2.879196690
## BA-AB  -1.846120104 -4.392569452  0.700329245
## BB-AB   0.818140473 -1.025887006  2.662167951
## BB-BA   2.664260576  0.322205145  5.006316007
##             p adj
## AB-AA 0.959266021
## BA-AA 0.407030079
## BB-AA 0.258586660
## BA-AB 0.243830204
## BB-AB 0.664042088
## BB-BA 0.018307208
```

(一) 正态性检验

根据生命教育分组绘制认知需要数据的箱线图，从箱线图中可以看到各生命教育水平下的数据看起来大致服从正态分布。为了进一步验证数据的正态性，我们选用 Shapiro-Wilk's 正态性检验对认知需要数据进行检验。由于不同生命教育组下的样本量分别为 403、293、153 和 546，均远远大于 30，因此这里考虑对原始数据分组进行正态性检验，假设如下：

$$H_0:数据来自正态分布 \quad 与 \quad H_1:数据不是来自正态分布.$$

通过使用 R 中的 shapiro.test 函数，计算得到各组数据的统计量与 p 值如表7.8所示。

表 7.8: 不同生命教育组认知需要的正态性检验结果

年龄组	统计量 W	p 值
AA	0.995	0.165
BB	0.995	0.079
BA	0.992	0.582
AB	0.995	0.477

给定显著性水平 0.05，正态性检验的结果表明，认知需要数据在各个生命教育组的 p 值都大于显著性水平，可以认为数据满足正态性假设。

(二) 方差齐性检验

对生命教育 4 个水平 ($m = 4$，即 4 个不同生命教育组) 的认知需要进行方差齐性检验。由于各生命教育水平下的样本量不等，我们使用 Bartlett 检验。首先，提出如下假设：

$$H_0:\sigma_1^2 = \sigma_2^2 = \sigma_3^2 = \sigma_4^2 \quad 与 \quad H_1:\sigma_k^2 \text{ 不全相等}, k = 1,2,3,4,$$

其中，$k = 1, 2, 3, 4$ 分别对应 AA、BB、BA 和 AB 四个不同生命教育组，原假设表明不同生命教育组的认知需要的方差均相等。通过使用 R 中的 bartlett.test 函数，得修正后的检验统计量实现值为 $M/C = 3.305$。由于修正后的检验统计量 M/C 近似服从自由度为 $m-1$，即自由度为 3 的 χ^2 分布，因此经计算得到相应的 p 值为 0.347，p 值大于给定的显著性水平 0.05，因此不拒绝原假设，认为 4 个生命教育水平下认知需要的方差无显著差异。

(三) 单向方差分析

记 $\mu_1, \mu_2, \mu_3, \mu_4$ 分别为 AA、BB、BA 和 AB 四个生命教育情况组对应的认知需要均值，我们建立如下假设：

$$H_0: \mu_1 = \mu_2 = \mu_3 = \mu_4 \quad \text{与} \quad H_1: \mu_1, \mu_2, \mu_3, \mu_4 \text{ 不全相等}.$$

针对上述假设，方差分析的结果参见表7.9。

表 7.9: 不同生命教育情况组之间的认知需要的单因素方差分析结果

误差来源	自由度	平方和	均方和	F 值	p 值
组间 (因素影响)	3	944.896	314.965	3.179	0.023
组内 (误差)	1396	138325.217	99.087		
总和	1399	139270.111			

根据表7.9可知，F 检验的 p 值为 0.023，小于显著性水平 0.05，因此，在显著性水平 0.05 下拒绝原假设，认为不同的生命教育情况对青少年的认知需要有显著影响，这与从箱线图中得到的初步结论一致。

(四) 多重比较分析

为了进一步探究哪几组生命教育情况对应的认知需要之间存在显著差异，下面进行多重比较分析。我们首先运用 Fisher's LSD 方法构造两两比较对应均值之差 $\mu_i - \mu_j$ 的 0.95 置信区间 $[(\mu_i - \mu_j) - LSD_{ij}, (\mu_i - \mu_j) + LSD_{ij}]$，其中，

$$LSD_{ij} = t_{1-\alpha/2}(N - m) \cdot \hat{s} \sqrt{\left(\frac{1}{n_i} + \frac{1}{n_j}\right)}.$$

经计算，我们得 σ^2 的无偏估计为

$$\hat{s}^2 = \frac{\sum_{k=1}^{m} \sum_{i=1}^{n_k} (Y_{ik} - \bar{Y}_{\cdot k})^2}{N - m} = 99.087,$$

$\mu_i - \mu_j$ 的 0.95 置信区间整理如表7.10所示。

表 7.10: 基于 Fisher's LSD 方法构造 0.95 置信区间

i	j	$\bar{Y}_i$	$\bar{Y}_j$	$\bar{Y}_i - \bar{Y}_j$	LSD_{ij}	0.95 CI
AA	BA	83.734	82.268	1.466	1.854	(-0.388,3.320)
AA	AB	83.734	84.114	-0.380	1.491	(-1.871,1.111)
AA	BB	83.734	84.932	-1.198	1.282	(-2.480,0.084)
BA	AB	82.268	84.114	-1.846	1.942	(-3.788,0.096)
BA	BB	82.268	84.932	-2.664	1.786	(-4.450,-0.878)
AB	BB	84.114	84.932	-0.818	1.406	(-2.224,0.588)

从表7.10中可以看出，只有 BA、BB 两组之间的 0.95 置信区间未包含 0 且上下限都为负值，其他区间则都包含 0 在内。因此，给定显著性水平 0.05，可以认为 BA、BB 两组之间的均值有显著差异且 BB 组的认知需求平均水平明显高于 BA 组，而其余两组之间均不存在显著差异，表明生命正向为 B 生命负向为 A 的同学 (BA 组) 与生命正向和生命负向均为 B 的同学 (BB 组) 在认知需求上有明显的差异，且生命正向和生命负向均为 B 的同学其认知需求平均水平最高。可视化结果参见 R 的输出结果。考虑到上述比较分析中，我们需要同时比较 $C_4^2 = 6$ 组均值，为此提出如下多重比较分析的假设：

$$H_0 : \mu_i = \mu_j \quad 与 \quad H_1 : \mu_i \neq \mu_j, \ 1 \leqslant i < j \leqslant 4.$$

下面通过 Tukey 方法对上述假设进行检验。利用 R 语言的 TukeyHSD 函数，得到结果参见表7.11。

表 7.11: 基于 Tukey 方法的多重比较分析

i	j	$\bar{Y}_i - \bar{Y}_j$	下界	上界	p_{adj}
AB	AA	0.380	-1.576	2.336	0.959
BA	AA	-1.467	-3.898	0.965	0.407
BB	AA	1.198	-0.484	2.879	0.259
BA	AB	-1.846	-4.393	0.700	0.244
BB	AB	0.818	-1.025	2.662	0.664
BB	BA	2.664	0.322	5.006	0.018

根据表7.11可以看出，仅有比较 BB、BA 两组均值的 p 值小于显著性水平 0.05，其他均值比较组的 p 值则都大于显著性水平 0.05，因此可以认为 BB、BA 两组之间的均值有显著差异，而其余两组之间无显著差别。此结果与 Fisher's LSD 方法得到的结论相同。

7.3.1.4 结论与启发

上述案例分析表明，不同生命教育情况下学生的认知需要存在明显差异，尤其是生命正向和生命负向均为 B 的青少年，其认知需求平均水平最高且明显高于生命正向为 B 生命负向为 A 的青少年，生命正向和生命负向均为 B 的群体可以重点加以关注。大量研究显示，认知需要可能是态度改变的重要前提[1]，因此要重视各个年龄段学生的生命教育，从家庭、学校、社会各个方面着手，从多个层次入手，不仅要教育青少年珍爱生命，还要帮助他们从小开始认识生命的本质，理解生命的意义，珍惜生命的价值，热爱每个人独特的生命，树立正确的人生观和价值观。

7.3.2 案例二：牙齿修复材料和光源作用分析

7.3.2.1 案例背景

根据 2017 年 9 月原国家卫生和计划生育委员会 (现为国家卫生健康委员会) 发布的第四次全国口腔健康流行病学调查结果[2]，我国儿童口腔疾病患病率呈上升趋势，其中 5 岁和 12 岁儿童龋患率分别为 71.9% 和 38.5%，相较十年前分别上升 5.9 和 9.6 个百分点；中年人牙周健康不容乐观，35～44 岁居民中口腔牙石检出率为 96.7%，与十年前相比差别不大，牙龈出血检出率为 87.4%，较十年前上升 10.1 个百分点；老年人口腔状况向好，65～74 岁老人留存牙数为 22.5 颗，较十年前增加 1.5 颗，缺牙人群修复的比例也由 48.8% 提升至 63.2%，但平均缺牙颗数仍高达 7.5 颗 (按成人满口 30 颗算，不包括第

① Petty RE, Cacioppo JT. The Elaboration Likelihood Model of Persuasion[J]. Advances in Experimental Social Psychology, 1986, 19:123-205.

② 卫生计生委就第四次全国口腔健康流行病学调查等情况举行发布会：http://www.gov.cn/xinwen/2017-09/19/content_5226124.htm#1

三磨牙)。在如此大规模的病患群体下,各类口腔疾病早已成为不可忽视的健康问题。然而很多人秉持"牙疼不是病"的观念,不做任何的牙齿修复,根据口腔流行病学调查结果,5 岁儿童和 12 岁儿童龋齿中经过填充治疗的牙齿比例分别仅为 4.1% 和 16.5%。

牙齿修复是一种治疗龋齿的简单有效的方法,它是指以复合树脂等材料进行的牙齿修补,根据牙体缺损情况和修补材料,牙齿修复可以选用树脂修复、全瓷修复、烤瓷修复等不同的修复方法。其中树脂修复全称为光固化复合树脂修复,具体操作为首先去尽坏组织,清洁牙齿,用酸性物质酸蚀;然后冲洗干燥,放粘结剂、放复合树脂材料;最后用特定波长的可见光照射含有光敏剂的材料,使其发生聚合反应而固化。从上述修补过程可知,树脂材料和光源可能是对治疗效果产生影响的因素。实际中树脂材料和光源的选择有很多,对医生而言,从治疗效果出发,他们感兴趣的问题是"哪一种树脂材料和光学仪器搭配使用会达到最好的治疗效果?"。而对于身为消费者的患者,从治疗成本出发,他们在意的则是"不同的树脂材料和光学仪器组合是否有相同的治疗效果?"。在此背景下,研究树脂材料以及光源对牙齿修复的影响必不可少。本案例将使用含交互效应的双向方差分析探究不同的树脂材料和不同光源是否会对牙齿修复的结果造成显著差异。

7.3.2.2 数据介绍

本数据来自《牙科修复和牙髓学》(*Restorative Dentistry & Endodontics*) 于 2014 年刊登的一篇论文[①],该文章重点研究树脂类型和固化光源对树脂固化后的粘合强度 (Bonding strength) 是否有交互影响。为此,该文章考虑了四种不同的树脂类型 (分别记为 "A","B","C","D") 和两种不同的固化光源 (分别是卤素灯 (Halogen) 和 LED 灯 (LED)),在每组树脂类型和固化光源下进行 10 组实验,测量并记录每组实验下的粘合强度。

7.3.2.3 不同树脂材料和灯源下粘合强度是否有显著性差异

本小节将通过含交互效应的双向方差分析探究树脂类型 (四个水平) 和光源 (两个水平) 的主效应和交互效应对粘合强度是否有显著影响。我们先基于 R 软件展示分析过程,再根据代码运行结果给出详细的解析。

本小节含交互效应的双向方差分析在 R 中的具体实现过程如下:

```
# 导入数据
bonding_strength <- c(14.5,15.2,17.4,17.5,19.2,19.7,20.1,21.3,23.5,9.3,
27.1,11.6,12.2,15.9,17.0,17.2,18.4,19.8,23.4,28.0,
11.8,13.3,19.2,21.3,22.2,23.0,24.5,24.6,27.1,12,
27.8,12.8,16.2,19.8,22.4,23.6,25.3,27.9,34.6,35.2,
14.5,15.0,18.6,19.6,21.0,21.6,25.5,25.9,30.7,33.0,
16.5,22.7,24.2,26.2,28.4,28.5,30.7,32.2,33.8,34.5,
35.5,35.7,36.3,37.3,39.9,40.9,41.0,44.5,44.7,47.2,
17.3,19.2,19.5,20.5,20.7,22.2,25.8,29.0,29.2,35.1)
curing_lights <- rep(rep(c("Halogen","LED"),each=10),4)
resin_types <- rep(c("A","B","C","D"),each=20)
df <- data.frame(bonding_strength,curing_lights,resin_types)
```

---

① Kim H Y. Statistical notes for clinical researchers: Two-way analysis of variance (ANOVA)-exploring possible interaction between factors[J]. Restorative dentistry & endodontics, 2014, 39(2): 143-147.

```
head(df)
```

```
##    bonding_strength  curing_lights  resin_types
## 1             14.5        Halogen             A
## 2             15.2        Halogen             A
## 3             17.4        Halogen             A
## 4             17.5        Halogen             A
## 5             19.2        Halogen             A
## 6             19.7        Halogen             A
```

```
# 数据可视化：通过箱线图初步判断不同树脂类型和不同光源下的粘合强度是否有差异
ggplot(df, aes(curing_lights,bonding_strength, fill = resin_types)) +
geom_boxplot() + # 箱线图
theme_bw()+ # 设置背景主题
scale_fill_brewer(palette ="Greys",name="树脂类型")+ # 设置不同配色以及图例标题
xlab("光源")+ylab("粘合强度")
```

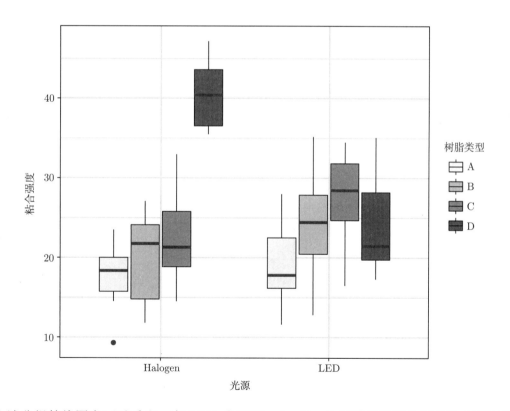

由上述分组箱线图中可以看出：在 LED 光源下，A、B、C 三种树脂固化后的粘合强度相比于卤素灯光源下要高，而 D 类树脂在卤素灯光源下其树脂固化后的粘合强度远远高于 LED 光源下的情况。即不同树脂材料在不同光源下可能有不同的表现，即两者对粘合强度存在交互影响。因此，下面使用含交互效应的双向方差来分析两者的主效应和交互效应。

```
fit <- aov(bonding_strength~curing_lights*resin_types,data = df)
summary(fit) # 输出方差分析表
```

```
##                             Df   Sum Sq Mean Sq  F value
## curing_lights                1   34.716  34.716  1.10673
## resin_types                  3 1999.717 666.572 21.24986
## curing_lights:resin_types    3 1571.959 523.986 16.70432
## Residuals                   72 2258.519  31.368
##                               Pr(>F)
## curing_lights                0.29631
## resin_types                5.7920e-10 ***
## curing_lights:resin_types  2.4572e-08 ***
## Residuals
## ---
## Signif. codes:
## 0 '***' 0.001 '**' 0.01 '*' 0.05 '.' 0.1 ' ' 1
```

```
# 正态性检验
shapiro.test(fit$residuals) # 正态性检验
```

```
##
##  Shapiro-Wilk normality test
##
## data:  fit$residuals
## W = 0.9885049, p-value = 0.698189
```

```
# 方差齐性检验
# 建立交互项变量为inter
df$inter <- paste(df$curing_lights,df$resin_types,sep = ":")
table(df$inter)
```

```
##
## Halogen:A Halogen:B Halogen:C Halogen:D     LED:A
##        10        10        10        10        10
##     LED:B     LED:C     LED:D
##        10        10        10
```

```
bartlett.test(bonding_strength~inter,df)
```

```
##
##  Bartlett test of homogeneity of variances
##
## data:  bonding_strength by inter
## Bartlett's K-squared = 4.38692, df = 7, p-value
## = 0.734288
```

针对本案例的数据，从 R 输出的分组箱线图中可以看出不同的树脂类型和光源选择组合下粘合强度之间存在差异，为此我们通过含交互效应的双向方差分析检验不同树脂类型和光源选择对粘合强度是否存在显著影响。记光源为行因素 (共有两个水平)、树脂类型为列因素 (共有四个水平)，每个行列因素组合下的重复观测值数为 10，建立含交互效应的双向 ANOVA 模型 (7.5)，其中，$m = 2, n = 4, \ell = 10$。我们同时检验行列因素的交互效应、行因素的主效应和列因素的主效应是否显著，为此建立如下三个假设：

交互效应 (光源选择 × 树脂类型)：

$$H_{0AB} : \forall\, i, j, \gamma_{ij} = 0 \quad 与 \quad H_{1AB} : \exists\, i, j, \gamma_{ij} \neq 0.$$

行因素 (光源)：

$$H_{0A} : \alpha_1 = \alpha_2 = 0 \quad 与 \quad H_{1A} : \exists\, i, \alpha_i \neq 0.$$

列因素 (树脂类型)：

$$H_{0B} : \beta_1 = \cdots = \beta_4 = 0 \quad 与 \quad H_{1B} : \exists\, j, \beta_j \neq 0.$$

针对上述三个假设进行检验，方差分析的结果参见表7.12。

表 **7.12**: 树脂材料和光源对粘合强度影响的双向方差分析结果

误差来源	自由度	平方和	均方和	F 值	p 值
行因素	1	34.716	34.716	1.107	0.296
列因素	3	1999.717	66.573	21.250	0.000
交互	3	1571.959	523.987	16.704	0.000
误差	72	2258.519	31.368		
总和	79	5864.912			

根据表7.12可知，列因素和交互项对应 F 检验的 p 值均小于显著性水平 0.05，行因素对应 F 检验的 p 值大于显著性水平 0.05，因此在显著性水平 0.05 下拒绝原假设 H_{0B} 和 H_{0AB} 但不能拒绝原假设 H_{0A}，认为光源和树脂类型的交互作用会对树脂固化后的粘合强度产生显著性影响，树脂类型是粘合强度的重要影响因素，但光源自身对粘合的影响在统计意义上不显著，这与从箱线图中得到的初步结论一致。

为了进一步验证本案例的数据是否满足方差分析的正态性假设和方差齐性假设，下面对数据进行正态性检验和方差齐性检验。本案例对方差分析的残差进行 Shapiro-Wilk's 检验，基于 R 的输出结果可知，正态性检验的 p 值为 0.698，在显著性水平 0.05 下表明粘合强度数据满足正态性假定。本案例的行因素和列因素交叉构成 $2 \times 4 = 8$ 个分组，分别用 σ_{ij}^2 $(i = 1, 2; j = 1, \cdots, 4)$ 表示 8 个分组的方差，则方差齐性检验的原假设为 $H_0 : \sigma_{ij}^2$ 对任意的 i, j 都相等。根据 R 输出的 Bartlett 检验结果可知该检验的 p 值为 0.734，说明数据满足方差齐性假设。综上所述，我们可以认为本案例采用方差分析得到的结论可靠。

7.3.2.4 结论与启发

上述案例分析表明，不同的树脂材料和光源仪器作用下的树脂固化后粘合强度存在明显差异，从分组箱线图也可发现树脂材料"D"在卤素灯作用下固化后粘合强度比其他组合都高，这表明树脂材料"D"和卤素灯的组合更适用于后牙等对咀嚼能力有较高要求的部位。同时，医生应该联系的眼光进行医疗方案设计，虽然本案例的分析表明树脂材料能显著影响固化后粘合强度而光源仪器不是显著的影响因素，但也不能仅把眼光放眼于寻求优良的树脂材料，多实验，多探索，不同方法组合联系得到的结果可能并不是 1 加 1 等于 2。同理，对患者而言，虽然不同的医疗方案有不一样的治疗结果，但也不需将眼光着眼于选用"好材料"和"好仪器"上，新兴仪器不一定就比经典仪器好，正如本案例的 LED 灯和卤素灯的差异并不显著，应多和医生沟通，在自己的能力范围内选择适合自己牙齿情况的方案。

练习题 7

1. 为探讨 100 米不同跑步练习方法的差别，选取三个教学班进行教学实验，每次课基本练习相同，专项练习时，给三个班学生分别采用不等距离的重复跑练习。甲班 50 米 ×6，乙班 100 米 ×3，丙班 150 米 ×2，经过四周训练后，分别测得每个学生的 100 米跑成绩。在三个班中各随机抽取十名男生，将教学后的成绩与原测成绩相减，得到数据如表7.13。试分析：

   (a) 不同班级的成绩变化是否有显著差异，如果有显著差异，请进行多重比较分析；($\alpha = 0.05$)

   (b) 验证该数据是否满足正态性假定和方差齐性假定，如不满足假设条件，请对数据做合理变换后再进行方差分析。($\alpha = 0.05$)

表 7.13: 不同班级训练后相比训练前的成绩差

班级	成绩差 (秒)									
甲班	1.30	1.24	0.87	1.08	1.42	1.17	1.52	0.70	0.83	1.62
乙班	1.21	0.42	1.03	0.36	-0.23	1.42	1.13	-0.40	0.27	0.27
丙班	0.42	1.16	-0.36	0.42	1.03	0.48	0.27	0.46	1.23	0.29

注：本习题数据源自杨正楼. 用单向方差分析比较 100 米跑练习方法 [J]. 体育学刊, 1996 (3): 105.

2. 为研究澜沧黄杉在百草岭自然保护区垂直分布的适应性，在澜沧黄杉分布区内的同坡向 (南坡) 不同海拔段 (即 3 个水平：下坡位：3250~3314m，中坡位：3397~3403m，上坡位：3403~3447m)，设置样地 42 个 (共下、中、上坡 3 个水平，每个水平设 14 个样地，样地规格：20×20(m))，实测冠幅后数据如表7.14。试分析：

   (a) 不同坡位下的澜沧黄杉冠幅是否有显著差异，如果有显著差异，请进行多重比较分析；($\alpha = 0.05$)

   (b) 验证该数据是否满足正态性假定和方差齐性假定，如不满足假设条件，请对数据做合理变换后再进行方差分析。($\alpha = 0.05$)

表 7.14: 不同坡位对澜沧黄杉冠幅

处理方法	平均冠幅 (m)													
下坡位	12	16	12	36	42	169	12	156	90	100	132	14	30	20
中坡位	144	16	100	120	42	120	90	72	42	120	224	120	45.5	80
上坡位	42	42	56	20	20	48	60	80	75	156	100	56	72	64

注：本习题数据源自金钱荣，金洪旺，谢金臣，等. 澜沧黄杉适应性检测 [J]. 林业勘查设计,2021,50(01): 17–23.

3. 将试样 (尼丝纺 A、锦涤化纤面料 B、锦氨化纤面料 C) 裁成 4cm×10cm 的长方形，在 3 种试样正面覆一层多纤贴衬或正反两面各覆一层单纤贴衬，沿短边缝合组成组合试样。将组合试样放在平底容器中，注入碱性或酸性试液，以一定的浴比将试样完全浸透，并在室温下放置 30 分钟后倒去残液，去除试样上过多的试液，用两块树脂板夹持试样，放入已预热到试验温度的试验装置内，压强 (12.5±0.9)kPa，然后再放入恒温烘箱内处理，最后取出试样，自然干燥，并对试样本身的变色和贴衬织物的沾色程度进行评级，得到表7.15的数据。其中，表中结果为评级结果与对照样评级结果的差值。正值代表评级结果大于对照样品的结果，负值代表评级结果小于对照样品的结果。试分析：

(a) 不同纺织品的耐酸汗渍色牢度是否有显著差异，如果有显著差异，请进行多重比较分析；
(b) 不同纺织品的耐碱汗渍色牢度是否有显著差异，如果有显著差异，请进行多重比较分析；
(c) 验证该数据是否满足正态性假定和方差齐性假定。

表 7.15: 3 种试样耐汗渍色牢度试验结果

序号	耐酸汗渍色牢度			耐碱汗渍色牢度		
	A	B	C	A	B	C
1	-0.55	0.09	-0.33	-0.52	0.09	-0.66
2	-0.03	-0.22	0.21	-0.23	-0.15	-0.32
3	-0.32	0.17	-0.11	-0.47	0.12	-0.45
4	0.33	-0.05	0.75	0.13	0.05	0.16
5	0.00	0.00	0.00	0.00	0.00	0.00
6	0.69	0.16	1.02	0.39	0.19	0.23
7	-0.68	0.00	-0.87	-0.55	-0.14	-0.62
8	0.12	-0.04	0.25	-0.08	0.04	-0.05
9	-0.19	0.28	0.02	-0.26	0.04	-0.13
10	-0.06	-0.43	0.35	-0.04	-0.26	0.02
11	-0.32	0.40	-0.22	-0.12	0.33	-0.10
12	-0.51	0.22	-0.62	-0.41	-0.43	-0.35

注：本习题数据源自赵艳艳, 张明礼. 耐汗渍色牢度影响因素研究 [J]. 生物化工,2021,7(01): 54–56, 69.

4. 为探究不同的标准地处理方式 (炼山、免炼山) 以及坡向对树木生长的影响，进行如下试验。试验地共 2 种处理，炼山、免炼山，每种处理各设置 3 个坡向 (东北、北、东南)，共计 6 个 20m×20m 的标准样地，样地均为尾叶桉新造林。林木采伐时间为 2018 年 10 月，试验处理为当年 12 月，次年 1 月造林，2019 年 12 月进行林地基础信息与生长量调查，其中 6 个标准样地的树高和胸径数据 (单位：厘米) 如表7.16所示。试分析：

(a) 坡向与标准地处理对树高是否有显著影响；($\alpha = 0.05$)
(b) 坡向与标准地处理对树的胸径是否有显著影响。($\alpha = 0.05$)

表 7.16: 不同坡向及标准低处理的平均树高 (左表) 和平均胸径 (右表)

标准地处理	坡向				标准地处理	坡向		
	东北	北	东南			东北	北	东南
免炼山	461.7	462.4	460.6		免炼山	5.15	5.19	5.21
炼山	447.8	464.8	456.2		炼山	5.14	5.15	5.16

注：本习题数据源自徐凤翠, 邓文相, 黄群珍. 免炼山对南方红壤区桉树人工林土壤性质影响 [J]. 农业技术与装备,2020(12):136–138.

5. 某研究关注于不同日期、不同网络制式对二手手机整机的卖价是否有影响。研究的数据取自 2017 年 1 月初至 3 月中旬共计 11 周的某网站对华为 P9 不同网络制式 (电信、联通、移动、全网四种) 二手手机的市场报价 (整机报价)，具体数据 (单位：元) 见表7.17。试分析：不同日期、不同网络制式的二手手机整机市场报价是否存在显著差异。$(\alpha = 0.05)$

表 7.17：华为 P9 不同网络制式二手手机 11 周内市场报价

日期	网络制式			
	电信版	联通版	全网版	移动版
第 1 周	1215	1385	1550	1300
第 2 周	1215	1385	1550	1300
第 3 周	1260	1345	1590	1345
第 4 周	1260	1345	1590	1345
第 5 周	1260	1345	1570	1345
第 6 周	1530	1615	1860	1615
第 7 周	1260	1345	1590	1345
第 8 周	1385	1465	1710	1465
第 9 周	1385	1465	1710	1465
第 10 周	1245	1325	1570	1325
第 11 周	1080	1165	1410	1165

注：本习题数据源自石国. 基于双因素方差分析的二手手机价格对比分析 [J]. 统计与管理,2017(04):89–91.

6. 为研究光强和营养盐配比对铜藻幼苗的生长的影响，设计实验方案如下：该实验保持实验温度为 15°C，每组实验设置光强和营养盐配比两个影响因素，光照强度为 4500，8900，11000，营养盐配比 $NH_4NO_3:Na_2HPO_4$ 设置为 5:1，8:1，10:1，16:1(mg:mg)。将消毒处理后的截枝幼苗置于 1L 烧杯中，每个烧杯中放置 5 棵幼苗，测量初始藻体的长度，试验过程中，每 5 天测量一次铜藻的体长和质量并观察藻体发育情况，5 天后的长度生长率 (单位：%) 如表7.18所示。试分析：不同的光强和营养盐配比对铜藻幼苗的生长是否有显著影响。$(\alpha = 0.05)$

表 7.18：不同光强和营养盐配比对铜藻幼苗的长度生长率的影响

光强 (lx)	营养盐配比 (mg:mg)			
	5:1	8:1	10:1	16:1
4500	5.26	5.66	7.93	6.19
8900	6.24	7.87	6.83	5.55
11000	6.78	6.63	6.83	5.27

注：本习题数据源自王丽梅, 王舒扬, 许伟定, 等. 温度、光强及氮磷比对断枝铜藻幼苗生长的影响 [J]. 大连海洋大学学报,2020,35(03):376–381.

7. 为研究冻融循环次数与竖向压力对膨胀土的抗剪强度的影响，进行如下试验：试验冻融循环次数取：0，1，2，3，5，7，9，11，13；冻结温度为-20 °C。通过直剪试验得到膨胀土土样的抗剪强度，竖向压力分别为 100kPa，200 kPa，300kPa，400kPa。试验结果如表7.19所示。试分析：冻融循环次数、竖向压力以及两者的交互效应对膨胀土抗剪强度是否有显著影响。$(\alpha = 0.05)$

表 7.19: 冻融循环下膨胀土的抗剪强度试验数据

冻融循环次数	竖向压力							
	100kPa		200kPa		300kPa		400kPa	
0	98	182	151	212	170	221	207	254
1	82	164	132	202	156	218	201	292
2	103	141	143	198	183	242	223	243
3	121	159	149	262	172	284	249	309
5	148	212	176	278	234	365	288	397
7	172	258	198	317	326	349	325	501
9	186	211	264	302	374	531	379	664
11	190	272	297	403	319	558	589	703
13	192	297	338	525	396	564	642	682

注：本习题数据源自蒋晓庆，张珂，董克，等. 冻融循环下膨胀土抗剪强度的双因素数值方差分析 [J]. 河南城建学院学报,2017,26(05):22–27.

8. 为研究不同实验室和样品瓶对检验结果是否有显著影响，实验选取检测能力较高的 6 家实验室参加协作定值实验，为每家实验室随机发放 6 瓶待测标准样品，每瓶样品重复测定 3 次，同时要求实验室采用水质氟、氯、硫酸根与硝酸根混合标准样品作为质量控制样品，表7.20为氟离子检测结果。试分析：不同实验室和样品瓶以及两者的交互作用对检验结果是否有显著影响。（$\alpha = 0.05$）

表 7.20: 不同实验室和样品瓶的氟离子检测结果

实验室编号	样品瓶编号					
	瓶 1	瓶 2	瓶 3	瓶 4	瓶 5	瓶 6
	1.85	1.81	1.81	1.81	1.82	1.84
1	1.81	1.85	1.82	1.84	1.82	1.86
	1.85	1.81	1.82	1.82	1.82	1.85
	1.88	1.91	1.85	1.87	1.83	1.85
2	1.85	1.92	1.85	1.90	1.86	1.83
	1.87	1.90	1.83	1.86	1.82	1.84
	1.81	1.82	1.85	1.82	1.83	1.81
3	1.80	1.83	1.81	1.82	1.82	1.83
	1.84	1.81	1.82	1.83	1.83	1.84
	1.85	1.83	1.83	1.85	1.87	1.88
4	1.83	1.87	1.84	1.83	1.85	1.85
	1.84	1.83	1.84	1.85	1.87	1.84
	1.80	1.84	1.82	1.83	1.81	1.83
5	1.79	1.83	1.81	1.82	1.81	1.82
	1.80	1.83	1.81	1.81	1.81	1.84
	1.84	1.84	1.83	1.87	1.72	1.85
6	1.85	1.82	1.85	1.86	1.73	1.84
	1.85	1.85	1.84	1.85	1.72	1.84

注：本习题数据源自宁远英，朱兵欣，李帅，等. 应用双因素方差分析评估环境标样均匀性的研究 [J]. 环境科学与技术,2019,42(12):218–221,236.

9. 请针对含交互效应的模型(7.5)，推导方差分析中假设检验 H_{0AB} 与 H_{1AB} 对应的 F 检验统计量及决策依据。

第 8 章 稳健统计

　　统计推断需要基于观察值，如果观察值中出现了异常数据，那么会产生怎样的影响呢？正如 Huber 和 Ronchetti (2009) 所指出的那样，从 20 世纪中叶开始，统计学家已经逐渐注意到一些常用的统计方法 (通常基于正态分布假设) 在一些轻微偏离模型假设的场景下会表现不太好。而在实际数据中，偏离模型假设的现象是比较常见的情况。我们在前面介绍一些估计方法时，缺乏对于这种偏离如何影响估计和推断的分析。实际上，这里就涉及一个所谓**稳健性** (Robustness) 的概念。下面我们用一个模拟数据来对这个概念做出直观的解释。假设我们有 100 个数据是从标准正态分布产生出来的，那么如图8.1所示，均值和中位数都能较好地估计其总体均值，两者都集中在 0 附近。

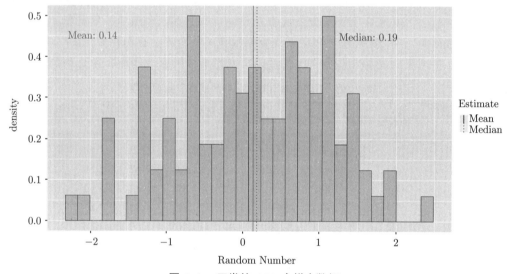

图 8.1 : 正常的 100 个样本数据

　　然而当有 10% 的数据其实产生于另外一个正态分布 $N(20, 1)$，而另外的 90% 的数据依然是从标准正态分布中产生，那么我们可以看到样本均值和样本中位数出现了大幅偏离 (见图8.2)。这个时候我们本来的数据应该来自某个正态分布，然而却由于某些未知原因的干扰导致数据实际来自一个混合分布，因此模型假设被偏离。此时考虑一种具有稳健性的估计方法就显得尤为必要，否则我们基于模型假设得到的参数估计和相应的统计推断就会被影响。

　　由图8.1和图8.2可见，样本均值相对样本中位数而言比较容易受到异常值的影响，我们也就能认为中位数会比均值更加稳健。那么到底什么样的方法才能称作稳健的？对一个统计估计量而言，到底有多少个异常数据才会严重影响我们的估计呢？甚至我们还可以问自己一个问题，在追求方法稳健性的时候，是否需要牺牲什么性质？在这一章里面，我们将介绍稳健性正式的概念和一些稳健的方法所具备的特征，并对这些问题作出初步的回答。更多的内容可以参阅 Huber 和 Ronchetti (2009) 以及 Hampel 等 (2005)。当然，如果想要比较好地理解这两本书的内容，那么读者可能还需要更多的数学和统计学的知识。

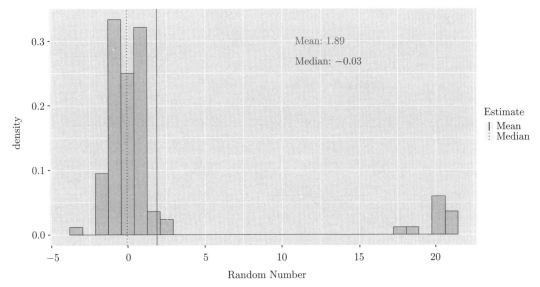

图 8.2：存在异常值的 100 个样本数据

8.1　位置模型

简单来说，如果数据产生于某个偏离假设的模型，而一种统计方法能够不太受影响，那么我们就认为这个方法比较稳健。在实际数据分析中，我们经常碰到的一种情况就是在正常数据中混杂着一些异常值 (Outliers)，因此，本书将主要考虑统计方法对于异常值的稳健性。同时我们在一种简单的位置模型 (Location models) 的假设下来讲解稳健性的概念和方法，而这些方法可以推广至更加复杂的数据结构之上。

为了方便理解，我们假设所有的随机变量 X 服从一个连续分布，其分布函数和概率密度函数分别是 F_X 和 f_X。我们可以把分布的某个参数 θ_X 看成是基于其分布函数的某种映射之后的对应数值 $T(F_X)$。实际上 T 是函数的函数，又称作**泛函** (Functionals)，更系统的介绍可参阅张恭庆和林源渠 (2006)。举例来说，如果 T 定义为

$$T(F_X) = \int_{-\infty}^{\infty} x f_X(x) dx, \tag{8.1}$$

那么参数 $\theta_X = T(F_X)$ 即为均值。如果映射 T_τ 定义为

$$T_\tau(F_X) = \inf_x \{x \in \mathbb{R} : F_X(x) \geqslant \tau\}, \tag{8.2}$$

则 $\theta_X(\tau) = T_\tau(F_X)$ 就是随机变量 X 的 τ 水平分位数。

在定义均值泛函时，我们考虑在实数轴上直接积分，又称为勒贝格积分 (Lebesgue integral)。如果把这个微积分概念推广到在一个曲线上求积分，我们就可以考虑所谓的黎曼-斯蒂尔杰斯积分 (Riemann-Stieltjes integral)：

$$T(F_X) = \int_{-\infty}^{\infty} x dF_X(x).$$

对这些复杂一些的数学概念感兴趣的读者可参阅 Billingsley (2012)。

泛函将一个函数映射到一个数值，因此我们如果把定义在式 (8.1) 中的均值泛函 T 作用在经验分

布函数 $\hat{F}_n$ 之上，就会得到：

$$T(\hat{F}_n) = \int_{-\infty}^{\infty} x d\hat{F}_n(x).$$

注意到经验分布函数 $\hat{F}_n$ 是阶梯函数，如图8.3所示。

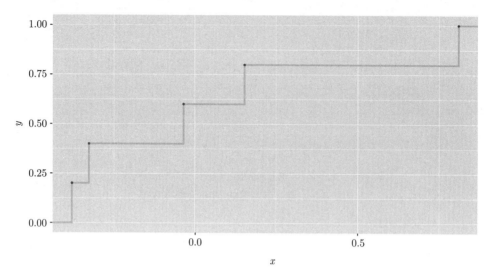

图 8.3：经验分布函数

因此微分 $d\hat{F}_n(x)$ 除了在 x 恰好取到样本点的地方等于 n^{-1} 之外，在其他地方则全部为 0。从这个角度来理解，我们可以得到

$$T(\hat{F}_n) = \int_{-\infty}^{\infty} x d\hat{F}_n(x) = n^{-1} \sum_{i=1}^{n} x_i.$$

上式最右端恰好就是样本均值。这样把经验分布函数代入泛函而得到的估计量称为**诱导估计量** (Induced estimator)。

定义 8.1 (位置泛函)：假设连续随机变量 X 的分布函数是 F_X。考虑一个映射 $T : \mathbb{C} \mapsto \mathbb{R}$，其中 $\mathbb{C}$ 是一个由一些函数组成的空间，$\mathbb{R}$ 是实数轴。如果下面两个条件满足，我们则称 T 为**位置泛函** (Location functional)：

(1) 如果 $Z = X + t$，那么 $T(F_Z) = T(F_X) + t$，其中 $t \in \mathbb{R}$；
(2) 如果 $Z = tX$，那么 $T(F_Z) = tT(F_X)$，其中 $t \in \mathbb{R} - \{0\}$。

对于均值，我们不难验证位置泛函的两个条件，因此均值对应的泛函是位置泛函。下面我们再来考虑两个例子。

例 8.1 (截断均值)：假设随机变量 X 的分布函数和概率密度函数分别是 F_X 和 f_X，且 X 的支撑是 $\mathbb{R}$。我们现在考虑 $(1 - 2\tau) \times 100\%$-**截断均值** (Trimmed mean)：

$$\tilde{T}_\tau(F_X) = \int_{F_X^{-1}(\tau)}^{F_X^{-1}(1-\tau)} x f_X(x) dx \Big/ (1 - 2\tau), \tag{8.3}$$

其中 $0 < \tau < 1/2$。

根据积分的性质，我们有：

(1) 对于任意给定的常数 t，可以得到：

$$\tilde{T}_\tau(F_{X+t}) = \int_{F_{X+t}^{-1}(\tau)}^{F_{X+t}^{-1}(1-\tau)} x dF_{X+t}(x) \Big/ (1-2\tau)$$

$$= \int_{F_X^{-1}(\tau)+t}^{F_X^{-1}(1-\tau)+t} x dF_X(x-t) \Big/ (1-2\tau)$$

$$= \int_{F_X^{-1}(\tau)}^{F_X^{-1}(1-\tau)} (x+t) dF_X(x) \Big/ (1-2\tau)$$

$$= \tilde{T}_\tau(F_X) + t;$$

(2) 当 $t > 0$ 时，我们得到：

$$\tilde{T}_\tau(F_{tX}) = \int_{F_{tX}^{-1}(\tau)}^{F_{tX}^{-1}(1-\tau)} x dF_{tX}(x) \Big/ (1-2\tau)$$

$$= \int_{tF_X^{-1}(\tau)}^{tF_X^{-1}(1-\tau)} x dF_X(x/t) \Big/ (1-2\tau)$$

$$= \int_{F_X^{-1}(\tau)}^{F_X^{-1}(1-\tau)} tx dF_X(x) \Big/ (1-2\tau)$$

$$= t\tilde{T}_\tau(F_X);$$

(3) 当 $t < 0$ 时，我们得到：

$$\tilde{T}_\tau(F_{tX}) = \int_{F_{tX}^{-1}(\tau)}^{F_{tX}^{-1}(1-\tau)} x dF_{tX}(x) \Big/ (1-2\tau)$$

$$= \int_{tF_X^{-1}(1-\tau)}^{tF_X^{-1}(\tau)} x d[1-F_X(x/t)] \Big/ (1-2\tau)$$

$$= \int_{F_X^{-1}(\tau)}^{F_X^{-1}(1-\tau)} tx dF_X(x) \Big/ (1-2\tau)$$

$$= t\tilde{T}_\tau(F_X).$$

因此 $(1-2\tau) \times 100\%$-截断均值是位置泛函。

例 8.2 (分位数)：假设连续随机变量 X 的分布函数是 F_X。现在我们考虑该随机变量的 τ 水平分位数，详细定义见式 (8.2)。

根据分位数的定义，我们有：

(1) $T_\tau(F_{X+t}) = \inf_x\{x \in \mathbb{R} : F_{X+t}(x) \geqslant \tau\} = \inf_y\{y \in \mathbb{R} : F_X(y-t) \geqslant \tau\} = T_\tau(F_X) + t$；

(2) $t > 0$ 时，我们有 $T_\tau(F_{tX}) = \inf_x\{x \in \mathbb{R} : F_{tX}(x) \geqslant \tau\} = \inf_y\{y \in \mathbb{R} : F_X(y/t) \geqslant \tau\} = tT_\tau(F_X)$；

(3) $t < 0$ 时，我们有 $T_\tau(F_{tX}) = \inf_x\{x \in \mathbb{R} : F_{(-t)(-X)}(x) \geqslant \tau\} = (-t)T_\tau(F_{-X}) = tT_{1-\tau}(F_X)$。

因此当 $\tau \neq 1/2$ 时，分位数不是位置泛函。中位数是一种特殊的分位数，即 $\tau = 1/2$，由上面的推导可知 $T_{1/2}$ 是位置泛函。

由于在各种应用问题中，我们经常关心的都是位置参数的问题，因此我们在上文中专门介绍了位置泛函。非常多的统计方法都是基于位置参数来进行估计和推断。下面我们先引入一个较为简单的位置模型。在这个模型假设下，所收集到的样本数据实际上是独立地来自同一个分布。

定义 8.2 (独立同分布的位置模型)：假设 $X_1, X_2, \cdots, X_n$ 是一个产生于下述位置模型的随机样本：

$$X_i = \theta_0 + \epsilon_i, \quad i = 1, 2, \cdots, n, \tag{8.4}$$

其中 θ_0 是一个参数，ϵ_i 是一个随机误差，且 $T(F) = 0$。这里 T 是一个位置泛函，F_X 和 F 分别是随机变量 X 和 ϵ 的分布函数。

当 T 是一个位置泛函的时候，由其定义可知 $T(F_X) = \theta_0 + T(\epsilon_i)$。为了模型的可识别性，我们在定义8.2中加上了约束条件 $T(F) = 0$，因此不难看出 $\theta_0 = T(F_X)$。当然，当 T 不是位置泛函时，我们依然可以考虑上述位置模型。例如：当我们考虑 τ 水平分位数 $\theta_0 = T_\tau(F_X)$ 时，其中 $\tau \neq 1/2$，这时模型误差 ϵ 的 τ 水平分位数 $T_\tau(F)$ 为 0。如果模型误差 ϵ 的概率密度函数是 f，则随机样本 $X_1, X_2, \cdots, X_n$ 的概率密度函数 f_X 满足等式：$f_X(x) = f(x - \theta_0)$。

比如说，如果 $\epsilon_i \sim N(0, \sigma^2)$，那么我们就有 $X_i \sim N(\theta_0, \sigma^2)$，此时这里的位置参数 θ_0 就可以理解为正态分布 $N(\theta_0, \sigma^2)$ 的均值，所考虑的位置泛函就是求均值的泛函；如果 ϵ_i 服从一个分布 F，这里分布函数满足 $F(0) = 1/2$，则 θ_0 就是由中位数的泛函映射得到的位置参数。尽管位置参数依赖位置泛函的选择，但是在某些特定条件下，位置泛函映射得到的参数是完全一致的。

定理 8.1： 考虑一个服从分布 F_X 的随机变量 X。如果 X 在 θ_0 处对称分布，则我们有 $T(F_X) = \theta_0$，其中 T 是任何形式的位置泛函。

证明：基于位置泛函的定义，我们有：

$$T(F_{X-\theta_0}) = T(F_X) - \theta_0.$$

基于 X 的分布在 θ_0 处的对称性，则两个随机变量 $X - \theta_0$ 和 $-(X - \theta_0)$ 的分布完全一致。因此我们得到：

$$T(F_{X-\theta_0}) = T(F_{-(X-\theta_0)}) = -[T(F_X) - \theta_0] = -T(F_X) + \theta_0.$$

综上可得，$T(F_X) = \theta_0$。 □

由上述定理显见，在模型 (8.4) 中，如果误差项 ϵ 在 0 处对称分布，则对于任何形式的位置泛函，只要 $T(F) = 0$，我们必然有 $T(F_X) = \theta_0$。例如，当误差 $\epsilon_i \sim N(0, \sigma^2)$，我们知道对于映射至均值、对称截断均值和中位数的泛函，有 $T(F) = T_{-c,c}(F) = T_{1/2}(F) = 0$，其中泛函 T、$T_{-c,c}$ 和 $T_{1/2}$ 分别在式 (8.1)、(8.3) 和 (8.2) 中定义，且 $c > 0$ 是截断常数，因此随机变量 X 的均值、对称截断均值和中位数都对应到同一个参数。

8.2　敏感性曲线

如果我们新添加了一个样本数据，那么会对我们的估计量产生怎么样的影响呢？假设我们有 n 个样本数据，并记为 $\boldsymbol{x}_n = (x_1, x_2, \cdots, x_n)^\top$。此时又得到一个新的数据 x，再将新的样本形成的向量记为 $\boldsymbol{x}_{n+1} = (\boldsymbol{x}_n^\top, x)^\top$。可以想象得到，如果我们考虑的估计量是中位数，那么在原有的数据集中加入一个新数据 x 之后，则新样本数据集的中位数必然落在 $x_{([0.5(n+1)]-1)}$ 至 $x_{([0.5(n+1)]+1)}$ 之间，这里的 $x_{(.)}$ 表示基于原数据 $\{x_1, x_2, \cdots, x_n\}$ 排序后形成的顺序统计量。因此，一个新数据的加入对中位数的影响颇为有限。

我们在学习微积分的时候，都接触到一个非常重要的概念——导数。一元函数的导数是实数轴上的微小变化带来的函数变化的极限形式。我们可以借鉴这里的微小变化思想来度量上文中提到的新加入数据对统计量的影响。记 $\hat{F}_n$ 为 n 个样本数据的经验分布函数，并记 $\mathbf{1}_x$ 为示性函数，即

$$\mathbf{1}_x(t) = \begin{cases} 1, & x \leqslant t, \\ 0, & x > t. \end{cases} \tag{8.5}$$

显然基于样本 $\boldsymbol{x}_n$ 的经验分布函数在 t 处可以表达成 $\hat{F}_n(t) = n^{-1} \sum_{i=1}^{n} \mathbf{1}_{x_i}(t)$。当我们加入新的数据 x 之后，则经验分布函数在 t 处的取值变化为

$$(n+1)^{-1} \left[\sum_{i=1}^{n} \mathbf{1}_{x_i}(t) + \mathbf{1}_x(t) \right] = \frac{n}{n+1} \hat{F}_n(t) + \frac{1}{n+1} \mathbf{1}_x(t).$$

考虑某一个作用于分布函数的泛函 T，为了度量这种影响，Tukey (1970) 定义了诱导估计量 $T(F_n)$ 的**敏感性曲线** (Sensitivity curve)：

定义 8.3 (敏感性曲线)：假设 $\boldsymbol{x}_n$ 是一个含有 n 个样本数据的向量，x 为新加的一个数据，则统计量 $T(F_n)$ 的敏感性曲线为

$$S_n(x; T) = \frac{T\left(\frac{n}{n+1} \hat{F}_n + \frac{1}{n+1} \mathbf{1}_x \right) - T(\hat{F}_n)}{(n+1)^{-1}}. \tag{8.6}$$

现在来分析两个均值估计量的敏感性曲线。如果 T 是定义在 (8.1) 中的泛函，则 $T(\hat{F}_n)$ 其实就是样本均值，那么其敏感性曲线为

$$S_n(x; T) = \frac{\bar{x}_{n+1} - \bar{x}_n}{(n+1)^{-1}} = x - \bar{x}_n,$$

其中 $\bar{x}_n$ 和 $\bar{x}_{n+1}$ 分别是 $\boldsymbol{x}_n$ 和 $\boldsymbol{x}_{n+1}$ 中元素的平均值。由此可见均值的敏感性曲线是一条直线 (见图8.4)。随着样本 x 取值趋近于无穷时，直线也会趋近于无穷大，因此一个数据出现异常就会给均值带来巨大的影响。

现在我们考虑对称截断均值的泛函 $\tilde{T}_\tau$ (定义见式 (8.3)，但是需要将积分拓展至斯蒂尔杰斯积分)。为了简化问题，我们这里假设 $|c| > \max\{|x_1|, |x_2|, \cdots, |x_n|\}$，其中 $|c| = |F_X^{-1}(\tau)| = |F_X^{-1}(1-\tau)|$。我们需要考虑两种情况：

(1) 当 $|x| \leqslant |c|$ 时，显然样本的截断均值和正常的均值保持一致，因此我们自然有

$$S_n(x; \tilde{T}_\tau) = x - \bar{x};$$

(2) 当 $|x| > |c|$ 时，我们有

$$S_n(x; \tilde{T}_\tau) = \frac{\bar{x}_n - \bar{x}_n}{(n+1)^{-1}} = 0.$$

基于一个样本数据得到的截断均值估计量的敏感性曲线如图8.4所示。由图可见，当 $|x|$ 变大，所引起的样本截断均值的变化比较有限。

对于分位数，我们不难得到敏感性曲线会如图8.4所示。因此一个数据的巨大变化并不会带来分位数出现大的变化，影响比较有限。换句话说，分位数能够较少地受到异常值的影响。此时我们对于稳健性的认识已经逐渐清晰了，然而敏感性曲线还要依赖随机样本。那么有没有一种数学上更加整洁的定义来刻画稳健性呢？我们将在下一节引入新的稳健性概念。

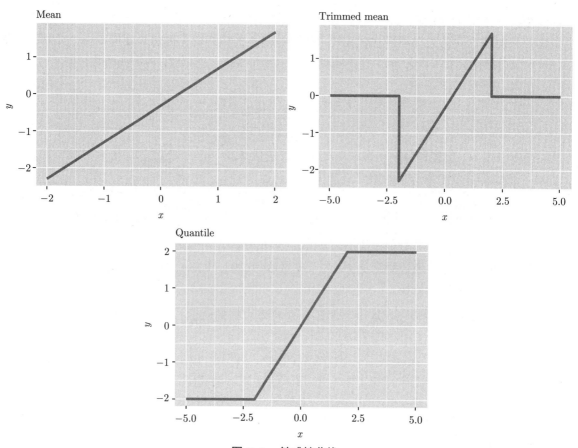

图 8.4：敏感性曲线

8.3 影响函数

在上一节中，我们介绍了基于有限样本计算得到的敏感性曲线，这一概念借鉴了定义导数时的思想。而导数实际上是微小变化引起的函数值变化的极限。对于稳健性的定义，那么我们也可以类似考虑敏感性曲线的一种极限，即 Hampel (1974) 所定义的概念——**影响函数** (Influence function)。

敏感性曲线中考虑了一个新观察值的加入给经验分布函数带来的影响。现在我们来考虑对于总体分布函数带来的影响。首先我们需要定义总体分布 F_X 在 x 处的一个微小的**单点扰动** (Point-mass contamination)：

$$F_{x,s} = (1-s)F_X + s\mathbf{1}_x, \tag{8.7}$$

则我们有如下定义：

定义 8.4 (影响函数)：假设随机变量 X 的分布函数是 F_X。考虑一个分布函数的泛函 T，如果下面的极限存在，那么我们称之为诱导估计量 $T(\hat{F}_n)$ 在 x 处的影响函数：

$$\mathrm{IF}(x, F_X, T) = \lim_{s \to 0} \frac{T(F_{x,s}) - T(F_X)}{s}, \tag{8.8}$$

其中 $F_{x,s}$ 的定义见式 (8.7)。

实际上泛函也有类似泰勒展开的表达式，因此在 Δt 足够小的时候，我们实际上可以得到下面的逼近形式：

$$T(F_{x,s}) - T(F_X) \approx \mathrm{IF}(x, F_X, T)s.$$

由此可见，某个单点扰动给泛函带来的相对变化会大体上与影响函数成比例。所以我们所希望的稳健性从某种程度上来讲，就是控制住影响函数。

定义 8.5 (稳健性)：假设随机样本 $X_1, X_2, \cdots, X_n$ 的分布函数为 F_X。如果一个估计量 $\hat{\theta}_n = T(\hat{F}_n)$ 的影响函数 $|\mathrm{IF}(x, F_X, T)|$ 有界，则称该估计量**稳健** (Robust)，其中 T 是一个对应于该估计量的泛函。

Huber (1964) 在位置模型下提出了类似于极大似然估计的一类估计量，称为 M 估计量，即参数 θ_0 的估计量 $\hat{\theta}_n$ 由以下的优化问题得到：

$$\hat{\theta}_n = \underset{\theta}{\mathrm{argmin}} \sum_{i=1}^{n} \rho(X_i; \theta), \tag{8.9}$$

其中 ρ 是一个损失函数，那么 $\hat{\theta}_n$ 就称作 M 估计量。这类估计量包含了很多常见的估计量。比如说，如果让 $\rho(t; \theta) = -\log f_X(t; \theta)$，其中 f_X 是 X_i 的概率密度函数，则我们就得到了极大似然估计；当 $\rho(t; \theta) = (t - \theta)^2$ 时，该估计量又会称作**最小二乘估计量**，那么我们很容易可以得到 $\hat{\theta}_n = \bar{X}$；当 $\rho(t; \theta) = |t - \theta|$ 时，我们有 $\hat{\theta}_n = T_{1/2}(\hat{F}_n)$，也就是样本中位数。对于其他水平的分位数，我们只需要考虑 $\rho_\tau(t; \theta) = (t - \theta)[\tau - \mathbf{1}_t(\theta)]$ (Koenker, 2005)。Huber (1973) 则提出结合了平方损失和绝对值损失的损失函数，其具体的取值表达式为

$$\rho(t; \theta) = \begin{cases} (t - \theta)^2/2, & |t - \theta| \leqslant c, \\ c|t - \theta| - c^2/2, & |t - \theta| > c, \end{cases} \tag{8.10}$$

其中 $c > 0$ 是某个常数，用于控制该损失函数的稳健程度。这几种常见的损失函数可参见图8.5中的左图，其中"Huber"表示Huber (1973) 所提出的混合损失函数 (通常也称作"Huber 损失函数")，"LS"是最小二乘法的损失函数，而"Q1""Q2""Q3"分别表示 25%、50% 和 75% 水平分位数所对应的损失函数。

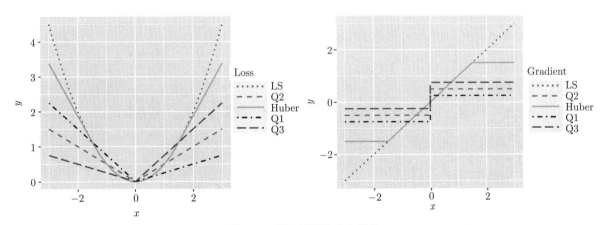

图 8.5：损失函数和方向导数

考虑 X 的分布是 F_X，假设参数 θ_0 来自优化问题：

$$\theta_0 = \underset{\theta}{\mathrm{argmin}}\, \mathrm{E}[\rho(X - \theta)].$$

并假设泛函 T 正好可以从分布函数映射至该参数，即 $\theta_0 = T(F_X)$，并记 $\hat{\theta}_n = T(\hat{F}_n)$ 为其对应的诱导估计量。此时 M 估计量的影响函数有一个很好的性质 (Huber, Ronchetti, 2009)：

$$\mathrm{IF}(x; F_X, T) \propto \psi(x - \theta_0),$$

其中 ψ 是损失函数 ρ 的导数。如果 ρ 在某些点不可导，则用方向导数 (对于一元函数而言就是左导数和右导数) 替代。这个结果非常有用，因为影响函数与损失函数的导数 (方向导数) 成正比，所以我们只需要进行一个求导运算就可以迅速判断相应的估计量是否具备稳健性。

上面的几种损失函数 "Huber" "LS" "Q1" "Q2" 和 "Q3" 所对应的导数 (方向导数) 如图8.5中右图所示。由于影响函数和损失函数的方向导数成正比，因此由定义8.5可知，除了最小二乘估计量 "LS" 之外的其余四种位置估计量都是稳健的。

由于 $\mathrm{E}[\rho(X - \theta)]$ 在 θ_0 处达到最小值，因此我们有 $\mathrm{E}[\psi(X - \theta_0)] = 0$。注意到影响函数和方向导数之间的关系，那么我们就必然有 $\mathrm{E}[\mathrm{IF}(X, F_X, T)] = 0$。实际上 Hampel (1974) 还给出了有关影响函数的一个表达式：

$$\hat{\theta}_n - \theta_0 = \frac{1}{n} \sum_{i=1}^{n} \mathrm{IF}(X_i, F_X, T) + r_n, \tag{8.11}$$

其中 $\sqrt{n}|r_n| \xrightarrow{P} 0$。利用中心极限定理，我们知道：

$$\frac{1}{\sqrt{n}} \sum_{i=1}^{n} \mathrm{IF}(X_i, F_X, T)/\sigma_T \xrightarrow{L} N(0, 1),$$

其中 $\sigma_T^2 = \mathrm{E}\{[\mathrm{IF}(X, F_X, T)]^2\}$。因此，由式 (8.11) 可得：

$$\sqrt{n}\left(\hat{\theta}_n - \theta_0\right) \xrightarrow{L} N\left(0, \sigma_T^2\right).$$

当然如果需要利用渐近分布做统计推断，仅仅知道影响函数与方向导数成正比还不够，我们仍然需要知道具体的比例，进而得到渐近方差 σ_T^2。一种方式是直接理论推导出影响函数的具体形式，还有一种方式是通过再取样等方法来估计出 σ_T^2。

下面我们来直接推导出一个连续分布的分位数影响函数。注意到影响函数的定义 (见式 (8.8))，那么我们可以把影响函数看做 $T_\tau(F_{x,s})$ 在 $s = 0$ 处的偏导数，这里 $F_{x,s}$ 的定义见式 (8.7)，T_τ 是随机变量 X(分布函数为 F_X) 的 τ 水平分位数对应的泛函，即

$$\mathrm{IF}(x, F_X, T_\tau) = \left.\frac{\partial T_\tau(F_{x,s})}{\partial s}\right|_{s=0}.$$

因此只需要我们能推导出单点扰乱分布 $F_{x,s}$ 的 τ 水平分位数 $T_\tau(F_{x,s})$ 的函数形式，那么我们就可以考虑对 s 求取导数的问题。现在考虑两种情况：

(1) 当 $\tau < F_X(x)$ 时，由于 x 和 τ 是给定的点，因此 τ 与 $F_X(x)$ 的距离是一个固定值。所以当 s 充分小的时候，我们必然有 $\frac{\tau}{1-s} < F_X(x)$，进而得到 $F_X^{-1}\left(\frac{\tau}{1-s}\right) < x$。此外，当 $t < x$ 时，$F_{x,s}(t) = (1-s)F_X(t)$，所以 $F_{x,s}^{-1}(\tau) = F_X^{-1}\left(\frac{\tau}{1-s}\right)$；

(2) 当 $\tau > F_X(x)$ 时，同理当 s 充分小的时候，我们有 $\frac{\tau-s}{1-s} > F_X(x)$，所以就得到 $x < F_X^{-1}\left(\frac{\tau-s}{1-s}\right)$。而当 $x < t$ 时，$F_{x,s}(t) = (1-s)F_X(t) + s$，所以我们有 $F_{x,s}^{-1}(\tau) = F_X^{-1}\left(\frac{\tau-s}{1-s}\right)$。

因此我们可以得到：

$$T_\tau(F_{x,s}) = \begin{cases} F_X^{-1}\left(\frac{\tau}{1-s}\right), & \tau < F_X(x), \\ F_X^{-1}\left(\frac{\tau-s}{1-s}\right), & \tau > F_X(x). \end{cases}$$

当 $x = F^{-1}(\tau)$ 时，由于示性函数 $\mathbf{1}_x$ 恰好在此处发生跳跃，因此我们无法找到一个点 v，恰好使得 $F_{F^{-1}(\tau),s}(v) = \tau$。然而这并不会影响我们对于样本分位数渐近方差的估计。在对该分位数求变量 s 的偏导数，我们得到下式：

$$\frac{\partial T_\tau(F_{x,s})}{\partial s} = \begin{cases} \frac{\tau/(1-s)^2}{f_X\left[F_X^{-1}\left(\frac{\tau}{1-s}\right)\right]}, & \tau < F_X(x), \\ \frac{(\tau-1)/(1-s)^2}{f_X\left[F_X^{-1}\left(\frac{\tau-s}{1-s}\right)\right]}, & \tau > F_X(x). \end{cases}$$

所以我们可以得到 τ 水平样本分位数的影响函数就是

$$\mathrm{IF}(x, F_X, T_\tau) = \frac{\tau - \mathbf{1}_x\left[F_X^{-1}(\tau)\right]}{f_X\left[F_X^{-1}(\tau)\right]}.$$

我们实际上可以认为样本来自下面的模型：

$$X_i = \theta_\tau + \epsilon_i,$$

其中 $\theta_\tau = T_\tau(F_X)$，误差 ϵ_i 独立同分布地产生于概率密度函数为 f，分布函数为 F 的分布，且 $T_\tau(F) = 0$。因此模型误差满足下式：

$$\mathrm{E}\left[\psi_\tau(\epsilon_i)\right] = 0,$$

其中 $\psi_\tau(t) = \tau - \mathbf{1}_t(0)$。考虑式 (8.9) 中的估计量，其中 $\rho_\tau(t;\theta) = (t-\theta)[\tau - \mathbf{1}_t(\theta)]$。因此基于表达式 (8.11)，我们进一步得到：

$$\hat{\theta}_n - \theta_0 = \frac{1}{n}\sum_{i=1}^{n}\psi_\tau(\epsilon_i)/f(0) + r_n, \tag{8.12}$$

这里的 $f(0)$ 表示模型误差 ϵ_i 在 0 处的概率密度函数。实际上这里的模型误差依赖分位数水平 τ。在位置模型下，这个密度数值 $f(0)$ 与 $f_X\left[F_X^{-1}(\tau)\right]$ 相同。注意到 $\mathrm{E}\{[\psi_\tau(\epsilon_i)]^2\} = \tau(1-\tau)$，我们从而可以得到：

$$\sqrt{n}\left(\hat{\theta}_n - \theta_0\right) \xrightarrow{L} N\left(0, \frac{\tau(1-\tau)}{f^2(0)}\right). \tag{8.13}$$

从上面的渐近方差可知，样本分位数的渐近分布中涉及一个通常无法观察到的数值 $f(0)$，即模型误差在 0 处的概率密度函数。因此我们需要去估计出这个数值才能完成后续的统计推断。有关该密度值的估计可以参阅 Koenker (2005)。分位数的估计以及推断的实现可以使用 R 包 quantreg。

我们使用 ggplot2 软件包自带的 diamonds 数据集中钻石深度 (depth) 的数据来做一些分析 (有关该数据集中钻石深度等概念的介绍可参阅 Wickham (2009))。首先我们绘制了该数据的直方图和 Q-Q 图 (即将数据的样本分位数与正态分布的理论分位数一一对应之后绘制的散点图)：

```
ggplot(data = diamonds, aes(x = depth)) +
geom_histogram(aes(y = ..density..), binwidth = 0.1)
ggplot(data = diamonds, aes(sample = depth)) +
stat_qq() + stat_qq_line()# Q-Q图
```

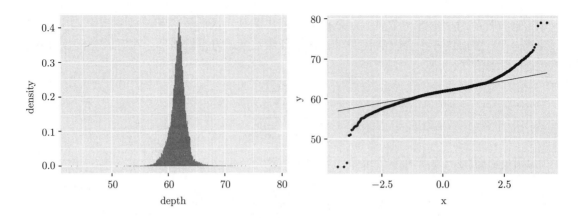

由上图可见，一方面钻石深度的分布有轻微的左偏，此外从 Q-Q 图中可以看出，在两端的分位数水平上，样本值要大于理论值 (左端落在直线下方，而右端则位于上方)，因此该数据具有厚尾性。

我们可以通过下面的命令求得 0.25，0.5，0.75 样本分位数，其结果见表 8.1。

```
library(quantreg)
# 在三个分位数0.25, 0.5和0.75水平上求解样本分位数
fit = rq(depth ~ 1, tau = c(0.25,0.5,0.75), data = diamonds)
```

表 8.1: 在三个分位数水平上的样本分位数

	估计值	标准误	t 值	p 值 ($\mu \neq 0$)
$\tau = 0.25$	61.0	0.0052	11653.4181	0
$\tau = 0.50$	61.8	0.0042	14762.8275	0
$\tau = 0.75$	62.5	0.0052	11939.9776	0

如果想要得到钻石深度数据在这三个分位数水平上的概率密度值的估计，那么只需要执行下面的命令 (这里由于数据量太大，耗时太久，因此我们随机抽取了 2000 个残差来进行估计)，其结果见表 8.2。

```
n = nrow(fit$residuals)
Residuals = fit$residuals[sample(1:n,2000),]
result = apply(Residuals, 2, akj, z = 0)
Densities = data.frame(round(result$`tau= 0.25`$dens,2),
round(result$`tau= 0.50`$dens,2),
round(result$`tau= 0.75`$dens,2))
```

表 8.2: 概率密度函数在不同水平分位数上的估计值

	$\tau = 0.25$	$\tau = 0.50$	$\tau = 0.75$
概率密度值	0.21	0.41	0.3

对于 M 估计量的影响函数，Huber 和 Ronchetti (2009) 给出了更加一般的结果，感兴趣的读者可以参阅该书 3.2 节的内容。R 包 MASS 可以用来帮助得到 M 估计值。例如：

```
library(MASS)
fit = rlm(depth ~ 1, data = diamonds)# 缺省状态下使用Huber损失
result.huber = summary(fit)
```

如果我们想要使用最小二乘法，则可以直接使用 R 自带的函数 lm 加以实现，其结果见表 8.3。

```
fit = lm(depth ~ 1, data = diamonds)
result = summary(fit)
```

表 8.3: Huber 估计和最小二乘估计

	估计值	标准误	t 值	p 值 ($\mu \neq 0$)
Huber 估计	61.7936004	0.0052	11803.3371	0
最小二乘估计	61.7494049	0.0062	10010.5246	0

由表 8.1 和表 8.3 中的结果可见，Huber 估计值和中位数比较接近，而样本均值似乎受到了尾部分布的影响。

我们现在需要思考一个有趣的问题：假设随机变量 X 在参数 μ 处对称分布，那么由定理 8.1 可知，$\mu = T(F_X) = T_{1/2}(F_X)$，其中 T 和 $T_{1/2}$ 分别是对应于均值和中位数的泛函，F_X 是 X 的分布函数。从上面的分析来看，样本中位数比样本均值拥有更好的稳健性，那么我们是否牺牲了什么性质呢？由式 (8.13) 可知：

$$\sqrt{n}\left\{X_{([(n+1)/2])} - \mu\right\} \xrightarrow{L} N\left(0, [2f(0)]^{-2}\right),$$

这里 $f(0)$ 是 $X - \mu$ 在 0 处的概率密度函数值。当 X 的方差存在时，由中心极限定理可知：

$$\sqrt{n}\left(\bar{X} - \mu\right) \xrightarrow{L} N\left(0, \sigma^2\right).$$

则样本均值相对样本中位数的渐近相对效率为

$$\mathrm{ARE}\left(X_{([(n+1)/2])}, \bar{X}\right) = 4f^2(0)\sigma^2.$$

我们不妨考虑一个简单的参数分布情况，$X \sim N(\mu, \sigma^2)$，那么我们可以得到：

$$\mathrm{ARE}\left(X_{([(n+1)/2])}, \bar{X}\right) = \frac{2}{\pi} \times 100\% \approx 63.66\%.$$

也就是说，从正态分布产生的随机样本的均值比中位数渐近更有效。当然并不是说，样本均值总是比样本中位数渐近有效，对于越厚尾的分布，均值的方差将会越大，而该分布在 0 附近出现的概率也开始变小，从而使得在 0 处的概率密度值减少，但是最后哪个估计量更加有效，则依赖哪一个变化得更快。在我们分析钻石深度数据时，我们做出了独立同分布的假设。然后我们使用 quantreg 包的 rq 函数拟合之后得到了残差，并采用了 Portnoy 和 Koenker (1989) 提出的方法 (即该 R 软件包 quantreg 里面的 akj 命令) 估计出了钻石深度的概率密度函数在中位数处的取值 $\hat{f}(0)=0.41$，同时也得到了分布的标准差估计值 $\hat{\sigma}=1.43$。我们忽略钻石深度分布的轻微偏度，假设其在一个位置参数处对称。那么不难看出此时样本中位数似乎相对样本均值更加渐近有效 ($1 < 2\hat{f}(0)\hat{\sigma}$)。由此可见，当有更多的可能出现异常值时 (如分布较为厚尾的情况)，中位数估计量似乎是估计位置参数相当不错的选择，尤其当分布对称的时候，这个选择则显得更加明智。

8.4 崩溃点

我们在上面两节中讨论了敏感性曲线和影响函数，试图理解对于不同的估计量，单个数据的变化能带来怎样的影响。还有一个需要考虑的问题是，到底多少个数据出现变化会给估计量带来雪崩般的影响。比如说，我们有 10 个数据的时候，可能单个数据的变化就会带给样本均值破坏性的影响，但是不到 5 个数据的剧烈变化也不会给中位数带来巨大的影响，然而如果 5 个或者更多的数据发生了巨大改变，则中位数也不再保持在有限范围内波动，如图 8.6 所示。**崩溃点** (Breakdown point) 会随着不同的估计量而发生改变，其含义也比较直观，下面我们将严格来定义这一概念。

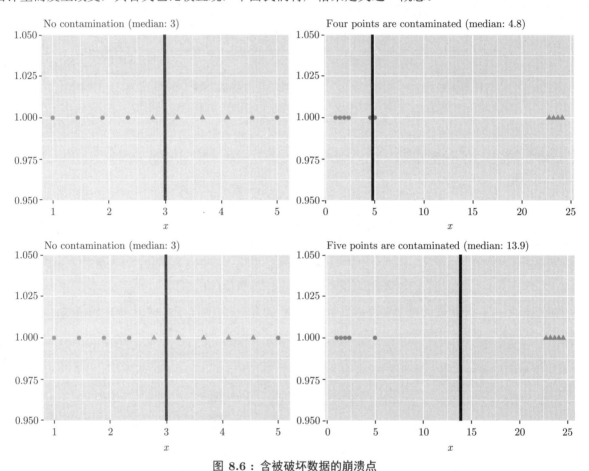

图 8.6：含被破坏数据的崩溃点

假设我们有 n 个随机样本数据 $X_1, X_2, \cdots, X_n$。记 $\mathcal{P}_m$ 为集合 $\mathbb{I}_n = \{1, 2, \cdots, n\}$ 中无放回地任取 m 个不同的整数组成的子集合所形成的集合：

$$\mathcal{P}_m = \big\{\{i_1, i_2, \cdots, i_m\} : i_j \neq i_l, \ i_j, i_l \in \mathbb{I}_n\big\}.$$

我们仍然使用 $\hat{\theta}(\boldsymbol{X}_n)$ 表示基于原随机样本 $\boldsymbol{X}_n = (X_1, X_2, \cdots, X_n)$ 的估计值。任取集合 $\mathcal{P}_m$ 中的一个元素 $\mathbb{J}_m$，对于 $i \in \mathbb{J}_m$，我们将原有的样本 X_i 修改为 $\tilde{X}_i$，并记这些样本组成的向量为 $\widetilde{\boldsymbol{X}}_{\mathbb{J}_m}$；其余样本保持不变，并记这些原数据样本组成的向量为 $\boldsymbol{X}_{\mathbb{I}_n - \mathbb{J}_m}$。我们使用 $\hat{\theta}\big((\widetilde{\boldsymbol{X}}_{\mathbb{J}_m}, \boldsymbol{X}_{\mathbb{I}_n - \mathbb{J}_m})\big)$ 表示基于改变之后的样本得到的估计值，这里的集合减法运算 $\mathbb{I}_n - \mathbb{J}_m$ 实际上指的是将 $\mathbb{I}_n$ 中所有包含在 $\mathbb{J}_m$ 中的元素移除之后剩下的所有元素组成的集合。

定义 8.6 (有限样本崩溃点)：估计量 $\hat{\theta}(\boldsymbol{X}_n)$ 的有限样本崩溃点 ε_n^* 指的是

$$\varepsilon_n^*\left(\hat{\theta}(\boldsymbol{X}_n)\right) = \frac{1}{n}\max\left\{m: \max_{\mathbb{J}_m \in \mathcal{P}_m}\sup_{\widetilde{X}_{\mathbb{J}_m}}\left|\hat{\theta}\left((\widetilde{\boldsymbol{X}}_{\mathbb{J}_m}, \boldsymbol{X}_{\mathbb{I}_n-\mathbb{J}_m})\right)\right| < \infty\right\}. \tag{8.14}$$

由上述定义易得：当只有 10 个样本数据时，样本均值的有限样本崩溃点就是 0，而中位数的有限样本崩溃点就是 0.4，90% 水平的样本分位数的有限样本崩溃点就是 0.1。

当样本量 n 趋近于无穷时，如果有限样本崩溃点 ε_n^* 存在极限 ε^*，那么这个极限就称为**渐近崩溃点** (Asymptotic breakdown point)。有关渐近崩溃点的严格数学定义较为复杂，因此我们在这里就不再赘述，感兴趣的读者可以参阅 Hampel 等 (2005)。

对于样本均值而言，任意一个数据趋向于无穷时，都会导致样本均值趋近无穷，因此对于任意给定的样本量 n，我们都有 $\varepsilon_n^* = 0$，所以其渐近崩溃点就是 $\varepsilon^* = 0$。对于 τ 水平的样本分位数而言，我们需要分两种情况考虑：

(1) 当 $\tau \leqslant 0.5$ 时，不多于 $(n+1)\tau - 1$ 个点趋近于无穷的情况下，估计值 $\left|\hat{\theta}\left((\widetilde{\boldsymbol{X}}_{\mathbb{J}_m}, \boldsymbol{X}_{\mathbb{I}_n-\mathbb{J}_m})\right)\right|$ 不会趋近于无穷大，然而当有 $(n+1)\tau$ 个点趋近于无穷的时候，则该估计值可趋于无穷。因此其有限崩溃点是 $\varepsilon_n^* = \frac{(n+1)\tau-1}{n}$，而渐近崩溃点为 $\varepsilon^* = \lim\limits_{n\to\infty}\varepsilon_n^* = \tau$；

(2) 当 $\tau > 0.5$ 时，不多于 $n - (n+1)\tau$ 个点趋近于无穷的情况下，估计值 $\left|\hat{\theta}\left((\widetilde{\boldsymbol{X}}_{\mathbb{J}_m}, \boldsymbol{X}_{\mathbb{I}_n-\mathbb{J}_m})\right)\right|$ 不会趋近于无穷大，然而当有 $n - (n+1)\tau + 1$ 个点趋近于无穷的时候，则该估计值可趋于无穷。因此其有限崩溃点是 $\varepsilon_n^* = 1 - \frac{(n+1)\tau}{n}$，而渐近崩溃点为 $\varepsilon^* = \lim\limits_{n\to\infty}\varepsilon_n^* = 1 - \tau$。

可以发现这里的崩溃点似乎都没有超过 0.5，这是一个比较有趣的现象。实际上，我们在考虑稳健方法的时候，假设部分数据被破坏了 (Contaminated)，偏离了原有模型假设。这里的崩溃点不超过 0.5 就意味着低于一半的数据遭到了破坏。我们设想这样一个场景，如果超过一半的数据遭到了破坏，从原来模型里面产生出来的数据不到一半，变成了少数的那一簇，那么到底现在谁才是异常值呢？谁才是遭到破坏的数据呢？此时似乎角色发生了转变，因此崩溃点在这里没有超过 0.5 也可以从直观上去解释和理解。

 视角与观点："千里之堤，溃于蚁穴"以及"不积跬步，无以至千里"两句名言警句实际都是在描述量变带来质变的哲学道理，只是前者通常用在描述较为负面的场景，而后者经常用在较为积极的地方。从这个角度上来看，崩溃点实际上也是隐含着这层含义，一个数据被破坏了，对于稳健方法而言也许影响不大，两个数据被破坏了，似乎也还行。有限样本崩溃点的定义就是遵循这一想法，在不断量变的过程中 (一个个数据受到破坏) 探索何时出现质变 (这里就是所谓的崩溃点)。当量变的过程不断积累，到达了估计量的极限 (崩溃点)，即使再稳健的方法也得接受质变的结果，出现崩溃。

练习题 8

1. 假设 X 是一个连续随机变量。记该变量的四分位数为 σ。证明 $aX + b$ 的四分位数是 $a\sigma$，其中 $a > 0$。

2. 假设 X 是一个分布函数为 F_X 的随机变量。如果一个泛函 T 满足下列条件，我们则称 T 为范围泛函 (Scale functional)：

i. 当 $a > 0$ 时，$T(F_{aX}) = aT(F_X)$；

ii. 对于任意的常数 b，$T(F_{X+b}) = T(F_X)$；

iii. $T(F_{-X}) = T(F_X)$。

证明下面两个泛函是范围泛函：

(a) 标准差：$T(F_X) = [\mathrm{Var}(X)]^{1/2}$；

(b) 四分位数：$T(F_X) = F_X^{-1}(3/4) - F_X^{-1}(1/4)$。

3. 请从正态分布 $N(0, 20)$ 中产生 20 个数据，记为 $x_1, x_2, \cdots, x_{20}$。Hodges-Lehmann 估计 (HL 估计) 是所有 $z_{ij} = \frac{x_i + x_j}{2}$ 的样本中位数，其中 $i \leqslant j$。并使用 R 软件包 ggplot2 绘制该估计的敏感性曲线。

4. 请从混合分布 $0.9 \times N(0, 1) + 0.1 \times N(20, 1)$ 中产生 20 个随机数，这里表示有 0.1 的概率产生异常值。编写 R 程序比较 Huber 估计值 (定义见 (8.10))、最小二乘估计值以及样本中位数与 0 之间的差别。请重复 100 次后输出 MSE，即均方误差。

5. 请从正态分布 $N(\mu, \sigma^2)$ 中产生 1000 个随机数 (自己选定均值和方差参数)。使用自举法来估计中位数、第一四分位数和第三四分位数的渐近方差，再与其理论的渐近方差做比较。

6. 假设 $X_1, X_2, \cdots, X_n$ 是来自位置模型 (8.4) 的一个随机样本，其中 $T(F) = 0$，T 是均值对应的泛函，而 F 是模型误差 ϵ 的分布函数。这里 $T(F) = 0$ 等价于 $\mathrm{E}\epsilon = 0$。求样本均值的影响函数。

7. 假设 $X_1, X_2, \cdots, X_n$ 是来自位置模型 (8.4) 的一个随机样本，其中 $T(F) = 0$，T 是 Huber 估计量 (定义见式 (8.10)) 对应的泛函，而 F 是模型误差 ϵ 的分布函数。假设 $T(F) = 0$ 等价于 $\mathrm{E}[\psi(\epsilon)] = 0$，其中

$$\psi(t) = \begin{cases} c, & t > c, \\ t, & -c \leqslant t \leqslant c, \\ -c, & t < -c \end{cases}$$

是 Huber 损失函数的方向导数。

(a) 求位置参数 θ_0 的 Huber 估计量的影响函数；

(b) 求该 Huber 估计量的渐近分布；

(c) 分析 R 软件包 ggplot2 自带的 diamonds 数据集。现在考虑钻石深度的位置参数 θ_0 的 Huber 估计和均值估计。我们忽略钻石深度分布的轻微偏度，假设其在参数 θ_0 处对称。Huber 估计量和均值估计量哪一个更加渐近有效？

参数 $T(F_{x,s})$ 实际上是从下述优化问题中得到：

$$\min_{\theta} \left\{ \int \rho(t - \theta) dF_{x,s}(t) \right\},$$

其中 ρ 是 Huber 损失函数。因此参数 $T(F_{x,s})$ 需要满足的估计方程是

$$\int \psi(t - T(F_{x,s})) dF_{x,s}(t) = 0.$$

这样我们就可以使用隐函数定理来求解 $\left.\frac{\partial T(F_{x,s})}{\partial s}\right|_{s=0}$ 得到影响函数。

8. 假设 $X_1, X_2, \cdots, X_n$ 是来自位置模型 (8.4) 的一个随机样本，其中 $T(F) = 0$，F 是模型误差 ϵ 的

分布函数，T 是某个泛函。考虑如下估计量：

$$\hat{\theta} = \underset{\mu}{\arg\min} \sum_{i=1}^{n} l(X_i - \theta),$$

其中 $l(t) = C \log\left[\cosh(t/C)\right]$，$C$ 是一个给定的正数 (见图8.7，常数 C 用于控制稳健性，其值越小，则对应的损失函数越趋近于绝对值损失函数)。假设 $T(F) = 0$ 等价于 $\mathrm{E}[l'(\epsilon)] = 0$，其中 l' 表示损失函数 l 的导数。

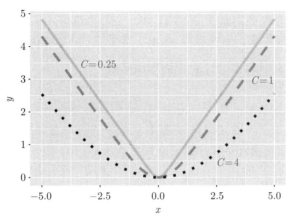

图 8.7：损失函数

(a) 求位置参数 θ_0 的估计量 $\hat{\theta}$ 的影响函数；

(b) 求估计量 $\hat{\theta}$ 的渐近分布；

(c) 分析 R 软件包 ggplot2 自带的 diamonds 数据集。现在考虑钻石深度的位置参数 θ_0 的估计。我们忽略钻石深度分布的轻微偏度，假设其在参数 θ_0 处对称。估计量 $\hat{\theta}$ 和均值估计量哪一个更加渐近有效？

9. 假设 $X_1, X_2, \cdots, X_n$ 是来自位置模型 (8.4) 的一个随机样本，其中 $T(F) = 0$，F 是模型误差 ϵ 的分布函数，T 是某个泛函。考虑如下估计量：

$$\hat{\theta}_n = \underset{\theta}{\arg\min}\, n^{-1} \sum_{i=1}^{n} \rho(X_i - \theta).$$

其中 $\rho(x) = x \arctan(x) - \frac{1}{2}\log(x^2 + 1)$(见图8.8)。

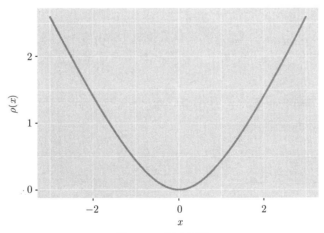

图 8.8：损失函数

假设 $T(F) = 0$ 等价于 $\mathrm{E}[\rho'(\epsilon)] = 0$，其中 ρ' 表示损失函数 ρ 的导数。

(a) 求位置参数 θ_0 的估计量 $\hat{\theta}$ 的影响函数；

(b) 求估计量 $\hat{\theta}$ 的渐近分布；

(c) 分析 R 软件包 ggplot2 自带的 diamonds 数据集。现在考虑钻石深度的位置参数 θ_0 的估计。我们忽略钻石深度分布的轻微偏度，假设其在参数 θ_0 处对称。估计量 $\hat{\theta}$ 和中位数估计量哪一个更加渐近有效？

10. 假设 $X_1, X_2, \cdots, X_n$ 是来自位置模型 (8.4) 的一个随机样本，其中 $\tilde{T}_\tau(F) = 0$，F 是模型误差 ϵ 的分布函数，$\tilde{T}_\tau$ 是截断值，定义见式 (8.3)。这里我们考虑 90%-截断均值 (定义见例8.1)。

(a) 求位置参数 θ_0 的截断均值估计量 $\hat{\theta}$ 的影响函数；

(b) 求估计量 $\hat{\theta}$ 的渐近分布；

(c) 分析 R 软件包 ggplot2 自带的 diamonds 数据集。现在考虑钻石深度的位置参数 θ_0 的截断均值估计 $\hat{\theta}$ 和中位数估计。我们忽略钻石深度分布的轻微偏度，假设其在参数 θ_0 处对称。截断估计量 $\hat{\theta}$ 和中位数估计量哪一个更加渐近有效？

11. 假设 $X_1, X_2, \cdots, X_n$ 产生于一个 t 分布，那么

(a) 如果该分布的自由度为 3，那么样本均值 $\bar{X}$ 和样本中位数 $X_{([(n+1)/2])}$ 哪个更加渐近有效？

(b) 如果该分布的自由度为 9，那么样本均值 $\bar{X}$ 和样本中位数 $X_{([(n+1)/2])}$ 哪个更加渐近有效？

12. 假设 $X_1, X_2, \cdots, X_n$ 是一个样本量足够大的随机样本，其产生于概率密度函数为 f_X 的分布。如果 f_X 在这个分布的中位数处对称，那么样本四分位数的极限分布是什么？

13. 假设 X 是一个均值为 0，方差为 σ^2 的随机变量。实际上扰乱分布 $F_{x,s}$ 可以看成随机变量 $Z = B_s X + (1 - B_s) Y$ 的分布函数，其中，B_s 服从一个 Bernoulli 分布，即 $P(B_s = b) = (1-s)^b s^{1-b}$，$b = 0, 1$，$Y$ 的分布函数则为 $\mathbf{1}_x$，且三个随机变量 B_s，X 以及 Y 都独立。定义泛函 T 使得 $T(F_X) = \mathrm{Var}(X) = \sigma^2$，即映射至分布方差的泛函。因此 $T(F_{x,s}) = \mathrm{Var}(Z)$。

(a) 证明 $\mathrm{E}Z = sx$；

(b) 证明 $\mathrm{Var}(Z) = (1-s)\sigma^2 + sx^2 - s^2 x^2$；

(c) 通过推导影响函数给出方差 σ^2 诱导估计量 $\hat{\sigma}^2$ 的渐近分布。

14. 假设 $X_1, X_2, \cdots, X_n$ 是来自位置模型 (8.4) 的一个随机样本，其中 $T(F) = 0$，T 是均值对应的泛函，而 F 是模型误差 ϵ 的分布函数。假设 $T(F) = 0$ 等价于 $\mathrm{E}\epsilon = 0$。求 $(1 - 2\tau) \times 100\%$-截断均值的有限样本崩溃点和渐近崩溃点。

15. 假设连续随机变量 $X_1, X_2, \cdots, X_n$ 是来自位置模型 (8.4) 的一个随机样本，其中模型误差 ϵ_i 中位数为 0 且在 0 处对称分布。记 X_i 的分布函数和概率密度函数分别为 F_X 和 f_X，并记 HL 估计量为 $\hat{\theta}_{HL}$。

(a) 证明估计量 $\hat{\theta}_{HL}$ 的影响函数是 $\mathrm{IF}(x, F_X, T_{HL}) = [F_X(x) - \frac{1}{2}] / \int f_X(x)^2 dx$；

(b) 给出估计量 $\hat{\theta}_{HL}$ 的渐近分布。

HL 估计量对应的泛函 T_{HL} 满足下列等式：
$$\int F_X[2T_{HL}(F_X) - x] f_X(x) dx = \frac{1}{2}.$$
我们可以通过隐函数定理求导来得到影响函数。

16. 假设样本数据 $x_1, x_2, \cdots, x_n$ 独立产生于位置模型 (8.4)。考虑该位置参数的 HL 估计 $\hat{\theta}_{HL}$，即所有 $z_{ij} = \frac{x_i + x_j}{2}$ 的样本中位数，其中 $i \leqslant j$。

(a) 对于 R 软件包 ggplot2 自带的 diamonds 数据集里的钻石深度，如果我们使用 HL 方法来估计相应位置参数，那么和样本中位数有多大差别呢？可以使用 R 软件包 DescTools 中的命令 HodgesLehmann 来得到 HL 估计；

(b) 如果 m 个原样本数据遭到破坏 (Contamination)，那么 z_{ij} 中有多少个数据会遭到破坏呢？

(c) Walsh 均值组成的集合 $\{z_{ij}, i \leqslant j\}$ 中一共有多少个元素？

(d) 通过求解有限样本崩溃点的极限证明 HL 估计量 $\hat{\theta}$ 的渐近崩溃点是 0.29。

17. 假设 $X_1, X_2, \cdots, X_9$ 独立产生于高斯混合分布 $\pi N(\mu, 1) + (1 - \pi) N(-\mu, 1)$，其中 $\pi \in (0, 1)$ 且 $\pi \neq 0.5$。在收集到这样的 9 个数据之后，我们将其按照从小到大的顺序排列并打印出来。然而打印机出现问题，我们只能看到如表 8.4 所示的打印结果。

表 8.4: 不完全观察数据集

$X_{(1)}$	$X_{(2)}$	$X_{(3)}$	$X_{(4)}$	$X_{(5)}$	$X_{(6)}$	$X_{(7)}$	$X_{(8)}$	$X_{(9)}$
*	*	-0.645	*	*	*	2.213	*	*

考虑假设问题 $H_0: \mu = 0$ 和 $H_1: \mu \neq 0$。请使用表8.4中所有能用的数据构造一个合适的假设检验。$(\alpha = 0.1)$

 利用式(8.12)中的表达式来得到检验统计量的渐近分布。此外，高斯混合分布在原假设下就变成了标准正态分布。

第 9 章 非参数统计

在第 8 章介绍的位置模型 (8.4) 中，我们假设了 $T(F) = 0$，这里 F 是模型误差 ϵ 的分布函数。例如，如果 T 是映射至均值的泛函，那么任何一种均值为零的分布都在这个模型涵盖的范围内。因此，我们并没有限定什么样的参数模型，如伽玛分布族、正态分布族等，只需要均值为零即可。换句话说，我们在模型误差的分布组成的空间上已经放松了参数族的限制，不再是有限个参数就可以描述的分布形成的空间，而是一个大得多的空间。均值为 0 的分布 F 形成了一个分布函数空间 $\mathcal{P}_0 = \{F \in \mathcal{P} | \int x dF(x) = 0\}$，其中 $\mathcal{P}$ 表示所有的分布函数组成的空间。分布函数空间 $\mathcal{P}_0$ 的维数实际上是无穷多维，这个空间包含的分布有：正态分布 $N(0, \sigma^2)$、t 分布、减去均值 $\alpha\beta$ 的伽玛分布 $\Gamma(\alpha, \beta)$ 等。那么在这一类函数空间上考虑的统计方法，通常称为**非参数方法** (Nonparametric methods)。我们其实已经接触过一些非参数方法，比如经验分布函数：

$$\hat{F}_n(\cdot) = \frac{1}{n} \sum_{i=1}^{n} \mathbf{1}_{\epsilon_i}(\cdot),$$

这里的 $\mathbf{1}_x$ 是示性函数，具体定义见式 (8.5)。经验分布函数估计并不需要参数分布假设，而是对空间 $\mathcal{P}$ 中的任意一个分布 F 都可以构造。经验分布函数具有较好的统计性质：随机变量 $\mathbf{1}_{\epsilon_i}(x)$ 实际上服从一个 Bernoulli 分布，且取 1 的概率为 $F(x)$，取 0 的概率为 $1 - F(x)$。因此，当给定 $x \in \mathbb{R}$ 时，我们由大数定理可以得到 $\hat{F}_n(x) \xrightarrow{P} F(x)$，而由中心极限定理则得到 $\frac{\sqrt{n}[\hat{F}_n(x) - F(x)]}{\sqrt{F(x)[1 - F(x)]}} \xrightarrow{L} N(0, 1)$。

在本章中，我们将在位置模型 (8.4) 下介绍一些经典的非参数统计方法。有关非参数方法的系统介绍可以参阅 Giné 和 Nickl (2016)、Bickel 等 (1993)，但是如果想要较好理解这些书里面的内容还需更多的数学和统计学知识。

9.1 概率密度函数的估计

我们从标准正态分布中产生了大小不同的四个随机样本 (分别是 $n = 20, 100, 1000, 10000$)，并在图 9.1 中绘制出各自的直方图，每个直方图上我们又添加了标准正态分布的概率密度函数曲线。随着样本量的增加，直方图的形状在不断接近总体的概率密度函数，其实这也是我们在进行描述性统计分析中，经常绘制直方图来观察数据分布的内在原因。因此，一个自然而然的问题就是我们怎样构造概率密度函数的估计？这样构造出来的估计又具备什么样的统计性质呢？

9.1.1 直方图估计

假设随机变量 X 的概率密度函数为 f_X。我们的数据集产生于该分布，记为 $\{x_1, x_2, \cdots, x_n\}$。现在我们从数学上来定义直方图的构造：

(1) 考虑给定箱柜 (Bins) 的箱宽 (Binwidth)h_n 和一个原点 x_0，然后我们将空间 $\mathbb{R}$ 分割成若干个箱柜：

$$\mathbb{B}_k = [l_k, u_k), \quad k \in \mathbb{Z},$$

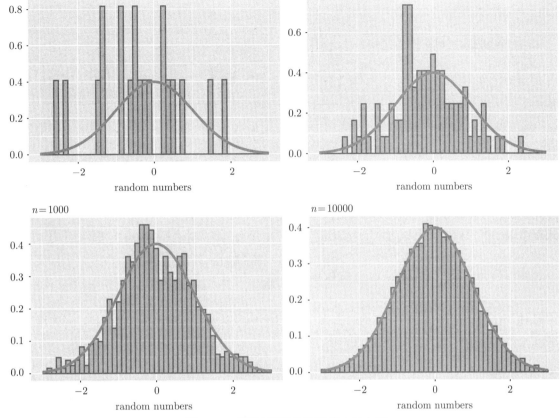

图 9.1：标准正态分布随机样本直方图

其中 $l_k = x_0 + (k-1)h_n$，$u_k = x_0 + kh_n$，$\mathbb{Z}$ 表示所有整数组成的集合；

(2) 将数据集中的每个数据按照其大小进行"装箱"并计算每个箱柜中数据的频率数 n_k：

$$n_k = \sum_{i=1}^{n} \mathbf{I}(x_i \in \mathbb{B}_k),$$

其中 $\mathbf{I}(x_i \in \mathbb{B}_k) = \mathbf{1}_{l_k}(x_i)[1 - \mathbf{1}_{u_k}(x_i)]$，$\mathbf{1}_x$ 的定义见式 (8.5)。$\mathbf{I}(\cdot)$ 是一个示性函数，即当判断表达式 $\mathcal{A}$ 为真时，则 $\mathbf{I}(\mathcal{A}) = 1$，否则 $\mathbf{I}(\mathcal{A}) = 0$；

(3) 计算每个箱柜 $\mathbb{B}_k$ 中数据的实际频率 n_k 与均匀状态下预期落入该箱柜的数据个数：

$$r_k = \frac{n_k}{nh_n}.$$

最后只要按照 r_k 与 $\mathbb{B}_k$，$k \in \mathbb{Z}$ 绘制出一个个箱柜 (箱柜高度为 r_k，箱柜左右端对应区间 $\mathbb{B}_k$ 的上下限) 即可。此时，我们可以定义概率密度函数 f_X 的直方图估计量为

$$\hat{f}_{h_n}(x) = \frac{1}{nh_n} \sum_{i=1}^{n} \left[\sum_{k \in \mathbb{Z}} \mathbf{I}(X_i \in \mathbb{B}_k)\mathbf{I}(x \in \mathbb{B}_k) \right], \tag{9.1}$$

其中 $X_1, X_2, \cdots, X_n$ 独立产生于分布 f_X。考虑箱柜 B_k 的中心点即 $c_k = \frac{l_k + u_k}{2}$，则第 k 个箱柜又可以写作 $\mathbb{B}_k = \left[c_k - \frac{h_n}{2}, c_k + \frac{h_n}{2} \right)$。

假设 $f(x)$ 和 $f'(x)$ 对于 $x \in \mathbb{R}$ 一致有界。不妨再假设 x_0 且 $x \in \mathbb{B}_k$，那么在 x 处直方图估计的均方误差为

$$\mathrm{E}\left[\hat{f}_{h_n}(x) - f_X(x)\right]^2$$

$$= \mathrm{Var}\left[\hat{f}_{h_n}(x)\right] + \left[\hat{f}_{h_n}(x) - f_X(x)\right]^2$$

$$= \frac{1}{nh_n^2}\left[F_X\left(c_j + \frac{h_n}{2}\right) - F_X\left(c_j - \frac{h_n}{2}\right)\right]\left[1 - F_X\left(c_j + \frac{h_n}{2}\right) + F_X\left(c_j - \frac{h_n}{2}\right)\right]$$

$$+ \left[\frac{F_X\left(c_j + \frac{h_n}{2}\right) - F_X\left(c_j - \frac{h_n}{2}\right)}{h_n} - f(x)\right]^2$$

$$= \frac{1}{nh_n}f(x) + O\left(\frac{1}{n}\right) + O\left(\frac{h_n}{n}\right) + O(h_n^2),$$

因此当 $h_n \to 0$ 且 $nh_n \to \infty$ 时，均方误差会趋近于 0。对于任意一个正数 $\varepsilon > 0$，则由切比雪夫不等式有：

$$P\left(\left|\hat{f}_{h_n}(x) - f_X(x)\right| > \varepsilon\right) \leqslant \frac{\mathrm{E}\left[\hat{f}_{h_n}(x) - f_X(x)\right]^2}{\varepsilon^2},$$

因此对于任意 $x \in \mathbb{R}$，我们可得到：当 $h_n \to 0$ 且 $nh_n \to \infty$，$\hat{f}_{h_n}(x) \xrightarrow{P} f_X(x)$。有关直方图估计量的渐近分布性质将在下一小节中统一介绍。

9.1.2 核估计

直方图是统计分析中的常用方法，相应构造的概率密度函数的估计也具备相合性，然而这种方法有一些缺陷 (Härdle 等, 2004)：

(1) 对于给定区间 $\mathbb{B}_k$ 中的任意一个点 x，直方图估计都给予同样的估计值 $\hat{f}_{h_n}(c_j)$，估计略显粗糙；

(2) 直方图估计不是一个连续函数，更不可导。

现在我们考虑 $t_n = h_n/2$，则直方图估计量可以写为

$$\hat{f}_{t_n}(x) = \frac{1}{n}\sum_{i=1}^{n} K_{t_n}\left(x - X_i\right), \tag{9.2}$$

其中 $K_{t_n}(s) = K(s/t_n)/t_n$，$K(s) = 2^{-1}\mathbf{1}_{|s|}(1)$，而示性函数 $\mathbf{1}_x$ 的定义见式 (8.5)。这里的函数 K 满足条件 $\int_{-\infty}^{\infty} K(s)ds = 1$ 且 K 在 0 处对称，又称为均匀**核函数** (Kernel function)。推而广之，当我们选择不同核函数 (在定义域上积分为 1 且在 0 处对称的非负函数) 的时候，就可以构造出不同的**核估计量** (Kernel estimator)，其中 t_n 又称为**带宽** (Bandwidth)。常用的一些核函数见表9.1。

表 9.1: 常用核函数

名称	函数 $K(s)$
Uniform	$\frac{1}{2}\mathbf{1}_{|s|}(1)$
Triangle	$(1 - |s|)\mathbf{1}_{|s|}(1)$
Epanechnikov	$\frac{3}{4}(1 - s^2)\mathbf{1}_{|s|}(1)$
Biweight	$\frac{15}{16}(1 - s^2)^2\mathbf{1}_{|s|}(1)$
Triweight	$\frac{35}{32}(1 - s^2)^3\mathbf{1}_{|s|}(1)$
Gaussian	$\frac{1}{\sqrt{2\pi}}\exp\left\{-\frac{1}{2}s^2\right\}$
Cosine	$\frac{\pi}{4}\cos\left(\frac{\pi}{2}s\right)\mathbf{1}_{|s|}(1)$

我们将这些核函数绘制在图9.2中（由于我们在前面章节中已经绘制过标准正态分布的概率密度函数，因此这里就不再绘制高斯核函数）。由图可见，除了均匀核之外的核函数都会在 0 附近拥有更大的取值，并且越接近 0 则取值越大。那么从估计上来说，在 x 处的概率密度函数的核估计就会给离得较近的数据予以更大的权重，越接近则权重越大。相较均匀核而言，这些核函数的设计似乎更加合理。

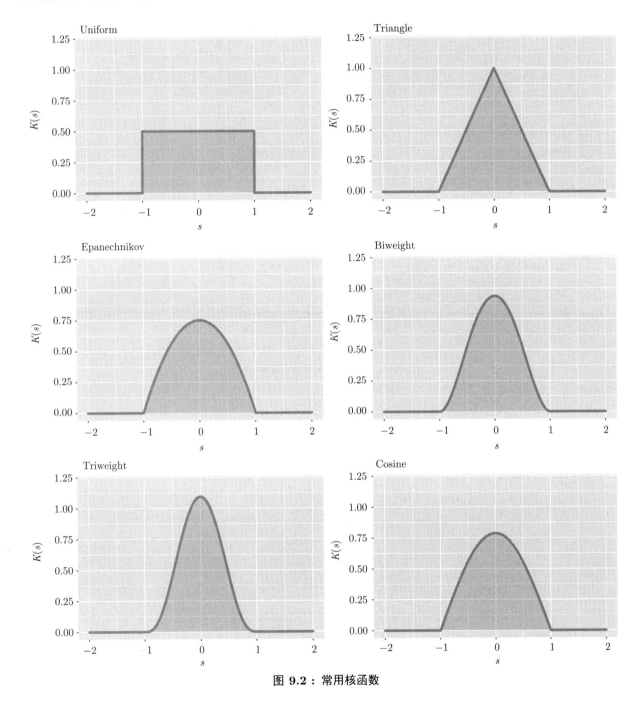

图 9.2：常用核函数

R 软件提供了函数命令 density 来得到概率密度函数的核估计，并提供了多种核函数的选择。我们在图 9.3 中通过调用 R 软件包 ggplot2 的函数命令 geom_density 来直接绘制不同核函数的密度函数核估计，其中虚线是估计的密度函数曲线，实线是真实的密度函数曲线。由图 9.3 可见，不同核函数的选择对于密度函数的估计影响并不大。

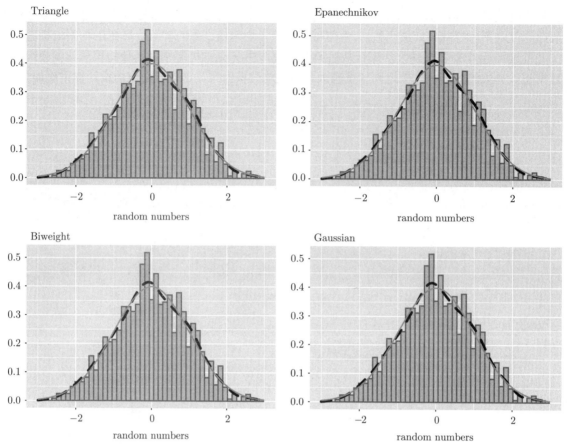

图 9.3：不同核函数密度函数核估计

在上一小节中，我们介绍了直方图估计量的一些统计性质，而直方图估计量实际上是核估计量的一个特例，即选取均匀核函数时得到的估计。下面我们将针对核函数估计量的渐近性质展开讨论，并给出针对核估计量较为一般的渐近结果。给定 $x \in \mathbb{R}$，如果概率密度函数 f_X 满足一定的条件，那么我们可以得到核估计量的理论偏差为

$$
\begin{aligned}
&\mathrm{E}\left[\hat{f}_{t_n}(x)\right] - f_X(x) \\
&= \frac{1}{n} \sum_{i=1}^{n} \mathrm{E}[K_{t_n}(x - X_i)] - f_X(x) \\
&= \int_{-\infty}^{\infty} \frac{1}{t_n} K\left(\frac{x-u}{t_n}\right) f_X(u) du - f_X(x) \\
&= \frac{t_n^2}{2} f_X''(x) \int_{-\infty}^{\infty} v^2 K(v) du + o(t_n^2), \quad 其中 t_n \to 0.
\end{aligned}
\tag{9.3}
$$

上式最后一个等式来自变量变换 $v = (u-x)/t_n$ 以及概率密度函数 f_X 在 x 处的泰勒展开。由上式可知，核估计量的偏差随着带宽趋近于零而趋近于零，且速度是带宽的二次方。然而在核估计量的渐近分布中，带宽二次项 t_n^2 的系数 $\frac{1}{2} f_X''(x) \int_{-\infty}^{\infty} u^2 K(u) du$ 并不会消失，而是带来渐近偏差 (除了二阶导数 f_X'' 取值为零的点)。这一偏差不仅仅与随机变量分布的概率密度函数有关，还与所选择的核函数有关。此外我们还可以得到核估计量的方差为

$$
\mathrm{Var}\left[\hat{f}_{t_n}(x)\right] = \mathrm{Var}\left[\frac{1}{n} \sum_{i=1}^{n} K_{t_n}(x - X_i)\right]
$$

$$= \frac{1}{n} \mathrm{Var} \left[K_{t_n}(x - X) \right]$$

$$= \frac{1}{nt_n} \left\{ \int_{-\infty}^{\infty} [K(v)]^2 dv \right\} f_X(x) + o \left(\frac{1}{nt_n} \right), \quad \text{其中} \, nt_n \to \infty. \tag{9.4}$$

上式最后一个等式也来自变量变换 $v = (u - x)/t_n$ 以及概率密度函数 f_X 在 x 处的泰勒展开。由上式可知，核估计量的方差同时依赖核函数的选取与概率密度函数的取值 $f_X(x)$，且当 $nt_n \to \infty$ 时，方差会趋近于 0。实际上这也表明：如果需要得到渐近分布，那么我们得考虑在估计量乘上 $(nt_n)^{1/2}$ 来得到渐近方差。与此同时，结合式 (9.3)，我们需要 $(nt_n)^{1/2} \times t_n^2$ 有界，这样才不会导致估计量乘上 $(nt_n)^{1/2}$ 之后的偏差随着样本量的增加而趋近于无穷，因此在这里带宽趋近于 0 的速度应为 $O(n^{-1/5})$。假设我们选取的核密度满足条件 $\int_{-\infty}^{\infty} |u|^3 K(u) du < C$，其中 C 是一个常数，那么下面的定理9.1将给出核估计量的极限分布结果。

定理 9.1： 假设随机样本 $X_1, X_2, \cdots, X_n$ 独立产生于概率密度函数为 f_X 的分布，且概率密度函数的前三阶导数在定义域上一致有界。对于任意 $x \in \mathbb{R}$，定义于式 (9.2) 的核估计量 $\hat{f}_{t_n}(x)$ 有如下渐近性质：

(1) 当 $t_n \to 0$ 且 $nt_n \to \infty$ 时，$\hat{f}_{t_n}(x) \xrightarrow{P} f_X(x)$；

(2) 假设 $f_X(x) > 0$，$t_n = \kappa_n n^{-1/5}$ 且当 $n \to \infty$ 时，$\kappa_n \to \kappa$，这里 κ 是一个正常数。这时有以下结果成立：

$$n^{2/5} \left[\hat{f}_{t_n}(x) - f_X(x) \right] \xrightarrow{L} N \left(\frac{\kappa^2 f_X''(x)}{2} \int_{-\infty}^{\infty} u^2 K(u) du, \, \frac{f_X(x)}{\kappa} \int_{-\infty}^{\infty} [K(u)]^2 du \right),$$

其中 K 是所选择的某个核函数。

证明：

(1) 由式 (9.3) 和 (9.4)，我们得到核估计的均方误差为

$$\mathrm{E} \left[\hat{f}_{t_n}(x) - f_X(x) \right]^2$$

$$= \frac{t_n^4}{4} f_X''(x) \left[\int_{-\infty}^{\infty} u^2 K(u) du \right]^2 + \frac{1}{nt_n} \left\{ \int_{-\infty}^{\infty} [K(u)]^2 du \right\} f_X(x) + o(t_n^4) + o \left(\frac{1}{nt_n} \right),$$

所以当 $t_n \to 0$ 且 $nt_n \to \infty$ 时，均方误差趋近于 0。再由马尔科夫不等式，立刻有结论成立：

$$P \left(\left| \hat{f}_{t_n}(x) - f(x) \right| > \varepsilon \right) = P \left(\left[\hat{f}_{t_n}(x) - f(x) \right]^2 > \varepsilon^2 \right) \leqslant \frac{\mathrm{E} \left[\hat{f}_{t_n}(x) - f(x) \right]^2}{\varepsilon^2} \to 0,$$

其中 $\varepsilon > 0$ 是一个常数。

(2) 考虑下式：

$$n^{2/5} \left[\hat{f}_{t_n}(x) - f_X(x) \right] - \frac{\kappa^2}{2} f_X''(x) \int_{-\infty}^{\infty} u^2 K(u) du$$

$$= n^{2/5} \left[\hat{f}_{t_n}(x) - f_X(x) - \frac{t_n^2}{2} f_X''(x) \int_{-\infty}^{\infty} u^2 K(u) du \right] + \frac{\kappa_n^2 - \kappa^2}{2} f_X''(x) \int_{-\infty}^{\infty} u^2 K(u) du$$

$$= n^{2/5} \left\{ \left[\hat{f}_{t_n}(x) - f_X(x) \right] - \mathrm{E} \left[\hat{f}_{t_n}(x) - f_X(x) \right] \right\}$$

$$+ n^{2/5} \left\{ \mathrm{E} \left[\hat{f}_{t_n}(x) - f_X(x) \right] - \frac{t_n^2}{2} f_X''(x) \int_{-\infty}^{\infty} u^2 K(u) du \right\} + \frac{\kappa_n^2 - \kappa^2}{2} f_X''(x) \int_{-\infty}^{\infty} u^2 K(u) du$$

$$= \frac{1}{\sqrt{n}} \sum_{i=1}^{n} k_{ni} + o(1),$$

其中最后一个等式来自式 (9.3) 和条件 $t_n = \kappa_n n^{-1/5}$ 且 $\lim_{n\to} \kappa_n = \kappa$，这里 $k_{ni} = \{K_{t_n}(x - X_i) - \mathrm{E}[K_{t_n}(x - X)]\}/n^{1/10}$。

由式 (9.4) 和条件 $t_n = \kappa_n n^{-1/5}$ 且 $\lim_{n\to} \kappa_n = \kappa$，我们可以得到：$\mathrm{Var}\left(\sum_{i=1}^n k_{ni}/\sqrt{n}\right) = \frac{f_X(x)}{\kappa}\left\{\int_{-\infty}^{\infty}[K(u)]^2 du\right\} + o(1)$。因此由式 (9.13) 可知结论成立。 $\qquad\square$

由于直方图估计量对应着均匀核估计，因此该估计量也具有渐近正态性，其极限分布可以通过将均匀核代入定理9.1中的渐近正态分布中得到。对于其他的核函数，我们也可以类似得到其相应估计量的渐近分布。定理9.1描述了在 x 给定时核估计量的极限分布性质，更多的理论结果可以参阅 Giné 和 Nickl (2016)。

由定理9.1的条件可知，带宽 t_n 需要与样本量有关，且趋近于 0 的速度低于样本量的增长速度。核估计量的渐近分布不仅仅与核函数的选择有关，还和带宽的选择 (通常对应于 κ 值) 有关。这一点从直观上来讲也比较好理解，一方面，如果带宽不趋近于 0，则如求积分一样，概率密度函数不能被分割得充分细而被核函数较好地逼近，因此这里更多的是数学上确定性函数逼近的需要；另外一方面，如果数据量的增长速度不能远远大于带宽的下降速度，那么在相应由带宽决定的区域内，数据量不足以确保相应统计量较好地逼近其均值，因此这里更多的是样本统计量与其期望之间概率意义上逼近的需要。Härdle 等 (2004) 讨论了一些选择带宽的方法，我们在本书中不再做介绍。

9.2　非参数统计推断

我们在第 3 章开始介绍了一些基于参数分布假设下的统计推断方法。在本节中，我们将在位置模型 (8.4) 下考虑一些非参数统计推断方法，包括经典的非参数检验方法和基于再取样的自举法。

9.2.1　符号检验

在第 8.3 节中，我们假设随机样本 $X_1, X_2, \cdots, X_n$ 产生于位置模型 (8.4)。在本小节中，我们假设位置模型中的参数 θ 是中位数，模型误差 ϵ_i 是连续随机变量且支撑为 $(-\infty, \infty)$。那么模型误差的分布函数 F 满足约束条件 $T_{1/2}(F) = 0$，其中 $T_{1/2}$ 是定义于式 (8.2) 的中位数泛函 ($\tau = 1/2$)。这个时候如果考虑绝对值损失函数，则可以得到样本中位数，即

$$T_{1/2}(\hat{F}_n) = \operatorname*{argmin}_{\theta} \sum_{i=1}^n |x_i - \theta|,$$

其中 $x_1, x_2, \cdots, x_n$ 是观察值，$\hat{F}_n$ 是经验分布函数。在模型假设下，我们考虑的误差分布形成的空间是 $\mathcal{P}_{1/2} = \{F \in \mathcal{P}|T_{1/2}(F) = 0\}$，因此并不能用有限维的参数加以描述。这里的约束条件，即模型误差的中位数为 0，等价于条件 $\mathrm{E}[\psi_{1/2}(\epsilon_i)] = 0$，其中 $\psi_{1/2}(t) = \frac{1}{2} - \mathbf{1}_t(0)$，而 $\mathbf{1}_t$ 是示性函数，其定义见式 (8.5)。估计量 $T_{1/2}(\hat{F}_n)$ 是在非参数设定的模型误差下得到的估计，相应的渐近分布见式 (8.13)。

现在考虑下面的假设：

$$H_0 : \theta = \theta_0 \quad \text{与} \quad H_1 : \theta \neq \theta_0. \tag{9.5}$$

我们可以采用 (8.13) 中的渐近分布来完成检验，但是这就需要样本量较大的情况下使用正态分布来逼近，并且需要估计出模型误差在 0 处的概率密度函数取值。

在假设检验中,还有一大类检验方法是基于得分函数构造的,这类方法又称为**得分检验** (Score test)。显然，中位数估计量的得分函数就是 $\psi_{1/2}$。如果我们基于得分函数来构造检验统计量 $\sum_{i=1}^n \psi_{1/2}(x_i - \theta_0)$，

那么本质上就是下面的**符号统计量** (Sign statistic)：

$$\tilde{S}_n = \sum_{i=1}^n \text{sgn}(x_i - \theta_0), \tag{9.6}$$

其中 sgn 是符号函数，即当 $x > 0$ 时，$\text{sgn}(x) = 1$，否则 $\text{sgn}(x) = -1$。为了方便推导出符号统计量的精确分布，我们可以等价地考虑下面的检验统计量：

$$S_n = \sum_{i=1}^n B_i, \tag{9.7}$$

其中 $B_i = 1 - \mathbf{1}_{X_i}(\theta_0)$。这里 S_n 实际上是随机样本中大于 θ_0 的变量个数。在模型 (8.4) 下，如果原假设为真，那么 $p = P(B_i = 1) = 1/2$；如果备择假设为真，那么 $p = P(B_i = 1) \neq 1/2$。由此可见，

$$S_n \sim B(n, p).$$

而原先的假设问题可以转化为

$$H_0 : p = 1/2 \quad \text{与} \quad H_1 : p \neq 1/2. \tag{9.8}$$

在原假设下，检验统计量 S_n 的分布并不依赖样本 X_i 的分布，那么这种检验又称为**无分布依赖** (Distribution free) 的检验。因此，当样本量 n 不是很大的时候，我们可以通过二项式分布来进行假设检验；如果样本量较大时，我们依然可以使用二项式分布来进行检验，或者可以通过标准正态分布逼近来完成检验，即

$$\frac{S_n - np}{\sqrt{np(1-p)}} \xrightarrow{P} N(0, 1).$$

此时在原假设下计算检验统计量时，我们可以将 $p = 1/2$ 代入上式，并计算统计量 $\frac{S_n - (n/2)}{\sqrt{n/2}}$ 即可；或者找到事件发生概率 p 的一个相合估计 $\hat{p}$，然后再计算统计量 $\frac{S_n - (n/2)}{\sqrt{n\hat{p}(1-\hat{p})}}$。

当考虑单边检验时，式 (9.5) 和 (9.8) 中两个备择假设的不等号方向会保持一致。具体而言，如果式 (9.5) 中的备择假设为 $\theta < \theta_0$，那么式 (9.8) 中的备择假设就是 $p < 1/2$；如果式 (9.5) 中的备择假设为 $\theta > \theta_0$，那么式 (9.8) 中的备择假设就是 $p > 1/2$。这一点也比较容易理解，当真实的中位数参数 $\theta > \theta_0$ 时，那么概率 $P(B_i = 1) = P(X_i - \theta_0 > 0) = P(X_i \geqslant \theta) + P(\theta_0 < X_i < \theta) > 1/2$；同理我们也可以论证 $\theta < \theta_0$ 的情况。因此，当真实的参数 θ 不为 θ_0 时，则符号检验所考虑二项式分布的事件发生概率 p 也不再是 $1/2$。随着样本量的增加，我们也预期符号检验的功效函数会增长到 1(见本章练习第 8 题)。

例 9.1： 我们现在分析 Whitley 和 Ball (2002) 一文中有关败血症死亡率的数据集。在 16 项实验里研究人员计算了败血症患者有无急性肾功能衰竭并发症的死亡率相对风险。具体数据见表9.2，其中 "+" 号表示相对风险超过 1，"-" 号表示相对风险小于 1。现在我们担心并发症的出现会导致死亡率的提高，因此可以考虑假设 (r 表示真实相对风险)：

$$H_0 : r = 1 \quad \text{与} \quad H_1 : r > 1.$$

假设这 16 个实验是独立完成，且实验环境和操作方式类似，因而可以认为这些样本相对风险率独立产生于同一个分布。如果数据被存在 R 软件的变量 RelativeRisk 之中，那么我们可以使用以下代码完成检验：

表 9.2: 败血症患者有无急性肾功能衰竭并发症的死亡率相对风险

实验	相对风险	风险
1	0.75	−
2	2.03	+
3	2.29	+
4	2.11	+
5	0.80	−
6	1.50	+
7	0.79	−
8	1.01	+
9	1.23	+
10	1.48	+
11	2.45	+
12	1.02	+
13	1.03	+
14	1.30	+
15	1.54	+
16	1.27	+

```
n = length(RelativeRisk)
Sn = sum(RelativeRisk - 1 > 0)   # 统计量Sn的取值
1 - pbinom(Sn - 1, n, 1/2)   # 基于二项式分布的p值
```

[1] 0.010635376

```
p = Sn/n
1 - pnorm((Sn - n/2)/(sqrt(n*p*(1 - p))))   # 基于标准正态分布逼近得到的p值
```

[1] 0.000681052336

由上面的结果可见，无论是精确分布得到的检验结果，还是基于正态分布逼近得到的检验结果都表明：败血症患者的急性肾功能衰竭并发症带来死亡率升高的可能性很大。

9.2.2 威尔科森符号秩和检验

在位置模型 (8.4) 下，如果仅仅知道位置参数是中位数，那么我们可以采用上一小节中讨论的符号检验来对参数 θ 做统计推断。假设我们对于模型误差的分布有了更多的信息，考虑其分布函数 F 来自空间 $\mathcal{P}_1 = \{F \in \mathcal{P}|T_{1/2}(F) = 0$ 且 $F'(x) = F'(-x),\ x \in \mathbb{R}\}$，即不仅模型误差的总体中位数为 0，而且在 0 处对称分布。上一小节中的符号检验仍然可以被用来检验中位数参数，但是没有利用到模型误差对称分布这一信息。那么从统计学上来说，我们应当可以构造出使用对称分布这一信息的检验，从而获取更高的检验功效。一种经典的检验方法就是**威尔科森符号秩和检验** (Wilcoxon signed-rank test)。

我们在位置模型 (8.4) 下考虑如下估计量：

$$\hat{\theta}_{HL} = \operatorname*{argmin}_{\theta} \rho_{HL}(\boldsymbol{X} - \theta \boldsymbol{1}_n), \tag{9.9}$$

其中 $\rho_{HL}(\boldsymbol{x}) = \sum_{i=1}^n i|x_{j_i}|$，$\boldsymbol{x} = (x_1, x_2, \cdots, x_n)^\top$，$\boldsymbol{1}_n = (1, 1, \cdots, 1)^\top$ 是一个长度为 n 的向量，j_i 表示第 i 个绝对值顺序统计量在原数据中的对应下标，即 $|x_{j_i}| = |x|_{(i)}$，$|x|_{(i)}$ 表示将 $|x_1|, |x_2|, \cdots, |x_n|$ 从小到大排序后的第 i 个顺序统计量。这一排列顺序 $j_1, j_2, \cdots, j_n$ 称为**逆秩** (Anti-ranks)。估计量 $\hat{\theta}_{HL}$ 称为 Hodges-Lehmann 估计量 (Hodges 等, 1963)，并且其对应的泛函 T_{HL} 是位置泛函 (见本章练习第 9 题)。由于模型误差 ϵ 的分布函数 $F \in \mathcal{P}_1$，因此由定理 8.1 可知，当 $F_X \in \mathcal{P}_1$ 时，$\theta_0 = T_{HL}(F_X)$，也就是说中位数、均值和 $T_{HL}(F_X)$ 都是同一个参数。

现在考虑下面的假设：

$$H_0 : \theta = \theta_0 \quad \text{与} \quad H_1 : \theta \neq \theta_0.$$

由于我们可以通过变换 $X_1 - \theta_0, X_2 - \theta_0, \cdots, X_n - \theta_0$ 将原变量中心化，因此不失一般性，这里假设 $\theta_0 = 0$。由式 (9.9) 可知估计量 $\hat{\theta}_{HL}$ 所对应的得分函数为

$$W_n = \sum_{i=1}^n \operatorname{sgn}(X_{j_i}) i.$$

实际上，这一得分函数就是威尔科森符号秩和检验统计量：

$$W_n = \sum_{i=1}^n \operatorname{sgn}(X_i) \mathrm{R}_{|X_i|},$$

其中 $\mathrm{R}_{|X_i|}$ 表示 $|X_i|$ 在绝对值序列 $\{|X_1|, |X_2|, \cdots, |X_n|\}$ 中由小到大排序后的秩。

下面的引理说明这些绝对值 $|X_1|, |X_2|, \cdots, |X_n|$ 的任意排列与其符号在原假设下独立。

引理 9.1： 在原假设 $H_0 : \theta = 0$ 下，如果 $X_1, X_2, \cdots, X_n$ 产生于分布 $F_X \in \mathcal{P}_1$，那么绝对值变量 $|X_1|, |X_2|, \cdots, |X_n|$ 与符号变量 $\operatorname{sgn}(X_1), \operatorname{sgn}(X_2), \cdots, \operatorname{sgn}(X_n)$ 独立。

证明：我们考虑 $|X_i|$ 与 $\operatorname{sgn}(X_i)$ 的联合分布：

$$\begin{aligned}
P(|X_i| \leqslant x, \operatorname{sgn}(X_i) = 1) &= P(0 < X_i \leqslant x) \\
&= F_X(x) - \frac{1}{2} \\
&= [2F_X(x) - 1] \times \frac{1}{2} \\
&= P(|X_i| \leqslant x) P(\operatorname{sgn}(X_i) = 1).
\end{aligned}$$

同理可证：$P(|X_i| \leqslant x, \operatorname{sgn}(X_i) = -1) = P(|X_i| \leqslant x) P(\operatorname{sgn}(X_i) = -1)$。结论得证。$\qquad\square$

这个引理揭示了一个重要的结果，即随机变量的绝对值与其符号独立，由此我们可以进一步得到下面的结果，从而方便我们分析检验统计量 W_n 的统计性质。

引理 9.2： 在原假设 $H_0 : \theta = 0$ 下，如果 $X_1, X_2, \cdots, X_n$ 产生于分布 $F_X \in \mathcal{P}_1$，那么 $\operatorname{sgn}(X_{j_1}), \operatorname{sgn}(X_{j_2}), \cdots, \operatorname{sgn}(X_{j_n})$ 相互独立。

证明：给定一个向量 $\boldsymbol{s} = (s_1, s_2, \cdots, s_n)^\top$，其中 $s_i \in \{-1, 1\}$。下标 j_i 实际上是 $|X_1|, |X_2|, \cdots, |X_n|$ 的一个函数，因此在 $|X_1|, |X_2|, \cdots, |X_n|$ 给定时，这些下标 j_i 也相应确定。由引理9.1可知：

$$P(\operatorname{sgn}(X_{j_1}) = s_1, \operatorname{sgn}(X_{j_2}) = s_2, \cdots, \operatorname{sgn}(X_{j_n}) = s_n)$$

$$= \mathrm{E}\left[P(\mathrm{sgn}(X_{j_1}) = s_1, \mathrm{sgn}(X_{j_2}) = s_2, \cdots, \mathrm{sgn}(X_{j_n}) = s_n \mid |X_1|, |X_2|, \cdots, |X_n|)\right]$$

$$= \mathrm{E}\left[\prod_{i=1}^{n} P(\mathrm{sgn}(X_{j_i}) = s_i \mid |X_1|, |X_2|, \cdots, |X_n|)\right]$$

$$= \prod_{i=1}^{n} \mathrm{E}\left[P(\mathrm{sgn}(X_{j_i}) = s_i \mid |X_1|, |X_2|, \cdots, |X_n|)\right]$$

$$= \prod_{i=1}^{n} P(\mathrm{sgn}(X_{j_i}) = s_i),$$

其中第二个和第三个等式来自不同随机数 $X_1, X_2, \cdots, X_n$ 之间的独立性以及引理9.1中的结论。因此结论得证。 □

引理9.2说明逆秩得到的表达式中所有的符号项 $\mathrm{sgn}(X_{i_j})$ 之间都相互独立。因此统计量 W_n 的矩母函数为

$$\mathrm{E}e^{tW_n} = \prod_{i=1}^{n} \mathrm{E}e^{t[\mathrm{sgn}(X_{j_i})i]}$$

$$= \frac{1}{2^n} \prod_{i=1}^{n} (e^{-ti} + e^{ti}).$$

显然 $\mathrm{E}e^{t(-W_n)} = \mathrm{E}e^{(-t)W_n} = \prod_{i=1}^{n}(e^{ti} + e^{-ti})/2^n$，因此统计量 W_n 的分布在 0 处对称，并且矩母函数与 X_i 的分布函数无关。由此可见，威尔科森符号秩和检验并无分布依赖。基于引理9.2，我们可以进一步得到检验统计量 W_n 的统计性质。

定理 9.2： 假设随机变量 $X_1, X_2, \cdots, X_n$ 产生于位置模型 (8.4) 且模型误差 ϵ_i 的分布函数 $F \in \mathcal{P}_1$，并记 X_i 的分布函数和概率密度函数分别为 F_X 和 f_X。那么在原假设 $H_0 : \theta = 0$ 下，我们可以得到：

(1) $\mathrm{E}W_n = 0$；
(2) $\mathrm{Var}(W_n) = \frac{n(n+1)(2n+1)}{6}$；
(3) $\frac{W_n}{\sqrt{n(n+1)(2n+1)/6}} \xrightarrow{L} N(0,1)$。

证明：

(1) 注意到 $P(X_{j_i} = 1) = P(X_{j_i} = -1) = \frac{1}{2}$，因此由引理9.1可得到：

$$\mathrm{E}W_n = \sum_{i=1}^{n} \mathrm{E}[\mathrm{sgn}(X_{j_i})i] = \sum_{i=1}^{n} i\mathrm{E}[\mathrm{sgn}(X_{j_i})] = 0.$$

(2) 注意到 $\mathrm{Var}[\mathrm{sgn}(X_i)] = 1$，所以我们有如下结果：

$$\mathrm{Var}(W_n) = \sum_{i=1}^{n} i^2 \mathrm{Var}[\mathrm{sgn}(X_i)] = \sum_{i=1}^{n} i^2 = \frac{n(n+1)(2n+1)}{6}.$$

(3) 令 $a_i = i \left/ \sqrt{\frac{n(n+1)(2n+1)}{6}} \right.$，则 $\frac{W_n}{\sqrt{n(n+1)(2n+1)/6}} = \sum_{i=1}^{n} a_i \mathrm{sgn}(X_{j_i})$。注意到：

$$\left| e^x - \sum_{k=0}^{K} \frac{x^k}{k!} \right| \leqslant \min\left\{ \frac{|x|^{K+1}}{(K+1)!}, \frac{2|x|^K}{K!} \right\},$$

其中 x 在 0 的一个邻域中。类似 Billingsley (2012) 文中定理 27.2(即第 2 章中定理 2.49) 的证明，我们可以通过考虑特征函数来得到结论。或者可以直接检验定理 2.49 的条件：当 $n \to \infty$ 时，我

们有

$$
\begin{aligned}
\frac{\mathrm{E}|\operatorname{sgn}(X_{j_i})i|^3}{[n(n+1)(2n+1)/6]^{3/2}}
&= \frac{\sum_{i=1}^n i^3}{[n(n+1)(2n+1)/6]^{3/2}} \\
&< \frac{n\sum_{i=1}^n i^2}{[n(n+1)(2n+1)/6]^{3/2}} \\
&= \frac{n[n(n+1)(2n+1)]/6}{[n(n+1)(2n+1)/6]^{3/2}} \\
&= \frac{n}{[n(n+1)(2n+1)/6]^{1/2}} \\
&= \left[\frac{6n}{(n+1)(2n+1)}\right]^{1/2} \longrightarrow 0,
\end{aligned}
$$

因此由定理 2.49 即可得到结论。 $\qquad\square$

这里我们使用 R 命令 wilcox.test 函数继续分析上一小节中的败血症数据集并考虑同样的原假设和备择假设。

```
result = wilcox.test(x = RelativeRisk, alternative = "greater", mu = 1,
conf.int = TRUE, conf.level = .95)
```

当该命令中的选择项 conf.int 被设置为真时，HL 估计值可以通过 result\$estimate 得到，这里具体的数值为 1.3875。基于正态分布逼近的检验所得到的 p 值为 0.0026，因此这里的结论和上一小节保持一致，即肾衰竭并发症很可能导致败血症患者死亡风险的提高。

视角与观点： *整体是部分的有机统一、集合，而部分则是整体的子集。适用于整体的方法，自然也适用于部分，但是部分有其特点，如果能充分利用其特征，我们可以改进适用于整体的一般方法。比如我们前面介绍的符号检验适用于所有位置模型中误差中位数为 0 的分布，因此对于模型误差在 0 处对称分布的情况而言，符号检验一样适用。然而，如果我们能利用对称分布这一特征，那么我们就可以通过威尔科森符号秩和检验来提高检验功效。实际上，这些非参数分布族包含了无数参数分布族，那么一旦我们确定数据产生于其中的某个参数分布族，则可以充分利用参数分布信息，在一些场景下通过似然函数来得到一致最高功效检验。因此我们未必要过于追求方法的一般性而忽视自己碰到问题的特殊性，充分理解特殊性有时候可以带来更好的解决方案。*

9.2.3 非配对两样本威尔科森检验

在第 3 章中介绍了基于参数分布的非配对两样本检验，而在非参数统计中与之对应的经典方法就是**非配对两样本威尔科森检验** (Unpaired two-samples Wilcoxon test)，又称为**威尔科森秩和检验** (Wilcoxon rank-sum test)。

假设 $X_1, X_2, \cdots, X_n$ 是一个随机样本，其分布函数为 F_X，概率密度函数为 f_X。再假设 $X_1, X_2, \cdots,$ X_m 也是一个随机样本，其分布函数为 F_Y，概率密度函数为 f_Y。我们仍然在位置模型 (8.4) 下来考虑问题，即

$$
\begin{aligned}
X_i &= \theta_0 + \epsilon_i, \quad i = 1, 2, \cdots, n, \\
Y_i &= \theta_0 + \delta + \varepsilon_i, \quad i = 1, 2, \cdots, m,
\end{aligned}
\tag{9.10}
$$

这里 δ 称为**位移** (Shift)，且模型误差 ϵ_i 和 ε_i 服从同一个分布 F。实际上位移 δ 独立于位置泛函的选择，即 $\delta = T(F_Y) - T(F_X)$，其中 T 是任意位置泛函 (见定义 8.1)。这一点不难理解，由于模型误差 ϵ_i 和 ε_i 服从同一个分布，因此基于位置泛函的性质，我们可以得到 $T(F_X) = \theta_0 + T(F)$ 和 $T(F_Y) = \theta_0 + \delta + T(F)$。

在两样本检验中，大家经常感兴趣的一个问题是两个样本是否来自同一个分布，而在当前位置模型的假设下，则可以考虑下面的原假设和备择假设：

$$H_0 : \delta = 0 \quad 与 \quad H_1 : \delta \neq 0. \tag{9.11}$$

在原假设下，所有的数据都产生于同一个分布，因此两个样本可以混在一起，并且每个样本的顺序不会由于两个来源而有系统性差别。换句话说，在原假设下我们应当预期 $n^{-1} \sum_{i=1}^{n} \mathrm{R}_{X_i}$ 与 $m^{-1} \sum_{i=1}^{m} \mathrm{R}_{Y_i}$ 大致相同，这里 R_{X_i} 和 R_{Y_i} 分别表示 X_i 和 Y_i 在序列 $\{X_1, X_2, \cdots, X_n, Y_1, Y_2, \cdots, Y_m\}$ 由小到大排序后的秩；而在备择假设下，我们应当预期 $|m^{-1} \sum_{i=1}^{m} \mathrm{R}_{Y_i} - n^{-1} \sum_{i=1}^{n} \mathrm{R}_{X_i}|$ 显著大于 0。实际上，在原假设下随机变量 Y_i 的秩 R_{Y_i} 在 $\{1, 2, \cdots, n+m\}$ 上均匀分布，因此两样本威尔科森检验采用了如下的检验统计量：

$$R_m = \sum_{i=1}^{m} \mathrm{R}_{Y_i}.$$

原假设下 R_n 的分布无分布依赖，这是由于 $P(R_m = r) = \sum_{r_1 + r_2 + \cdots + r_m = r} \binom{n+m}{m}^{-1}$，其中 $\{r_1, r_2, \cdots, r_m\}$ 是 $\{1, 2, \cdots, n\}$ 的子集。实际上，我们可以得到以下结果：

$$R_m = \sum_{j=1}^{m} \sum_{i=1}^{n} \mathbf{1}_{X_i}(Y_j) + \sum_{j=1}^{m} \sum_{j=1}^{m} \mathbf{1}_{Y_i}(Y_j)$$

$$= I_{nm} + \frac{m(m+1)}{2},$$

其中 $\mathbf{1}_x$ 是定义于式 (8.5) 的示性函数，统计量 $I_{nm} = \sum_{i=1}^{n} \sum_{j=1}^{m} \mathbf{1}_{X_i}(Y_j)$ 在集合 $\{0, 1, \cdots, nm\}$ 中取值，且均值和方差分别为 $\frac{nm}{2}$ 和 $\frac{nm(n+m+1)}{12}$。R 命令 dwilcox 基于统计量 I_{nm} 来计算概率 $P(R_m = r)$。例如，$n = m = 5$，$r = 15$，则 $P(R_m = 15) = P(I_{nm} = 5)$ 为

```
dwilcox(5,5,5)
```

```
## [1] 0.0277777778
```

统计量 I_{nm} 的分布如图 9.4 所示。

如果 $\delta > 0$，则拒绝域是 $R_n \leqslant c_1$ 或者 $R_n \geqslant c_2$，其中 c_1, c_2 是两个常数并由显著性水平决定。例如，如果我们考虑显著性水平 0.05，那么如图 9.4 的虚线所示，我们分别使用了统计量 I_{nm} 分布的 2.5% 和 97.5% 分位数作为常数 c_1 和 c_2 的取值。

当样本量 n 和 m 较大时，我们可以使用正态分布逼近 I_{nm} 的精确分布：

$$\frac{I_{nm} - (nm/2)}{\sqrt{nm(n+m+1)/12}} \xrightarrow{L} N(0,1), \quad 当 n, m \to \infty.$$

由于其理论证明会涉及 U 统计量 (Serfling, 1980) 的相关知识，已经超出本书的范围，我们就不再提供证明。

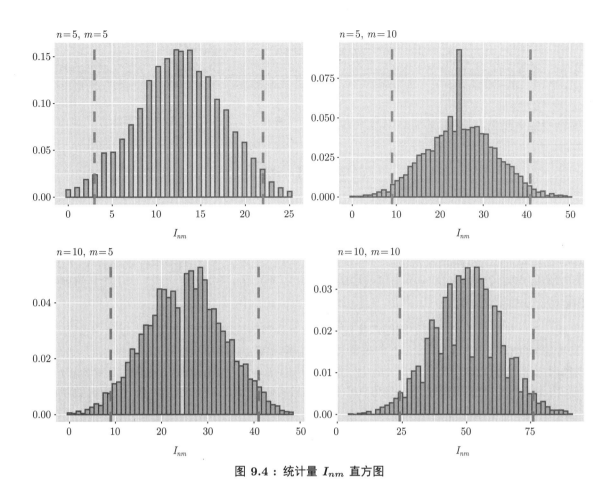

图 9.4：统计量 I_{nm} 直方图

例 9.2： Gumpertz 等 (1997) 分析了土壤的水分含量与灯笼椒疾病之间的关系。我们则使用了该论文中两个试验田土壤水分含量数据来做一个比较分析 (其中第一块田取样 72 份，第二块田取样 80 份，数据如图 9.5 所示)。

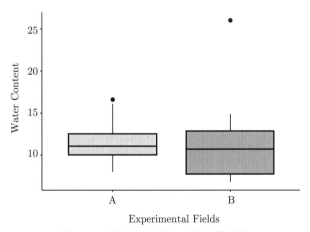

图 9.5：试验田土壤水分含量箱线图

假设数据存储在 R 软件的变量 WaterData 之中，列变量 Field 的取值 A 和 B 分别代表两块试验田，列变量 WaterContent 则包含了土壤的水分含量。如果我们考虑的原假设和备择假设如式 (9.11) 所示，那么可以使用如下 R 程序进行威尔科森秩和检验 (基于正态分布逼近)：

```
result = wilcox.test(WaterContent ~ Field, data = WaterData,
alternative = "two.sided")
```

所得到的 p 值是 0.036，从而表明两个试验田的土壤水分含量分布有不小的可能存在显著性差别。

9.3 自举法

数据的产生过程在实际场景中往往未知，因此统计学家通过各种参数或非参数的方法努力去一探总体的"庐山真面目"。自举法 (Efron, Tibshirani, 1994) 就是一种广为采用的**再取样** (Resampling) 方法，其中最广为人知的自举法就是可放回再取样，即对于产生于分布 F 的随机样本 $X_1, X_2, \cdots, X_n$，我们以同等的概率可放回地从这 n 个随机数中随机取出 n 个样本，记为 $X_1^*, X_2^*, \cdots, X_n^*$，这就是**自举样本** (Boostrapped sample)。

本质上，自举法在模拟真实数据的产生过程，从而达到进行统计推断的目的。我们不妨从另外一个角度来考虑自举样本 $X_1^*, X_2^*, \cdots, X_n^*$ 的采样过程。经验分布 $\hat{F}_n$ 也是一种分布，如果我们从经验分布中产生随机数，其实就是自举样本的产生过程：$X_i^* \sim \hat{F}_n$。在本章开始的时候，我们给出结论：$\hat{F}_n \xrightarrow{P} F$。换句话说，样本量较大时，经验分布会和真实分布比较接近，因此从经验分布中产生随机数就能较好模仿从真实分布中产生随机数。

考虑参数 $\theta = T(F)$，其中 T 是位置泛函，$\hat{\theta} = T(\hat{F}_n)$ 称为诱导估计量 (见第 8.1 节)。如果记自举样本的经验分布为 $\hat{F}_n^*$，那么我们可以得到相应的诱导估计量 $\hat{\theta}^* = T(\hat{F}_n^*)$。假设我们独立产生 K 个样本量为 n 的自举样本，并记对应的诱导统计量为 $\hat{\theta}_1^*, \hat{\theta}_2^*, \cdots, \hat{\theta}_K^*$，则这些基于自举样本产生的诱导统计量就可以用来得到近似 $\hat{\theta}$ 的分布，从而让我们对参数 θ 进行统计推断，如估计统计量的方差、偏差等。这就是自举法的基本思想。

在实际操作过程中，如何从 $\hat{F}_n$ 中随机产生自举样本呢？因为经验分布 $\hat{F}_n$ 实际是每个样本点 $X_1, \cdots, X_n$ 概率为 n^{-1} 的分布函数，所以从 $\hat{F}_n$ 中随机产生一个观测相当于从 $X_1, \cdots, X_n$ 中随机抽取一个数。因此，从 $X_1, \cdots, X_n$ 中有放回地抽取 n 次得到自举样本 $X_1^*, \cdots, X_n^*$。

例 9.3： 从某法学院录取学生中随机选取了 15 名学生记录下他们的 LSAT 成绩和 GPA，如表 9.3 所示。请估计此法学院录取学生 LSAT 成绩的中位数、GPA 的中位数，以及 LAST 成绩和 GPA 的相关系数，并给出这些估计的标准误。

表 9.3: 法学院录取学生的 LSAT 成绩和 GPA 调查结果

序号	1	2	3	4	5	6	7	8	9	10	11	12	13	14	15
LSAT	576	635	558	578	666	580	555	661	651	605	653	575	545	572	594
GPA	3.39	3.30	2.81	3.03	3.44	3.07	3.00	3.43	3.36	3.13	3.12	2.74	2.76	2.88	3.96

解： 设 X 和 Y 分别记作 LSAT 成绩和 GPA。LSAT 成绩的中位数记作 M_X，GPA 的中位数记作 M_Y，LAST 成绩和 GPA 的相关系数记作 ρ。

因为 $n = 15$，所以样本中位数即为第 8 次序统计的观测值，由此可得

$$\hat{M}_X = X_{(8)} = 580, \qquad \hat{M}_Y = Y_{(8)} = 3.12.$$

而相关系数 ρ 的估计为

$$\hat{\rho} = \frac{\sum_i (X_i - \bar{X})(Y_i - \bar{Y})}{\sqrt{\sum_i (X_i - \bar{X})^2 \sum_i (Y_i - \bar{Y})^2}} = 0.5459.$$

我们还需要给出这些估计的标准误，为此我们采用自举法。我们以 LSAT 的中位数的标准误为例说明 R 软件中自举法的运算，其中重抽样次数 $B = 10000$。

```
LSAT = c(576,635,558,578,666,580,555,661,651,605,653,575,545,572,594)
ML = median(LSAT)  # 给出LSAT中位数的估计
n = length(LSAT)
B = 10000    # resampling次数
set.seed(1)
ML.boot = replicate(B,median(sample(LSAT,replace = TRUE)))  # 产生B次Median的估计
se.ML = sd(ML.boot)  # 标准误的自举法估计
```

由此我们得到 $\hat{M}_X$ 的自举法标准误。我们还可以类似求出 $\hat{M}_Y$ 以及 $\hat{\rho}$ 的自举法标准误：

$$\hat{se}_B(\hat{M}_X) = 18.638, \quad \hat{se}_B(\hat{M}_Y) = 0.1162, \quad \hat{se}_B(\hat{\rho}) = 0.1957.$$

图9.6 为我们展示了样本中位数 $\hat{M}_X$，$\hat{M}_Y$，以及样本相关系数 $\hat{\rho}$ 的自举抽样分布。从图中可以看出 LSAT 的样本中位数呈明显的右偏分布，而 GPA 的样本中位数分布相对比较对称，且均值在 3.1 附近，而 LSAT 和 GPA 的样本相关系数则呈现左偏分布。

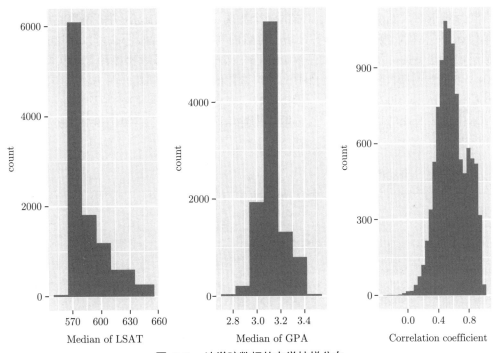

图 9.6：法学院数据的自举抽样分布

9.3.1 置信区间

自举法常用于统计量分布很难直接逼近的场合，比如统计量分布中的某些参数难以估计，或者估计效果不太好。例如，我们在式 (8.13) 中给出样本分位数的渐近分布时，渐近方差就涉及概率密度函数

在相应分位数上的取值。虽然我们可以通过诸如核估计的一些方法来估计该数值，但是一种更加简单的方法其实就是考虑自举法，从而规避对于概率密度函数取值的估计。

自举法基于自举样本得到统计量的近似分布，那么构造置信区间的一种简单方法就是使用分布的两个百分数来构造。具体来说，我们找到两个合适的百分数分别作为区间的上下界，使得区间包含所要估计参数的概率近似达到置信水平。这种方法所构造的区间又称为**百分数自举置信区间** (Percentile bootstrap confidence interval)，其具体算法描述如下：

(1) 设置 $k = 1$；

(2) 当 $k \leqslant K$ 时，重复步骤 (3)—(5)；

(3) 从经验分布 $\hat{F}_n$ 中产生一组随机数 $X_{k1}^*, X_{k2}^*, \cdots, X_{kn}^*$，并记对应的经验分布函数为 $\hat{F}_{kn}^*$；

(4) 计算估计量 $\hat{\theta}_k^* = T(\hat{F}_{kn}^*)$，其中 T 是对应于所需推断的分布参数 θ 的泛函；

(5) 将 k 中的数值更新为 $k + 1$；

(6) 构造 $(1 - \alpha) \times 100\%$ 的置信区间为 $[\hat{\theta}_{(l)}^*, \hat{\theta}_{(u)}^*]$，其中 $\hat{\theta}_{(k)}$ 表示第 k 个次序统计量，$l = [(K+1)\alpha/2]$，$u = [(K+1)(1-\alpha)/2]$，而 $[\cdot]$ 表示向下取整。

在独立同分布的场景下，我们只需要对于分布函数有一些较弱的要求，则能证明上述自举法有效。但是自举法实际上涉及两层随机机制，即原始数据随机产生的分布机制和再取样所采用的分布机制，因此证明自举法为什么起作用还颇为复杂，感兴趣的读者可参阅 Mammen (1992)。在构造百分数自举置信区间时，所需要产生的自举样本数量 K 不能太小，通常需要 2000 以上。R 软件有两个常用软件包 bootstrap 和 boot 可以很方便地产生自举样本。

例 9.4： 假设随机样本 $X_1, X_2, \cdots, X_{10} \sim N(0, 1)$。换句话说，随机数的真实总体分布是标准正态分布，然而我们在实际场景中只能观察到随机样本的一个实现 $x_1, x_2, \cdots, x_{10}$，并不清楚这些随机数所服从的真实分布是什么。如果我们需要构造真实分布中位数的 0.95 置信区间，那么可以通过式 (8.13) 中的渐近分布来近似给出区间估计。我们分别使用标准正态分布在 0 处的概率密度函数真实取值 $f(0) = 0.399$、估计值 $\hat{f}(0) = 0.331$（高斯核估计）以及自举法来构造置信区间。当然第一种方法并不现实，这是由于概率密度函数的取值往往未知，因此仅用作模拟比较。在自举法中，我们产生了 5000 个自举样本，并使用了相应样本中位数的 2.5% 和 97.5% 百分数作为置信区间的上下限 (见图 9.7)。所构造出来的置信区

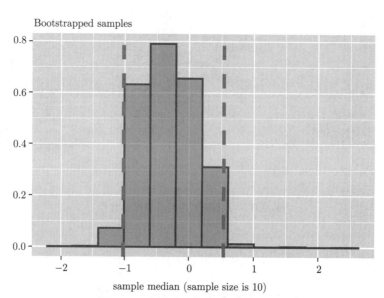

图 9.7：自举法构造中位数置信区间

间见表9.4。自举法构造出来的 0.95 置信区间并不对称，但是也将真实的总体中位数 0 包含在内。

表 9.4: 中位数置信区间

构造方法	置信区间
真实概率密度函数	[-0.78 , 0.78]
估计概率密度函数	[-0.94 , 0.94]
自举法	[-1.02 , 0.54]

虽然百分数自举置信区间的构造简单易懂，但是理论上是一种统计效率较低的方法，因此 Efron 和 Tibshirani (1994) 给出了几种理论效率更高的改进方法来选择不同的百分数，如**偏差修正加速置信区间** (Bias-corrected and accelerated (BCa) confidence interval) 和**近似自举置信区间** (Approximate bootstrap confidence interval, ABC)。我们使用上例中的模拟数据 (数据保存为 RandNum) 来产生改进之后的百分数置信区间：

```
library(bootstrap)
percs = function(x)(quantile(x,prob=c(0.025,0.975)))
result = bootstrap(RandNum, 10000, median,
func = percs) # 原始百分数自举法
result$func.thetastar # 置信区间
```

```
##          2.5%          97.5%
## -1.017393211   0.537556383
```

```
result = bcanon(RandNum, 10000, median,
alpha = c(0.025, 0.975)) # 偏差修正加速法
rownames(result$confpoints) = paste(result$confpoints[,1]*100, "%", sep="")
colnames(result$confpoints) = rep("", 2)
result$confpoints[,2] # 置信区间
```

```
##          2.5%          97.5%
## -1.046066539   0.537556383
```

在上例中，原始的百分数自举法给出的置信区间为 $[-1.0174, 0.5376]$，BCa 方法构造的置信区间为 $[-1.046, 0.5376]$。BCa 方法实际上选择了略低于 2.5% 水平的百分数来作为置信区间的下界，而上界仍然是原来的 97.5% 水平的百分数，因此在本例中，BCa 并没有给出更短的置信区间。

9.3.2 假设检验

自举法也经常被用于假设检验之中。需要注意的是，当在假设检验中考虑自举法时，我们需要从原假设对应的分布中产生自举样本。此外，我们需要定义所谓的自举 p 值，即比真实数据得到的统计量取值 $\hat{\theta}$ 更加"极端"的自举样本统计量 $\hat{\theta}^*$ 的相对频率。

现在我们考虑经典的两样本位置是否相同的检验问题。假设两个随机样本产生于位置模型 (9.10)。原假设和备择假设分别是

$$H_0 : \delta = 0 \quad \text{与} \quad H_1 : \delta \neq 0.$$

我们在抽取自举样本时，需要在原假设的约束下进行。换句话说，原假设中的约束条件应当被使用。正如 Boos (2003) 所举的例子那样，如果我们分别从两个样本的各自经验分布函数中产生自举样本，再考虑如下检验统计量，那么检验并无功效：

$$T_{n,m} = \frac{\bar{X} - \bar{Y}}{S_{n,m}\sqrt{n^{-1} + m^{-1}}}, \tag{9.12}$$

其中 $\bar{X}, \bar{Y}$ 分别是样本均值，而 $S_{n,m}^2$ 是混合样本得到的方差估计，即

$$S_{n,m}^2 = \frac{\sum_{i=1}^n (X_i - \bar{X})^2 + \sum_{i=1}^n (Y_i - \bar{Y})^2}{n + m - 2}.$$

这是由于自举样本实际上是在备择假设下产生，并没有利用原假设的信息。因此，正确的产生算法如下所述：

(1) 将两个样本 $x_1, x_2, \cdots, x_n$ 和 $y_1, y_2, \cdots, y_m$ 混合在一起，并记混合之后得到的经验分布函数为 $\hat{F}_{n+m}$；

(2) 设置 $k = 1$；

(3) 当 $k \leqslant K$ 时，重复步骤 (3)—(5)；

(4) 从经验分布 $\hat{F}_{n+m}$ 中独立产生 n 个自举样本 $x_{k1}^*, x_{k2}^*, \cdots, x_{kn}^*$ 和 m 个自举样本 $y_{k1}^*, y_{k2}^*, \cdots, y_{km}^*$；

(5) 基于步骤 (4) 中产生的自举样本计算式 (9.12) 中检验统计量的取值，并记为 t_k^*；

(6) 估计自举 p 值：

$$\hat{p}_{boot} = \frac{\sum_{k=1}^K \mathbf{1}_{|t_{n,m}|}(|t_k^*|)}{K},$$

其中 $t_{n,m}$ 是基于原始数据得到的检验统计量 $T_{n,m}$ 取值，$\mathbf{1}_x$ 是定义于式 (8.5) 中的示性函数。

估计自举 p 值的公式与备择假设有关。如果备择假设是 $H_1 : \delta > 0$，那么相应的 p 值就是

$$\hat{p}_{boot} = \frac{\sum_{k=1}^K \mathbf{1}_{t_{n,m}}(t_k^*)}{K};$$

如果备择假设是 $H_1 : \delta < 0$，那么相应的 p 值就是

$$\hat{p}_{boot} = \frac{\sum_{k=1}^K \mathbf{1}_{t_k^*}(t_{n,m})}{K}.$$

我们继续考虑例9.2中的假设 (9.11)，并采用式 (9.12) 中的检验统计量。下面我们使用 R 软件包 boot 中的命令 boot 来完成检验。

```
library(boot)
```

```
##
## 载入程辑包：'boot'

## The following object is masked from 'package:lattice':
##
##     melanoma
```

```
# 检验统计量
TestStatistic = function(data, ind, size)
{
    BootData = data[ind] # 获取自举样本数据
    x = BootData[1:size]
    y = BootData[-c(1:size)]
    n = size; m = length(data) - n
    Sp = sqrt((var(x)*(n-1)+var(y)*(m-1))/(n+m-2))
    statistic = abs((mean(x) - mean(y))/Sp/sqrt(1/n+1/m))
    return(statistic)
}
# 自举样本得到的统计量取值
result = boot(WaterData$WaterContent, TestStatistic, 10000, stype = "i",
size = sum(WaterData$Field == "A"))
# 估计自举p值
mean(result$t0 < result$t[,1])
```

```
## [1] 0.0692
```

```
# 检验统计量分布图
ggplot(data.frame(x = result$t[,1]), aes(x = x)) +
geom_histogram(aes(y =..density..), bins = 50, fill = "steelblue4",
color = "steelblue4", size = 1, alpha = 0.3) +
geom_vline(xintercept = result$t0, color = "tomato", size = 2, linetype = 2) +
ggtitle("Testing statistic based on bootstrap samples") + ylab("") +
xlab(expression(T[nm]))
```

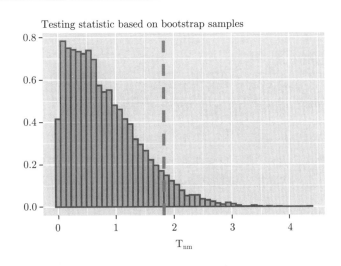

在上面的代码中，我们编写了对应于检验统计量 $T_{n,m}$ 的函数 TestStatistic，其中第一个输入项是数据，第二个输入项是产生的自举样本对应于原数据集中的变量下标 (可放回地从集合 $\{1, \cdots, n, n+$

$1, \cdots, n+m\}$ 中抽取 $n+m$ 个下标数值),最后一个输入项是两样本中第一个样本的大小 (我们假设输入数据集是将第一个样本 $x_1, x_2, \cdots, x_n$ 排在前面,而第二个样本 $y_1, y_2, \cdots, y_m$ 则被排在后面)。命令 boot 中的选择项 stype 用来选择自举样本产生的方式,我们使用了随机可放回抽取下标 (stype="i") 来实现再取样过程。基于 10^5 个自举样本计算的统计量取值被绘制在上图中,虚线表示基于原始数据计算得到的检验统计量取值。由上图可见,比观察值得到的统计量取值更大的比例比较少,依据自举 p 值的估计值,这一比例不到 7%。

最后得到的结果也比较有趣。如果我们使用常用的显著性水平 $\alpha = 0.05$,那么基于统计量 $T_{n,m}$ 的自举检验和威尔科森秩和检验将会带来不一样的结论,尽管两个 p 值的差别并不大。实际上,这也是在现实数据分析场景中经常出现的事情。决策本身取决于比较主观的显著性水平的选择,这也是很多领域科学家诟病显著性假设检验的地方。由于显著性水平实质上定义了什么是 "小概率事件",也就是大家认为在一次试验中不太可能出现的结果 (所有比观察到的结果更为极端事件组成的集合概率低于显著性水平),因此研究人员在实际问题背景不一样的时候,应该选取适合于背景领域的显著性水平来作为判断标准。放之四海而皆准的统一显著性水平并不合理也无必要,而应当来自领域知识的长期积累而形成的某种共识。

练习题 9

1. 证明直方图估计量可以写成式 (9.2) 的表达形式。

2. 当 $f_X''(x) \leqslant M$,其中 M 是一个有限的正数,$x \in \mathbb{R}$,证明式 (9.3)。

3. 当 $f_X''(x) \leqslant M$,其中 M 是一个有限的正数,$x \in \mathbb{R}$,证明式 (9.4)。

4. 假设 $X_1, X_2, \cdots, X_n$ 独立产生于分布 F_X。考虑随机变量和 $S_n = \sum_{i=1}^{n} g_n(X_i)$,其中函数 g_n 可能与样本量 n 有关。假如 $Y_{ni} = g_n(X_i)$ 的矩母函数在 0 的某邻域内存在,$\mathrm{E}S_n = 0$ 且 $\mathrm{Var}\left(n^{-1/2}S_n\right) = \sigma^2 + o(1)$,其中 σ 是非零常数,证明以下结论成立:

$$\frac{S_n}{n^{1/2}} \xrightarrow{L} N(0, \sigma^2). \tag{9.13}$$

 模仿独立同分布变量情况下的中心极限定理的证明方法,证明 $\frac{S_n}{n^{1/2}\sigma}$ 的矩母函数在 0 的一个邻域内趋近于标准正态分布的矩母函数。

5. 给出直方图估计量的极限分布。

(a) 如果随机变量 $X \sim N(\mu, \sigma^2)$,那么该极限分布的具体形式是什么?

(b) 如果随机变量 $X \sim \Gamma(\alpha, \beta)$,那么该极限分布的具体形式是什么?

6. 如果我们选择了 Epanechnikov 核函数,给出相应核估计量的极限分布。

(a) 如果随机变量 $X \sim N(\mu, \sigma^2)$,那么该极限分布的具体形式是什么?

(b) 如果随机变量 $X \sim \Gamma(\alpha, \beta)$,那么该极限分布的具体形式是什么?

7. 如果我们选择了高斯 (Gaussian) 核函数,给出相应核估计量的极限分布。

(a) 如果随机变量 $X \sim N(\mu, \sigma^2)$,那么该极限分布的具体形式是什么?

(b) 如果随机变量 $X \sim \Gamma(\alpha, \beta)$,那么该极限分布的具体形式是什么?

8. 假设 $X_1, X_2, \cdots, X_n$ 独立产生于位置模型 (8.4),其中 θ 是其中位数。考虑以下假设:

$$H_0 : \theta = \theta_0 \quad \text{与} \quad H_1 : \theta \neq \theta_0.$$

试证明：如果真实的参数 $\theta \neq \theta_0$ 时，那么符号检验的功效随着样本量 n 趋近于无穷的时候趋近于 1。

 可以考虑采用渐近分布来近似基于二项式分布的符号检验功效。可以利用以下等式：

$$\frac{S_n - (n/2)}{\sqrt{n\hat{p}(1-\hat{p})}} = \frac{S_n - np}{\sqrt{n\hat{p}(1-\hat{p})}} + \frac{\sqrt{n}\,[p - (1/2)]}{\sqrt{\hat{p}(1-\hat{p})}},$$

其中 $\hat{p}$ 是 p 的相合估计。

9. 假设支撑为 $\mathbb{R}$ 的连续随机变量 $X_1, X_2, \cdots, X_n$ 产生于位置模型 (8.4)，其相应的分布函数记为 F_X。证明 Hodges-Lehmann 估计量 $\hat{\theta}_{HL}$ 所对应的泛函 T_{HL} 是位置泛函。

 Huber 和 Ronchetti (2009) 在式 (3.69) 给出了泛函 T_{HL} 所需要满足的等式 (将 $J(t) = t - \frac{1}{2}$ 代入)：

$$\int_0^1 F_X[2T_{HL}(F_X) - F_X^{-1}(s)]ds = \frac{1}{2},$$

此外，如果我们做一个变换，上面的积分又可以写成：

$$\int_0^1 F_X[2T_{HL}(F_X) - F_X^{-1}(1-s)]ds = \frac{1}{2}.$$

根据位置泛函的定义，验证 $T(F_{aX+b}) = aT(F_X) + b$，其中 a, b 是两个常数，且 $a \neq 0$。

10. 证明威尔科森符号秩和检验统计量 W_n 在 0 处对称分布。

11. 证明定理9.2中 (3) 的渐近分布结论。

 考虑 $W_n \big/ \sqrt{\frac{n(n+1)(2n+1)}{6}}$ 的矩母函数，并采用多项式来逼近矩母函数。此外 $a_i^2 \to 0$，其中 $a_i = i \big/ \sqrt{\frac{n(n+1)(2n+1)}{6}}$，且 $\sum_{i=1}^n a_i^4 \leqslant a_n^2 \sum_{i=1}^n a_i^2 = a_n^2$。

12. 采用自举法来检验例9.2中的假设 (9.11)。考虑如下的检验统计量：

$$\tilde{T}_{n,m} = \bar{Y} - \bar{X},$$

请使用 R 命令 boot 来完成分析。

13. 在本章最后一节中，我们使用了某种 T 统计量进行了假设检验。实际上在采用自举法构造置信区间的时候，可以考虑类似方法，这一方法在理论上更有效率 (Efron, Tibshirani, 1994)。假设 $x_1^*, \cdots, x_n^*$ 是一个产生于原数据 $x_1, \cdots, x_n$ 的自举样本。考虑如下的自举统计量：

$$t_n^* = \frac{\bar{x}^* - \bar{x}}{s^*/\sqrt{n}},$$

其中 $\bar{x}^* = n^{-1}\sum_{i=1}^n x_i^*$，$s^* = \sqrt{(n-1)^{-1}\sum_{i=1}^n (x_i^* - \bar{x}^*)^2}$。假设我们产生了 K 个如上的统计量 $t_{n1}^*, t_{n2}^*, \cdots, t_{nK}^*$，则可以构造如下 $(1-\alpha) \times 100\%$ 的置信区间：

$$\left[\bar{x} - t_{([(K+1)(1-\alpha/2)])}^* \frac{s}{\sqrt{n}}, \bar{x} - t_{([(K+1)\alpha/2])}^* \frac{s}{\sqrt{n}}\right].$$

假设原始数据从伽玛分布 $\Gamma(5,5)$ 中产生，请编写代码实现 0.95 置信区间的构造。尝试不同的样本量 n 和不同的自举样本量 K，并使用 ggplot 命令绘制直方图和基于原数据的统计量取值。

14. 假设 $x_1, x_2, \cdots, x_n$ 是一组产生于位置模型 (8.4) 的随机数据，且模型误差的均值为 0，方差为 σ^2。假设 $X_1^*, X_2^*, \cdots, X_n^*$ 是采用可放回方式抽取的自举随机样本。记基于原样本数据和自举样本数据得到的参数估计值分别为 $\hat{\theta}$ 和 $\hat{\theta}^*$。

(a) 证明 $X_1^*, X_2^*, \cdots, X_n^*$ 实际上是在给定原数据 $x_1, x_2, \cdots, x_n$ 的条件下从经验分布 $\hat{F}_n$ 中产生出来的随机数；

(b) 证明条件期望 $\mathrm{E}(X_i^* | x_1, x_2, \cdots, x_n) = n^{-1} \sum_{i=1}^n x_i$；

(c) 证明条件方差 $\mathrm{Var}(X_i^* | x_1, x_2, \cdots, x_n) = n^{-1} \sum_{i=1}^n (x_i - \bar{x})^2$；

(d) 证明 $\left| P(\sqrt{n}(\hat{\theta}^* - \hat{\theta}) \leqslant x | x_1, x_2, \cdots, x_n) - P(\sqrt{n}(\hat{\theta} - \theta_0) \leqslant x) \right| \xrightarrow{P} 0$，其中 $x \in \mathbb{R}$。

 自举法涉及两重随机机制，$P(\cdot | x_1, x_2, \cdots, x_n)$ 表示给定样本数据的条件下由自举法产生的随机机制计算的概率。我们可以考虑两个概率各自的极限分布会趋近于同一个正态分布。

15. 假设 $x_1, x_2, \cdots, x_n$ 是一组产生于位置模型 (8.4) 的随机数据，且模型误差的均值为 0，方差为 σ^2。假设 $W_1, W_2, \cdots, W_n$ 是独立产生于均值为 0，方差为 1 的分布的随机样本。考虑以下的估计：

$$\hat{\theta} = \underset{\theta}{\arg\min} \sum_{i=1}^n (X_i - \theta)^2.$$

让 $X_i^* = \hat{\theta} + W_i \hat{\epsilon}_i$，其中 $\hat{\epsilon}_i = X_i - \hat{\theta}$，并记基于自举样本得到的参数估计为 $\hat{\theta}^*$。这就是自生自举法 (Wild bootstrap)。

(a) 证明条件期望 $\mathrm{E}(X_i^* | x_1, x_2, \cdots, x_n) = n^{-1} \sum_{i=1}^n x_i$；

(b) 证明条件方差 $\mathrm{Var}(X_i^* | x_1, x_2, \cdots, x_n) = n^{-1} \sum_{i=1}^n (x_i - \bar{x})^2$；

(c) 证明 $\left| P(\sqrt{n}(\hat{\theta}^* - \hat{\theta}) \leqslant x | x_1, x_2, \cdots, x_n) - P(\sqrt{n}(\hat{\theta} - \theta_0) \leqslant x) \right| \xrightarrow{P} 0$，其中 $x \in \mathbb{R}$；

(d) 编写函数 WildBoot 来实现自生自举法，并绘制基于 5000 个自举样本的参数估计值所构成的直方图 (样本量 n 为 100)，再使用普通的百分数方法和 BCa 方法分别在图上加上四条不同颜色的虚线来表示两个 0.95 置信区间的上下界。

16. 假设 $x_1, x_2, \cdots, x_n$ 是一组产生于位置模型 (8.4) 的随机数据，且模型误差的均值为 0，方差为 σ^2。假设 $W_1, W_2, \cdots, W_n$ 是独立产生于均值为 1，方差为 1 的分布的随机样本。考虑以下的估计：

$$\hat{\theta} = \underset{\theta}{\arg\min} \sum_{i=1}^n (X_i - \theta)^2,$$

以及自举估计：

$$\hat{\theta}^* = \underset{\theta}{\arg\min} \sum_{i=1}^n W_i (X_i - \theta)^2.$$

这就是随机权重自举法 (Random weight bootstrap)。

(a) 证明 $\hat{\theta}^* = \frac{\sum_{i=1}^n W_i x_i}{\sum_{i=1}^n W_i}$；

(b) 证明 $\left| P(\sqrt{n}(\hat{\theta}^* - \hat{\theta}) \leqslant x | x_1, x_2, \cdots, x_n) - P(\sqrt{n}(\hat{\theta} - \theta_0) \leqslant x) \right| \xrightarrow{P} 0$，其中 $x \in \mathbb{R}$；

 由于 $\hat{\theta} = n^{-1} \sum_{i=1}^n x_i$，因此我们可得到：

$$\hat{\theta}^* - \hat{\theta} = \frac{\sum_{i=1}^n x_i W_i}{\sum_{i=1}^n W_i} - \bar{x} = \frac{\sum_{i=1}^n (x_i - \bar{x}) W_i}{\sum_{i=1}^n W_i}.$$

所以利用定理 2.49 可以在给定 $x_1, x_2, \cdots, x_n$ 的条件下，考虑统计量

$$n^{-1/2} \sum_{i=1}^{n} (x_i - \bar{x}) W_i$$

在 $n \to \infty$ 时的极限分布。

(c) 编写函数 RandWeight 来实现随机权重自举法，并绘制基于 5000 个自举样本的参数估计值所构成的直方图 (样本量 n 为 100)，再使用普通的百分数方法和 BCa 方法分别在图上加上四条不同颜色的虚线来表示两个 0.95 置信区间的上下界。

17. 假设随机变量 $\boldsymbol{X}$ 服从二元混合指数分布，其密度函数在真实参数为 $\boldsymbol{\theta}_0 = (p_1, p_2, \lambda_1, \lambda_2)$ 时的表达式如下：

$$f(x; \boldsymbol{\theta}_0) = \frac{p_1}{\lambda_1} e^{-\frac{x}{\lambda_1}} + \frac{p_2}{\lambda_2} e^{-\frac{x}{\lambda_2}},\ x \geqslant 0,$$

其中 $0 < p_1, p_2 < 1$, $p_1 + p_2 = 1$, $0 < \lambda_1 < \lambda_2$。假设 $x_1, x_2, \cdots, x_n$ 是来自该混合指数分布的样本数据。设 $\boldsymbol{\delta}_{ik}$ 是一个随机变量，其中 $\boldsymbol{\delta}_{ik} = 1$ 或 0 表示样本 x_i 是否来自第 k 个指数分布的样本，并记第 k 个指数分布的概率密度为 $g(x; \lambda_k) = \frac{1}{\lambda_k} e^{-\frac{x}{\lambda_k}}$。这样可以认为 $(\boldsymbol{X}, \boldsymbol{\delta}_{i1}, \boldsymbol{\delta}_{i2})$ 的联合概率密度函数在 (x, δ_1, δ_2) 处为

$$f(x, \delta_1, \delta_2; \boldsymbol{\theta}_0) = \left[p_1 g(x; \lambda_1) \right]^{\delta_1} \cdot \left[p_2 g(x; \lambda_2) \right]^{\delta_2}.$$

(a) 写出 $\boldsymbol{\theta}$ 在给定 $(\boldsymbol{x}, \boldsymbol{\delta})$ 时的似然函数 $L(\boldsymbol{\theta}; \boldsymbol{x}, \boldsymbol{\delta})$，其中 $\boldsymbol{x} = (x_1, x_2, \cdots, x_n)$，以及

$$\boldsymbol{\delta} = \begin{pmatrix} \delta_{11} & \delta_{21} & \cdots & \delta_{n1} \\ \delta_{12} & \delta_{22} & \cdots & \delta_{n2} \end{pmatrix};$$

(b) 写出条件概率 $\mathrm{P}_{\tilde{\boldsymbol{\theta}}}\left(\boldsymbol{\delta}_{ik} = 1 \mid x \leqslant \boldsymbol{X}_i < x + \Delta x\right)$ 的形式，其中 $\mathrm{P}_{\tilde{\boldsymbol{\theta}}}$ 表示给定 $\tilde{\boldsymbol{\theta}} = \left(\tilde{p}_1, \tilde{p}_2, \tilde{\lambda}_1, \tilde{\lambda}_2\right)$ 时的概率。基于该概率表达式证明：

$$\mathrm{P}_{\tilde{\boldsymbol{\theta}}}\left(\boldsymbol{\delta}_{ik} = 1 \mid x_i\right) = \frac{\tilde{p}_k g(x_i; \tilde{\lambda}_k)}{\tilde{p}_1 g(x_i; \tilde{\lambda}_1) + \tilde{p}_2 g(x_i; \tilde{\lambda}_2)}, \quad k = 1, 2;$$

(c) $\boldsymbol{\delta}$ 实际上无法观察到，请给出对数似然函数在给定 $\tilde{\boldsymbol{\theta}}$ 和数据 $\boldsymbol{x}$ 的条件期望

$$\ell_{\tilde{\boldsymbol{\theta}}}(\boldsymbol{\theta} \mid \boldsymbol{x}) = \mathrm{E}_{\tilde{\boldsymbol{\theta}}}\left\{ \log\left[\prod_{i=1}^{n} L(\boldsymbol{\theta}; \boldsymbol{x}, \boldsymbol{\delta}) \right] \middle\| \boldsymbol{x} \right\}$$

的表达式；

(d) 考虑以下最大化函数问题：

$$\max_{\boldsymbol{\theta}} \{\ell_{\tilde{\boldsymbol{\theta}}}(\boldsymbol{\theta} \mid \boldsymbol{x})\}$$
$$\text{使得：} p_1 + p_2 = 1.$$

给出上述问题的解 $\hat{\boldsymbol{\theta}}$ 的数学表达式；

(e) 让 $\tilde{\boldsymbol{\theta}} = \boldsymbol{\theta}^{(t)}$ 表示迭代算法在 t 步的估计，则第 t+1 步的估计 $\boldsymbol{\theta}^{(t+1)}$ 可以由 (d) 中的估计公式得到。编写程序并基于 $n = 200$ 个产生于该混合分布的数据得到参数 $\boldsymbol{\theta}_0$ 的点估计以及参数变换 λ_1/λ_2 的 0.95 自举置信区间 (自举抽样 1999 次来构造百分数置信区间)；

(f) 考虑如下假设:

H_0: 数据的总体分布是一个指数分布 与 H_1: 数据的总体分布是混合双参数指数分布.

采用合适的自举法重抽样 1999 次来得到相应 p 值。

在原假设下，该二元混合指数模型退化成指数模型，那么可以通过在原假设下估计出指数模型中的参数并从相应指数分布中产生自举样本，这一方法也叫做参数自举法 (Parametric bootstrap)。

第 10 章　贝叶斯统计

在第 2 章中，我们在讲解条件概率时介绍了贝叶斯公式。该公式以贝叶斯命名以纪念这位诞生于 300 多年前的统计学家。实际上**贝叶斯统计** (Bayesian statistics) 的思想就孕育在这一个公式之中。贝叶斯统计由于计算量要求比较高，因此曾一度因人类的计算能力不足而不太流行。随着信息技术的爆炸性发展，贝叶斯统计逐渐活跃起来，现在数据呈现出各种复杂特征且急剧增长的情况下，贝叶斯统计受到了业界的重视。现代机器学习、人工智能等领域借鉴了大量贝叶斯统计的思想并提出了不同的数据分析方法，如**因果推断** (Causal inference)、**概率图模型** (Probabilistic graphical models) 等，感兴趣的读者可参阅 Koller 和 Friedman (2009)、Korb 和 Nicholson (2011)。Efron 和 Hastie (2016) 则在书中有关"21 世纪统计推断"专题中专门撰写了一章来介绍**经验贝叶斯** (Empirical Bayes) 方法。从朴素的想法上来说，贝叶斯统计希望能够将人们的先验知识与收集的数据相结合来达到改善统计推断的目的。

下面我们也采用类似于 Gelman 等 (2013) 书中的一个简单例子来介绍贝叶斯统计的基本思想。

人类有 23 对染色体，其中有 22 对男女都是一样的。但是在第 23 对染色体上，男性拥有 X-染色体和 Y-染色体，其中 X-染色体来自母亲而 Y-染色体来自父亲。而女性则有两条 X-染色体，分别来自父母双方。血友病 (Hemophilia) 是一种与 X-染色体相关联的隐形遗传病。遗传关系见图10.1。

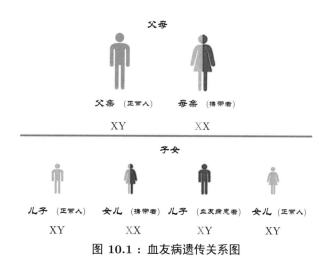

图 10.1：血友病遗传关系图

由图 10.1 可知，男性只要其 X-染色体从母亲处遗传了血友病基因，则他就会成为血友病患者。而女性只有当两条 X-染色体同时携带血友病基因才会患上血友病，如果仅有一条 X-染色体携带血友病基因，那么她只是携带者。因此对于一名女性来说，如果她的母亲是携带者，而父亲健康，那么她成为携带者的可能和成为正常人的概率相同，均是 1/2。我们用不同的状态取值来表达这两种状态，即"1"表示这名女性是携带者，"0"表示这名女性是健康者，同时我们有 $P(\Theta = 1) = P(\Theta = 0) = 1/2$。这也是对于这位女性是否携带血友病基因的**先验分布** (Prior distribution)。也就是说，在获得任何数据之前，我们通过生物学的知识，对于该女性是否携带血友病基因拥有这样的认知。

现在假设该名女性先后生了两个健康的儿子，而且这两个孩子是否健康的状态在给定 Θ 值的条件下相互独立，并且出生顺序也不影响对于血友病状态的判断。我们使用 X_1, X_2 来表示男孩是否为血友病患者 ($X_i = 1$ 表示"是"，$X_i = 0$ 表示"否"，$i = 1, 2$)。男孩会从父亲处遗传 Y-基因，因此他是否遗传血友病基因完全取决于母亲，所以基于图10.1我们可以得到以下的条件概率：

$$\begin{cases} P(X_1 = X_2 = 0|\Theta = 1) = 0.25, \\ P(X_1 = X_2 = 0|\Theta = 0) = 1. \end{cases}$$

那么现在我们可以根据数据和贝叶斯公式来修改之前对于该名女性是否携带血友病基因的先验判断：

$$\begin{aligned} &P(\Theta = 1|X_1 = X_2 = 0) \\ &= \frac{P(X_1 = X_2 = 0|\Theta = 1)P(\Theta = 1)}{P(X_1 = X_2 = 0|\Theta = 1)P(\Theta = 1) + P(X_1 = X_2 = 0|\Theta = 0)P(\Theta = 0)} \\ &= \frac{0.25 \times 0.5}{0.25 \times 0.5 + 1 \times 0.5} = 0.2. \end{aligned}$$

因此自然就有 $P(\Theta = 0|X_1 = X_2 = 0) = 1 - 0.2 = 0.8$。在给定数据的情况下，我们修正了先验分布，所获得的这一分布又称为**后验分布** (Posterior distribution)。由此可见，通过将先验知识和实际数据的融合，我们修正了先验判断。从这个简单的例子可以看到，贝叶斯模型实际上通过概率来刻画参数，从而也与前面章节中所介绍的统计模型存在比较大的差别。到底哪种模型是正确的，并不能那么简单地做出判断。更加真实的情况或许正如 Box 等 (2009) 在书中第 61 页所写的那样：

All models are approximations. Assumptions, whether implied or clearly stated, are never exactly true. All models are wrong, but some models are useful. So the question you need to ask is not "Is the model true?" (it never is) but "Is the model good enough for this particular application?"

所有的模型都是近似。无论是内含的，还是明确说明的假设从未完全正确过。所有的模型都是错误的，但是有些模型是有用的。因此你需要问的问题不是"这个模型正确吗？"(它从未正确过)，而是"这个模型是不是对这个特殊的应用问题已经足够好了？"

10.1　先验和后验

Gelman 等 (2013) 总结了贝叶斯数据分析的三个步骤：

(1) 建立一个能够考虑所有已经观察或者未观察到的变量的联合概率模型；
(2) 计算和解释给定数据条件下的后验分布；
(3) 评估模型的适合程度以及所得后验分布带来的结论等。

这里能观察到的数值往往指的就是样本数据。而未观察到的数值可能是一些潜在可观察的数据 (比如，我们安排一个人吃药，那么会收集到一个数据，如果不安排此人吃药，那么就会得到另外一个数据。但是此人要么吃药要么不吃药，我们因此只能采集到其中一种数据，而另外一种情况不可观察)，还有一种可能未观察到的数值就是参数，有的时候这两种未观察到的数值难以区分。贝叶斯方法使用概率模型描述了可观察和未观察的变量。换句话说，我们前面章节里面的方法只运用概率模型来刻画可观察值，但是贝叶斯方法还同时刻画了参数等未观察到的值。因此，贝叶斯方法的重要特征在于：使用概率来量化产生数据的统计模型及其推断方法的**不确定性** (Uncertainty)。

通过融合了数据中的信息，我们从参数的先验分布得到了后验分布，那么从直觉上来讲，我们应该能够预期先验分布比后验分布的波动性更大。我们先来看看大家都比较熟悉的公式：

$$\begin{cases} \mathrm{E}\Theta = \mathrm{E}[\mathrm{E}(\Theta|\boldsymbol{X})], \\ \mathrm{Var}(\Theta) = \mathrm{E}[\mathrm{Var}(\Theta|\boldsymbol{X})] + \mathrm{Var}[\mathrm{E}(\Theta|\boldsymbol{X})], \end{cases}$$

其中 Θ 表示参数的随机变量，$\boldsymbol{X}$ 是随机样本。从上面的公式，我们可以看到一些有趣的结果。$\mathrm{E}\Theta$ 实际上是根据先验分布得到的参数期望，而这个期望可以表达为所有后验分布期望的平均。此外，参数后验分布方差的整体平均要小于其先验分布方差。

在本书中，我们考虑的贝叶斯模型可以写成如下的**层次模型** (Hierarchical model)：

$$\begin{cases} \boldsymbol{X}|\Theta = \theta \quad \sim f(x|\theta), \\ \Theta \sim p(\theta), \end{cases} \tag{10.1}$$

其中 $f(\cdot|\theta)$ 是给定参数 $\Theta = \theta$ 的条件下随机变量 $\boldsymbol{X}$ 的概率密度函数，而 $p(\cdot)$ 则是参数 Θ 的先验分布。给定模型 (10.1) 时，我们可以通过贝叶斯公式得到参数 Θ 的后验概率密度函数 q：

$$q(\theta|\boldsymbol{x}) = \frac{g(\boldsymbol{x}, \theta)}{f_X(\boldsymbol{x})}, \tag{10.2}$$

其中 $g(\boldsymbol{x}, \theta) = f(\boldsymbol{x}|\theta)p(\theta)$ 是 $(\boldsymbol{X}, \Theta)$ 的联合概率密度函数在 $(\boldsymbol{x}, \theta)$ 处的取值表达式，$f_X(\boldsymbol{x}) = \int g(\boldsymbol{x}, \theta)d\theta$ 是 $\boldsymbol{X}$ 的边际概率密度函数在 $\boldsymbol{x}$ 处的取值表达式。

我们现在假设层次模型中的数据产生模型是一个二项式模型，即

$$f(x|\Pi = \pi) = \left(\begin{array}{c} N \\ x \end{array} \right) \pi^x (1 - \pi)^{N-x}.$$

假如我们对于参数 Π 的先验分布没有太多的有用信息，那么一个自然的假设就是 $\Pi \sim U(0, 1)$，即取值区间为 $(0, 1)$ 的均匀分布。此时，我们实际上对于参数在取值范围内的任何一个取值都没有倾向性，因此这种先验又称为**无信息先验** (Noninformative prior)。通过计算，我们可以得到后验分布为下面的贝塔分布：

$$\Pi|x \sim \beta(x + 1, N - x + 1).$$

这里的参数 Π 的取值空间是有限的，而所使用的均匀分布 $U(0, 1)$ 是满足积分为 1 的条件，因此这里的无信息先验分布拥有**正常** (Proper) 概率密度函数。然而在很多问题中，选择的参数先验并不是一个概率分布，但是形成的后验分布依然正常，这种先验会被称为**不正常** (Improper)。当参数空间是 $(-\infty, \infty)$ 时，我们选择的无信息先验往往不正常。

我们现在继续回到贝塔分布的问题中。假如有一位对于参数 Π 的取值有一定经验的人提供了有用信息，使得我们获得了**有信息先验** (Informative prior)，比如说贝塔分布 $\beta(\alpha, \gamma)$，其中 $\alpha, \gamma > 0$ 是给定的两个参数，又称作**超参数** (Hyperparameters)。那么后验分布就是

$$\Pi|x \sim \beta(x + \alpha, N - x + \gamma).$$

其实当 $\alpha = \gamma = 1$ 时，贝塔分布就退化为均匀分布。此时先验分布跟后验分布都来自同一个参数分布族，那么这样的先验分布又称为**共轭先验** (Conjugate prior) 分布。假设 $\alpha = 5, \gamma = 2$，二项式分布里面的参数 $N = 8$，而观察到的数据是 $x = 5$，则先验和后验分布如图10.2所示。我们可以很清晰地观察到有信息的先验分布对后验分布产生了一定的影响：一方面，后验分布的均值由于有信息的先验分布的影响而略微向右移动；另外一方面，在先验信息增强的情况下，后验分布的波动范围出现减少的趋势。

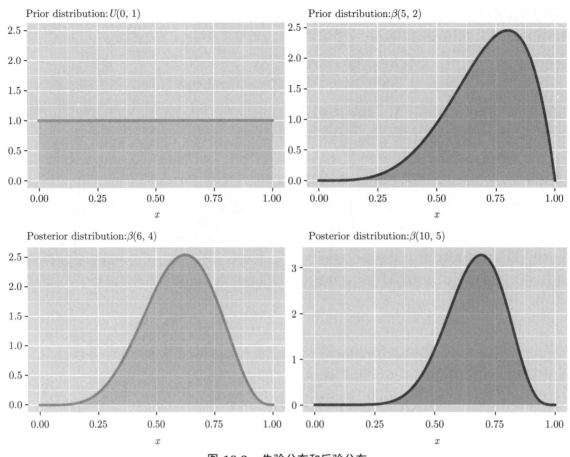

图 10.2：先验分布和后验分布

我们统计推断的对象仍然是总体的参数特征。因此在计算后验分布 (10.2) 时，边际分布 f_X 由于不依赖参数的取值，从而在很多贝叶斯方法中可以被忽略。实际上，这些方法往往只需要知道下面的比例关系即可：

$$q(\theta|\boldsymbol{x}) \propto g(\boldsymbol{x}, \theta).$$

我们将在后面的章节中进一步加以介绍。

10.2　贝叶斯估计

贝叶斯统计使用概率来刻画参数，这一点使得贝叶斯估计和本章之前介绍的方法颇为不同。也就是说，我们需要基于后验分布来得到点估计和区间估计。

10.2.1　点估计

贝叶斯点估计实际上是基于后验分布来找到一个决策函数 d。这样我们就可以使用 $d(\boldsymbol{x})$ 来作为**贝叶斯估计值** (Bayes estimate)，其中 $\boldsymbol{x}$ 是我们观察到的样本数据。更多相关内容可以参阅 Berger (1985)。我们在第 5 章中已经介绍了决策函数，那么在这里我们仍然使用类似的数学语言来描述贝叶斯估计值 $d(\boldsymbol{x})$：

$$d(\boldsymbol{x}) = \underset{\tilde{d}}{\arg\min} \, \mathrm{E}\left[\rho\left(\Pi, \tilde{d}(\boldsymbol{x})\right)\right] = \int_{-\infty}^{\infty} \rho\left(\theta, \tilde{d}(\boldsymbol{x})\right) q(\theta|\boldsymbol{x}) d\theta, \tag{10.3}$$

其中 ρ 是损失函数。那么相应的**贝叶斯估计量** (Bayes estimator) 就是 $d(\boldsymbol{X})$，这里的 $\boldsymbol{X}$ 是随机变量。在贝叶斯统计中，使用式 (10.3) 来得到贝叶斯估计的合理性其实是基于所谓的**贝叶斯风险准则** (Bayes risk principle)：

如果下列不等式成立

$$\mathrm{E}\left[\rho\big(\Theta, d_1(\boldsymbol{x})\big)\right] < \mathrm{E}\left[\rho\big(\Theta, d_2(\boldsymbol{x})\big)\right],$$

其中 $d_1, d_2 \in \mathcal{D}$ 是两个不同的决策函数，$\mathcal{D}$ 是我们所有能考虑的决策函数组成的空间，则我们会优先选择 d_1。

例 10.1： 在上一节中，我们在贝塔分布族里面考虑了参数 Π 的先验分布为 $\beta(\alpha, \gamma)$，其中 α 和 γ 是预先给定的超参数。假设数据 x 产生的模型是二项式模型 $B(N, \pi)$，那么所得到的后验分布是一个贝塔分布 $\beta(x + \alpha, N - x + \gamma)$。

假设我们考虑的损失为

$$\rho(\pi, \phi) = (\pi - \phi)^2,$$

则 $d(x) = \mathrm{E}(\Pi|x) = \frac{\alpha + x}{\alpha + \gamma + N}$。该贝叶斯估计值还可以写成：

$$d(x) = \left(\frac{N}{\alpha + \gamma + N}\right)\hat{\pi} + \left(\frac{\alpha + \gamma}{\alpha + \gamma + N}\right)\hat{p},$$

这里 $\hat{\pi} = \frac{x}{N}$ 恰好是完全基于数据得到的参数 Π 的极大似然估计，而 $\hat{p} = \frac{\alpha}{\alpha + \gamma}$ 是先验分布的均值。因此，贝叶斯估计是极大似然估计和先验均值的加权平均。另外一个有趣的事情是当样本量越来越大时，完全基于数据得到的极大似然估计所占的权重逐步趋近于 1，而先验均值的权重则趋近于 0。换句话说，数据量变大之后，贝叶斯估计会逐步忽视先验分布带来的信息，因此先验分布只有在数据量较小的情况下才会产生显著的影响。这些发现并非偶然现象，贝叶斯估计是数据和先验的某种融合得到的估计，数据的增多使得蕴含有关模型的信息也逐步增加，因此模型特征已经可以基本从数据中获得。

如果考虑损失函数 $\rho(\pi, \phi) = \mathbf{1}_\epsilon(|\pi - \phi|)$(Lee, 1989)，其中 ϵ 是一个非常小的正数，函数 $\mathbf{1}_\epsilon$ 的定义见式 (8.5)，则我们可以近似地得到后验分布的**众数** (这里是指使得概率密度函数达到极大值的数)：

$$d(x) = \frac{\alpha + x - 1}{\alpha + \gamma + n - 2} + O(\epsilon)$$

$$\approx \left(\frac{N}{\alpha + \gamma + N - 2}\right)\hat{\pi} + \left(\frac{\alpha + \gamma - 2}{\alpha + \gamma + N - 2}\right)\hat{m},$$

其中 $\hat{m} = \frac{\alpha - 1}{\alpha + \gamma - 2}$ 是先验分布 $\beta(\alpha, \gamma)$ 的众数。因此后验分布的众数可以近似看成是参数 Π 的极大似然估计和先验分布众数的加权平均。当样本量 N 足够大的时候，我们类似地有 $d(x) \approx \frac{x}{N}$。

例 10.2： 我们再来考虑一个层次模型。假设 $x_1, x_2, \cdots, x_n$ 是产生于正态分布 $N(\theta, \eta^2)$ 的随机样本数据，其中方差 η^2 已知。另外假设参数 Θ 的先验分布也是一个正态分布 $N(\mu, \sigma^2)$，其中 μ 和 σ 是预先给定的超参数。记样本均值为 $\bar{x} = n^{-1}\sum_{i=1}^n x_i$。我们不难得到后验分布为

$$q(\theta|\bar{x}) \propto \exp\left\{-\left[\theta - \frac{\sigma^2\bar{x} + \mu(\eta^2/n)}{\sigma^2 + \eta^2/n}\right]^2 \Big/ \left(\frac{2\eta^2\sigma^2/n}{\sigma^2 + \eta^2/n}\right)\right\}.$$

因此 Θ 的后验分布仍然是一个正态分布。如果我们继续考虑和上例中一样的损失函数 $\rho(\theta, \phi) = (\theta - \phi)^2$，则贝叶斯估计就是后验分布的期望：

$$d(\boldsymbol{x}) = \frac{\sigma^2\bar{x} + \mu(\eta^2/n)}{\sigma^2 + \eta^2/n}$$

$$= \left(\frac{\sigma^2}{\sigma^2 + \eta^2/n} \right) \bar{x} + \left(\frac{\eta^2/n}{\sigma^2 + \eta^2/n} \right) \mu,$$

其中 $\boldsymbol{x} = (x_1, x_2, \cdots, x_n)^\top$ 是样本数据组成的向量。因此贝叶斯估计是先验分布均值和均值极大似然估计的加权平均。类似地,当样本量 n 逐渐变大的时候,极大似然估计所获得的权重也会渐渐变大。

对于正态分布而言,均值和中位数都是同一个数。我们考虑损失函数 $\rho(\pi, \phi) = |\pi - \phi|$ 时,可以得到中位数,此时的贝叶斯估计也可以看成 θ 的极大似然估计和先验分布的中位数的加权平均。

在这两个例子中,也都重复了之前观察到的现象:当数据量逐渐变大时,贝叶斯估计逐渐与极大似然估计接近,数据拥有越来越大的权重来决定估计值。换句话说,当数据量很大时,先验分布中可能蕴含的有用"知识"就能从数据中"学习"出来,因此估计量逐渐由数据来决定也就合情合理。Gelman 等 (2013) 在书中的第四章讨论了贝叶斯估计量的理论结果,即当样本量足够大的时候,似然函数将在后验分布中占据主导地位,因此对于很多风险函数而言,其对应的贝叶斯估计量的大样本性质基本由似然函数决定。

10.2.2　区间估计

如果需要得到参数的区间估计,那么我们可以通过参数的后验分布来构造。类似于置信区间的构造,我们找到两个统计量 $l(\boldsymbol{x})$ 和 $u(\boldsymbol{x})$ 使得:

$$P(l(\boldsymbol{x}) < \Theta < u(\boldsymbol{x}) | \boldsymbol{X} = \boldsymbol{x}) = \int_{l(\boldsymbol{x})}^{u(\boldsymbol{x})} q(\theta|\boldsymbol{x}) d\theta = 1 - \alpha,$$

其中 $\boldsymbol{x}$ 是样本数据,而 $(1 - \alpha) \times 100\%$ 则是可信水平。那么区间 $(l(\boldsymbol{x}), u(\boldsymbol{x}))$ 称作 $(1 - \alpha) \times 100\%$ 水平的**可信区间** (Credible interval)。

在例10.2中,后验分布的方差实际是 $\frac{\eta^2 \sigma^2}{n \sigma^2 + \eta^2}$。那么我们就可以构造如下的 0.9 可信区间:

$$\left[\frac{n\sigma^2 \bar{x} + \mu\eta^2}{n\sigma^2 + \eta^2} - \frac{\eta\sigma z_{0.95}}{\sqrt{n\sigma^2 + \eta^2}}, \frac{n\sigma^2 \bar{x} + \mu\eta^2}{n\sigma^2 + \eta^2} + \frac{\eta\sigma z_{0.95}}{\sqrt{n\sigma^2 + \eta^2}} \right],$$

这里 $z_{0.95}$ 是标准正态分布的 95% 分位数。其实在贝叶斯统计中,更加常见的方法是通过模拟来实现统计推断,我们下面给出一个简单的例子。

例 10.3: 很多人都认为胎盘前置和男女性别有关系,医学界也有很多实验研究试图来理解这种联系。我们采用 Mills 等 (1987) 中分析的数据来构造可信区间:由胎盘前置的孕妇生育的婴儿人数为 344 人,其中男婴 178 人,女婴 166 人。我们考虑使用例10.1中的层次模型来分析新生儿为女婴的比例 π,那么该比例的后验分布为 $\beta(166 + \alpha, 178 + \gamma)$,其中 $\alpha, \gamma > 0$ 是先验分布中的超参数。有了分布,我们通过分布的分位数来确定可信区间。然而在有些情况下,确定分布的分位数并不容易,因此一种常用的做法就是从分布里面抽取随机数,然后通过样本分位数来构造可信区间。在本例中,我们通过产生随机数的方式构造了 0.95 的可信区间,所有的结果都绘制在图10.3中。其中左边的图中包括了先验分布和后验分布的概率密度分布函数,其中平坦一些的曲线都来自先验分布,而陡峭一些的曲线则来自后验分布;右边的图中绘制了从后验分布中所产生随机数的直方图,并使用虚线表示出可信区间的上下限。

由图10.3可见,当先验分布没有过于偏向于女婴比例很低的时候,可信区间都能包括 0.5 这一比值。但是如果之前的知识信息和数据反映出来的状况非常不一致时,可信区间还是会受到较大影响,出现整体低于 0.5 的情况,如图中 $\alpha = 5, \gamma = 45$ 时构造的可信区间。

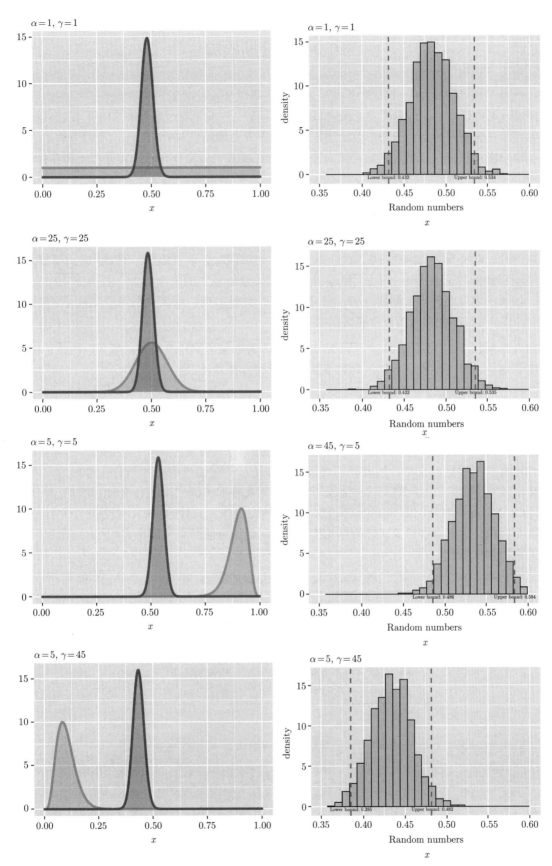

图 10.3：胎盘前置情况下的新生儿女婴比例

10.3 贝叶斯检验

统计决策是统计分析的一个重要组成部分，往往是以假设检验的形式在原假设和备择假设中做出决策。在贝叶斯统计中，我们也需要考虑类似的假设检验。在贝叶斯的模型框架下，我们以概率分布来刻画参数，即考虑所谓的后验分布，因此这里的统计决策也依赖后验分布。不同于显著性假设检验，即通过控制第一类错误来进行统计决策，贝叶斯检验则直接基于后验分布来比较原假设和备择假设。

假设 $\boldsymbol{x} = (x_1, x_2, \cdots, x_n)^\top$ 是一组样本数据，产生于概率密度函数为 $f(\cdot|\theta)$ 的分布，其中 $\theta \in \Phi$，Φ 是参数的取值空间。假设我们的原假设和备择假设是

$$H_0 : \theta \in \Phi_0 \quad 与 \quad H_1 : \theta \in \Phi_1,$$

其中 $\Phi_0 \cup \Phi_1 = \Phi$ 并且 $\Phi_0 \cap \Phi_1 = \emptyset$。这里 Φ_0 和 Φ_1 可以同时为单点集合。例如：$\Phi_0 = \{1\}, \Phi_1 = \{2\}$，那么我们所需要做的是去比较 $q(1|\boldsymbol{x})$ 和 $q(2|\boldsymbol{x})$ 并接受取值较大的那个假设，其中 $q(\cdot|\boldsymbol{x})$ 是参数的后验分布。如果考虑复合假设，即集合 Φ_0 和 Φ_1 由多个元素组成，那么我们需要比较 $P(\Theta \in \Phi_0|\boldsymbol{x})$ 和 $P(\Theta \in \Phi_1|\boldsymbol{x})$，并选择使得后验概率更大的假设。

继续考虑例10.3中的数据。假设有这么一种观点，即如果孕妇胎盘前置，那么她的孩子很可能是男孩。对应于这一种观点，我们可以考虑如下的原假设和备择假设：

$$H_0 : \pi \leqslant 0.45 \quad 与 \quad H_1 : \pi > 0.45.$$

那么在不同的先验分布下，我们得到的结果如表10.1所示。由此可见，在三种不同先验信息假设下(即无信息的先验分布假设、倾向于男女比例差不多的先验分布假设、倾向于女婴较多的先验分布假设)，原假设都没有得到数据的支持，因此我们可以得到结论：孕妇胎盘前置并不意味着有更大可能会生出男孩。然而当先验知识告诉我们在这种情况下新生儿为女婴的比例很可能非常低 (此时先验分布均值为0.1，先验分布标准差为 0.042) 时，当前的数据并不能完全改变先验的判断。当然这个先验分布的假设很大可能不会得到之前各种相关研究的结论支持，也就是说可能严重背离事实，因此这里仅仅是作为一个假设的例子来加以介绍。

表 10.1：女婴比例的贝叶斯检验结果

α	β	原假设的后验概率	备择假设的后验概率
1	1	0.111851147	0.888148853
25	25	0.083367337	0.916632663
45	5	0.000334812	0.999665188
5	45	0.739818462	0.260181538

视角与观点： 读书或者听人讲授知识都是获取"先验知识"的途径，这些先验知识都是前人通过研究或者实践得到的知识总结。然而我们不能全信这些知识，否则人类对于未知领域的探索就不能进步。比如早期的"地心说"作为一种先验知识就会成为颠覆不破的真理，也就不会有哥白尼等科学家通过研究和实验等不断总结来得到"地球围绕太阳转"的认知。因此，尽信书不如无书，正如古人所说"读万卷书不如行万里路"，这里的意思就在于：先验认知是可能由于后来的实践数据的分析总结而发生认知的改变，因此人类通过研究和实践来不断修改"先验"知识，形成"后验"知识，从而推动科学和技术的不断进步和发展。

10.4　经验贝叶斯统计

当前社会和科技发展迅速，海量数据已经是我们日常生活的一部分，这也给经验贝叶斯方法的兴起提供了契机。很多著名统计学家开始讨论如何使用经验贝叶斯方法来对**大规模数据** (Large-scale data) 进行分析，例如 Efron (2013)、Efron 和 Hastie (2016)。

现在来考虑一个经典例子。

例 10.4： 假设随机样本 $X_1, X_2, \cdots, X_n$ 从下面的模型中产生出来：

$$\begin{cases} X_i|\mu_i \sim N(\mu_i, 1), \\ \mu_i \sim N(0, \sigma^2), \end{cases} \tag{10.4}$$

其中 (X_i, μ_i) 当 i 不同时相互独立，$i = 1, 2, \cdots, n$。那么我们不难得到参数 μ_i 的后验分布是 $\mu_i|X_i = x_i \sim N(\tau^2 x_i, \tau^2)$，其中 $\tau^2 = \frac{\sigma^2}{1+\sigma^2}$，$x_i$ 是观察值。因此我们需要设定超参数 σ^2 才能进行经典的贝叶斯分析。

如果我们采用另外一个思路，考虑随机变量 X_i 的边际分布，其概率密度函数为

$$\begin{aligned} f(x_i) &= \int_{-\infty}^{\infty} \frac{1}{\sqrt{2\pi}} e^{-\frac{(x_i-\mu_i)^2}{2}} \frac{1}{\sqrt{2\pi}} e^{-\frac{\mu_i^2}{2\sigma^2}} d\mu_i \\ &= \frac{1}{\sqrt{2\pi}\sqrt{1+\sigma^2}} e^{-\frac{x_i^2}{2(1+\sigma^2)}}. \end{aligned}$$

从而我们可以得到 $\frac{\sum_{i=1}^n X_i^2}{1+\sigma^2} \sim \chi_n^2$，因此 τ^2 的一个无偏估计量就是 $S_n = 1 - \left(\sum_{i=1}^n x_i^2\right)^{-1}(n-2)$。如果我们考虑 μ_i 的后验分布均值作为贝叶斯估计量，同时将未知的参数 τ^2 用无偏估计量 S_n 来替代，则得到所谓的 James-Stein 估计量 (James, Stein)：

$$\hat{\mu}_i = \left(1 - \frac{n-2}{\sum_{i=1}^n x_i^2}\right) x_i.$$

尽管 James 和 Stein (1961) 采用了不同的理论框架来提出 James-Stein 估计量，并且这一类**收缩估计量** (Shrinkage estimator) 被广泛应用于超高维数据分析 (Wainwright, 2019)。但是本质上，James-Stein 估计量是一种经验贝叶斯的方法。

现在我们正式介绍经验贝叶斯方法。首先假设下面的层次模型：

$$\begin{cases} \boldsymbol{X}|\Theta = \theta \sim f(\boldsymbol{x}|\theta), \\ \Theta|\gamma \sim p(\theta|\gamma), \end{cases}$$

其中 γ 是先验分布中的超参数。在经典贝叶斯方法中，我们需要根据真实的情况来设定超参数，而采用经验贝叶斯的方法，则需要通过数据来估计超参数，然后再给出贝叶斯估计。具体做法类似于上面例子中得到 James-Stein 估计量的方法，我们需要考虑给定超参数的条件下随机样本的分布：

$$h(\boldsymbol{x}|\gamma) = \int f(\boldsymbol{x}|\theta) p(\theta|\gamma) d\theta. \tag{10.5}$$

然后我们基于这一条件概率密度函数来估计超参数 γ，比如极大似然估计方法，并将估计量记为 $\hat{\gamma}_n$。然后我们用这个估计值来作为超参数 γ 的取值，并可以类似地基于后验分布 $q(\theta|\boldsymbol{x}, \hat{\gamma}_n)$ 来对参数进行贝叶斯统计推断。

下面我们用一个例子来进一步阐述经验贝叶斯方法的过程 (类似的例子可见 Hogg 等 (2013) 第十一章)。

例 10.5：考虑随机样本 $X_1, X_2, \cdots, X_n$ 产生于如下的层次模型：

$$\begin{cases} X_i|\Lambda = \lambda \sim P(\lambda), \\ \Lambda \sim \Gamma(\eta, \gamma), \end{cases}$$

其中 η 已知，γ 是超参数。记 $\boldsymbol{X} = (X_1, X_2, \cdots, X_n)^\top$。那么 $\boldsymbol{X}$ 联合概率密度函数取值表达式可以写成：

$$f(\boldsymbol{x}|\lambda) = \frac{\lambda^{n\bar{x}}}{x_1! \cdots x_n!} e^{-n\lambda},$$

其中 $\bar{x} = n^{-1} \sum_{i=1}^{n} x_i$ 是样本均值。因此我们可以求得给定超参数的随机样本概率密度函数为

$$\begin{aligned} h(\boldsymbol{x}|\gamma) &= \int_0^\infty f(\boldsymbol{x}|\lambda) p(\lambda|\gamma) d\lambda \\ &= \int_0^\infty \frac{1}{x_1! \cdots x_n!} \lambda^{n\bar{x}+\eta-1} e^{-n\lambda} [\Gamma(k)\gamma^\eta]^{-1} e^{-\lambda\gamma^{-1}} d\lambda \\ &= \frac{\Gamma(n\bar{x}+\eta)[\gamma/(n\gamma+1)]^{n\bar{x}+\eta}}{x_1! \cdots x_n! \Gamma(\eta)\gamma^\eta}. \end{aligned}$$

让 $\frac{\log h(\boldsymbol{x}|\gamma)}{\partial \gamma} = 0$，我们可以得到估计 $\hat{\gamma}_n = \bar{x}/\eta$。这个估计值就作为超参数代入参数 λ 的后验分布，即

$$q(\lambda|\boldsymbol{x}, \hat{\gamma}_n) \propto \lambda^{n\bar{x}+\eta-1} e^{-\lambda(n+\hat{\gamma}_n^{-1})}.$$

这是伽玛分布 $\Gamma(n\bar{x}+\eta, \hat{\gamma}_n/(n\hat{\gamma}_n+1))$ 的概率密度函数。如果我们使用后验分布均值来作为我们的经验贝叶斯估计，那么就得到：

$$\hat{\lambda} = (n\bar{x}+\eta)\frac{\hat{\gamma}_n}{n\hat{\gamma}_n+1} = \bar{x}.$$

由此可见，在这一模型之下，经验贝叶斯估计和极大似然估计完全一致。

经验贝叶斯方法通过数据来估计出超参数，但是需要得到给定超参数时产生数据的条件分布，这一过程有时候并不简单，因此需要设计合理的一些算法来达到相应的目的。实际上，在很多贝叶斯方法中，从后验分布抽取随机数也具有相当大的挑战性，因此贝叶斯统计分析不得不依赖大量的计算。我们将在下一节中介绍一些相关计算方法。

10.5 马氏链蒙特卡洛

AlphaGo 在围棋界大败世界顶级高手让其底层的蒙特卡洛搜索树算法闻名于世。蒙特卡洛方法是统计学传统的研究领域，包括任何一种用于求解定量问题近似解的统计抽样技术。自 20 世纪 40 年代初以来，蒙特卡洛模拟技术被用于核聚变的研究。21 世纪以来，计算机技术的高速发展极大地推动了蒙特卡洛方法的进展，这是由于蒙特卡洛方法极度依赖计算机提供的模拟来近似地求解问题。

10.5.1 蒙特卡洛方法

从某个分布中抽取随机数的过程，又称为**蒙特卡洛模拟** (Monte Carlo simulation)。一旦随机数产生之后，我们就可以进行相关统计推断。

当一个连续随机变量的分布函数已知，记为 F_X，且该函数的逆函数可以比较容易得到，那么下面这个定理就给出了一种从分布 F_X 中抽取随机数的方法。

定理 10.1 (逆分布函数法)：假设随机变量 U 服从均匀分布 $U(0,1)$，则随机变量 $X = F_X^{-1}(U)$ 的分布函数就是 F_X，其中 $F_X^{-1}(u) = \inf\{t \in \mathbb{X} : F_X(t) \geqslant u\}$。

证明：注意到 U 的分布函数就是 $F_U(u) = u$，其中 $u \in (0,1)$。对于任意 $x \in \mathbb{X}$，其中 $\mathbb{X}$ 是随机变量 X 的取值空间。考虑 $X = \inf\{x \in \mathbb{X} : F_X(x) \geqslant U\}$。

(1) 一方面，首先由 X 的定义可知：$F_X(X) \geqslant U$。当 $X \leqslant x$ 时，由于分布函数 F_X 单调增，因此我们可以得到 $U \leqslant F_X(X) \leqslant F_X(x)$；

(2) 另外一方面，当 $U \leqslant F_X(x)$ 时，则 $x \in \{x \in \mathbb{X} : F_X(x) \geqslant U\}$。所以由 X 的定义可知，$X \leqslant x$。

那么我们可以得出：

$$P(X \leqslant x) = P(U \leqslant F_X(x))$$
$$= F_X(x).$$

$\square$

下面的例子中的分布可以用来产生 Feng 等 (2011) 提出的自举法里中位数所要求的随机权重。

例 10.6：假设随机数 X 的概率密度函数 f 满足如下式子：

$$f(x) = \begin{cases} -x, & -\frac{5}{4} \leqslant x \leqslant -\frac{3}{4}, \\ x, & \frac{3}{4} \leqslant x \leqslant \frac{5}{4}, \\ 0, & x \in \left(-\infty, -\frac{5}{4}\right) \cup \left(-\frac{3}{4}, \frac{3}{4}\right) \cup \left(\frac{5}{4}, \infty\right). \end{cases}$$

我们可以采用定理10.1中的方法来产生随机数。注意到其对应的分布函数则满足：

$$F(x) = \begin{cases} 0, & x < -\frac{5}{4}, \\ \frac{25}{32} - \frac{x^2}{2}, & -\frac{5}{4} \leqslant x \leqslant -\frac{3}{4}, \\ \frac{1}{2}, & -\frac{3}{4} < x < \frac{3}{4}, \\ \frac{7}{32} + \frac{x^2}{2}, & \frac{3}{4} \leqslant x \leqslant \frac{5}{4}, \\ 1, & x > \frac{5}{4}, \end{cases}$$

那么我们可以得到其逆函数必然满足：

$$F^{-1}(x) = \begin{cases} -\left(\frac{25}{16} - 2x\right)^{1/2}, & 0 < x \leqslant \frac{1}{2}, \\ \left(2x - \frac{7}{16}\right)^{1/2}, & \frac{1}{2} < x \leqslant 1. \end{cases}$$

接着我们使用以下代码产生 10000 个服从该分布的随机数并绘制直方图和相应的概率密度函数 (见图10.4)，其中深色粗线表示的是概率密度函数曲线。

```
U = runif(10000)
X = data.frame(numbers = ifelse(U>1/2, sqrt(2*U-7/16),-sqrt(25/16-2*U)))
```

产生随机数的一个重要目的就是用来进行统计估计和推断。由大数定理可知，样本均值会依概率收敛至期望，因此我们可以通过产生随机数来计算样本均值等来得到估计。

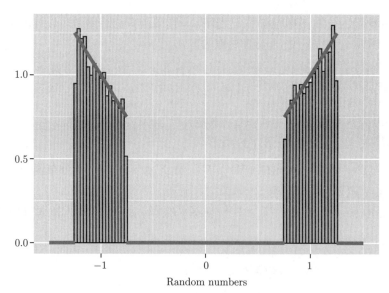

图 10.4：随机数直方图

例 10.7 (蒙特卡洛积分)：对于任意一个函数 g，如果 $\mathrm{E}[g(X)]$ 存在，其中 X 是一个随机变量，那么由大数定理可知：

$$n^{-1} \sum_{i=1}^{n} g(X_i) \xrightarrow{P} \mathrm{E}[g(X)],$$

其中 $X_1, X_2, \cdots, X_n$ 是随机样本。我们在例10.6中产生了 10000 个随机数，那么我们可以通过下式来估计方差：

$$S_n = \frac{1}{n-1} \sum_{i=1}^{n} (X_i - \bar{X})^2 = \frac{n}{n-1} \left[\frac{1}{n} \sum_{i=1}^{n} X_i^2 - \left(\frac{1}{n} \sum_{i=1}^{n} X_i \right)^2 \right].$$

相应可以使用 R 命令 var 来得到样本方差的具体取值：

```
var(X$numbers)
```

```
## [1] 1.06356918
```

这一估计与真实方差 1.0625 已经颇为接近。还有一些其他算法可以用来产生目标分布的随机数，我们不再做介绍，感兴趣的读者可参阅 Gentle (2003)。

10.5.2 马氏链

考虑随机变量序列 $X^{(0)}, X^{(1)}, X^{(2)}, \cdots$。我们使用 $X^{(t)}$ 来记录某个**离散时间随机过程** (Discrete-time stochastic process，随机变量在时间的离散变化中形成的序列) 在时间 t 的状态。那么**马氏链** (Markov chain) 定义如下：

定义 10.1 (马氏链)：如果离散时间随机过程 $\{X^{(t)}, t = 1, 2, \cdots\}$ 满足以下条件，则称为马氏链：

$$P\left(X^{(t)} \in \mathbb{A} \mid x^{(0)}, x^{(1)}, \cdots, x^{(t-1)}\right) = P\left(X^{(t)} \in \mathbb{A} \mid x^{(t-1)}\right),$$

其中 $\mathbb{A}$ 是状态空间中的一个集合，$x^{(0)}, x^{(1)}, \cdots, x^{(t)}$ 表示 t 时刻之前所有的观察值。

从上面的定义可知，马氏链的特点就是下一时刻的状态只依赖当前状态，而与其历史状态无关。因此，**随机步**就是一种特殊的马氏链：

$$X^{(t)} = X^{(t-1)} + \epsilon_t,$$

其中随机误差 ϵ_t 独立于 $X^{(t-1)}, X^{(t-2)}, \cdots$。例如，假设 $\epsilon_t \sim N(0,1)$，那么所产生的随机步如图10.5所示。

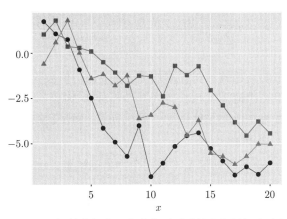

图 10.5：误差为标准正态分布时形成的多条随机步路径

模型误差 ϵ_t 产生于同一个分布 $N(0,1)$，因此从任意一个时刻的状态转移到下一个时刻的状态时的分布都是标准正态分布。这里的标准正态分布实际上是该马氏链的**稳定分布** (Stationary distribution)，即随着 t 的增大，从 $X^{(t)}$ 转移至 $X^{(t+1)}$ 的**转移分布** (Transition distribution) 将会趋近于一个极限分布 π(该分布与随机链的初始点无关)。我们称任意一种产生具有稳定分布的马氏链方法为**马氏链蒙特卡洛** (Markov Chain Monte Carlo，MCMC) 方法。更多有关马氏链蒙特卡洛的相关概念和理论介绍可以参阅 Robert 和 Casella (2004)。

我们将在后面的小节中介绍两种常用的产生马氏链的算法。如果生成的马氏链的稳定分布就是在贝叶斯统计中得到的后验分布，那么只要我们产生足够长的马氏链，则它的转移分布就会趋近于后验分布。因此，这样就可以近似地从后验分布中抽取所需的随机数。

10.5.3 Metropolis-Hastings 算法

Metropolis-Hastings 算法是一个经典的马氏链蒙特卡洛算法。该算法首先在给定当前状态下产生下一时刻的备选随机变量取值，当满足一定条件之后就加以保留并作为下一时刻的状态取值，否则就继续使用当前值作为下一个时刻的状态取值。

假设 f_X 是目标分布的概率密度函数，$h(\cdot|x)$ 是某个条件分布的概率密度函数，并且 $f_X(u) \leqslant K \cdot h(u|x)$，其中 K 是一个与 x 无关的常数，u 是任意一个位于定义域的数。给定 $x^{(t)}$，

(1) 产生 $Y^{(t)} \sim h(y|x^{(t)})$；
(2) 让

$$X^{(t+1)} = \begin{cases} Y^{(t)}, & \text{概率为 } p(x^{(t)}, Y^{(t)}), \\ x^{(t)}, & \text{概率为 } 1 - p(x^{(t)}, Y^{(t)}), \end{cases}$$

其中

$$p(x, y) = \min\left\{\frac{f_X(y)}{f_X(x)} \frac{h(x|y)}{h(y|x)}, 1\right\}.$$

这里 $h(y|x)$ 称作**工具分布** (Instrumental distribution)，$p(x,y)$ 称作 **Metropolis-Hastings 接受概率**。

我们可以证明 Metropolis-Hastings 算法里的目标概率密度函数 f_X 是所产生的马尔科夫链的稳定分布 (参阅 Robert 和 Casella (2004) 定理 7.2)。在一定条件之下 (参阅 Robert 和 Casella (2004) 定理 7.4)，对于任意一个函数 g，如果 $\mathrm{E}[g(X)]$ 存在，其中 X 是概率密度函数为 f_X 的随机变量，那么我们可以进一步得到：

$$T^{-1} \sum_{t=1}^{T} g(X^{(t)}) \xrightarrow{P} \int_{-\infty}^{\infty} g(x) f_X(x) dx.$$

这一理论结果表明所产生的马氏链计算样本均值之后，该均值会收敛至其在目标分布下的期望。然而，在实际计算过程中，由于马氏链需要较长时间其转移分布才能较好地逼近目标分布 f_X，因此通常并不会从马氏链的起始阶段就将生成的数值用于计算统计量，而是会抛弃掉马氏链前面的若干数值。这一段时期又称作**预热期** (Burn-in period)。

例 10.8： 假设我们希望从一个带有扰动的正态分布中产生随机数，即

$$f_X(x) \propto \sin^2(x) \cos^2(2x) \exp\{-x^2/2\}.$$

考虑工具分布为 $U(x-\varepsilon, x+\varepsilon)$，则算法实现如下：

```
# 目标分布的概率密度函数
target=function(x){
sin(x)^2*cos(2*x)^2*dnorm(x)
}
# Metropolis-Hastings算法
metropolis=function(x, alpha=0.5){
  y = runif(1, x-alpha, x+alpha)
if (runif(1)>target(y)/target(x)) y=x
return(y)
}


T = 5*10^4
x = rep(1,T)
for (t in 2:T) x[t]=metropolis(x[t-1])
```

我们采用 Metropolis-Hastings 算法产生了一条长度为 5×10^4 的马氏链，并将该链初始产生的 10^4 个数值作为预热期的随机数，然后使用剩下的 4×10^4 个随机数绘制了直方图 (见图10.6)，图中深色的光滑线条表示的是真实分布的概率密度函数。由图 10.6 可见，我们生成的马氏链能够非常好地刻画出这个带有扰动的正态分布。

10.5.4 Gibbs 取样器

上一小节中介绍的 Metropolis-Hastings 方法对于低维的随机数产生效果不错，但是维数比较大的时候，经常产生拒绝的情况，从而导致所产生的马氏链不利于统计分析。在维数较高的时候，我们可以

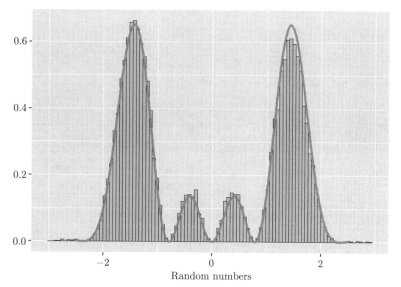

图 10.6：Metroplis-Hastings 算法产生的马氏链

通过一系列的条件概率密度函数来迭代产生随机数，这一类方法称作 **Gibbs 取样器** (Gibbs sampler)。这种方法不需要接受—拒绝这一步骤，因此产生马氏链的效率较高。但是这一方法实现的难点在于条件概率密度函数的推导，因此问题不同的时候，其实现难度不一样。

例 10.9：考虑如下的二维正态分布：

$$\begin{pmatrix} X \\ Y \end{pmatrix} \sim N \left(\mathbf{0}, \begin{pmatrix} 1 & \rho \\ \rho & 1 \end{pmatrix} \right),$$

我们知道条件分布分别是 $X|y \sim N(\rho y, 1-\rho^2)$ 与 $Y|x \sim N(\rho x, 1-\rho^2)$，则相应的 Gibbs 取样器的迭代过程如下所示：

(1) $X^{(t+1)}|y^{(t)} \sim N(\rho y^{(t)}, 1-\rho^2)$;
(2) $Y^{(t+1)}|x^{(t+1)} \sim N(\rho x^{(t+1)}, 1-\rho^2)$,

其中 $(x^{(t)}, y^{(t)})^\top$ 表示第 t 步产生的马氏链取值。当然，对于二维正态分布而言，我们并不需要通过这一方式来产生，这里仅仅是作为一个例子来加以介绍。我们将概率密度函数以等高线的形式投影在二维平面上 (见图10.7)，图上的点表示的是 Gibbs 取样器产生的马氏链。

现在我们给出一般情况下的迭代算法。假设我们希望从概率密度函数为 $f_{\boldsymbol{X}}$ 的分布中产生 m-维随机向量 $\boldsymbol{X} = (X_1, X_2, \cdots, X_m)^\top$。随机变量 $X_i|\boldsymbol{X}_{-i} = \boldsymbol{x}_{-i}$ 的条件概率密度函数是 $f(x_i|\boldsymbol{x}_{-i})$, $i = 1, \cdots, m$，其中 $\boldsymbol{X}_{-i} = (X_1, \cdots, X_{i-1}, X_{i+1}, \cdots, X_m)^\top$ 是随机变量组成的向量，$\boldsymbol{x}_{-i} = (x_1, \cdots, x_{i-1}, x_{i+1}, \cdots, x_m)^\top$ 是相应的样本数据，则 Gibbs 取样器的算法如下：

(1) 选取初始点 $\boldsymbol{x}^{(0)}$，并让 $t = 0$;
(2) 分别产生

$X_1^{(t+1)} \sim f(x_1|x_2^{(t)}, \cdots, x_m^{(t)})$,
$X_2^{(t+1)} \sim f(x_2^{(t+1)}|x_1^{(t+1)}, x_3^{(t)}, \cdots, x_m^{(t)})$,
$\vdots$
$X_{m-1}^{(t+1)} \sim f(x_{m-1}^{(t+1)}|x_1^{(t+1)}, \cdots, x_{m-2}^{(t+1)}, x_m^{(t)})$;

(3) $X_m^{(t+1)} \sim f(x_m|x_1^{(t+1)}, \cdots, x_{m-1}^{(t+1)})$;

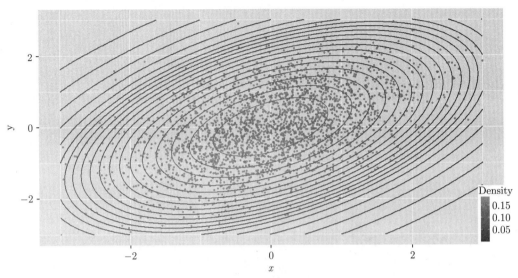

图 10.7 : Gipps 取样器产生的马氏链

(4) 增加 t 值，回到第 (2) 步。

当一定条件满足的时候 (参阅 Robert 和 Casella (2004) 定理 10.10)，该方法产生的马尔科夫链的稳定分布所对应的概率密度函数就是 $f_{\boldsymbol{X}}(\boldsymbol{x})$，并且只要期望 $\mathrm{E}[g(\boldsymbol{X})]$ 存在，其中 g 是某个函数，那么 Gibbs 取样器类似于 Metropolis-Hastings 算法有以下结果成立：

$$T^{-1} \sum_{t=1}^{T} g(\boldsymbol{X}^{(t)}) \xrightarrow{P} \mathrm{E}[g(\boldsymbol{X})].$$

因此采用 Gibbs 取样器也可以类似进行相应的统计推断。Gibbs 取样器特别适合应用于层次模型，从而在贝叶斯统计中也就成为了被广泛使用的算法。

10.5.5 OpenBUGS 和 Stan

层次模型在贝叶斯统计中是一种常用的模型。Robert 和 Casella (2004) 在第 10 章就介绍了多个例子，如动物流行病模型、药物模型等。Robert 和 Casella (2004) 在第 10 章的问题 10.10 中提供了奶牛的乳腺炎数据集，其中有 127 个奶牛群，具体数据如表10.2。我们将使用该数据集作为例子来介绍如何从 R 环境中设置层次模型，并通过 R 软件包 R2OpenBUGS 对OpenBUGS进行调用 (在使用之前，需

表 10.2: 按奶牛群统计的患病奶牛头数

0	0	0	0	0	0	0	1	1	1	1	1	1	1	1
1	1	1	1	2	2	2	2	2	2	2	2	3	3	3
3	3	3	3	3	3	4	4	4	4	4	4	4	4	5
5	5	5	5	5	5	5	6	6	6	6	6	6	6	6
6	7	7	7	7	7	7	8	8	8	8	8	9	9	9
10	10	10	10	11	11	11	11	11	11	11	12	12	12	12
13	13	13	13	13	14	14	15	16	16	16	16	17	17	17
18	18	18	19	19	19	19	20	20	21	21	22	22	22	22
23	25	25	25	25	25	25								

要另外安装 OpenBUGS)。OpenBUGS 是一个开源项目，致力于使用 Gibbs 取样器来进行贝叶斯推断，我们可以使用 OpenBUGS 很方便地设置层次模型并完成计算。然而 OpenBUGS 很多分布都是预先设定的，适用范围有限，并且近年来似乎已经更新停止。一个更加强大和有前途的编程语言项目 Stan 受到了更多的支持和关注。Stan 和 OpenBUGS 有一些模型设置的共同之处，但是允许使用者能够更加自由地设定不同的先验等。RStudio 目前也支持 Stan 语言，只需要在 RStudio 环境中选择 File -> New File -> Stan File 即可。在本小节，我们会通过 R 软件包 rstan 实现对 Stan 的调用 (在使用之前需要安装 C++ 的编译器集成软件包 Rtools)，并完成层次模型的贝叶斯统计分析。需要指出的是，Stan 项目中提供的统计分析功能远远不止于贝叶斯统计，还包括很多常用的模型，并能处理很多不同的复杂数据。

现在考虑如下的层次模型：

$$\begin{cases} y_j|\lambda_j \sim P(\lambda_j), \\ \lambda_j|\alpha, \beta_j \sim \Gamma(\alpha, \beta_j), & j=1,2,\cdots,J, \\ \beta_j|a,b \sim \Gamma(a,b), \end{cases}$$

其中超参数 α, a, b 分别设置为 10，10，3。层次模型允许每个牧群可以有不同的发病率，并且通过先验分布把这种发病率也联系了起来。奶牛牧群既会因为牧场、种群的区别而有所区别，同时又由于都是奶牛形成的牧群、饲养方式等比较类似而有很多共同之处。因此，这种层次模型用在这一问题中比较合理，能够捕捉到一些重要特点。

假设表10.2中的数据存储在变量 MastitisN 中。我们先来介绍如何使用 R2OpenBUGS 调用 OpenBUGS 实现 Gibbs 取样器产生马氏链。首先需要建立可以被 OpenBUGS 能够解读的层次模型，并将其保存在一个由用户自己命名的文本文件中 (我们使用的文件是 mastitis.txt)：

```
model {
    for (j in 1:J)
    {
        y[j] ~ dpois (lambda[j])
        lambda[j] ~ dgamma (10, beta[j])
        beta[j] ~ dgamma (10, 3)
    }
}
```

在上面的代码中，关键字 model 用来指定 OpenBUGS 能够解读的层次模型，具体的模型设置写在花括号里面。y[j] 表示第 j 个观察值，$j=1,2,\cdots,J$，而 J 的具体取值将会在 R 程序里面设定。dpois 表示泊松分布，lambda[j] 表示参数 λ_j，因此这里的语句 y[j] ~ dpois (lambda[j]) 就代表数据产生的过程：$y_j|\lambda_j \sim P(\lambda_j)$；类似地，lambda[j] ~ dgamma (10, beta[j]) 对应着参数 λ_j 的产生过程：$\lambda_j|\alpha=10, \beta_j \sim \Gamma(10, \beta_j)$；beta[j] ~ dgamma (10, 3) 则对应着 $\beta_j|a=10, b=3 \sim \Gamma(10,3)$。

然后我们在 R 环境中设置一些初始参数以及马氏链的初始值，包括观察值的数量 J 和观察值向量 $\boldsymbol{y}$。基于 OpenBUGS 的格式要求，我们需要将 J 和 $\boldsymbol{y}$ 以 list 结构赋值给一个变量 (这里的 R 语句是 data<- list ("J", "y"))；接着我们定义了函数 inits 来设定参数的初始值。最后程序调用了 R 软件包 R2OpenBUGS 里的函数 bugs，这一函数命令会自动生成能被 OpenBUGS 解读的代码，进而产生一条长为 10^4 的马氏链。

```
library(R2OpenBUGS)
# 设置可以调用BUGS的格式
J <- length(MastitisN) # 观察值数目
y <- MastitisN        # 观察值
mastitis_data <- list ("J", "y")
# 设置生成马氏链的初始值
inits <- function(){
list(lambda = rgamma(J, shape=10, rate=3),
beta = rgamma(J, shape=10, rate=3))
}
# 生成马氏链
mastitis.sim <- bugs(mastitis_data, inits,
model.file = "mastitis.txt",
parameters = c("lambda", "beta"),
n.chains = 1, n.iter = 10000)
```

我们使用 Gipps 取样器从后验分布产生的马氏链绘制第 5 个、第 20 个和第 80 个奶牛群所对应参数的分布直方图 (见图10.8)。

现在我们来介绍如何使用 R 软件包 rstan 来编译 Stan 语言并产生马氏链 (这里缺省的算法是哈密尔顿蒙特卡洛的一个改进方法 (Hoffman, Gelman, 2014)，由于涉及太多的背景知识，我们在书中并未介绍)。类似地，我们需要写一个以 ".stan" 结尾的文件来描述数据、参数和模型：

```
data {
        int<lower=0> J;
        int<lower=0> y[J];
}


parameters {
        real<lower=0> lambda[J];
        real<lower=0> beta[J];
}


model {
        for (j in 1:J)
        {
                y[j] ~ poisson (lambda[j]);
                lambda[j] ~ gamma (10, beta[j]);
                beta[j] ~ gamma (10, 3);
        }
}
```

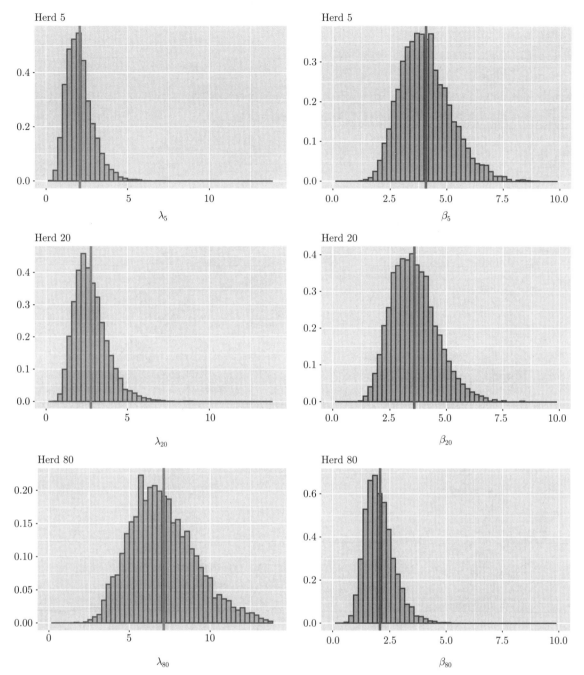

图 10.8：奶牛乳腺炎病例参数后验分布 (OpenBUGS)

　　这里关键字 data 用来设置观察值长度和观察值变量，int 用来设定相应的变量只在整数中取值，lower 说明该变量取值的下限；关键字 parameters 用来设置需要产生马氏链的参数；关键字 model 将数据和参数通过层次模型结合起来，语法规则与 OpenBUGS 比较类似，只是在分布的名称上有些区别。在使用 R 软件包 rstan 之前，我们需要设置 list 数据结构，再通过函数命令 stan 产生一条长度为 10^4 的马氏链；所生成的马氏链被我们保存在变量 fit 中，最后可以通过 R 软件包 rstan 中的函数命令 extract 将马氏链取出并赋给变量 result(缺省状态下，前面一半的马氏链作为预热期的初始值使用)。

```
library(rstan)
J <- length(MastitisN) # 观察值数目
y <- MastitisN # 观察值
mastitis_data <- list (J = J, y = y) # 设置List数据结构
fit <- stan(file = 'mastitis.stan', data = mastitis_data,
chains = 1, iter = 10000)
result <- extract(fit, permuted = TRUE)
```

我们可以类似绘制出几个奶牛群的相关参数后验分布的直方图 (见图10.9)。

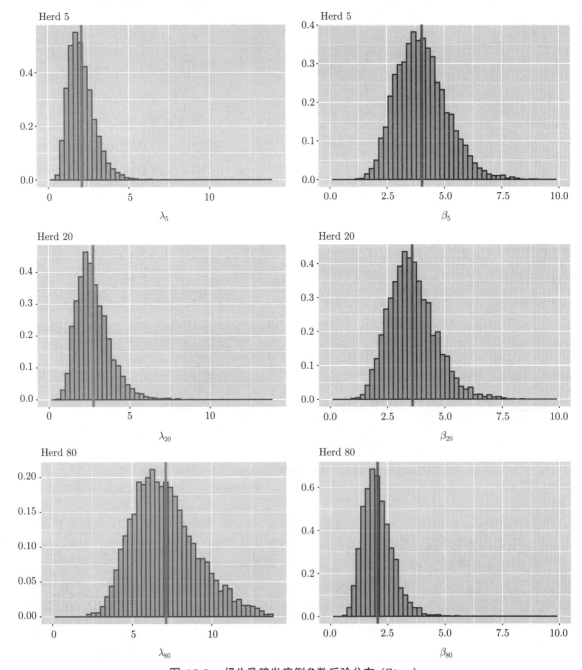

图 10.9 : 奶牛乳腺炎病例参数后验分布 (Stan)

可以看出，两个软件给出的参数后验分布比较类似，即随着奶牛群的编号上升，参数 λ 的后验分布均值在增加，因此意味着乳腺炎发病数目的期望很可能会变大。与此同时，参数 β 的后验分布的均值随着奶牛群的编号增长而减少，这一点是由于伽玛分布 $\Gamma(10, \beta_i)$ 的期望是 $10/\beta_i$，因此 λ_i 和 β_i 两者反方向变化并不令人意外。

Stan 项目目前受到了强有力的社区支持，这款软件能够允许使用者考虑更为复杂的统计模型，这也将会大大简化和方便我们分析真实数据。我们在本章的最后专门介绍了一些软件就是希望大家能够将统计学与真实数据分析紧密结合起来，而不仅仅是当做数学来学习和理解，有了这些方便的软件工具，我们的数据分析和统计推断将被大大简化。

练习题 10

1. 考虑指数分布族 $\{f(\cdot|\lambda) = \lambda e^{-\lambda x}, \ \lambda > 0\}$。

(a) 考虑参数 λ 服从的先验分布是伽玛分布 $\Gamma(\alpha, \beta)$，那么这个先验是否是共轭先验？

(b) 假设先验的伽玛分布变异系数 (标准差与均值的比值) 为 0.5，如果有了随机样本 $X_1, X_2, \cdots, X_n$，那么后验分布的变异系数是什么？假如我们想要后验的变异系数降至 0.1 以下，那么我们至少需要多少个样本数据？

2. 假设 $X_1, X_2, \cdots, X_n$ 独立产生于正态分布 $N(\mu, \sigma^2)$，其中 σ^2 是已知的常数。进一步假设 $\theta \sim N(\mu_0, \sigma_0^2)$，其中 μ_0 和 σ_0^2 都是已知的常数。记 $Y = \bar{X}$ 表示样本均值。如果我们考虑损失函数 $\rho(\mu, d(y)) = |\mu - d(y)|$，那么参数 μ 的贝叶斯估计对应的决策函数是什么？

3. 假设 $X_{(n)}$ 表示随机样本 $X_1, \cdots, X_n$ 的最大值，其中 X_i 所服从分布在 x 处的概率密度为 $f(x|\theta) = \theta^{-1}, \ 0 < x < \theta$。假设参数 θ 先验分布的概率密度函数在 θ 处是 $g(\theta) = \beta\alpha^\beta/\theta^{\beta+1}, \ \alpha < \theta < \infty$，其中 $\alpha, \beta > 0$。如果我们考虑损失函数 $\rho(\theta, d(x_{(n)})) = [\theta - d(x_{(n)})]^2$，那么参数 θ 的贝叶斯估计对应的决策函数是什么？

4. 假设 $X_1, X_2, X_3, \cdots, X_n \sim f(x|\theta) = \theta^{-1}, \ 1 < x < \theta$，且 $\theta \sim g(\theta) = 3/\theta^4, \ 1 < \theta < \infty$。考虑基于参数 θ 充分统计量 $X_{(n)}$ 的决策函数 $d(\cdot)$，如果损失是 $\rho(\theta, d(x_{(n)})) = [\theta - d(x_{(n)})]^2$，那么贝叶斯估计量 $d(X_{(n)})$ 是什么？

5. 假设 $f(x|\theta)$ 是一个概率密度函数，其中 $\theta \in \Omega$。记 $I(\theta)$ 为相应的费希尔信息。考虑如下的贝叶斯模型：

$$\begin{cases} X_i|\theta \sim f(x|\theta), \ i = 1, \cdots, n, \\ \theta \sim g(\theta) \propto \sqrt{I(\theta)}. \end{cases}$$

(a) 如果 $f(x|\theta) = \theta e^{-\theta x}, \ x > 0$，那么 $\theta|x_1, x_2, \cdots, x_n$ 的后验分布是什么？

(b) 构造参数 θ 的 0.9 可信区间。

6. 考虑如下的贝叶斯模型：

$$\begin{cases} X_i|\theta \sim \Gamma(1, \theta), \ \theta > 0, \ i = 1, 2, \cdots, n, \\ \theta \sim p(\theta) \propto \theta^{-1}. \end{cases}$$

(a) 证明 θ 的后验概率密度函数满足：

$$q(\theta|s_n) \propto \theta^{-n-1}e^{-s_n/\theta},$$

其中 $s_n = \sum_{i=1}^n x_i$；

(b) 证明如果我们让 $\alpha = \theta^{-1}$，那么后验概率密度函数 $g(\cdot|s_n)$ 就是伽玛分布 $\Gamma(n, s_n^{-1})$ 的概率密度函数；

(c) 给出 $c_0 s_n \alpha | x_1, x_2, \cdots, x_n$ 的后验概率密度函数，其中 c_0 是一个给定的常数，并用来得到参数 α 的 0.95 可信区间；

(d) 使用 (c) 中得到的后验概率密度函数来对假设 $H_0 : \theta \geqslant \theta_0$ 与 $H_1 : \theta < \theta_0$ 进行贝叶斯检验。

7. 考虑如下的贝叶斯模型：
$$\begin{cases} X_i|\alpha \sim \Gamma(2, \alpha^{-1}), \ i = 1, 2, \cdots, n, \\ \alpha|\beta \sim \Gamma(3, \beta). \end{cases}$$

(a) 计算给定参数 β 时随机变量 $X_1, X_2, \cdots, X_n$ 的条件联合概率密度函数：
$$h(X_1, \cdots, X_n|\beta) = \int_0^\infty f(x_1, \cdots, x_n|\theta)g(\theta|\beta)d\theta,$$
其中 f 是联合概率密度函数，g 是参数 θ 先验分布的概率密度函数；

(b) 找到估计值 $\hat{\beta}$，使得条件联合概率密度函数 h 达到极小值；

(c) 给出 $\theta|x_1, \cdots, x_n, \beta$ 的后验分布；

(d) 考虑平方误差损失函数，给出经验贝叶斯估计。

8. 考虑以下概率密度函数 f_X 满足：
$$f_X(x) \propto |\sin(x)|e^{-x}, \ x \geqslant 0.$$
这个分布是在指数分布上加了一个周期变动项。

(a) 采用 Metropalis-Hastings 算法产生长度为 10^5 的马氏链，并使用后面的 5×10^4 个随机数绘制直方图；

(b) 在直方图上加上 f_X 的函数曲线。

 我们现在只是知道概率密度函数 f_X 与 $|\sin(x)|e^{-x}$ 成比例，但是如果需要在图上绘制密度函数，我们需要知道这个具体的比值是多少。然而直接对 $|\sin(x)|e^{-x}$ 求积分来得到 $f_X(x)$ 比较困难，因此可以思考如何通过蒙特卡洛方法来估计出这一积分。

9. 假设随机变量 X 和 Y 都在区间 $[0, 10]$ 上取值。已知两个条件分布是
   i. X 给定 $Y = y$ 的条件概率密度函数满足 $f(x|y) \propto e^{-xy}, \ x \in [0, 10]$；
   ii. Y 给定 $X = x$ 的条件概率密度函数满足 $f(y|x) \propto e^{-xy}, \ x \in [0, 10]$，
   产生长度为 10^4 的马氏链，前面一半的随机数作为预热期的初始值，再用剩余的随机数估计 $\mathrm{E}X$ 和 $\mathrm{E}(XY)$。

10. 假设随机变量 X, Y, N 服从以下分布：
$$P(X = i, y \leqslant Y \leqslant y + dy, N = n) \approx C \binom{n}{i} y^{i+\alpha-1}(1-y)^{ni+\beta-1}e^{-\lambda}\frac{\lambda^n}{n!}dy,$$
其中 $i = 0, 1, \cdots, n$；$n = 0, 1, \cdots, y \geqslant 0$，$\alpha = \beta = \lambda = 3$。产生马氏链来估计均值 $\mathrm{E}X$，$\mathrm{E}Y$ 和 $\mathrm{E}N$。

11. 考虑 (N, Y) 的联合概率密度函数满足：
$$f(k, y) \propto \binom{N_0}{k} y^{k+\alpha-1}(1-y)^{N_0-k+\beta+1}, \ k = 0, 1, \cdots, N_0, \ 0 < y < 1,$$

其中 $\alpha, \beta > 0$。

(a) 计算条件概率密度函数 $f(k|y)$ 和 $f(y|k)$;

(b) 采用 Gibbs 算法为随机向量 (N, Y) 生成长度为 5×10^4 的马氏链 (假设 $\alpha = 12, \beta = 3, N_0 = 5000$);

(c) 随机变量 N 和 Y 的边际分布分别是什么? 从边际分布里面直接产生随机数, 并与 Gibbs 算法产生的 (N, Y) 向量马氏链中 N 和 Y 各自对应的马氏链进行分布比较。

 这里生成的两维马氏链的每一个维度都是一个马氏链, 分别对应着随机变量 N 和 Y。两个分布的比较可以通过绘制一种类似于 Q-Q 图的形式来实现, 即将各自的样本进行排序, 然后再按照分位数水平配对绘制散点图。

12. 将硬币旋转 10 次, 最后硬币正面朝上的次数最多者获胜。实际上, 每次旋转的手法和力度都不太一样, 因此相应的硬币正面朝上的概率可能都不一样。然而每次旋转硬币具备很多共同特征, 因此我们考虑如下的层次模型:
$$\begin{cases} X_i | p_i \sim Bernoulli(p_i), \\ p_i \sim \beta(5, 5). \end{cases}$$

如果你得到了 7 次正面, 你觉得自己是运气好的人吗? 请提供你的论证过程。

13. Jarret (1979) 分析了英国 1851—1962 年间煤矿灾难数的数据, 见表10.3。

表 10.3: 英国 1851—1962 年间煤矿灾难数目

年份	数目	年份	数目	年份	数目	年份	数目	年份	数目	年份	数目
1851	4	1871	5	1891	2	1911	0	1931	3	1951	1
1852	5	1872	3	1892	1	1912	1	1932	3	1952	0
1853	4	1873	1	1893	1	1913	1	1933	1	1953	0
1854	1	1874	4	1894	1	1914	1	1934	1	1954	0
1855	0	1875	4	1895	1	1915	0	1935	2	1955	0
1856	4	1876	1	1896	3	1916	1	1936	1	1956	0
1857	3	1877	5	1897	0	1917	0	1937	1	1957	1
1858	4	1878	5	1898	0	1918	1	1938	1	1958	0
1859	0	189	3	1899	1	1919	1	1939	1	1959	0
1860	6	1880	4	1900	0	1920	0	1940	2	1960	1
1861	3	1881	2	1901	1	1921	0	1941	4	1961	0
1862	3	1882	5	1902	1	1922	2	1942	2	1962	1
1863	4	1883	2	1903	0	1923	1	1943	0		
1864	0	1884	2	1904	0	1924	0	1944	0		
1865	2	1885	3	1905	3	1925	0	1945	0		
1866	6	1886	4	1906	1	1926	0	1946	1		
1867	3	1887	2	1907	0	1927	1	1947	4		
1868	3	1888	1	1908	3	1928	1	1948	0		
1869	5	1889	3	1909	2	1929	0	1949	0		
1870	4	1890	2	1910	2	1930	2	1950	0		

现在假设数据来自一个层次模型：

$$
\begin{cases}
X_i|\alpha_i,\lambda_1,\lambda_2 \ \sim \ \alpha_i P(\lambda_1) + (1-\alpha_i)P(\lambda_2), \\
\alpha_i = \begin{cases} 1, & i=1,2,\cdots,N, \\ 0, & i=N+1,N+2,\cdots,112, \end{cases} \\
N\text{均匀产生于整数集合}\{1,2,\cdots,111\}, \\
\lambda_j|\alpha \ \sim \ \Gamma(4,a), \ j=1,2, \\
a \ \sim \ \Gamma(12,12).
\end{cases}
$$

(a) 推导实现 Gibbs 取样器所需要的条件概率密度函数；

(b) 实现 Gibbs 算法，产生长度为 2×10^4 的马氏链来逼近参数的后验分布；

(c) 基于马氏链绘制参数 N，λ_1 和 λ_2 的直方图，并给出后验均值、中位数和方差估计；

(d) 试着结合背景问题解读贝叶斯统计的结果。

参考文献

Bartlett, M. S.. Properties of sufficiency and statistical tests[J]. Proceedings of the Royal Society of London. Series A, Mathematical and Physical Sciences, 1937,160:268-282.

Berger, J. O.. Statistical Decision Theory and Bayesian Analysis[M]. 2nd edition.Springer, 1985.

Bickel, P. J., Klaassen, C. A. J., Ritov, Y., et al. Efficient and Adapative Estimation for Semiparametric Models[M]. Springer,1993.

Billingsley, P.. Probability and Measure[M]. John Wiley and Sons,2012.

Bonferroni, C. E.. Teoria statistica delle classi e calcolo delle probabilita[J]. Pubblicazioni del R Istituto Superiore di Scienze Economiche e Commericiali di Firenze, 1936, 8:3-62.

Boos, D. D.. Introduction to the bootstrap world[J]. Statistical Science, 2003,18:168-174.

Box, G. E. P., Luceno, A., del Carmen Paniagua-Quinones, M.. Statistical Control By Monitoring and Adjustment[M]. John Wiley and Sons, 2009.

Casella, G. , Berger, R. L.. Statistical inference[M]. 2nd edition. Duxbury Press, 2001.

Conover, W. J., Johnson, M. E., Johnson, M. M.. A comparative study of tests for homogeneity of variances, with applications to the outer continental shelf bidding data[J]. Technometrics, 1981,23:351-361.

Copenhaver, M. D. , Holland, B.. Computation of the distribution of the maximum studentized range statistic with application to multiple significance testing of simple effects[J]. Journal ofStatistical Computation and Simulation, 1988,30:1-15.

Efron, B.. Large-scale Inference: Empirical Bayes Methods for Estimation, Testing, and Prediction[M]. Cambridge,2013.

Efron, B. , Hastie, T.. Computer Age Statistical Inference: Algorithms, Evidence, and Data Science[M]. Cambridge,2016.

Efron, B. , Tibshirani, R. J.. An Introduction to the Bootstrap[M]. Chapman and Hall,1994.

Feng, X., He, X., Hu, J.. Wild bootstrap for quantile regression[J]. Biometrika, 2011,98:995-999.

Fisher, R. A.. The design of experiments[M].Oliver and Boyd, 1935.

Gelman, A., Carlin, J. B., Stern, H. S., et al.. Bayesian Data Analysis[M]. 3rd edition.Chapman and Hall, 2013.

Gentle, J. E. Random Number Generation and Monte Carlo Methods[M]. 2nd edition. Springer, 2003.

Giné, E., Nickl, R.. Mathematical Foundations of Infinite-Dimensional Statistical Models[M]. Cambridge, 2016.

Grimmett, G., Stirzaker, D.. Probability and Random Processes[M]. 3rd edition.Oxford University Press,2001.

Gumpertz, M. L., Graham, J. M., Ristaino, J. B.. Autologistic model of spatial pattern of phytophthora epidemic in bell pepper: effects of soil variables on disease presence[J]. Journal of Agricultural, Biological, and Environmental Statistics, 1997, 2:131-156.

Hampel, F. R.. The influence curve and its role in robust estimation[J]. Journal of the American Statistical Association, 1974,62:1179-1186.

Hampel, F. R., Ronchetti, E. M., Rousseeuw, P. J.,et al. Robust Statistics: The Approach Based on Influence Functions[M]. Wiley,2005.

Härdle, W., Müller, M., Sperlich, S.,et al. Nonparametric and Semiparametric Models[M]. Springer ,2004.

Hodges, J. L. Jr., Lehmann, E. L.. Estimates of location based on rank tests[J]. The Annals of Mathematical Statistics, 1963, 34: 598-611.

Hoffman, M. D. , Gelman, A.. The no-u-turn sampler: adaptively setting path lengths in hamiltonian monte carlo[J]. Journal of Machine Learning Research, 2014,15:1593-1623.

Hogg, R. V., McKean, J. W., Craig, A. T.. Introduction to Mathematical Statistics[M]. 7th edition.Pearson, 2013.

Huber, P. J.. Robust estimation of a location parameter[J]. The Annals of Mathematical Statistics, 1964,35:1753-1758.

Huber, P. J.. Robust regression: Asymptotics, conjectures and monte carlo[J]. The Annals of Statistics, 1973, 1:799-821.

Huber, P. J. , Ronchetti, E. M.. Robust Regression[M]. New Jersey:John Wiley and Sons, 2009.

James, W. , Stein, C.. Estimation with quadratic loss[J]. Proceedings of 4th Berkeley Symposium in Mathematical Statistics and Probability, 1961,1:361-379.

Jarque, C. M. , Bera, A. K.. Efficient tests for normality, homoscedasticity and serial independence of regression residuals[J]. Econometric Letters, 1980,6:255-259.

Jarret, R. G.. A note on the intervals between coal-mining disasters[J]. Biometrika, 1979,66:191-193.

Koenker, R.. Quantile Regression[M]. Cambridge,2005.

Koller, D. , Friedman, N.. Probabilistic Graphical Models: Principles and Techniques[M]. MIT ,2009.

Korb, K. B. , Nicholson, A. E.. Bayesian Artificial Intelligence[M]. Chapman and Hall,2011.

Kramer, C. Y.. Extension of multiple range tests to group means with unequal numbers of replications[J]. Biometrics, 1956,12:307-310.

Lander, J. P.. R for Everyone: Advanced Analytics and Graphics[M]. Pearson, 2014.

Lee, M.. Mode regression[J]. Journal of Econometrics, 1989, 42: 337-349.

Lehmann, E.. Elements of Large-Sample Theory[M]. Springer-Verlag, 1999.

Lehmann, E. L.. Testing Statistical Hypotheses[M]. 2nd edition.New York:Wiley, 1986.

Levene, H.. Robust tests for equality of variance[M]//. Contributions to Probability and Statistics: Essays in Honor of Harold Hotelling. Stanford University Press, 1960: 278-292.

Mammen, E.. When Does Bootstrap Work?: Asymptotic Results and Simulations[M]. Springer,1992.

Mills, J. L., Braubard, B. I., Klebanoff, M. K.. Association of placenta praevia and sex ratio at birth[J]. British Medical Journal, 1987,294:544.

Phillips, P. C. B.. The true characteristic function of the f distribution[J]. Biometrika, 1982,69:261-264.

Portnoy, S. , Koenker, R.. Adaptive estimation of linear models[J]. The Annals of Statistics, 1989,17:362-381.

Robert, C. P. , Casella, G.. Monte Carlo Statistical Methods[M]. 2nd edition.Springer, 2004.

Ross, S. A First Course in Probability[M]. 10th edition. Pearson, 2018.

Scheffe, H.. A method for judging all contrasts in the analysis of variance[J]. Biometrika,1953,40:87-104.

Serfling, R. J.. Approximation Theorems of Mathematical Statistics[M]. Wiley and Sons,1980.

Shao, J.. Mathematical Statistics[M]. 2nd edition.New York:Springer, 2010.

Shapiro, S. S. , Francia, R. S.. An approximate analysis of variance test for normality[J]. Journal of the American Statistical Association, 1972,67:215-216.

Shapiro, S. S., Wilk, M. B.. An analysis of variance test for normality (complete samples) [J].Biometrika, 1965,52:591-611.

Sutradhar, B. C.. On the characteristic function of multivariate student t-distribution[J]. Canadian Journal of Statistics, 1986,14:329-337.

Tukey, J. W.. The problem of multiple comparisons[J]. Unpublished manuscript. Princeton University, 1953.

Tukey, J. W.. Exploratory Data Analysis[M]. Pearson, 1970.

Wainwright, M. J.. High-Dimensional Statistics: A Non-Asymptotic Viewpoint[M]. Cambridge, 2019.

Whitley, E. , Ball, J.. Statistics review 6: Nonparametric methods[J]. Critical Care, 2002, 6: 509-513.

Wickham, H.. ggplot2: Elegant Graphics for Data Analysis[M]. Springer, 2009.

张恭庆, 林源渠. 泛函分析讲义 [M]. 北京大学出版社, 2006.

李贤平. 概率论基础 [M]. 3 版. 高等教育出版社, 2010.

王梓坤. 概率论基础及其应用 [M]. 3 版. 北京师范大学出版社, 2007.

高惠璇. 统计计算 [M]. 北京大学出版社, 1995.

附录 A　R 语言简介

R 语言是一个自由且免费的软件环境，可以用于统计计算和绘图，并且获得了众多数据分析从业者和相关学者的青睐。在统计学界更是拥有巨大的影响力，甚至 2019 年统计学界的"诺贝尔奖"——COPSS 奖也被授予给 Hadley A. Wickham 博士，奖励他在 R 软件的发展中做出的巨大贡献。Wickham 博士做出了许多被大家耳熟能详的 R 软件包，如 ggplot2、plyr、dplyr 和 reshape2，而他所供职的RStudio更是贡献了诸多 R 的软件包 (如 rmarkdown、shiny 等)，方便大家的数据分析、科学论文撰写、软件包的传播等。

在使用 R 语言之前，我们需要去它的官方网站下载 R 的安装包并确保在自己的电脑上成功安装 (如图A.1所示)。

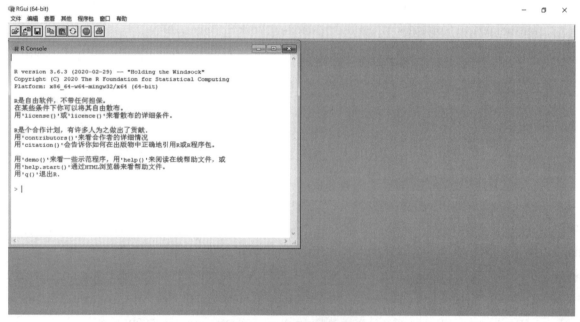

图 A.1：R 软件的编程界面

然后我们建议读者再去 RStudio 的官方网站上下载一个集成编程界面 RStudio 并安装在自己的电脑上 (如图A.2所示)。RStudio 具有强大的功能，并能使得 R 语言的编程变得轻松而有趣。我们在后面将会介绍 rmarkdown 软件包，并利用 RStudio 撰写相关文档。大家将会发现统计学的作业和课程项目的书写过程变得如此地简洁而高效。

R 语言的强大生命力，不仅仅在于其易于上手的编程，更在于其拥有一个庞大的社区群。全世界众多爱好者、学者贡献了不计其数的 R 软件包，大大拓展了 R 基础软件包所能提供的功能。在使用特殊软件包的时候，我们需要在 R 语言编程环境中使用 library 这一命令，如果这个包之前没有安装过，还得使用 install.packages 命令来先完成安装。比如说，我们想在 R 中自动升级已经安装了的软件包，那么可以使用软件包 installr 来实现这一任务。所采用的命令如下所示：

图 A.2：RStudio 界面

```
install.packages("installr")
library(installr)
updateR()
```

　　R 软件也一直与时俱进，随着大家对于各类方法使用的频繁程度，一些高质量软件包也获得"转正"，直接进入 R 的基础软件安装包之中，如实现稳健估计和推断的 MASS 包和并行计算的 parallel 包等。下面我们先来介绍 R 语言的一些基本语法。

A.1　基本语法

　　对于一门编程语言，基本的算术计算无非是加减乘除。由于 R 语言和 C 语言的密切关系，因此很多 R 语言的语法规则都从 C 语言继承而来。比如：

```
1+2
```

```
## [1] 3
```

```
5-3
```

```
## [1] 2
```

```
2*3
```

```
## [1] 6
```

```
4/10
```

```
## [1] 0.4
```

在 R 语言中实现次方运算也比较简单，比如：

```
3^4
```

```
## [1] 81
```

```
9^(1/2)
```

```
## [1] 3
```

```
27^(-1/3)
```

```
## [1] 0.333333333
```

我们也可以非常容易地在 R 中创建一个变量并进行赋值，如：

```
a = 1
b <- 2
d <<- a + b
d^2
```

```
## [1] 9
```

上面的几行代码实际上做了几件事情：(1) 在 R 中创建一个名为 a 的变量，并赋值为 1；(2) 在 R 中创建一个名为 b 的变量，并赋值为 2；(3) 在 R 中创建一个名为 d 的全局变量，并赋值为变量 a 和变量 b 中当前数值之和；(4) 计算变量 d 中数值的平方。

通常而言，使用 = 或者 <-来进行赋值，取决于个人偏好，而使用这两个赋值运算符创建的变量都是局部变量。而赋值符 <<-则创建了全局变量。局部变量和全局变量的区别，我们将通过后文介绍 R 函数的时候加以介绍。我们还可以通过函数命令 assign 来进行赋值，使用 rm 命令从 R 中移除已经创建的变量，比如：

```
assign("j",2)
rm(j)
```

对于字符串的赋值，语法规则也类似，如：

```
x = "Xingdong"
x
```

```
## [1] "Xingdong"
```

```
nchar(x)# 计算字符串长度
```

```
## [1] 8
```

R 语言的逻辑运算和 C 语言的相应语法规则也保持一致。比如说，符号 == 和!= 分别用来判断符号两边的变量或数值是否相等或者不等，<= 则表示小于或等于。示例如下：

```
2 == 3
```

```
## [1] FALSE
```

```
2 != 3
```

```
## [1] TRUE
```

```
2 <= 3
```

```
## [1] TRUE
```

```
"data" == "name"
```

```
## [1] FALSE
```

```
x == "Xingdong"
```

```
## [1] TRUE
```

R 语言的一个特点在于其可以直接进行向量运算，这一点与 Python、Matlab 颇为类似。在 R 中我们可以使用 c 这个命令来创建一个列向量。

```
x = c(1,2,3,4,5)
```

如果创建的一个如上的序列向量拥有一些顺序特征，我们也可以是 seq 这一命令：

```
seq(1,5,1)
```

```
## [1] 1 2 3 4 5
```

这里 seq 函数中的第一个输入值表示序列最小值，而第二个输入值表示序列最大值，第三个输入值表示该等差序列相邻数的间隔为 1。如果想要查阅一个具体 R 的函数命令的帮助文档，我们可以简单地在该函数之前加上问号，并在命令行中输入：

```
?seq
```

如果等差数列中相邻数的间隔是 1，我们可以简单地使用：

```
c(1:5)
```

```
## [1] 1 2 3 4 5
```

```
1:5  # 上一行命令的简化形式
```

```
## [1] 1 2 3 4 5
```

R 语言是一种面向对象的编程语言，它的很多运算符和自有函数会自动识别输入的变量类型，并采用相应的运算，如：

```
x + 2
```

```
## [1] 3 4 5 6 7
```

```
x * 2
```

```
## [1]  2  4  6  8 10
```

```
x/2
```

```
## [1] 0.5 1.0 1.5 2.0 2.5
```

```
sqrt(x)
```

```
## [1] 1.00000000 1.41421356 1.73205081 2.00000000
## [5] 2.23606798
```

这里的 +、*、/等运算符都可以判断出输入变量是一个向量，因此就会让向量 x 中的每一个元素执行相应的计算。函数 sqrt 则对向量 x 中的每一个元素进行开根号运算。当然，如果我们自己写一个 R 函数，它并不能自动成为面向对象的运算函数，需要我们按照面向对象的编程规则仔细处理不同的对象。在 R 中，两个向量间的算术运算也可以方便地进行，如：

```
x = 1:10
y = -5:4
x + y
```

```
##  [1] -4 -2  0  2  4  6  8 10 12 14
```

```
x * y
```

```
## [1] -5 -8 -9 -8 -5  0  7 16 27 40
```

```
y / x
```

```
## [1] -5.000000000 -2.000000000 -1.000000000
## [4] -0.500000000 -0.200000000  0.000000000
## [7]  0.142857143  0.250000000  0.333333333
## [10]  0.400000000
```

```
x ^ y
```

```
## [1] 1.0000000e+00 6.2500000e-02 3.7037037e-02
## [4] 6.2500000e-02 2.0000000e-01 1.0000000e+00
## [7] 7.0000000e+00 6.4000000e+01 7.2900000e+02
## [10] 1.0000000e+04
```

显然 R 将会把两个向量的对应元素按照顺序相匹配，并执行相应计算。如果有一个向量的长度比另外一个向量要短，则 R 会按照顺序自动重复较短向量的元素，直到两个向量的长度匹配。比如：

```
y = 1:6
x + y
```

```
## Warning in x + y: 长的对象长度不是短的对象长度的整倍数
```

```
## [1]  2  4  6  8 10 12  8 10 12 14
```

R 会自动将 y 向量的前四个元素 1、2、3、4 补充到 y 向量的后面，再与 x 向量的对应元素一一相加，并形成新的向量，即完成了如下运算：

$$\begin{pmatrix} 1 \\ 2 \\ \vdots \\ 10 \end{pmatrix} + \begin{pmatrix} 1 \\ \vdots \\ 6 \\ 1 \\ 2 \\ 3 \\ 4 \end{pmatrix}.$$

我们也可以取出向量中的一些元素来进行计算，比如我们使用 rep 函数来产生一个向量：

```
y = rep(c(-2,2),3)
```

在上述运算中，我们将向量 $\begin{pmatrix} -2 \\ 2 \end{pmatrix}$ 重复三次，形成一个新的向量

$$\begin{pmatrix} -2 \\ 2 \\ -2 \\ 2 \\ -2 \\ 2 \end{pmatrix}.$$

现在我们取出第 1、3、5 个元素形成一个新的向量，即

$$\begin{pmatrix} -2 \\ -2 \\ -2 \end{pmatrix},$$

以及第 2、4、6 个元素形成一个新向量，即

$$\begin{pmatrix} 2 \\ 2 \\ 2 \end{pmatrix},$$

最后执行两个向量的相加运算，则代码如下：

```
y[c(1,3,5)] + y[seq(2,6,2)]
```

```
## [1] 0 0 0
```

在 R 中，我们可以很方便地生成矩阵，并执行相关矩阵运算。比如我们可以通过如下命令产生矩阵

$$\begin{pmatrix} 1 & 4 & 7 \\ 2 & 5 & 8 \\ 3 & 6 & 9 \end{pmatrix}:$$

```
A = matrix(1:9, nrow = 3)
A
```

```
##      [,1] [,2] [,3]
## [1,]    1    4    7
## [2,]    2    5    8
## [3,]    3    6    9
```

其中 R 的函数 matrix 被用来产生这一矩阵，矩阵的元素来自向量

$$\begin{pmatrix} 1 \\ 2 \\ \vdots \\ 9 \end{pmatrix},$$

缺省情况下按照先填满第 1 列，然后第 2 列……这样的方式生成矩阵。

矩阵的转置、求逆运算以及特征值和特征向量的计算可通过如下代码实现：

```
t(A) # 矩阵A的转置
```

```
##      [,1] [,2] [,3]
## [1,]    1    2    3
## [2,]    4    5    6
## [3,]    7    8    9
```

```
solve(A + diag(3)) # 矩阵A+I的求逆
```

```
##      [,1] [,2] [,3]
## [1,]   -6 -1.0    5
## [2,]   -2  0.5    1
## [3,]    3  0.0   -2
```

```
eigen(A)
```

```
## eigen() decomposition
## $values
## [1]  1.61168440e+01 -1.11684397e+00 -5.70069119e-16
##
## $vectors
##              [,1]        [,2]         [,3]
## [1,] -0.464547273 -0.88290596  0.408248290
## [2,] -0.570795531 -0.23952042 -0.816496581
## [3,] -0.677043789  0.40386512  0.408248290
```

这里我们使用 R 的 diag 命令产生一个 3×3 的单位阵，然后与矩阵 A 相加，并求逆 (矩阵 A 本身不可逆)。R 的命令 eigen 可以直接得到矩阵的特征根和特征向量。对于矩阵乘法，我们要稍微注意一下，如果我们执行

```
A * t(A)
```

```
##      [,1] [,2] [,3]
## [1,]    1    8   21
## [2,]    8   25   48
## [3,]   21   48   81
```

显然得到的矩阵是一种点积计算的结果，即两个矩阵中的对应元素分别相乘之后放置在结果矩阵中的对应位置。如果我们需要执行普通的矩阵乘积，则需要在 * 两边分别加上%，即

```
A %*% t(A)
```

```
##      [,1] [,2] [,3]
## [1,]   66   78   90
## [2,]   78   93  108
## [3,]   90  108  126
```

对于 R 的很多运算符和函数，如果输入变量是矩阵，那么面向对象的规则一样会发生作用。在矩阵计算的编程过程中，有时候我们可能需要合并两个矩阵，则 R 函数 rbind 和 cbind 会被经常用到。其中 rbind 表示将两个矩阵按照行的方向来合并，cbind 则将两个矩阵按照列的方向来合并。例如：

```
rbind(A,t(A))
```

```
##      [,1] [,2] [,3]
## [1,]    1    4    7
## [2,]    2    5    8
## [3,]    3    6    9
## [4,]    1    2    3
## [5,]    4    5    6
## [6,]    7    8    9
```

```
cbind(A,t(A))
```

```
##      [,1] [,2] [,3] [,4] [,5] [,6]
## [1,]    1    4    7    1    2    3
## [2,]    2    5    8    4    5    6
## [3,]    3    6    9    7    8    9
```

假如我们希望查看第 1 行和第 3 行以及第 2 列至第 3 列的所有元素，那么我们可以执行以下命令：

```
A[c(1,3),2:3]
```

```
##      [,1] [,2]
## [1,]    4    7
## [2,]    6    9
```

对于更高维度的张量 (Tensor) 数据，我们可以通过函数 array 来创建。比如我们创建一个维度为 3 且每个维度的长度为 2 的张量：

```
MyArray = array(1:8, dim = rep(2,3))
MyArray
```

```
## , , 1
##
##      [,1] [,2]
## [1,]    1    3
## [2,]    2    4
##
## , , 2
##
##      [,1] [,2]
## [1,]    5    7
## [2,]    6    8
```

```
MyArray [, 2, ]
```

```
##      [,1] [,2]
## [1,]    3    7
## [2,]    4    8
```

张量中的数据读取方法与矩阵类似，也是以逗号为间隔，如果一个维度上不填任何数字，而是留白，则表明会提取这个维度上的所有数据。

A.2 Data Frame 类

在做统计分析的时候，不同类型的数据往往汇总在一起。比如说，有的是数值型的，有的是字符型的，因此 R 也设计了一些特殊的数据构成形式，将不同类型的数据整合在一起。

Data Frame 是 R 自己设计的一种数据形式，可以将不同类型的数据放在一起以方便其后的分析。很多 R 的函数命令都要求输入数据集属于 Data Frame 类。定义这样的一个类，可以使用 R 函数 data.frames 来完成。比如说：

```
x = 10:1
y = -4:5
q = c("Hockey","Football","Baseball","Curling","Rugby","Lacrosse",
"Basketball","Tennis","Cricket","Soccer")
MyData = data.frame(First = x, Second = y, Sport = q)
MyData
```

```
##   First Second     Sport
## 1    10     -4    Hockey
```

```
## 2         9      -3   Football
## 3         8      -2   Baseball
## 4         7      -1    Curling
## 5         6       0      Rugby
## 6         5       1   Lacrosse
## 7         4       2 Basketball
## 8         3       3     Tennis
## 9         2       4    Cricket
## 10        1       5     Soccer
```

这里前两列是数值型的数据，第 3 列是字符型的数据。我们将第 1—3 列的列名分别设置为 First、Second 和 Sport。如果我们想查看第 3 列数据，那么我们可以执行 MyData[,3] 或者

MyData$Sport

```
## [1] "Hockey"     "Football"    "Baseball"
## [4] "Curling"    "Rugby"       "Lacrosse"
## [7] "Basketball" "Tennis"      "Cricket"
## [10] "Soccer"
```

如果我们希望查看第 2 行至第 5 行的所有数据，则可以运行：

MyData[2:5,]

```
##    First Second   Sport
## 2      9     -3 Football
## 3      8     -2 Baseball
## 4      7     -1  Curling
## 5      6      0    Rugby
```

假如需要查看 Data Frames 数据中一些具体位置的元素，则可以采用查看矩阵元素一样的命令类似进行：

MyData[c(2,4,5),2:3]

```
##   Second   Sport
## 2     -3 Football
## 4     -1  Curling
## 5      0    Rugby
```

如果我们希望找出所有第 1 列中取值为 2 或者第 2 列中取值为 2 的数据，我们可以执行以下命令：

```
MyData[MyData$First == 2 | MyData$Second == 2,]
```

```
##   First Second     Sport
## 7     4      2 Basketball
## 9     2      4    Cricket
```

假如我们希望找出所有第 3 列中取值为 Football 或者 Tennis 的数据，则我们可以使用%in% 的命令来得到满足条件的子集：

```
MyData[MyData$Sport %in% c("Football","Tennis"),]
```

```
##   First Second    Sport
## 2     9     -3 Football
## 8     3      3   Tennis
```

至于修改 Data Frame 类数据的行名称和列名称，我们可以分别使用 rownames 和 names 来实现。

现在 R 社区有一个 R 程序包 data.table，定义了 Data Table 类。该类是由 Data Frame 类继承而来，因此兼容 Data Frame。Data Table 类可以用更快的速度处理更大的数据集，感兴趣的读者可以自己安装了解。

A.3　List 类

R 还提供了一种强大的数据类——List。这个类型的数据可以把向量、矩阵、Data Frame 类数据等自由组合在一起。举个例子：

```
MyList = list(Sports = MyData, Vec = 1:4, Mat = A)
MyList
```

```
## $Sports
##    First Second      Sport
## 1     10     -4     Hockey
## 2      9     -3   Football
## 3      8     -2   Baseball
## 4      7     -1    Curling
## 5      6      0      Rugby
## 6      5      1   Lacrosse
## 7      4      2 Basketball
## 8      3      3     Tennis
## 9      2      4    Cricket
## 10     1      5     Soccer
##
```

```
## $Vec
## [1] 1 2 3 4
##
## $Mat
##      [,1] [,2] [,3]
## [1,]   1    4    7
## [2,]   2    5    8
## [3,]   3    6    9
```

这里我们创建了一个 List 类变量 MyList，里面有三个元素，其中第一个元素是 Data Frame 类数据集，第二个元素是向量，第三个元素是矩阵。元素名称则分别是 Sports、Vec 和 Mat。如果我们需要分析 MyList 的第一个元素里面的数据，则我们可以使用命令 MyList[[1]] 得到该数据集，或者通过 MyList$Sports 来获取。

A.4 R 函数

函数是用来把一些可重复执行的代码集成写成一个可以通过输入参数控制的程序段。比如说，我们希望写一个打招呼的小函数，代码如下：

```
SayHello = function()
{
  name <- "Xingdong"
  print(paste("你好!", name, sep=" "))
}
SayHello()
```

```
## [1] "你好! Xingdong"
```

如上所示，我们需要使用命令 function 来定义一个 R 函数，所有函数内的代码放置在两个花括号之间，函数名称则类似于变量一样创建。这里的函数名就是 SayHello，至于使用 = 或者 <- 来赋值，则看各人偏好。在函数里面，我们定义了一个局部变量 name，这个变量只在函数 SayHello() 里面有效，函数完成运算任务之后，就会从内存里面移除该局部变量。如果我们这个时候输入 name，查看取值，那么就会得到这样的错误信息：

错误: 找不到对象'name'

假如我们换种方式来定义该函数, 并在函数完成运算之后查看变量 name 的取值，那么我们就会发现 name 这个变量并没有因为 SayHello() 的运算结束而被移除。代码如下：

```
SayHello = function()
{
```

```
    name <<- "Xingdong"
    print(paste("你好!", name, sep=" "))
}
SayHello()
```

```
## [1] "你好! Xingdong"
```

```
name
```

```
## [1] "Xingdong"
```

```
rm(name)
```

区别就在于 <<- 赋值符创建了一个全局变量,这个变量会在当前的环境下一直存在,除非我们使用 rm 命令主动移除该变量。

如果我们想根据不同人的名字来打招呼,且这个人的名字由参数输入,则我们可以定义下列函数:

```
Hello = function(name)
{
    print(sprintf("Hello, %s!", name))
}
Hello("Xingdong")
```

```
## [1] "Hello, Xingdong!"
```

需要值得注意的是,这里的变量 name 依然是局部变量。

R 函数的编写非常自由,其输入参数可以是不同类型的数据,甚至还可以是函数,因此 R 又是一种函数类编程语言。比如说,我们想对一组数据进行某种运算,并且这种运算的具体计算形式可以根据输入参数情况来确定:

```
run.example <- function(x, func = mean)
{
    do.call(func, args = list(x))
}
run.example(MyList$Vec)
```

```
## [1] 2.5
```

在定义 run.example 这个函数时,对于第二个输入变量 func,我们使用了 mean 这个缺省输入函数。也就是说,如果第二个输入变量不赋值时,就直接计算输入数据 x 的均值。

假设我们希望得到一个输入数据集各个元素的平方的均值,那么我们先定义一个实现该运算的函数:

```
mean.square <- function (x)
{
    return(mean(x^2))
}
```

接着我们可以执行如下命令来得到数据平方的平均值：

```
run.example(MyList$Vec, mean.square)
```

[1] 7.5

A.5 控制语句和循环语句

在计算机编程中，控制语句比较常见。在 R 语言中也存在使用 if...else...，switch 等语句来实现判断控制。例如：

```
Square = 1
if (Square == 1)
    {print(run.example(MyList$Vec,mean.square))}else
    {print(run.example(MyList$Vec))}
```

[1] 7.5

为了编程的简洁，R 语言还提供了一个函数 ifelse 来实现简单判断控制。例如上面的控制执行语句可以简化为：

```
ifelse(Square==1,run.example(MyList$Vec,mean.square),run.example(MyList$Vec))
```

[1] 7.5

当有多重判断时，一种方式是使用 if···else if···else 语句，另外一种方式则是使用 switch 语句。例如：

```
MySwitch = function(x)
{
    switch(x,
                "a" = "Apple",
                "b" = "Blue berry",
                "c" = "Cherry",
                "o" = "Orange",
                "Other")
}
MySwitch("a")
```

```
## [1] "Apple"
```

```
MySwitch("q")
```

```
## [1] "Other"
```

R 语言提供了两种循环语句 for 和 while，并没有提供类似于 C 语言的那种 do...while... 语句。这两种循环的使用方式也和 C 语言类似，例如：

```
a = NULL
for ( i in 1:5 ) a = c(a, sqrt(i))
a
```

```
## [1] 1.00000000 1.41421356 1.73205081 2.00000000
## [5] 2.23606798
```

```
i = 1; b = NULL
while ( i < 6){b = c(b,sqrt(i)); i = i +1 }
b
```

```
## [1] 1.00000000 1.41421356 1.73205081 2.00000000
## [5] 2.23606798
```

我们在上述运算中，分别通过 for 和 while 语句将 1 到 5 开根号之后生成向量 a 和 b。然而，由于 R 语言是一种逐句编译的高级计算机语言，因此应当尽量利用 R 语言的一些函数来避免过多使用循环，从而可以提高程序的运行效率。R 的函数 apply 就可以批量执行一系列运算。比如上面的循环，就可以采用如下语句实现：

```
apply(as.matrix(1:5), 1, sqrt)
```

```
## [1] 1.00000000 1.41421356 1.73205081 2.00000000
## [5] 2.23606798
```

A.6　读入与输出数据

很多数据集都以 CSV 的格式存储，而 CSV 文件实际是一种文本文档，每个数据之间使用逗号间隔。R 语言提供了一个函数 read.table 来对多种文本文档进行读取，间隔符号也可以由使用者来设定，因此我们可以使用这一命令来读取 CSV 文档。我们使用一个数据集Tomato First.csv (Lander, 2014)来阐述 CSV 文件的读入方法。如果我们将这个 CSV 文件下载并存储在工作目录的子目录 data 之下，那么我们则可以通过以下命令来读取：

```
tom = read.table (file = "data/Tomato First.csv", header = T, sep = ",")
head(tom, n = 3)
```

```
##   Round                Tomato Price       Source Sweet
## 1     1            Simpson SM  3.99 Whole Foods   2.8
## 2     1 Tuttorosso (blue)  2.99      Pioneer   3.3
## 3     1 Tuttorosso (green)  0.99      Pioneer   2.8
##   Acid Color Texture Overall Avg.of.Totals
## 1  2.8   3.7     3.4     3.4          16.1
## 2  2.8   3.4     3.0     2.9          15.3
## 3  2.6   3.3     2.8     2.9          14.3
##   Total.of.Avg
## 1         16.1
## 2         15.3
## 3         14.3
```

实际上，R 为了方便大家处理 CSV 文档，提供了一个基于 read.table 的快捷函数 read.csv。那么上面的读入文件代码可以简化为：

```
tom = read.csv(file = "data/Tomato First.csv")
head(tom, n = 2)
```

```
##   Round                Tomato Price       Source Sweet Acid
## 1     1            Simpson SM  3.99 Whole Foods   2.8  2.8
## 2     1 Tuttorosso (blue)  2.99      Pioneer   3.3  2.8
##   Color Texture Overall Avg.of.Totals Total.of.Avg
## 1   3.7     3.4     3.4          16.1         16.1
## 2   3.4     3.0     2.9          15.3         15.3
```

还有一些其他的 R 软件包提供了诸如 Excel 格式的数据、数据库数据以及一些统计软件 (SPSS、Stata、SAS 等) 的自有格式数据的读取函数，感兴趣的读者可以参阅 Lander (2014)。

从 R 软件中输出文本数据，我们可以通过 write.table 的命令来实现。此外，对于暂用内存或硬盘较大空间的数据，我们也可以通过 save 命令将数据以二进制的形式存储为 R 语言自己定义的数据格式文件 (以.RData 结尾的文件名)。而这类文件的读取可以通过 load 来实现。如：

```
save(tom, file = "data/tom1.rdata")
rm(tom) # 将tom这个变量从R环境中删除
load("data/tom1.rdata")
head(tom, n = 2)
```

```
##   Round                Tomato Price       Source Sweet Acid
## 1     1            Simpson SM  3.99 Whole Foods   2.8  2.8
```

```
## 2      1 Tuttorosso (blue)  2.99      Pioneer   3.3 2.8
##   Color Texture Overall Avg.of.Totals Total.of.Avg
## 1   3.7     3.4     3.4          16.1         16.1
## 2   3.4     3.0     2.9          15.3         15.3
```

A.7　几个常用的 R 软件包

在这一节中，我们将简单地介绍几款常用的 R 软件包。如果读者想要熟练使用这些软件包，那么需要花费一定的时间去自学。

A.7.1　ggplot2

R 语言提供了一些诸如 plot 之类的画图命令，而软件包ggplot2则进一步拓展了 R 的画图功能。我们在这里介绍软件包 ggplot2 的一些基本用法，更多的使用说明可以在 RStudio 的官方网站上查看。实际上，RStudio 还专门制作了一张海报，在里面把 ggplot2 的所有可设置的选择项汇总在了一起。

该软件包通常通过 ggplot 命令来构建画板，并通过一些诸如 geom_point、geom_line 等命令在画板上添加数据点和一些相关的线条。例如，我们这里考虑 R 自带的一个数据集 cars：

```
head(cars)
```

```
##   speed dist
## 1     4    2
## 2     4   10
## 3     7    4
## 4     7   22
## 5     8   16
## 6     9   10
```

```
dim(cars)
```

```
## [1] 50  2
```

该数据集一共有 50 行和两列的数据。第一列是汽车的速度，而第二列是行驶的距离。我们可以使用 geom_point 函数把这些数据点按照各自的坐标画在一个平面上，并使用 stat_smooth 函数来添加一条直线用于描述速度和距离的相关关系，代码如下：

```
library(ggplot2)
g = ggplot(cars, aes(x=speed, y=dist))
g = g + geom_point()
g + stat_smooth(method=lm, se=FALSE, colour="red")
```

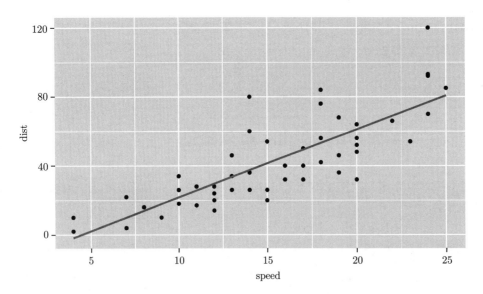

在上面的代码中，我们首先创建了一个针对数据集 cars 的画板对象，同时设定 x 轴对应 speed 变量，y 轴对应 dist 变量，并且赋值给变量 g。接着利用 + 把函数 geom_point 读入的 cars 数据点添加至画板之上，并同时更新画板对象变量 g。最后使用函数 stat_smooth 拟合一条直线来刻画 speed 和 dist 两个变量的线性相关性，并添加至画板中，同时把图像对象画在图形输出端。

假设我们把该数据分成两个部分，一部分是速度小于 15 的，另外一部分是不小于 15 的。并在原来的数据集 cars 上添加一个取值为 1 和 0 的变量 (小于 15 则取值为 1，否则取值为 0)：

```
cars0 = cars
cars0$indicator = factor(cars$speed<15)
head(cars0)
```

```
##   speed dist indicator
## 1     4    2      TRUE
## 2     4   10      TRUE
## 3     7    4      TRUE
## 4     7   22      TRUE
## 5     8   16      TRUE
## 6     9   10      TRUE
```

接着我们把数据按照 indicator 分成两类，并使用 geom_density 函数将每一类中行驶距离的概率密度估计出来：

```
par(mar = c(4, 4, 0.1, 0.1))
ggplot(cars0, aes(x = dist, linetype = indicator, colour = indicator)) +
geom_density()
ggplot(cars0, aes(x = dist, fill = indicator)) + geom_density(alpha = .3) +
scale_fill_grey()
```

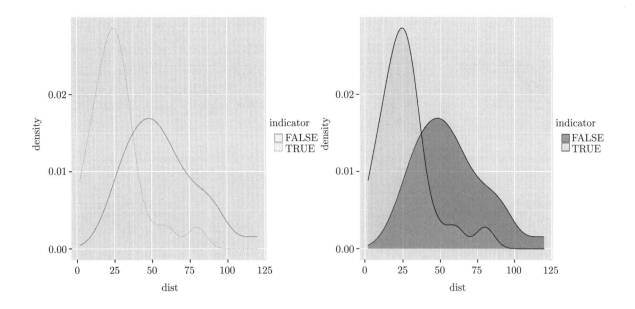

在上面的左图中，我们用不同的颜色描出了行驶距离密度函数的估计曲线；而在右图中，我们则在曲线下方填充了不同颜色，且设置了一定的透明度 (alpha=.3)。

A.7.2 rmarkdown

在教学中，很多同学纠结于统计学作业需要输入大量数学公式和数学符号，而使用 Word 软件来编辑这些特殊文字往往耗时耗力。实际上，对于需要编辑大量数学符号和公式的工作而言，LaTex 是一个非常好的选择。虽然与 Office 软件相比，LaTex 的学习门槛稍微高一些，但是一旦熟悉之后，编辑效率非常高。LaTex 也是科技类文章、书籍的常用编辑类软件，其编辑生成的文档行文整齐漂亮。RStudio 提供了软件包 rmarkdown，让大家可以在编辑数学符号和公式的同时，能够把 R 代码的运算结果直接输出在文档之中，而输出的文档格式可以是 word、pdf 和 html。如果大家需要编辑的文档支持中文，可以事先安装文档模板的软件包 rticles，并在 RStudio 中通过如下方式打开模板：

(1) 打开 File -> New File -> R Markdown；

(2) 支持中文：选择 From Template

　　　　　　选择 CTex Documents；

(3) 直接可以输入中文并生成 LaTex 等文档。

如果我们需要成功生成 pdf 文档，需要有能够编译 LaTex 源文件的软件安装在系统之中，如 Miktex 或者 texlive，并且安装了 R 的软件包 knitr。在编辑文字之后，可以通过点击 RStudio 界面上的 Knit 按钮进行编译。

A.7.3 shiny

RStudio 还提供了一个软件包 shiny。这个软件包可以让我们设计自己的 R 程序交互界面，从而让一些需要用户和 R 软件进行交互的工作变得简单轻松，从而有利于各自 R 软件包的传播使用。在使用 shiny 包编写交互小应用程序时，需要定义 ui 函数来设计用户可视化的界面，并定义 server 函数来实现后台相关运算。感兴趣的读者可以参考 shiny 的官网教程。

下面是一个简单例子，该应用小程序 (App) 通过用户选择数据分割的个数画出直方图。在该小程序中, 用户通过滑条输入分割的个数, 这块滑条的名称为 bins; 程序将会在名称为 distPlot 的输出区域画出直方图。两个函数 ui 和 server 通过 bins 对应的滑条模块来接受输入的参数值, 通过 distPlot 对应的输出区域画出图像, 完成交互运算。函数 server 中的 renderPlot 起到了重要作用, 一旦输入区域发生改变, 则函数 renderPlot 会被启动, 并完成绘图功能。需要注意的是, input 和 output 是 R 软件包 shiny 定义的保留变量名, 分别对应着输入和输出模块。输入和输出模块都可以定义多个区域用于不同的输入和输出。

```r
library(shiny)
# 定义一个画出直方图小应用程序的 UI 界面
ui <- fluidPage(
  # 小程序标题
  titlePanel("你好, Shiny!"),
  # 定义输入输出的两个功能区域
  sidebarLayout(
    # 输入的滑条区域
    sidebarPanel(
      # 输入: 直方图分割 (bin) 的数目
      # 通过 min 和 max 来定义滑条的取值范围, value 表示初始值
      sliderInput(inputId = "bins",
                  label = "箱柜分割(bins)个数:",
                  min = 1,
                  max = 50,
                  value = 30)
    ),
    # 输出区域
    mainPanel(
      # 绘制图像
      plotOutput(outputId = "distPlot")
    )
  )
)

# 定义后台运算规则
server <- function(input, output) {
  # 黄石公园的 Old Faithful 喷泉喷涌的间隔时间直方图
  # 函数 renderPlot 用来接受参数之后自动渲染并画出直方图
  output$distPlot <- renderPlot({
    x    <- faithful$waiting
    bins <- seq(min(x), max(x), length.out = input$bins + 1)
    hist(x, breaks = bins, col = "#75AADB", border = "white",
         xlab = "Old Faithful喷泉下一次喷涌的等待时间 (分钟)",
         ylab = "频率",
         main = "间隔时间的直方图")
```

```
    })
}

# 运行该小程序
shinyApp(ui = ui, server = server)
```

这个应用小程序的 UI 界面如图A.3所示，图中左上角就是 bins 对应的输入区域，而右边的直方图所处的绘图区域就是 distPlot 对应的输出区域。通过滑动滑条来改变箱柜的数目，小程序就会在右边的输出区域重新画出泉水喷发的间隔时间直方图。

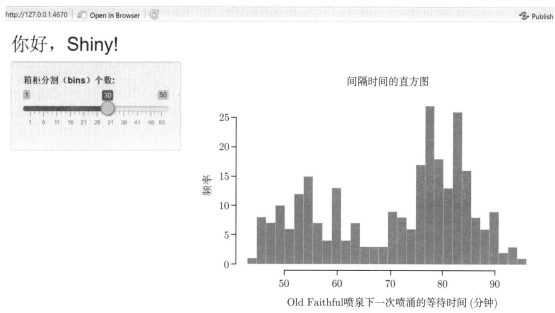

图 A.3：Shiny 小程序

附录 B 常用分布的概率函数、数字特征以及相关 R 函数

分布	概率函数	特征函数	期望	方差	R 函数
二项分布 $B(n,p)$ $0<p<1$	$\binom{n}{k}p^k(1-p)^k$ $k=0,1,\cdots,n$	$(pe^{it}+1-p)^n$	np	$np(1-p)$	rbinom, dbinom pbinom, qbinom
泊松分布 $P(\lambda)$ $\lambda>0$	$\frac{e^{-\lambda}\lambda^k}{k!}$ $k=0,1,\cdots$	$e^{\lambda(e^{it}-1)}$	λ	λ	rpois, dpois ppois, qpois
几何分布 $Ge(p)$ $0<p<1$	$p(1-p)^{k-1}$ $k=1,2,\cdots$	$\frac{pe^{it}}{1-(1-p)e^{it}}$	$\frac{1}{p}$	$\frac{1-p}{p^2}$	rgeom, dgeom pgeom, qgeom
负二项 $NB(r,p)$ $0<p<1, r\geqslant1$	$\binom{r+k-1}{r-1}p^r q^k$ $k=0,1,\cdots$	$\left[\frac{p}{1-(1-p)e^{it}}\right]^r$	$\frac{r(1-p)}{p}$	$\frac{r(1-p)}{p^2}$	rnbinom, dnbinom pnbinom, qnbinom
均匀分布 $U(a,b)$	$\frac{1}{b-a}$, $a<x<b$	$\frac{e^{itb}-d^{ita}}{t(b-a)}$	$\frac{1}{2(b-a)}$	$\frac{(b-2)^2}{12}$	ruif, duif punif, qunif
指数分布 $\exp(\lambda)$ $\lambda>0$	$\lambda e^{-\lambda x}$, $x\geqslant0$	$\frac{\lambda}{\lambda-it}$	$\frac{1}{\lambda}$	$\frac{1}{\lambda^2}$	rexp, dexp pexp, qexp
正态分布 $N(\mu,\sigma^2)$ $\sigma>0$	$\frac{1}{\sqrt{2\pi}\sigma}e^{-\frac{(x-\mu)^2}{2\sigma^2}}$ $-\infty<x<\infty$	$e^{i\mu t-\frac{\sigma^2 t^2}{2}}$	μ	σ^2	rnorm, dnorm pnorm, qnorm
伽马分布 $\Gamma(\alpha,\lambda)$ $\alpha>0,\lambda>0$	$\frac{\lambda^\alpha}{\Gamma(\alpha)}x^{\alpha-1}e^{-\lambda x}$ $x>0$	$\frac{1}{(1-it/\lambda)^p}$	$\frac{\alpha}{\lambda}$	$\frac{\alpha(\alpha+1)}{\lambda^2}$	rgamma, dgamma pgamma, qgamma
卡方分布 $\chi^2(n)$	$\frac{1}{2^{\frac{n}{2}}\Gamma(\frac{n}{2})}x^{\frac{n}{2}-1}e^{-\frac{x}{2}}$ $x>0$	$(1-2it)^{-n/2}$	n	$2n$	rchisq, dchisq pchisq, qchisq
贝塔分布 $\beta(a,b)$ $a,b>0$	$\frac{\Gamma(a+b)}{\Gamma(a)\Gamma(b)}x^{a-1}(1-x)^{b-1}$ $0<x<1$	$\frac{\Gamma(a+b)}{\Gamma(a)}\sum\limits_{j=0}^{\infty}\frac{\Gamma(a+j)(it)^j}{\Gamma(a+b+j)\Gamma(j+1)}$	$\frac{a}{a+b}$	$\frac{ab}{(a+b)^{(a+b+1)}}$	rbeta, dbeta pbeta, qbeta
t 分布 $t(\nu)$ $\nu>0$	$\frac{\Gamma(\frac{\nu+1}{2})}{\sqrt{\nu\pi}\Gamma(\frac{\nu}{2})}(1+\frac{x^2}{\nu})^{-\frac{\nu+1}{2}}$ $-\infty<x<\infty$	见公式(B.1)和(B.2)	0 $n>1$	$\frac{\nu}{\nu-2}$ $n>2$	rt, dt pt, qt
F 分布 $F(\nu_1,\nu_2)$ $\nu_1,\nu_2>0$	$\frac{\Gamma(\nu)(\frac{\nu_1}{\nu_2})^{\frac{\nu_1}{2}}}{\Gamma(\frac{\nu_1}{2})\Gamma(\frac{\nu_2}{2})}x^{\frac{\nu_1}{2}-1}(1+\frac{\nu_1}{\nu_2}x)^{-\nu}$ 其中 $\nu=\frac{\nu_1+\nu_2}{2}$, $x>0$	见公式(B.3)	$\frac{\nu_2}{\nu_2-2}$ $\nu_2>2$	$\frac{2\nu_2^2(\nu_1+\nu_2-2)}{\nu_1(\nu_2-2)^2(\nu_2-4)}$ $\nu_2>4$	rf, df pf, qf
柯西分布 (λ,μ) $\lambda>0$	$\frac{1}{\pi}\frac{\lambda}{\lambda^2+(x-\mu)^2}$ $-\infty<x<\infty$	$e^{i\mu t-\lambda|t|}$	不存在	不存在	rcauchy, dcauchy pcauchy, qcauchy

注：(1) 自由度为 ν 的 t 分布的特征函数 $\varphi(t)$ 如下所示，详见Sutradhar (1986)。

$a)$ 当 ν 为奇数时，

$$\varphi(t)=\frac{\sqrt{\pi}\Gamma\left(\frac{\nu+1}{2}\right)\exp\{-\sqrt{\nu t^2}\}}{2^{\nu-1}\Gamma\left(\frac{\nu}{2}\right)}\sum_{r=1}^{m}\left[\binom{2m-r-1}{m-r}\frac{(2\sqrt{\nu t^2})^{r-1}}{(r-1)!}\right], \tag{B.1}$$

其中 $m=\frac{\nu+1}{2}$。

$b)$ 当 ν 为偶数时，

$$\varphi(t) = \frac{(-1)^{m+1}\Gamma\left(\frac{\nu+1}{2}\right)\exp\{-\sqrt{\nu t^2}\}}{\sqrt{\pi}\prod_{j=1}^{m}\left(m+\frac{1}{2}-j\right)\Gamma\left(\frac{\nu}{2}\right)}\sum_{n=0}^{\infty}\left\{\left(\frac{\sqrt{\nu t^2}}{2}\right)^{2n}\frac{1}{(n!)^2}\right.$$
$$\left.\times\left[\prod_{j=0}^{m-1}(n-j)\right]\left[\sum_{j=0}^{m-1}\frac{1}{n-j}+\log\frac{\nu t^2}{4}-\frac{\Gamma'(n+1)}{\Gamma(n+1)}\right]\right\}, \tag{B.2}$$

其中 $m = \frac{\nu}{2}$。

(2) 自由度为 (ν_1, ν_2) 的 F 分布的特征函数 $\varphi(t)$ 如下所示，详见Phillips (1982)。

$$\varphi(t) = \frac{\Gamma\left(\frac{\nu_1+\nu_2}{2}\right)}{\Gamma\left(\frac{\nu_2}{2}\right)}\Psi\left(\frac{\nu_1}{2}, 1-\frac{\nu_2}{2}; \frac{\nu_2}{\nu_1}it\right), \tag{B.3}$$

其中，当 c 为非整数时，

$$\Psi(a,c;z) = \frac{\Gamma(1-c)}{\Gamma(a-c+1)}\,{}_1F_1(a,c;z) + \frac{\Gamma(c-1)}{\Gamma(a)}\,{}_1F_1(a-c+1, 2-c; z);$$

当 $c = 1-n$, $n = 1, 2, \cdots$ 时，

$$\Psi(a,c;z) = \frac{(-1)^{n-1}z^n}{n!\Gamma(a)}\left\{{}_1F_1(a+n, n+1; z)\log z + \sum_{r=0}^{\infty}\frac{(a+n)_r z^r}{(n+1)_r r!}\right.$$
$$\left.\times[\psi(a+n+r)-\psi(1+r)-\psi(1+n+r)]\right\} + \frac{(n-1)!}{\Gamma(a+n)}\sum_{r=0}^{n-1}\frac{(a)_r z^r}{(1-n)_r r!},$$

其中 $(a)_k = \Gamma(a+k)/\Gamma(a)$, $\psi(x) = \Gamma'(x)/\Gamma(x)$, ${}_1F_1(a,c;z)$ 为**合流超几何函数** (Confluent hypergeometric function)：

$${}_1F_1(a,c;z) = \sum_{k=0}^{\infty}\frac{(a)_k z^k}{(b)_k k!}.$$

(3) 如果需要某一分布的临界值表，那么我们可以通过 rmarkdown 非常方便地产生。现在我们使用一个简单示例来加以说明。假设我们需要产生一个 F 分布在概率 0.1 处的临界值表格，那么我们可以采用以下代码直接生成 (结果见表B.1)：

```
k1 = c(seq(1:6),8,12,24); k2 = seq(1:20)
CritValues = data.frame(round(t(apply(as.matrix(k2), 1,
                        function(x) qf(0.9,k1,x))),2))
names(CritValues) = paste(paste("$k=", as.character(k1),sep = ""), "$",
                sep = "")
rownames(CritValues) = paste(paste("$l=", as.character(k2), sep = ""),"$",
                sep = "")
knitr::kable(
  CritValues,
  caption = '临界值($F_{0.1}(k,l)$)',
```

```
  booktabs = TRUE,
  escape = FALSE
)
```

表 B.1: 临界值 $(F_{0.1}(k, l))$

	$k=1$	$k=2$	$k=3$	$k=4$	$k=5$	$k=6$	$k=8$	$k=12$	$k=24$
$l=1$	39.86	49.50	53.59	55.83	57.24	58.20	59.44	60.71	62.00
$l=2$	8.53	9.00	9.16	9.24	9.29	9.33	9.37	9.41	9.45
$l=3$	5.54	5.46	5.39	5.34	5.31	5.28	5.25	5.22	5.18
$l=4$	4.54	4.32	4.19	4.11	4.05	4.01	3.95	3.90	3.83
$l=5$	4.06	3.78	3.62	3.52	3.45	3.40	3.34	3.27	3.19
$l=6$	3.78	3.46	3.29	3.18	3.11	3.05	2.98	2.90	2.82
$l=7$	3.59	3.26	3.07	2.96	2.88	2.83	2.75	2.67	2.58
$l=8$	3.46	3.11	2.92	2.81	2.73	2.67	2.59	2.50	2.40
$l=9$	3.36	3.01	2.81	2.69	2.61	2.55	2.47	2.38	2.28
$l=10$	3.29	2.92	2.73	2.61	2.52	2.46	2.38	2.28	2.18
$l=11$	3.23	2.86	2.66	2.54	2.45	2.39	2.30	2.21	2.10
$l=12$	3.18	2.81	2.61	2.48	2.39	2.33	2.24	2.15	2.04
$l=13$	3.14	2.76	2.56	2.43	2.35	2.28	2.20	2.10	1.98
$l=14$	3.10	2.73	2.52	2.39	2.31	2.24	2.15	2.05	1.94
$l=15$	3.07	2.70	2.49	2.36	2.27	2.21	2.12	2.02	1.90
$l=16$	3.05	2.67	2.46	2.33	2.24	2.18	2.09	1.99	1.87
$l=17$	3.03	2.64	2.44	2.31	2.22	2.15	2.06	1.96	1.84
$l=18$	3.01	2.62	2.42	2.29	2.20	2.13	2.04	1.93	1.81
$l=19$	2.99	2.61	2.40	2.27	2.18	2.11	2.02	1.91	1.79
$l=20$	2.97	2.59	2.38	2.25	2.16	2.09	2.00	1.89	1.77